新工科建设之路·计算机类专业系列教材

算法与数据结构
（C++语言版）

冯广慧　吴　昊　文全刚　编著

电子工业出版社
Publishing House of Electronics Industry
北京·BEIJING

内 容 简 介

本书按照"全国硕士研究生招生考试计算机科学与技术学科联考计算机学科专业基础综合考试大纲"的要求编写，基本涵盖所有知识点，并加入部分高校及全国统一考试真题作为自测题，同时给出参考答案和题目解析。本书主要介绍各种常用的经典数据结构（如线性表、栈、队列、串、数组、树、图、集合等）和算法，并在时间复杂度和空间复杂度之间进行平衡与取舍。

本书将 C++语言作为数据结构的算法描述语言，将数据结构与面向对象技术有机结合。书中的算法讲解都有完整的 C++代码实现，并在 Visual Studio 2010 环境下编译通过。

本书既可作为普通高等院校计算机及相关专业的数据结构课程教材，也可作为考研参考书，还可作为工程技术人员的工具书。

未经许可，不得以任何方式复制或抄袭本书之部分或全部内容。
版权所有，侵权必究。

图书在版编目（CIP）数据

算法与数据结构：C++语言版 / 冯广慧等编著. —北京：电子工业出版社，2019.1
ISBN 978-7-121-35071-9

Ⅰ. ①算… Ⅱ. ①冯… Ⅲ. ①算法分析－研究生－入学考试－自学参考资料 ②数据结构－研究生－入学考试－自学参考资料 Ⅳ. ①TP301.6 ②TP311.12

中国版本图书馆 CIP 数据核字（2018）第 217294 号

策划编辑：冉　哲　刁伟兴
责任编辑：冉　哲
印　　刷：北京捷迅佳彩印刷有限公司
装　　订：北京捷迅佳彩印刷有限公司
出版发行：电子工业出版社
　　　　　北京市海淀区万寿路 173 信箱　邮编　100036
开　　本：787×1 092　1/16　印张：21.5　字数：606 千字
版　　次：2019 年 1 月第 1 版
印　　次：2021 年 7 月第 5 次印刷
定　　价：56.00 元

凡所购买电子工业出版社图书有缺损问题，请向购买书店调换。若书店售缺，请与本社发行部联系，联系及邮购电话：(010) 88254888，88258888。

质量投诉请发邮件至 zlts@phei.com.cn，盗版侵权举报请发邮件至 dbqq@phei.com.cn。
本书咨询联系方式：ran@phei.com.cn。

前　言

随着计算机技术的飞速发展，计算机在各个学科和领域得到广泛应用，而这些应用所面临的首要问题就是对于信息量大、种类繁多、结构复杂的数据和数据关系的处理，因此必须设计好数据结构和数据组织方式，以便有效地实现数据存储、数据传输和数据处理等操作。数据结构主要研究数据的逻辑结构，数据在计算机中的存储实现，以及处理不同结构数据的算法。我们研究数据结构的目的是编写更高效的程序，而高效、简捷的程序取决于数据结构和算法的设计。

"数据结构"是计算机程序设计的重要理论基础，是计算机专业最为核心的一门专业基础课程，也是非计算机专业的主要选修课程，同时还是一门考研课程。数据结构前承高级语言程序设计和离散数学，后接操作系统、编译原理、数据库原理等专业课程，为研制开发各种系统和应用软件奠定理论和实践基础。该课程的学习效果不仅关系到后续课程的学习，而且直接关系到软件设计水平的提高和专业素质的培养，在计算机学科教育中有非常重要的作用。

考虑到初学者普遍对算法设计问题感到比较困难且思路不明确，本书不仅注重基本概念的引入和阐述，更加注重算法的设计、分析与实现，强调实践环节的重要性。本书具有如下特点。

（1）将 C++语言作为数据结构的算法描述语言，让数据结构与面向对象技术有机结合。在设置例题时，充分考虑应用型人才培养的需求，更加侧重于算法的程序实现。书中的算法讲解都有风格优美而完整的 C++代码实现，并在 Visual Studio 2010 环境下编译通过，这将有利于读者掌握算法的程序实现及对算法进行分析与比较。

（2）按照"全国硕士研究生招生考试计算机科学与技术学科联考计算机学科专业基础综合考试大纲"的要求编写，基本涵盖该考试大纲所有的知识点，并在重要知识点之后附加部分高校及全国统一考试真题作为自测题。读者在完成相应问题的同时，既能巩固知识点，又能有选择地提高能力，还能有效地检验阶段学习效果。

（3）系统、全面地介绍各种传统的数据结构，按照"线性结构、树结构、图结构、集合结构"四大模块顺序安排内容。部分章节还设有算法设计举例，意在提高初学者的算法分析和设计的能力。

全书分为 12 章。

第 1 章介绍基础知识，讨论什么是数据结构，给出数据结构和算法的相关概念与描述方法，介绍算法分析的基本方法。

线性结构包括第 2～5 章。第 2 章介绍线性表的有关概念及其基本操作，是后续章节的基础。第 3 章在第 2 章的基础上讨论操作受限的线性表——栈与队列。第 4 章讨论数据元素为字符的特殊的线性表——串。第 5 章介绍程序设计中常用的数据类型——数组。

树结构包括第 6、7 章。第 6 章介绍树和二叉树的有关概念及基本操作。第 7 章讨论树和二叉树的应用。

图结构包括第 8、9 章。第 8 章介绍图的基本概念、存储结构及遍历运算。第 9 章讨论图的应用。

集合结构包括第 10～12 章。第 10 章以集合作为数据模型，讨论查找的方法和技术，包括静态查找表和动态查找表。第 11 章介绍一种专用于集合的存储和检索的数据结构——散列表。第 12 章介绍一些常用的排序算法，包括内部排序和外部排序。

本书由教学一线的教师主笔，结合作者多年的教学经验和教学素材，针对数据结构这门课程的特点撰写而成,目的是使学生在扎实的编程能力基础上,掌握如何合理地组织数据、有效地存储和处理数据,并学会在时间复杂度和空间复杂度之间进行平衡与取舍。本书满足多样化的人才培养模式的需求,既可作为普通高等院校计算机及相关专业的数据结构课程教材,也可作为考研参考书,还可作为工程技术人员的工具书。在本书目录中加"*"的章节可以酌情处理。

在本书的编写和出版过程中得到电子工业出版社冉哲编辑和《算法与数据结构考研试题精析》的编者陈守孔教授的诸多帮助,得到吉林大学珠海学院领导的大力支持,在此深表感谢。

由于作者水平所限,加上计算机学科的发展十分迅速,书中难免有不妥之处,恳请读者批评指正。

作 者

目 录

第1章 概论 1
1.1 什么是数据结构 1
1.2 基本概念和术语 4
1.3 算法和算法分析 7
1.3.1 算法的定义及特性 7
1.3.2 算法的设计要求 8
1.3.3 算法效率的衡量方法 9
1.3.4 算法的时间复杂度 10
1.3.5 算法的空间复杂度 15
1.4 抽象数据类型 16
习题 18

第2章 线性表 20
2.1 线性表的类型定义 20
2.1.1 线性表的概念 20
2.1.2 线性表的抽象数据类型 21
2.2 线性表的顺序表示和实现 22
2.2.1 线性表的顺序表示 22
2.2.2 顺序表基本运算的实现 23
2.3 线性表的链式表示和实现 28
2.3.1 线性表的链式表示 29
2.3.2 单链表上基本运算的实现 32
2.4 双链表 40
2.5 循环链表 44
2.6 线性表实现方法的比较 46
2.7 算法设计举例 47
习题 52

第3章 栈和队列 55
3.1 栈 55
3.1.1 栈的类型定义 55
3.1.2 顺序栈的表示和实现 57
3.1.3 链栈的表示和实现 60

3.2 栈的应用举例 62
3.2.1 十进制数转换为其他进制数 62
3.2.2 表达式中括号的匹配检查 63
3.2.3 表达式求值 64
3.2.4 利用栈消除递归 72
3.3 队列 77
3.3.1 队列的类型定义 77
3.3.2 循环队列——队列的顺序表示和实现 78
3.3.3 链队列——队列的链式表示和实现 82
3.4 算法设计举例 83
习题 87

第4章 串 90
4.1 串的基本概念 90
4.2 串的表示和实现 91
4.2.1 串的顺序存储结构 91
4.2.2 串的链式存储结构 94
4.3 串的模式匹配 95
4.3.1 朴素的模式匹配算法 95
4.3.2 KMP算法 96
习题 101

第5章 数组 104
5.1 数组的基本概念 104
5.2 矩阵的压缩存储 107
5.2.1 特殊矩阵 107
5.2.2 稀疏矩阵 110
5.3 算法设计举例 117
习题 121

第6章 树和二叉树 124
6.1 树的概念 124

6.2 二叉树的概念和性质 126
    6.2.1 二叉树的概念和抽象数据类型 126
    6.2.2 二叉树的性质 129
6.3 二叉树的表示和实现 131
    6.3.1 二叉树的存储结构 131
    6.3.2 二叉树的遍历运算 133
    6.3.3 二叉树的其他基本运算 141
6.4 树和森林 143
    6.4.1 树的存储结构 143
    6.4.2 树、森林和二叉树的相互转换 146
    6.4.3 树和森林的遍历运算 148
    6.4.4 树和森林的其他基本运算 151
*6.5 线索二叉树 154
    6.5.1 线索二叉树的概念 154
    6.5.2 线索二叉树的基本运算 157
6.6 算法设计举例 161
习题 162

第7章 树和二叉树的应用 166

*7.1 表达式树 166
7.2 哈夫曼树和哈夫曼编码 171
    7.2.1 哈夫曼树 171
    7.2.2 哈夫曼编码 175
7.3 堆和优先级队列 178
    7.3.1 堆 178
    7.3.2 优先级队列 179
*7.4 并查集 184
7.5 算法设计举例 187
习题 189

第8章 图 191

8.1 图的概念 191
8.2 图的存储结构 196
    8.2.1 邻接矩阵 196
    8.2.2 邻接表 200
    *8.2.3 十字链表 205
    *8.2.4 邻接多重表 205
8.3 图的遍历 206
    8.3.1 深度优先遍历 207
    8.3.2 广度优先遍历 209
    8.3.3 图的连通分量和生成树 212
习题 213

第9章 图的应用 217

9.1 最小生成树 217
    9.1.1 最小生成树的概念 217
    9.1.2 Prim 算法 218
    9.1.3 Kruskal 算法 222
9.2 有向无环图及其应用 225
    9.2.1 拓扑排序 225
    9.2.2 关键路径 230
9.3 最短路径 236
    9.3.1 单源点最短路径 236
    9.3.2 每对顶点之间的最短路径 240
习题 243

第10章 集合与查找 247

10.1 基本概念 247
10.2 静态查找表上的查找 248
    10.2.1 顺序查找 248
    10.2.2 折半查找 250
    10.2.3 分块查找 254
10.3 动态查找表上的查找 256
    10.3.1 二叉查找树 256
    10.3.2 平衡二叉树 263
    *10.3.3 B 树 275
    *10.3.4 B+树 280
    *10.3.5 字典树 281
10.4 算法设计举例 282
习题 285

第11章 散列表 288

11.1 散列表的概念 288
11.2 构造散列函数的方法 289
    11.2.1 直接定址法 289
    11.2.2 折叠法 289
    11.2.3 数字分析法 289
    11.2.4 平方取中法 290

11.2.5 除留余数法 290
11.3 解决冲突的方法 291
    11.3.1 闭散列法 291
    11.3.2 开散列法 293
11.4 散列表的实现 294
    11.4.1 闭散列表的表示和实现 294
    11.4.2 开散列表的表示和实现 298
    11.4.3 闭散列表与开散列表的比较 302
11.5 散列表的查找性能分析 302
习题 303

第12章 排序 306

12.1 排序的基本概念 306
12.2 插入排序 307
    12.2.1 直接插入排序 307
    12.2.2 折半插入排序 308
    12.2.3 希尔排序 309

12.3 交换排序 310
    12.3.1 冒泡排序 310
    12.3.2 快速排序 311
12.4 选择排序 315
    12.4.1 直接选择排序 315
    12.4.2 堆排序 316
    *12.4.3 锦标赛排序 320
12.5 归并排序 320
*12.6 基数排序 322
12.7 各种内部排序方法的比较 324
*12.8 外部排序 327
    12.8.1 置换选择排序 328
    12.8.2 多路归并排序 330
习题 331

附录 A 上机实验参考题目 334

参考文献 336

11.2.5 ენ 290	12.3 310
11.3 291	12.3.1 310
11.3.1 291	12.3.2 311
11.3.2 293	12.4 315
11.4 294	12.4.1 315
11.4.1 294	12.4.2 316
11.4.2 295	*12.4.3 320
11.4.3	12.5 320
302	*12.6 322
11.5 302	12.7 324
习题 303	*12.8 327
第12章 排序 306	12.8.1 328
12.1 306	12.8.2 330
12.2 307	习题 331
12.2.1 307	附录A 334
12.2.2 308	参考文献 336
12.2.3 309	

第1章 概　论

算法与数据结构是计算机科学与技术、软件开发与应用、信息管理、电子商务、网络安全等专业的一门专业基础课。算法与数据结构课程的内容不仅是程序设计（特别是非数值计算的程序设计）的基础，而且是设计和实现编译程序、操作系统、数据库系统及其他系统程序的重要基础。无论读者从业于计算机行业，还是希望在计算机相关方面继续深造，该课程的学习都是必需的。

算法与数据结构研究解决非数值计算的现实问题中的数据在计算机中如何表示、快速存取和处理的方法。这里所说的数据是广义的概念，它不仅包括整型、实型、逻辑型等基本类型的数据，还包括带有一定结构的各种复杂的数据，如串、记录、向量、矩阵等，也包括各种表格、图形、音频和视频等非数值型的数据。当用计算机存储数据时不仅要存储这些数据的值，还要存储这些数据之间的相互关系。因此存储数据和这些数据之间的关系就出现了各种不同的存储方法。

学习算法与数据结构的目的是编写高质量的程序，主要包括以下三个方面：
① 能够分析研究计算机加工的对象的特性，选择合适的逻辑结构、存储结构并设计相应的算法；
② 提高处理复杂程序设计问题的能力，要求编写的程序结构正确、清晰、易读；
③ 掌握算法的时间复杂度和空间复杂度的分析技术。

本章学习目标：
● 理解数据结构的基本概念和术语；
● 掌握算法分析技术，学会计算算法的时间复杂度和空间复杂度。

1.1　什么是数据结构

美国计算机界最初出现信息结构这一名称是在 20 世纪 60 年代。1968 年，D. E. Knuth 教授开创了数据结构的最初体系，他所著的"*The Art of Computer Programming*"第一卷"*Fundamental Algorithms*"是第一本较系统地阐述数据的逻辑结构和存储结构及其操作的著作。20 世纪 70 年代初，数据结构作为一门独立的课程开始进入大学课堂。

数据结构起源于程序设计，它随着大型程序的出现而出现。随着计算机科学与技术的不断发展，计算机的应用领域已不再局限于科学计算，而更多地应用于控制、管理等非数值处理领域。据统计，当今处理非数值计算类问题占用了 90%以上的计算机时间。与此相应，计算机处理的数据也由纯粹的数值发展到字符、表格、图形、图像、声音等具有一定结构的数据，处理的数据量也越来越大，这就给程序设计带来一个问题：应如何组织待处理的数据，表示数据之间的关系及实现数据运算？

计算机解决一个具体问题时，大致需要经过下列几个步骤：首先要从具体问题中抽象出一个合适的数学模型，然后设计一个解此数学模型的算法，之后编出程序、进行测试/调整，直至得到最终解答。

寻求数学模型的实质是分析问题，从中提取操作的对象，并找出这些操作对象之间的关系，然后用数学的语言加以描述。当人们用计算机处理"数值计算问题"时（如求解弹道轨迹），所用的数学模型是用数学方程描述的，所涉及的运算对象一般是整型、实型和逻辑型等基本类型的数据，因此程序设计者主要关注程序的设计技巧，而不是数据的存储和组织方式。然而，计算机应用的更多领域是"非数值计算问题"，它们的数学模型无法用数学方程描述，而需要用数据结构描述，解决此类问题的关键是设计出合适的数据结构。描述非数值型问题的数学模型通常是用线性表、树、图等结构来描述的。

【例1.1】 学生信息管理系统

对学生信息表常用的操作有：查找某个学生的有关情况，统计班级人数，按某个字段排序，增加或删除学生信息（转专业）等，由此可以建立一张按学号顺序排列的学生信息表，如表1.1所示。诸如此类的表结构还有图书馆书目管理系统、人事档案管理系统、仓库管理系统等。

表1.1 学生信息表

学号	姓名	性别	专业	住址
04180101	侯亮平	男	计算机科学与技术	北京
04180102	高小琴	女	计算机科学与技术	深圳
04180103	陆亦可	女	计算机科学与技术	珠海
04180104	陈海	男	计算机科学与技术	上海
04180105	李达康	男	计算机科学与技术	杭州
04180106	高育良	男	计算机科学与技术	南京
04180107	赵东来	男	计算机科学与技术	武汉
04180108	陈岩石	男	计算机科学与技术	重庆
04180109	沙瑞金	男	计算机科学与技术	珠海
04180110	蔡成功	男	计算机科学与技术	广州
……	……	……	……	……

在这类问题中：

① 计算机处理的对象是各种表；

② 元素之间的逻辑关系是线性关系；

③ 施加于对象上的操作有遍历、查找、插入、删除等。

【例1.2】 人机博弈

计算机之所以能和人博弈，是因为事先已经将对弈的策略和评价规则等输入了计算机中。在人机对弈问题中，计算机操作的对象是对弈过程中可能出现的称为格局的棋盘状态。如图1.1所示是井字棋对弈树，包括了多个对弈的格局，格局之间的关系是由比赛规则决定的。通常，这个关系是非线性的，因为从一个棋盘格局可以派生出几个格局，而从每一个新的格局又可派生出多个可能的格局。因此，如果将从对弈开始到结束的过程中所有可能出现的格局都表示出来，就可以得到一棵"树"。其"树根"是对弈开始之前的棋盘格局，而所有的"叶子"就是可能出现的结局，对弈的过程就是从树根沿树枝到每个叶子的过程。诸如此类的树状结构还有家族的族谱、计算机的文件系统、单位的组织结构图等。

在这类问题中：

① 计算机处理的对象是树状结构；

② 元素间的关系是一种一对多的层次关系；

③ 施加于对象上的操作有遍历、查找、插入、删除等。

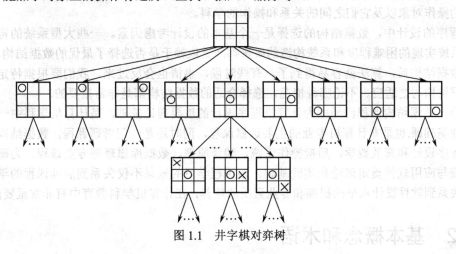

图 1.1　井字棋对弈树

【例 1.3】　哥尼斯堡七桥问题

在哥尼斯堡的一个公园里，有 7 座桥将普雷格尔河中两个岛与两边的河岸相互连接起来，如图 1.2（a）所示。问是否可能从这 4 块陆地中任意一块出发，恰好通过每座桥一次，再回到起点？这一问题很久没有人找到答案。

1736 年，数学家欧拉把这 4 块陆地抽象为 4 个点 A、B、C、D，每座桥抽象为连接两个点的一条边，如图 1.2（b）所示。这样哥尼斯堡七桥问题被抽象为：从某一点出发，寻找经过每条边一次且仅一次，最后回到出发点的路径，这也被称为无向图的欧拉回路问题。欧拉回路存在的充分必要条件是：

① 图是连通的；

② 图中与每个顶点相连的边数（即顶点的度）必须是偶数。

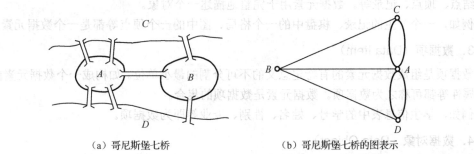

（a）哥尼斯堡七桥　　　　　（b）哥尼斯堡七桥的图表示

图 1.2　哥尼斯堡七桥问题

因为哥尼斯堡七桥问题不满足上述条件，所以它是无解的。欧拉由哥尼斯堡七桥问题所引发的对图的研究论文是图论的开篇之作，因此欧拉也被称为图论之父。从哥尼斯堡七桥问题可以看到，要利用图来解决问题，关键的第一步是找到现实问题的实体与图的点和边的对应关系。诸如此类的结构还有城市网络交通图、网络工程图等。

在这类问题中：

① 计算机处理的对象是各种图；

② 元素间的关系是复杂的图或网状关系，是一种多对多的关系；

③ 施加于对象上的操作有遍历、查找、插入、删除等。

上述三个例子表明，描述这类非数值计算问题的数学模型不再是数学方程式，而是诸如表、树和图之类的数据结构。因此，简单地说，数据结构是一门研究非数值计算的程序设计问题中计算机的操作对象以及它们之间的关系和操作的学科。

在程序的设计中，数据结构的选择是一个基本的设计考虑因素。一些大型系统的构造经验表明，系统实现的困难程度和系统构造的质量都严重依赖于是否选择了最优的数据结构。通常，确定了数据结构后，算法就容易得到了。有些时候，事情也会反过来，我们要根据特定算法来选择数据结构与之适应。不论哪种情况，选择合适的数据结构都是非常重要的。

至今，数据结构课程已经成为计算机程序设计的重要理论基础，是计算机学科中一门综合性的专业基础课，也是非计算机专业的主要选修课程，同时还是一门考研课程，数据结构前承高级语言程序设计和离散数学，后接操作系统、编译原理、数据库原理等专业课程，为研制开发各种系统与应用软件奠定理论和实践基础。该课程学习的效果不仅关系到后续课程的学习，而且直接关系到软件设计水平的提高和专业素质的培养，在计算机学科教育中有非常重要的作用。

1.2 基本概念和术语

1．数据（Data）

数据是信息的载体，是描述客观事物的数字、字符，以及所有能输入计算机中的、被计算机程序识别和处理的符号的集合。

例如，数学计算中所用到的整数和实数、文本编辑所用到的字符串等都是数据。随着计算机软、硬件技术的发展，计算机能够处理的对象范围也在扩大，相应地，数据的含义也被拓宽了。文字、图像、图形、声音、视频等非数值型数据也都是计算机可以处理的数据。

2．数据元素（Data Element）

数据元素是数据中的一个"个体"，是数据的基本单位。在有些情况下，数据元素也称为元素、结点、顶点、记录等。数据元素用于完整地描述一个对象。

例如，一个学生的记录、棋盘中的一个格局、图中的一个顶点等都是一个数据元素。

3．数据项（Data Item）

数据项是组成数据元素的有特定意义的不可分割的最小单位。如构成一个数据元素的字段、域、属性等都可称之为数据项。数据元素是数据项的集合。

例如，学生信息表中的学号、姓名、性别、专业等即为数据项。

4．数据对象（Data Object）

数据对象是具有相同性质的数据元素的集合，是数据的一个子集。

例如，非负整数数据对象是自然数集合 N={0,1,2,…}，英文小写字母数据对象是字符集合 $C = \{'a','b',…,'z'\}$ 等。

5．数据结构（Data Structure）

数据结构通过抽象的方法研究一组有特定关系的数据的存储与处理。数据结构主要研究三个方面的内容，如图 1.3 所示。

① 数据之间的逻辑关系，即数据的逻辑结构；
② 数据及其逻辑关系如何在计算机中存储与实现，即数据的存储结构；
③ 在某种存储模式下，对数据施加的操作是如何实现的，即运算实现。

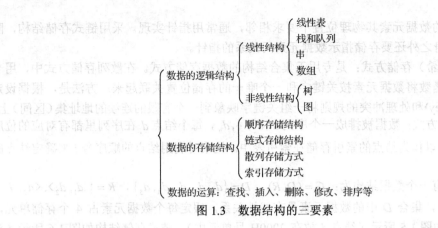

图 1.3 数据结构的三要素

6. 数据的逻辑结构

数据的逻辑结构讨论的是数据元素间的逻辑关系，与存储实现无关，是独立于计算机的。常见的逻辑结构如下。

① 集合结构：数据元素间的次序是任意的。数据元素之间除"属于同一集合"的联系外，没有其他的逻辑关系，如图1.4（a）所示。

② 线性结构：数据元素为有序序列。数据元素之间存在着一种一对一的关系。这种结构的特征是，若结构是非空集，那么，除第一个和最后一个数据元素外，其余数据元素都有且只有一个直接前驱（元素）和一个直接后继（元素），如图1.4（b）所示。

③ 树结构：数据元素之间存在着一种一对多的关系。在这种结构中，除一个特殊的结点（根结点）外，其他所有结点都有且仅有一个前驱（结点）和零至多个后继（结点），如图1.4（c）所示。

④ 图结构：数据元素之间存在着一种多对多的关系。在这种结构中，所有结点均可以有多个前驱（结点）和多个后继（结点），如图1.4（d）所示。图结构也称为网状结构。

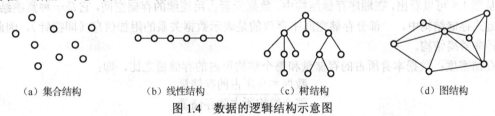

（a）集合结构　　　　（b）线性结构　　　　（c）树结构　　　　（d）图结构

图 1.4 数据的逻辑结构示意图

数据（逻辑）结构可形式化定义为：Data_Structure=(D, R)。在数据结构的二元组中，D 是数据元素的有限集合，R 是 D 上的关系的有限集合。其中，每个关系都是从 D 到 D 的关系。在表示每个关系时，用尖括号表示有向关系，如<a,b>表示存在结点 a 到结点 b 之间的关系；用圆括号表示无向关系，如(a,b)表示既存在结点 a 到结点 b 之间的关系，又存在结点 b 到结点 a 之间的关系。

7. 数据的存储结构

讨论数据结构的目的是在计算机中存储数据并实现对它的操作，因此还需要研究数据及其逻辑关系如何在计算机中存储与实现，即数据的存储结构（也称物理结构）。常用的存储结构说明如下。

① 顺序存储结构：借助数据元素在存储器中的相对位置来表示数据元素之间的关系，通常用数组实现。

② 链式存储结构：借助表示数据元素存储地址的指针显式地指出数据元素之间的逻辑关

系，逻辑上相邻的数据元素其物理位置不要求相邻，通常用指针实现。采用链式存储结构，除存储数据元素本身之外还要存储指示数据元素间关系的指针。

③ 散列（哈希）存储方式：是专用于集合结构的数据存储方式。在散列存储方式中，用一个散列（哈希）函数将数据元素按关键字和一个唯一的存储位置关联起来。方法是，根据设定好的散列函数 $f(key)$ 和处理冲突的规则将一组关键字映象到一个有限的连续的地址集（区间）上。

④ 索引存储方式：数据被排成一个序列 $d_1, d_2, \cdots, d_n$，每个结点 d_i 在序列里都有对应的位序 $i(1 \leq i \leq n)$，位序可以作为结点的索引存储在索引表中。检索时利用结点的顺序号 i 来确定结点的存储地址。

【例1.4】 有一个数据结构为：$G=(D,R)$，$D=\{d_1,d_2,d_3,d_4,d_5\}$，$R=\{\langle d_1,d_2\rangle,\langle d_2,d_3\rangle,\langle d_3,d_4\rangle,\langle d_4,d_5\rangle\}$，集合 D 中的数据元素具有线性关系，假定每个数据元素占 4 个存储单元，则顺序存储结构如图 1.5 所示（结点 d_1 放在 2000H 号单元中），链式存储结构如图 1.6 所示（头指针 head 指向 2040H 号单元）。

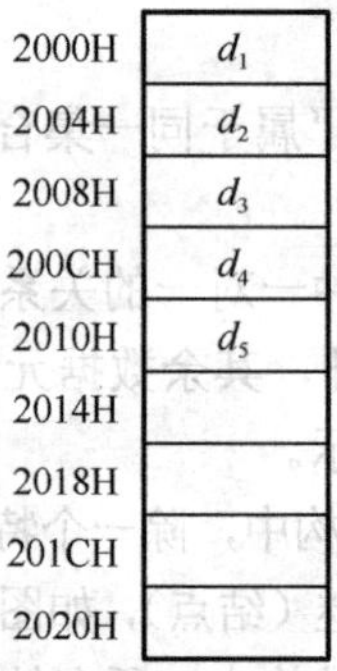

2000H	d_1
2004H	d_2
2008H	d_3
200CH	d_4
2010H	d_5
2014H	
2018H	
201CH	
2020H	

图 1.5 顺序存储结构

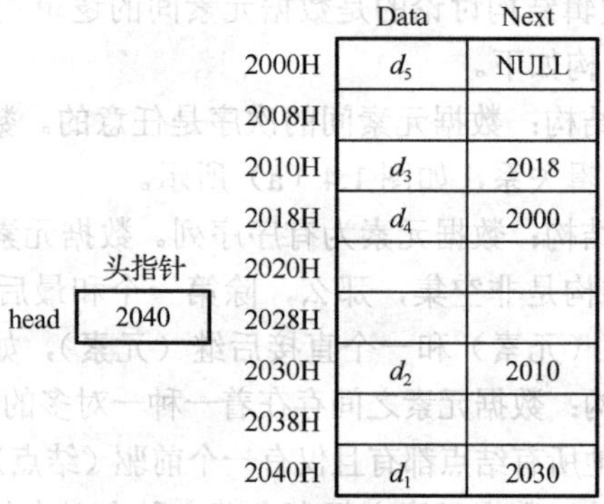

头指针 head | 2040

	Data	Next
2000H	d_5	NULL
2008H		
2010H	d_3	2018
2018H	d_4	2000
2020H		
2028H		
2030H	d_2	2010
2038H		
2040H	d_1	2030

图 1.6 链式存储结构

从图 1.5 可以看出，在顺序存储结构中，数据元素占用连续的存储空间，它是一种紧凑结构。而在链式存储结构中，一部分存储空间中存放的是表示数据关系的附加信息（即指针），因此这是一种非紧凑结构。

存储密度：数据本身所占的存储量和整个结构所占的存储量之比，即：

$$d = \frac{数据本身所占的存储量}{整个结构所占的存储量}$$

由此可见，紧凑结构的存储密度可以达到 1，非紧凑结构的存储密度小于 1。存储密度越大，存储空间的利用率越高。但是，非紧凑结构中存储的附加信息会给某些运算带来极大的方便，例如，在进行插入、删除等运算时，链式存储结构比顺序存储结构就方便得多。非紧凑结构牺牲了存储空间，换取了时间。

同一个逻辑结构可以采用不同的存储结构实现，如何选择合适的存储结构要根据实际的需求和具体应用而确定。

8．数据的运算

① 创建：创建某种数据结构。
② 清除：删除数据结构。
③ 插入：在数据结构指定的位置插入一个新数据元素。
④ 删除：将数据结构中的某个数据元素删去。
⑤ 搜索：在数据结构中搜索满足特定条件的数据元素。

⑥ 更新：修改数据结构中某个数据元素的值。
⑦ 访问：访问数据结构中的某个数据元素。
⑧ 遍历：按照某种顺序访问数据结构中的每个数据元素，使每个数据元素恰好被访问一次。

自测题 1. 在数据结构中，从逻辑上可以将之分为（　　）。
A．动态结构和静态结构　　　　　　B．紧凑结构和非紧凑结构
C．内部结构和外部结构　　　　　　D．线性结构和非线性结构
【2005 年中南大学】
【参考答案】D

自测题 2. 已知表头元素为 c 的单链表在内存中的存储状态如下表所示。

地址	元素	链接地址
1000H	a	1010H
1004H	b	100CH
1008H	c	1000H
100CH	d	NULL
1010H	e	1004H
1014H		

现将 f 放于 1014H 处并插入单链表中，若 f 在逻辑上位于 a 和 e 之间，则 a，e，f 的链接地址依次是（　　）。
A．1010H, 1014H, 1004H　　　　　B．1010H, 1004H, 1014H
C．1014H, 1010H, 1004H　　　　　D．1014H, 1004H, 1010H
【2012 年全国统一考试】
【参考答案】D

1.3　算法和算法分析

Pascal 之父、结构化程序设计的先驱 Niklaus Wirth 教授于 1984 年凭借一本专著获得了图灵奖，这本专著的名字是 "*Algorithms + Data Structures = Programs*"（算法+数据结构=程序），这里的数据结构指的是数据的逻辑结构和存储结构，而算法则是对数据运算的描述。由此可见，算法与数据结构关系紧密，选择的数据结构是否恰当将直接影响算法的效率，而数据结构的优劣由算法的执行来体现。程序设计的实质是，对要处理的实际问题选择一种合适的数据结构，再设计一个好的算法。

1.3.1　算法的定义及特性

算法（Algorithm）是对特定问题求解步骤的一种描述，是指令的有限序列。其中每条指令表示一个或多个操作。简单地说，算法就是解决特定问题的方法。描述一个算法可以采用文字叙述，也可以采用传统流程图、N-S 图或 PAD 图等。本书采用 C++语言描述。

算法与数据结构的关系紧密，在进行算法设计时首先要确定相应的数据结构。如果在 100 个杂乱无章的数中查找一个给定的数，则只能用顺序查找的方法，效率较低。但是，如果这 100 个数已经按照从小到大的顺序排列好，则可以采用折半查找的方法，这显然比顺序查找的效率要高得多。

一个算法具有下列重要特性。

（1）有穷性：算法只执行有限步，并且每步应该在有限的时间内完成。这里"有限"的概念不是纯数学的，而是指在实际应用中合理的和可接受的。例如，一个简单的算法程序不应该在一个月的计算时间内还不能完成。

以下算法不符合有穷性。

[代码 1.1]
```
void loopforever {
    while(1)
        cout<<"do nothing";
}
```

（2）确定性：算法中的每条指令必须有确切的含义，无二义性。在任何条件下，算法只有唯一的一条执行路径，即对于相同的输入只能得出相同的输出。

（3）可行性：算法中描述的操作都必须足够基本，也就是说，可以通过已经实现的基本运算执行有限次来实现。

例如，"把两个变量交换"和"将变量 a 的值增 1"的算法，就是足够基本的，是可行的；而"把两个变量 a 和 b 的最大公因子 s 送给变量 c"的算法就不是足够基本的，是不可行的。

（4）输入：算法具有零个或多个输入，也就是说，算法必须有加工的对象。输入取自特定的数据对象的集合。输入的形式可以是显式的，也可以是隐式的。有时，输入可能被嵌入在算法中。

（5）输出：算法具有一个或多个输出。这些输出与输入之间有某种确定的关系。这种确定关系就是算法的功能。举例如下。

[代码 1.2]
```
int getsum(int num) {
    int sum = 0;
    for (i = 1;i <= num; i++)
        sum += i;
    return sum;
}
```

无输出的算法没有任何意义。

算法和程序十分类似，但是也有区别：

① 在执行时间上，算法所描述的步骤一定是有限的，而程序可以无限地执行下去。因此程序并不需要满足上述的第一个条件（有穷性）。例如，操作系统程序是一个在无限循环中执行的程序，因而不是一个算法。

② 在语言描述上，程序必须采用规定的程序设计语言来书写，而算法没有这种限制。

1.3.2 算法的设计要求

要设计一个好的算法通常要考虑达到以下目标。

（1）正确性（Correctness）。算法的执行结果应当满足预先规定的功能和性能要求。正确性是设计和评价一个算法的首要条件。如果一个算法不正确，则不能完成所要求的任务，其他方面也就无从谈起。一个正确的算法，是指在合理的数据输入下，能够在有限的运行时间内得出正确的结果。采用各种典型的输入数据，上机反复调试算法，使得算法中的每段代码都被测试过，若发现错误则及时纠正，最终可以验证出算法的正确性。当然，要从理论上验证一个算法的正确性，并不是一件容易的事，也不属于本课程所研究的范围，故不进行讨论。

（2）可读性（Readability）。是指算法描述的可读性。算法描述主要是为了方便人的阅读与交流，其次才是让计算机执行。因此算法描述应该思路清晰、层次分明、简捷明了、易读易懂，必要的地方加以注释。此外，晦涩难懂的算法描述易于隐藏较多的错误而难以调试和修改。可读性还要求对算法描述中出现的各种自定义变量和类型做到"见名知义"，即读者一看到每个变量（或类型名）就知道其功用。总之，算法描述的可读性不仅能让读者理解算法的设计思想，同时也可以方便算法的维护。

（3）健壮性（Robustness）。这是指一个算法对不合理（又称不正确、非法、错误等）的数据输入的反应和处理能力。一个好的算法应该能够识别错误数据并进行相应的处理。对错误数据的处理一般包括打印错误信息、调用错误处理程序、返回标识错误的特定信息、终止程序运行等。对错误输入数据进行适当处理，使得不至于引起严重后果。例如，数组都是有上下界的，当访问的下标越过该界限时，系统应该给出保护性错误提示，如直接返回一个错误指示，以避免"数组越界的错误"。

（4）高效性（Efficiency）。算法应有效地使用存储空间并且有较高的时间效率。两者都与问题的规模有关。

1.3.3 算法效率的衡量方法

解决同一个问题，可能存在多个算法，而最重要的计算资源是时间和空间，因此，评价一个算法优劣的重要依据是：程序所用算法运行时花费的时间代价和程序中使用的数据结构占有的空间代价。算法设计者需要在两者之间折中。进行算法性能分析的目的是寻找高效的算法来解决问题，提高工作效率。那么，如何评估各算法的好坏？或者据此设计出更好的算法呢？

衡量算法效率的方法主要有两大类：算法的事后统计方法（后期测试）和算法的事前分析估算方法。

（1）事后统计方法：利用计算机的时钟进行算法执行时间的统计。在算法中的某些部位插入时间函数 time( ) 来测定算法完成某一功能所花费的时间。这种方法有非常明显的缺陷：首先，必须把算法转变为程序来执行；其次，时间统计依赖于硬件和软件环境，这容易掩盖算法本身的优劣。

（2）事前分析估算方法：用高级语言编写的程序，其运行时间主要取决于以下因素。

① 算法选用的策略。

② 问题的规模。随着问题涉及的数据量增大，处理起来会越来越困难、复杂。我们用问题规模来描述数据量增大程度。规模越大，消耗时间越多。例如，求 100 以内的质数和求 10000 以内的质数，其执行时间显然是不同的。

③ 编写程序的语言。对于同一个算法，实现语言的级别越高，其执行效率就越低。

④ 编译程序所产生的目标代码的质量。对于代码优化较好的编译程序，其所生成的程序质量较高。

⑤ 机器执行指令的速度。

显然，上述因素中后面三个与算法设计是无关的。也就是说，同一个算法用不同的语言实现，或者用不同的编译程序进行编译，又或者在不同的计算机上运行，其效率均不相同。这表明，使用绝对的时间单位来衡量算法的效率是不合适的。去掉这些与计算机硬件、软件有关的因素，可以认为，一个特定算法的"运行工作量"的大小，只依赖于问题的规模（通常用整数 n 来表示），或者说：它是问题规模的函数。

1.3.4 算法的时间复杂度

算法的时间复杂度（Time Complexity）：$T(n)$是该算法的时间耗费，是其所求解问题规模n的函数。当问题规模n趋向无穷大时，不考虑具体的运行时间函数，只考虑运行时间函数的数量级（阶），这称为算法的渐进时间复杂度（Asymptotic Time Complexity）。

渐进表示法的常用记法如下。

① 大 O 表示法 $T(n) = O(f(n))$

说明：存在常量$c > 0$和正整数$N_0 \geq 1$，当$n \geq n_0$时有$T(n) \leq cf(n)$，即给出了时间复杂度的上界，不可能比$cf(n)$更大。

② 大 Ω 表示法 $T(n) = \Omega(f(n))$

说明：存在常量$c > 0$和正整数$n_0 \geq 1$，当$n \geq n_0$时有$T(n) \geq cf(n)$，即给出了时间复杂度的下界，不可能比$cf(n)$更小。

③ 大 Θ 表示法 $T(n) = \Theta(f(n))$

说明：存在常量$c > 0$和正整数$n_0 \geq 1$，当$n \geq n_0$时有$T(n) = cf(n)$，即$T(n) = O(f(n))$与$T(n) = \Omega(f(n))$都成立，给出了时间复杂度的上界和下界。

上述渐进表示法表示随问题规模n的增大，算法执行时间的增长率和数量级函数$f(n)$的增长率是相同的。在进行具体算法分析时，往往对算法的时间复杂度和渐进时间复杂度不予区分，而将渐进时间复杂度大 O 表示法 $T(n) = O(f(n))$ 简称为时间复杂度。图 1.7 给出了大 O 表示法、大 Ω 表示法及大 Θ 表示法的图示。

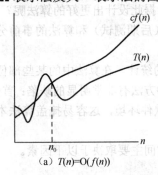
(a) $T(n)=O(f(n))$
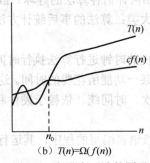
(b) $T(n)=\Omega(f(n))$
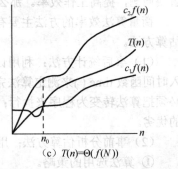
(c) $T(n)=\Theta(f(N))$

图 1.7 渐进表示法的图示

计算时间复杂度的基本原则如下。

① 在程序中找出最复杂、运行时间最长的程序段，计算它的时间复杂度，也就是整个程序的时间复杂度。

② 数量级函数$f(n)$的选择：通常选择比较简单的函数形式，并忽略低次项和系数。

常见的时间复杂度及其关系如下：

$O(1) < O(\log n)$[①]$< O(n) < O(n\log n) < O(n^2) < O(n^3) \cdots < O(n^k) < O(2^n) < O(3^n) < O(n!) \cdots$

【例 1.5】 时间复杂度的计算。假设某算法的时间函数为$T(n) = (n+1)^2 = n^2 + 2n + 1$，求该算法的时间复杂度。

因为当$N_0 = 1$及$c = 4$时，$T(n) \leq cn^2$成立，所以$T(n) = O(n^2)$。

---

① 为简单表示，本书中用 $\log n$ 表示以 2 为底的对数 $\log_2 n$，以下不再说明。

可见，大 O 表示法取运行时间函数的主项，并忽略低次项和系数。

【例 1.6】 假定有两个算法 A 和 B 求解同一个问题，它们的时间函数分别是 $TA(n) = 100n^2$，$TB(n) = 5n^3$，它们的时间复杂度分别记为 $O(n^2)$ 和 $O(n^3)$，那么算法 A 一定比算法 B 慢吗？

分析：

① 当输入量较小（如 $n < 20$）时，有 $TA(n) > TB(n)$，算法 B 比算法 A 花费的时间少。

② 随着问题规模 n 的增大，两个算法的时间开销之比 $5n^3/(100n^2) = n/20$ 也随着增大。也就是说，当问题规模较大时，算法 A 比算法 B 要有效得多。

算法主要由程序的控制结构（顺序，分支，循环）和原操作构成，算法的运行时间主要取决于两者。具体而言：从算法中选取一种对于所研究的问题来说是基本操作的原操作，然后以该基本操作在算法中重复执行的次数作为算法运行时间的衡量准则。在多数情况下，基本操作就是最深层循环内的原操作，它的执行次数和包含它的语句的频度相同。语句的频度（Frequency Count）指的是该语句重复执行的次数。

【例 1.7】 分析下述程序段的时间复杂度。

[代码 1.3]
```
{ ++x; s=0; }
```
本例选取 "++x;" 为基本操作，语句频度为 1，则时间复杂度为 O(1)，即常量阶。

【例 1.8】 分析下述程序段的时间复杂度。

[代码 1.4]
```
for(j=1; j<=10000; ++j){
    ++x; s+=x;
}
```
本例选取 "++x;" 为基本操作，语句频度为 10000，则时间复杂度为 O(1)，即常量阶。

【例 1.9】 分析下述程序段的时间复杂度。

[代码 1.5]
```
s=0;
for(j=1; j<=n; j*=2)
    ++x;
```
本例选取 "++x;" 为基本操作，语句频度为 $\log n$，则时间复杂度为 $O(\log n)$，即对数阶。

【例 1.10】 分析下述程序段的时间复杂度。

[代码 1.6]
```
for(i=1; i<=2*n; ++i) {
    ++x; s+=x;
}
```
本例选取 "++x;" 为基本操作，语句频度为 $2 \times n$，则时间复杂度为 $O(n)$，即线性阶。

【例 1.11】 分析下述程序段的时间复杂度。

[代码 1.7]
```
for(j=1; j<=n; ++j){
    for(k=1; k<=n/4; ++k) {
        ++x; s+=x;
    }
}
```
本例选取 "++x;" 为基本操作，语句频度为 $n \times n/4$，则时间复杂度为 $O(n^2)$，即平方阶。

【例1.12】 分析下述程序段的时间复杂度。

[代码1.8]
```
s=0;
for(j=1; j<=n; j++)
    for(k=1; k<=j; ++k)
        ++x;
```

本例选取"++x;"为基本操作，语句频度为 $(1+n)\times n/2$，则时间复杂度为 $O(n^2)$，即平方阶。

但是，并非所有的双重循环的时间复杂度都是 $O(n^2)$ 的，下面举例说明。

【例1.13】 分析下述程序段的时间复杂度。

[代码1.9]
```
for(j=1; j<n; j*=2){
    for(k=1; k<=n; ++k) {
        ++x; s+=x;
    }
}
```

本例选取"++x;"为基本操作，外层循环每循环一次 j 就乘以 2，直至 j<n 条件不满足为止，所以外层循环的循环体共执行 $\log n$ 次，而内层循环的循环体的执行次数总是 n 次。因此"++x;"的语句频度为 $\sum_{j=1}^{\log n} n = n\log n$，则时间复杂度为 $O(n\log n)$，即线性对数阶。

【例1.14】 矩阵相乘。

[代码1.10]
```
for(i = 1; i <= n; i++){
    for(j = 1; j <= n; j++){
        c[i][j] = 0;
        for(k = 1; k <= n; k++)
            c[i][j] = c[i][j] + a[i][k] * b[k][j];
    }
}
```

选取第 3 层循环中的循环体"c[i][j] = c[i][j] + a[i][k] * b[k][j];"为基本操作，语句频度为 n^3，所以该算法的时间复杂度是 $O(n^3)$，即立方阶。

最坏情况下的时间复杂度称为最坏时间复杂度。在不做特别说明时，我们讨论的时间复杂度是最坏情况下的时间复杂度。

【例1.15】 冒泡排序。

[代码1.11]
```
template <class RecType>
void BubbleSort (RecType a[ ],int size){
    RecType temp;
    int i,pass,flag=1;
    for(pass=1; pass<size && flag; pass++){      // 控制比较的趟数
        flag=0;                                   // 假设本趟没有交换发生
        for(i=0; i<size-pass; i++)                // 一趟中两两比较的次数
            if(a[i]>a[i+1]){                      // 若为逆序，则交换
                temp=a[i];
                a[i]=a[i+1];
```

```
            a[i+1]=temp;
            flag=1;                    // 若有交换，则 flag 置为 1
        }
    }
}
```

最好情况：如果待排序序列为正序，则只需要进行一趟冒泡，比较次数为 $n-1$ 次，交换次数为 0 次，最好情况下的时间复杂度为 $O(n)$。

最坏情况：如果待排序序列为逆序，则需要进行 $n-1$ 趟冒泡，比较次数为 $\sum_{i=n}^{2}(i-1) = n(n-1)/2$；交换次数为 $n(n-1)/2$，即进行 $3n(n-1)/2$ 次赋值。因此，冒泡排序算法的时间复杂度取最坏情况下的时间复杂度为 $O(n^2)$。

【例 1.16】 求数组中最大连续子序列之和，如果所有子序列之和都是负数，则返回 0。

数组 A={-2,11,-4,13,-5,-2}，其最大连续子序列之和为 20，即 11+(-4+13)=20。
数组 B={1,3,-2,4,-5}，其最大连续子序列之和为 6，即 1+3+(-2)+4=6。
数组 C={-1,-2,-3,-5,-4}，其最大连续子序列之和为 0。

方法 1：求出所有连续子序列之和，然后从中选取最大值。因为最大连续子序列之和只可能从数组下标 0～length-1 中某个位置开始，所以我们按照如图 1.8 所示的下标范围分别求各子序列之和。

$$[0,0], [0,1], \cdots, [0, \text{length}]$$
$$[1,1], [1,2], \cdots, [1, \text{length}]$$
$$\cdots$$
$$[\text{length}-1, \text{length}-1]$$

图 1.8 各子序列的下标范围

[代码 1.12]
```
int maxSubSum1(int array[] , int length) {
    int i, maxSum = 0, start, end;
    // start 为待求和的子序列的起始下标，end 为结束下标
    for(start = 0; start < length; start++) {
        for(end = start; end < length; end++) {
            int thisSum = 0;
            // thisSum 统计当前子序列 array[start]~array[end]之和
            for(i = start; i <= end; i++) {
                thisSum += array[i];
            }
            // 若 thisSum 大于之前得到的最大子序列之和，则更新 maxSum
            if(thisSum > maxSum) {
                maxSum = thisSum;
            }
        }
    }
    return maxSum;
}
```

方法 1 的时间复杂度为 $O(n^3)$。

方法 2：算法设计的一个重要原则就是"不要重复做事"。在方法 1 中，对 array[start]～array[end] 子序列求和，可以由上一次求和 array[start]～array[end-1] 的结果加上 array[end] 得到，从而不用

从头开始计算。

[代码 1.13]
```
int maxSubSum2(int array[], int length) {
    int maxSum = 0, start, end;
    for(start = 0; start < length; start++) {
        int thisSum = 0;
        for(end = start; end < length; end++) {
            // 已求得的 array[start]~array[end-1]子序列之和加上 array[end]
            // 得到 array[start]~array[end]子序列之和
            thisSum += array[end];
            if(thisSum > maxSum)
                maxSum = thisSum;
        }
    }
    return maxSum;
}
```

方法 2 的时间复杂度是 $O(n^2)$。

方法 3：因为最大连续子序列之和只可能以 0~length-1 中某个下标结尾，所以当遍历到下标是 i 的数据元素时，若 array[i]和前面的连续子序列之和 thisSum 相加的结果小于 0，则 thisSum 不满足题目要求，应舍弃，将 thisSum 重置为 0。若 array[i]和前面的连续子序列之和 thisSum 相加的结果大于等于 0，则保留，并用 thisSum 和 maxSum 进行比较。

[代码 1.14]
```
int maxSubSum3(int array[], int length) {
    int maxSum = 0, thisSum = 0, i;
    for(i = 0; i < length; i++) {
        thisSum += array[i];
        if (thisSum < 0)           // 如果thisSum<0,则表明前几个连续数之和是小于0的
            thisSum = 0;           // 需要计算新的thisSum，因此thisSum = 0
        else if(thisSum > maxSum)
            maxSum = thisSum;
    }
    return maxSum;
}
```

方法 3 的时间复杂度是 $O(n)$。

在子序列求和问题的三个解法中，方法 1 的时间复杂度是立方阶，方法 2 的时间复杂度是平方阶，方法 3 的时间复杂度是线性阶，由此可见，算法的设计非常重要。

自测题 3. 设 n 是描述问题规模的非负整数，下面程序片段的时间复杂度是（   ）。
```
x=2;
while(x<n/2)
    x=2*x;
```
A. $O(\log_2 n)$[①]
B. $O(n)$
C. $O(n\log_2 n)$
D. $O(n^2)$

【2011 年全国统一考试】

---

① 为与真题一致，这里保留 $\log_2 n$ 的形式，以下不再说明。

【参考答案】A

自测题 4. 求整数 $n(n \geq 0)$ 的阶乘的算法如下，其时间复杂度是（　　）。
```
int fact(int n){
    if (n<=1)    return 1;
    return    n*fact(n-1);
}
```
A．$O(\log_2 n)$
B．$O(n)$
C．$O(n\log_2 n)$
D．$O(n^2)$

【2012 年全国统一考试】

【参考答案】B

自测题 5. 下列程序段的时间复杂度是（　　）。
```
count=0;
for(k=1; k<=n; k*=2)
    for(j=1; j<=n; j+=1)
        count++;
```
A．$O(\log_2 n)$
B．$O(n)$
C．$O(n\log_2 n)$
D．$O(n^2)$

【2014 年全国统一考试】

【参考答案】C

自测题 6. 下列函数的时间复杂度是（　　）。
```
int func(int n)
{
    int i=0,sum=0;
    while( sum<n ) sum += ++i;
    return i;
}
```
A．$O(\log_2 n)$
B．$O(n^{1/2})$
C．$O(n)$
D．$O(n\log_2 n)$

【2017 年全国统一考试】

【参考答案】B

1.3.5　算法的空间复杂度

空间复杂度（Space Complexity），或称为空间复杂性，是指解决问题的算法在运行时所占用的存储空间。这也是衡量算法有效性的一个指标，记为：

$$S(n) = O(g(n))$$

式中，n 为问题的规模（或大小），表示随着问题规模 n 的增大，算法运行所需的存储空间的增长率与函数 $g(n)$ 的增长率相同。

算法的存储空间包括三个部分：程序本身所占的存储空间、输入数据所占的空间以及辅助变量所占的存储空间。再具体一些，也就是进行程序设计时，程序的存储空间、变量占用空间、系统堆栈的使用空间等。也正由此，空间复杂度的度量分为两个部分：固定部分和可变部分。存储空间的固定部分包括程序指令代码所占空间，常数、简单变量、定长成分（如数组元素、结构成分、对象的数据成员等）变量所占空间等。可变部分包括与实例特性有关的成分变量所占空间、引用变量所占空间、递归栈所占空间、通过 new 运算动态使用的空间等。

如果输入数据所占空间只取决于问题本身，和算法无关，则在讨论算法的空间复杂度时只需分析除输入和程序之外的辅助变量所占的额外空间即可。如果所需额外空间相对于输入数据量来说只是一个常数，则称此算法为"原地工作"，此时的空间复杂度为O(1)。如果算法所需的存储空间与特定的输入有关，那么同时间复杂度一样，也要按照最坏的情况进行考虑。

【例 1.17】 斐波那契数列（Fibonacci Sequence）又称黄金分割数列，指的是这样一种数列：1,1,2,3,5,8,13,21,34,…，这个数列从第 3 项开始，每项都等于前两项之和，编写算法输出斐波那契数列的前 n 项。

说明：使用基本整型 int（4B）表示斐波那契数列时，由于取值范围限制，因此 n 的值不应超过 47。

[代码 1.15]

```
int  i, n, pre, next ;
cin >> n ;
pre = next = 1 ;
cout << pre << '\t' << next << '\t';
for ( i = 3; i < n ; i +=2 )
{   pre= pre + next ;
    next = next + pre ;
    cout << pre << '\t' << next << '\t' ;
}
if ( n%2 == 1 )
    cout << pre+next << endl ;
```

[代码 1.16]

```
int  i, n,* fib;
cin >> n;
fib = new int[n];
fib[0] = fib[1] = 1;
cout << fib[0] << '\t' << fib[1] << '\t';
for( i=2 ; i<n ; i++ ) {
    fib[i] = fib[i-2] + fib[i-1] ;
    cout<< fib[i] << '\t' ;
}
delete []fib;
```

上述两个算法的时间复杂度均为 O(n)，而空间复杂度不同：代码 1.15 的空间复杂度为 O(1)；代码 1.16 由于申请了一个大小为 n 的动态数组，因此其空间复杂度为 O(n)。

对于一个算法，其时间复杂度和空间复杂度往往是相互影响的，当追求一个较好的时间复杂度时，可能会使空间性能变差，即可能导致占用较多的存储空间；反之，当追求一个较好的空间复杂度时，可能会使时间性能变差，即可能导致占用较长的运行时间。另外，算法的所有性能之间或多或少都存在着相互影响。因此，当设计一个算法（特别是大型算法）时，需要综合考虑算法的各项性能、算法的使用频率、算法处理的数据量大小、算法描述语言的特性、算法运行的机器系统环境等诸多因素，通过权衡利弊才能够设计出理想的算法。

1.4 抽象数据类型

当我们使用计算机来解决一个具体问题时，一般需要分析、研究计算机加工的对象的特性，获得其逻辑结构，根据需求选择合适的存储结构，并设计相应的算法。为了形象直观地描述数据结构，这里引入抽象数据类型（Abstract Data Type，ADT）的概念。

抽象数据类型和高级语言中的数据类型实质上是一个概念，是指一个数学模型以及定义在该模型上的一组操作。例如，各个计算机系统都拥有的"整数"类型其实也是一个抽象数据类型，因为尽管它们在不同的处理器中实现的方法可能不同，但由于其定义的数学特性相同，在用户看来都是相同的，因此，"抽象"的意义在于数据类型的数学抽象特性。

抽象数据类型包含一般数据类型的概念，但其含义比一般数据类型更广、更抽象。一般数据类型通常由具体语言系统内部定义，直接提供给用户定义数据并进行相应的运算，因此也称它们为系统预定义数据类型。抽象数据类型通常由用户根据已有数据类型定义，包括定义其所包含的数据（数据结构）和在这些数据上所进行的操作。在定义抽象数据类型时，就是定义其数据的逻辑结构和操作说明，而不必考虑数据的存储结构和操作的具体实现（即具体操作代码），使得抽象数据类型具有很好的通用性和可移植性，便于用任何一种语言，特别是面向对象的语言实现。

使用抽象数据类型可以更容易地描述现实世界。例如，用线性表抽象数据类型描述学生成绩表，用树或图抽象数据类型描述遗传关系以及城市道路交通图等。抽象数据类型的特征是，使用与实现相分离，实行封装和信息隐蔽。就是说，在抽象数据类型设计时，把类型的定义与其实现分离开来。

和数据结构的形式定义相对应，抽象数据类型可用以下三元组表示：

$$(D, R, P)$$

其中，D 是数据对象，即具有相同特性的数据元素（以下简称元素）的集合，R 是 D 上的关系集合，P 是对 D 的基本操作集合。

抽象数据类型的伪代码定义格式如下：

```
ADT 抽象数据类型名 {
    数据对象 D:〈数据对象的定义〉
    数据关系 R:〈数据关系的定义〉
    基本操作 P:〈基本操作的定义〉
}ADT 抽象数据类型名
```

线性表的抽象数据类型用伪代码描述如下：

```
ADT List {
    数据对象:D={a_i | a_i∈ElemSet, i=1,2,…,n, n≥0}
    数据关系:R={<a_{i-1}, a_i> | a_i, a_{i-1}∈D, i=2,…,n}
    基本操作:
    清空线性表:clear();
    判空线性表:empty();
    求线性表的长度:size();
    遍历线性表:traverse();
    逆置线性表:inverse();
    插入:insert(p, value);
    删除:remove(p);
    定位查找:search(value);
    取表元素:visit(i);
}ADT List
```

随着程序设计的发展，数据结构的发展经历了三个阶段：无结构阶段、结构化阶段和面向对象阶段。本书采用C++语言描述抽象数据类型和算法，C++语言作为一种面向对象的程序设计语言,是在吸收结构化程序设计语言的优点的基础上发展起来的。面向对象的程序设计方法,其本质是把数据和处理数据的过程抽象成一个具有特定身份和某些属性的自包含实体,即对象。

计算机科学家 N. Wirth 教授曾经提出一个著名的公式"算法+数据结构=程序",这个公式在软件开发的进程中产生了深远的影响,但是,它并没有强调数据结构与解决问题的算法是一个整体,因此在面向对象程序设计阶段,有人主张将它修改为:

  程序=对象+对象+……
  对象=数据结构+算法

在后续章节中,将采用 C++语言中的"抽象类"来描述数据结构的抽象数据类型。例如,线性表的抽象数据类型用抽象类描述如下:

```
template<class T>
class List{
public:
    virtual void clear()=0;                        // 清空线性表
    virtual bool empty()const=0;                   // 判空,表空返回 true,非空返回 false
    virtual int size()const=0;                     // 求线性表的长度
    virtual void insert(int i,const T &value)=0;   // 在位序 i 处插入元素,值为 value
    virtual void remove(int i)=0;                  // 在位序 i 处删除元素
    virtual int search(const T&value)const=0;      // 查找值为 value 的元素第一次出现的位序
    virtual T visit(int i)const=0;                 // 查找位序为 i 的元素并返回其值
    virtual void traverse()const=0;                // 遍历线性表
    virtual void inverse()=0;                      // 逆置线性表
    virtual ~List(){};
};
```

习题

一、选择题

1. 数据结构通常是研究数据的(　　　)及它们之间的相互联系。
   A. 存储结构和逻辑结构　　　　　B. 存储和抽象
   C. 联系和抽象　　　　　　　　　D. 联系与逻辑
2. 数据元素之间没有任何逻辑关系的是(　　　)。
   A. 图结构　　　　　　　　　　　B. 线性结构
   C. 树结构　　　　　　　　　　　D. 集合
3. 非线性结构中的每个结点(　　　)。
   A. 无直接前驱结点
   B. 无直接后继结点
   C. 只有一个直接前驱和一个直接后继结点
   D. 可能有多个直接前驱和多个直接后继结点
4. 链式存储结构所占存储空间(　　　)。
   A. 分为两部分,一部分存放结点的值,另一部分存放表示结点间关系的指针
   B. 只有一部分存放结点的值
   C. 只有一部分存储表示结点间关系的指针

5. 算法的计算量大小称为算法的（　　）。
   A．效率　　　　　　　　　　　　　B．难度
   C．时间复杂度　　　　　　　　　　D．空间复杂度
6. 算法分析的目的是（　　）。
   A．找出数据结构的合理性　　　　　B．研究算法中的输入和输出的关系
   C．分析算法的效率以求改进　　　　D．分析算法的可读性和文档特点

二、填空题

1. 常见的数据结构有集合、线性结构、_____结构、_____结构。
2. 算法的 5 个重要特性是有穷性、_____、可行性、输入、_____。
3. 评价算法的优劣，主要考虑算法的_____和_____这两方面。
4. 线性结构中元素之间存在_____关系，树结构中元素之间存在_____关系，图结构中元素之间存在_____关系。

三、判断题

1. 程序和算法没有区别。
2. 算法可以没有输出。
3. 数据的逻辑结构与数据元素本身的内容和形式无关。
4. 抽象数据类型与计算机内部表示和实现无关。

四、应用题

1. 数据存储结构包括哪几种类型？数据逻辑结构包括哪几种类型？
2. 算法的 5 个重要特征是什么？
3. 在编制管理通讯录的程序时，什么样的数据结构合适？为什么？
4. 有实现同一功能的两个算法 A1 和 A2，其中 A1 的时间复杂度为 $T1 = O(2^n)$，A2 的时间复杂度为 $T2 = O(n^2)$，仅就时间复杂度而言，请具体分析这两个算法哪一个更好。

五、算法设计题

1. 已知输入 x, y, z 三个不相等的整数，设计一个"高效"算法，使得这三个数按从小到大的顺序输出。"高效"的含义是，元素比较次数、元素移动次数和输出次数最少。
2. 在数组 A[n]中查找值为 k 的元素，若找到则输出其位置 i(i>=1 且 i<=n)，否则输出 0 作为标志。设计算法求解此问题，并分析其时间复杂度。
3. 公元前 5 世纪，我国古代数学家张丘建在《算经》一书中提出了"百鸡问题"：鸡翁一值钱五，鸡母一值钱三，鸡雏三值钱一。百钱买百鸡，问鸡翁、鸡母、鸡雏各几何？请设计一个"高效"的算法求解。

第2章 线性表

线性结构是最简单、最常用的数据结构，其特点是数据元素之间的逻辑关系是线性关系。线性结构是数据元素间约束力最强的一种数据结构：在非空线性结构的有限集合中，存在唯一一个被称为"第一个"的数据元素；存在唯一一个被称为"最后一个"的数据元素；除"第一个"数据元素无前驱外，集合中的每个数据元素均有且只有一个"直接"前驱；除"最后一个"元素无后继外，集合中的每个数据元素均有且只有一个"直接"后继。为简单起见，在以后的讨论中，经常省略"直接"，就称为前驱和后继。

第2章到第5章讨论的都是线性结构。其中，第3章讨论的栈和队列是操作受限的线性结构。第4章讨论的串是数据元素为字符的线性结构。第5章讨论的数组是数据元素为线性表的扩展的线性结构。

本章主要讨论线性表的逻辑结构定义及其运算，线性表的存储结构及其运算的实现，循环链表和双链表。

本章学习目标：
- 理解线性表的基本概念；
- 掌握顺序表的结构特点和实现方法，掌握顺序表中数据元素存储地址的计算方法；
- 掌握单链表的结构特点和实现方法，理解头结点的意义和用途；
- 掌握循环链表和双链表的结构特点和实现方法；
- 能综合比较线性表在顺序和链式两种存储结构下的特点。

2.1 线性表的类型定义

2.1.1 线性表的概念

线性表是一种线性结构。它是最简单、最基本，也是最常用的一种线性结构。简单说，一个线性表是 n 个数据元素（以下简称元素）的有限序列，元素可以是各种各样的，但必须具有相同性质，属于同一种数据对象。例如，某校自2010年以来的招生人数，可以用线性表表示如下：

(5050,5380,5600,6000,6200,6560,6790,7000)

表中，元素都是正整数，不允许出现非正整数的元素。

在较为复杂的线性表中，一个元素可以由若干数据项（item）组成。这种线性表中的元素也常称为记录（record）。为了方便以后的使用，含有大量记录的线性表往往存放在外部存储介质上，称为文件（file）。

例如，学生成绩表如表2.1所示。该线性表中每个元素都是一个学生的成绩，也可以看成一个记录，由学号、姓名、数据结构、操作系统、高等数学、电路、英语共7个数据项组成。从表中可以看出，每个元素（记录）都有相同的数据项，各个数据项具有自己的数据类型。本书中不讨论元素具有不同数据类型的线性表。

表 2.1 学生成绩表

学号	姓名	数据结构	操作系统	高等数学	电路	英语
04180101	张一	90	87	95	85	92
04180102	王二	84	95	86	82	88
04180103	李三	79	84	90	87	90
04180104	赵四	92	93	84	90	95
……	……	……	……	……	……	……

线性表的概念和术语说明如下。

（1）线性表（Linear_List）是具有相同数据类型的 $n(n \geq 0)$ 个元素的有限序列，通常记为：

$$(a_0, a_1, \ldots, a_{i-1}, a_i, a_{i+1}, \ldots, a_{n-1})$$

表中相邻元素之间存在着顺序关系，a_{i-1} 先于 a_i，a_i 先于 a_{i+1}，称 a_{i-1} 是 a_i 的前驱，a_{i+1} 是 a_i 的后继。也就是说，在这个集合中，除 a_0 和 a_{n-1} 外，每个元素都有唯一的前驱和后继。而 a_0 是表中第一个元素，只有后继没有前驱；a_{n-1} 是最后一个元素，只有前驱没有后继。

（2）线性表中元素的个数 $n(n \geq 0)$ 称为线性表的长度，当 $n = 0$ 时称为空表。

（3）a_0 称为首结点，a_{n-1} 称为尾结点。

（4）在非空线性表中，每个元素都有一个确定位置，设 $a_i(0 \leq i \leq n-1)$ 是线性表中的元素，则称 i 为元素 a_i 在线性表中的位序（位置）。

2.1.2 线性表的抽象数据类型

在第 1 章中提到，抽象数据类型是指数据结构及其上的操作。数据结构的操作是定义在逻辑结构层次上的，而操作的具体实现是建立在存储结构上的，因此线性表的基本操作作为逻辑结构的一部分定义在抽象类中。每个操作的具体实现只有在确定了线性表的存储结构之后才能完成。

线性表的抽象数据类型定义如下：

```
template<class T>
class List{
public:
    virtual void clear()=0;                          // 清空线性表
    virtual bool empty()const=0;                     // 判空，表空返回 true，非空返回 false
    virtual int size()const=0;                       // 求线性表的长度
    virtual void insert(int i,const T &value)=0;     // 在位序 i 处插入值为 value 的元素
    virtual void remove(int i)=0;                    // 删除位序 i 处的元素
    virtual int search(const T&value)const=0;        // 查找值为 value 的元素第一次出现的位序
    virtual T visit(int i)const=0;                   // 查找位序为 i 的元素并返回其值
    virtual void traverse()const=0;                  // 遍历线性表
    virtual void inverse()=0;                        // 逆置线性表
    virtual ~List() {};
};
```

自定义异常处理类：

```
class outOfRange:public exception {               // 用于检查范围的有效性
public:
    const char* what()const throw() {  return "ERROR! OUT OF RANGE.\n"; }
```

```
    class badSize:public exception {            // 用于检查长度的有效性
    public:
        const char* what()const throw() { return "ERROR! BAD SIZE.\n"; }
    };
```

以上线性表的抽象数据类型中定义的运算，是一些常用的基本运算。针对具体应用的不同需求，在线性表的抽象数据类型中可以增加或者删除一些运算，例如，查找某个元素的前驱；查找某个元素的后继；复制线性表；将两个或多个线性表合并成一个线性表；将一个线性表拆分成两个或两个以上的线性表；将线性表中元素按某个数据项的递增或递减顺序重新排列等。

算法设计取决于所选定的数据（逻辑）结构，有了逻辑结构，就可以设计算法，而算法的实现则依赖于采用的存储结构，下面将给予详细说明。

2.2 线性表的顺序表示和实现

2.2.1 线性表的顺序表示

线性表在计算机内部可以用几种方法表示，最简单和最常用的方法是用顺序存储方式表示，即在内存中用地址连续的有限的一块存储空间顺序存放线性表的各个元素，用这种存储形式存储的线性表称为顺序表。

顺序表用物理上的相邻（内存中的地址空间是线性的）实现元素之间的逻辑相邻关系。假定线性表的每个元素占 L 个存储单元，若知道第一个元素的地址（基地址）为 $\text{Loc}(a_0)$，则位序为 i 的元素的地址为：

$$\text{Loc}(a_i) = \text{Loc}(a_0) + i \times L \quad (0 \leq i \leq n-1) \tag{2-1}$$

只要已知顺序表首地址 $\text{Loc}(a_0)$ 和每个元素的大小 L 就可通过上述公式求出位序为 i 的元素的地址，时间复杂度为 O(1)，因此顺序表具有按元素的序号随机存取的特点。在 C++语言中可用一维数组来实现定长的线性存储结构。

图 2.1 给出了线性表的顺序存储结构示意图，数组空间 data 用于存储线性表中的元素，maxSize 为线性表可能达到的最大长度，curLength 是应用中线性表所具有的实际元素个数。

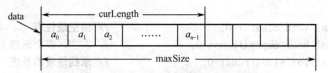

图 2.1 线性表的顺序存储结构示意图

顺序表的类型定义如下：
```
template <class elemType>                        // elemType 为顺序表存储的元素类型
class seqList: public List<elemType>{
private:
    elemType *data;                              // 动态数组
    int curLength;                               // 当前顺序表中存储的元素个数
    int maxSize;                                 // 顺序表的最大长度
    void resize();                               // 表满时扩大表空间
public:
    seqList(int initSize = 10);                  // 构造函数
    seqList(seqList & sl) ;                      // 拷贝构造函数
```

```
    ~seqList() { delete [] data; }              // 析构函数
    void clear() { curLength = 0; }             // 清空表，只需置 curLength 为 0
    bool empty()const{return curLength==0;}     // 判空
    int size()const{ return curLength; }        // 返回顺序表中当前存储元素的个数
    void traverse()const ;                      // 遍历顺序表
    void inverse();                             // 逆置顺序表
    void insert(int i,const elemType &value);   // 在位序 i 处插入值为 value 的元素
                                                // 表长加 1
    void remove(int i);                         // 删除位序 i 处的元素，表长减 1
    int search(const elemType &value) const ;   // 查找值为 value 的元素第一次出现的位序
    elemType visit(int i) const; // 访问位序为 i 的元素的值，"位序 0" 表示第一个元素
};
```

注意：在插入 insert(int i,const elemType &value)、删除 remove(int i)、查找 search(const elemType &value)等运算中涉及的参数 i 指的是元素在线性表中的位序（即下标）。假定线性表有 curLength 个元素，那么数组下标为从 0 到 curLength-1。

2.2.2 顺序表基本运算的实现

在线性表的抽象数据类型中，定义了线性表的一些基本运算。由于顺序存储结构具有随机存取的特点，因此，在顺序表中"求线性表长度""判空""清空""取位序 i 处的元素"等操作是非常简单的，算法的时间复杂度都是 O(1)。下面，我们讨论其他操作在顺序表中是如何实现的。

1．构造函数

[代码 2.1] 构建一个空顺序表。

```
template <class elemType>
seqList<elemType>::seqList(int initSize=100) {
    if (initSize <= 0) throw badSize();
    maxSize = initSize;
    data = new elemType[maxSize];
    curLength = 0;
}
```

2．拷贝构造函数

[代码 2.2] 在构造函数里动态分配了内存资源，这时需要用户自定义拷贝构造函数进行深拷贝。

```
template <class elemType>
seqList<elemType>::seqList(seqList & sl) {
    maxSize = sl.maxSize;
    curLength = sl. curLength;
    data = new elemType[maxSize];
    for (int i = 0; i < curLength; ++i)
        data[i] = sl.data[i];
}
```

在后续章节的代码中不再提供拷贝构造函数，请读者自行实现。

3. 遍历顺序表

算法思想：所谓遍历，就是访问线性表中的每个元素，并且每个元素只访问一次。访问的含义包括查询、输出元素和修改元素等。若顺序表是空表，没有元素，则输出 is empty，否则，从第一个元素开始依次输出所有元素。由于线性表中当前元素的个数为 curLength，因此，下标范围是[0..curLength-1]。遍历顺序表的时间复杂度为 $O(n)$。

[代码 2.3]
```
template<class elemType>
void seqList<elemType>::traverse()const{
    if(empty())cout<<"is empty"<<endl;              // 空表没有元素
    else{
        cout<<"output element:\n";
        for (int i = 0; i < curLength; i++)         // 依次访问顺序表中的所有元素
            cout<<data[i]<<" ";
        cout<<endl;
    }
}
```

4. 查找值为 value 的元素

算法思想：顺序查找值为 value 的元素在线性表中第一次出现的位置，需要遍历线性表，将线性表中的每个元素依次与 value 进行比较。若 value == data[i]，i 的取值范围是[0..curLength]，则查找成功，返回 data[i]的位序 i，否则查找失败返回-1。

[代码 2.4]
```
template<class elemType>
int seqList<elemType>::search(const elemType & value) const{
    for (int i = 0; i < curLength; i++)
        if (value == data[i]) return i;
    return -1;                                      // 查找失败返回-1
}
```

顺序表的顺序查找算法的主要操作是比较数据。在查找成功的情况下，最好情况是：要找的元素是第 1 个元素，比较次数是 1 次；最坏情况是：要查找的元素是第 n 个元素，比较次数为 n 次。设查找表中第 i 个元素的概率为 p_i，找到第 i 个元素所需的比较次数为 c_i，则查找的平均期望值为 $\sum_{i=1}^{n} p_i \times c_i$。在等概率的情况下，即在各个位置上的查找成功的概率相同，查找成功的平均期望值为 $(1+n)/2$。所以元素定位算法的时间复杂度为 $O(n)$。

5. 求前驱和后继

算法思想：求顺序表中位序 i 处的元素的前驱和后继，若 i = 0，则为第一个元素，无前驱，否则其前驱是 data[i-1]；若 i = curLength-1，则为最后一个元素，无后继，否则其后继是 data[i+1]。通过元素的下标可以直接定位其前驱和后继，算法的时间复杂度为 $O(1)$。

6. 插入运算

算法思想：设线性表 $L = (a_0, a_1, \cdots, a_{i-1}, a_i, a_{i+1}, \cdots, a_{n-1})$，线性表的插入是指在位序 i 处插入一个值为 value 的新元素，使 L 变为：

$$(a_0, a_1, \cdots, a_{i-1}, \text{value}, a_i, a_{i+1}, \cdots, a_{n-1})$$

如图 2.2 所示，value 的插入使得 a_{i-1} 和 a_i 的逻辑关系发生了变化，并且表长由 n 变为 n+1。

i 的取值范围为 $0 \leq i \leq n$，其中，0 表示插入点在表头，n 表示插入点在表尾。当 $i=n$ 时，只需在 a_{n-1} 的后面插入 value 即可；当 $0 \leq i \leq n-1$ 时，需要将 $a_{n-1} \sim a_i$ 顺序向后移动，为新元素让出位置，将值为 value 的元素放入空出的位序为 i 的位置，并修改表的长度。

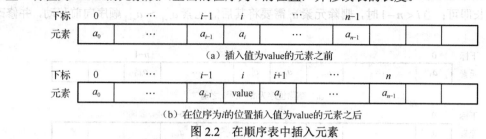

图 2.2　在顺序表中插入元素

[代码 2.5]
```
template <class elemType>
void seqList<elemType>::insert(int i, const elemType &value) {
    if (i < 0 || i > curLength) throw outOfRange();//合法的插入范围为[0..curLength]①
    if (curLength == maxSize) resize();           //表满，扩大数组容量
    for (int j = curLength; j > i; j--)
        data[j] = data[j-1];//下标在[curLength-1..i]范围内的元素往后移动一步
    data[i] = value;         // 将值为 value 的元素放入位序为 i 的位置
    ++curLength;             // 表的实际长度增 1
}
```

本算法中要注意以下问题：

① 检验插入位置的有效性，这里 i 的有效范围是[0..curLength]。注意，在表尾元素 data[curLength−1] 的后面插入元素成为新的表尾是合法的。

② 要检查表空间是否已满。在表满的情况下不能再做插入操作，否则产生溢出错误。此时有两种解决方法：一种是不执行插入操作，报错后退出；另一种是扩大数组的容量。本书采用第二种方法。

③ 注意数据的移动方向，最先移动的是表尾元素。

下面我们对插入算法的时间复杂度进行分析。顺序表的插入运算的基本操作是移动数据。位序 i 处插入值为 value 的元素，从 a_{n-1} 到 a_i 都要向后移动一个位置，需要移动 $n-i$ 个元素，而 i 的取值范围为 $0 \leq i \leq n$，即有 $n+1$ 个位置可以插入。设在第 i 个位置上插入的概率为 p_i，则平均移动元素的次数（期望值）为：

$$E_{\text{insert}} = \sum_{i=0}^{n} p_i \times (n-i) \tag{2-2}$$

设 $p_i = 1/(n+1)$，即为等概率情况，则：

$$E_{\text{insert}} = \sum_{i=0}^{n} p_i \times (n-i) = \frac{1}{n+1} \sum_{i=0}^{n}(n-i) = \frac{1}{n+1} \times \frac{(n+1) \times n}{2} = \frac{n}{2} \tag{2-3}$$

所以在顺序表中做插入操作，平均需移动表中一半的元素。算法的时间复杂度为 $O(n)$。

7. 删除运算

算法思想：设线性表 $L = (a_0, a_1, \cdots, a_{i-1}, a_i, a_{i+1}, \cdots, a_{n-1})$，线性表的删除运算是指将表中位序 i 处的元素 a_i 从线性表中去掉，使 L 变为：

---

① [0..curLength]表示取值范围在 0～curLength 之间，包含 0 和 curLength。

$$(a_0, a_1, \cdots, a_{i-1}, a_{i+1}, \cdots, a_{n-1})$$

如图 2.3 所示。a_i 的删除使得 a_{i-1}、a_i 和 a_{i+1} 的逻辑关系发生了变化，并且 L 的表长由 n 变为 $n-1$。i 的取值范围为 $0 \le i \le n-1$。当 $i = n-1$ 时，删除的是表尾元素，无须移动任何元素，只要修改表长即可；当 $i < n-1$ 时，删除元素 a_i 需要将其后的元素 $a_{i+1} \sim a_{n-1}$ 顺序向前移动，并修改表长。

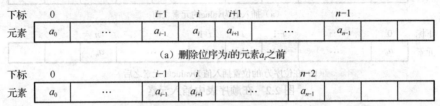

(a) 删除位序为i的元素a_i之前

(b) 删除位序为i的元素a_i之后

图 2.3 在顺序表中删除元素

[代码 2.6]
```
template <class elemType>
void seqList<elemType>::remove(int i) {
    if (i < 0 || i > curLength-1) throw outOfRange();
                    // 合法的删除范围为[0..curLength-1]
    for (int j = i; j < curLength - 1; j++)
        data[j] = data[j+1]; //下标在[i+1..curLength-1]范围内的元素往前移动一步
    --curLength;            // 表的实际长度减1
}
```

本算法中要注意以下问题：

① 检查删除位置的有效性。i 的取值范围为 $[0..curLength-1]$。

② 当顺序表为空时不能做删除操作。当顺序表为空时，curLength 的值为 0，代码 2.6 中的判别条件"i<0||i>curLength-1"隐含了对表为空的检查。

③ 删除 a_i 之后，该数据被覆盖，如果需要保留它的值，则先取出 a_i，再做删除操作。

下面分析删除算法的时间复杂度。删除算法的主要操作仍是移动元素。删除位序 i 处的元素时，其后面的元素 $a_{i+1} \sim a_{n-1}$ 都要向前移动一个位置，共移动了 $n-i-1$ 个元素，所以平均移动元素的次数（期望值）为：

$$E_{remove} = \sum_{i=0}^{n-1} q_i \times (n-i-1) \tag{2-4}$$

在等概率情况下，$q_i = 1/n$，则：

$$E_{remove} = \sum_{i=0}^{n-1} q_i \times (n-i-1) = \frac{1}{n}\sum_{i=0}^{n-1}(n-i-1) = \frac{1}{n} \times \frac{n \times (n-1)}{2} = \frac{n-1}{2} \tag{2-5}$$

所以在顺序表中做删除操作平均需要移动表中一半的元素，算法的时间复杂度为 $O(n)$。

8. 逆置运算

算法思想：设线性表 $L = (a_0, a_1, \cdots, a_{n-2}, a_{n-1})$，线性表的逆置是指调整线性表中元素的顺序，使 L 变为 $(a_{n-1}, a_{n-2}, \cdots, a_1, a_0)$。可用两两交换元素的方法求解，即交换 a_0 和 a_{n-1}、a_1 和 a_{n-2}、……，共进行 $n/2$ 次交换。算法中循环控制变量终值的设置是关键。因为首尾对称交换，所以循环控制变量的终值是线性表长度的一半。算法的时间复杂度为 $O(n)$。

[代码 2.7]
```
template<class elemType>
```

```
void seqList<elemType>::inverse() {
    elemType tmp;
    for (int i = 0; i < curLength/2; i++) {      // 控制交换的次数
        tmp = data[i];
        data[i] = data[curLength-i-1];
        data[curLength-i-1] = tmp;
    }
}
```

9. 扩大表空间

算法思想：由于数组空间在内存中必须是连续的，因此，扩大数组空间的操作需重新申请一个更大规模的新数组，将原有数组的内容复制到新数组中，释放原有数组空间，将新数组作为线性表的存储区，如图 2.4 所示。算法的时间复杂度为 $O(n)$。

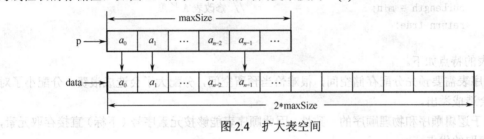

图 2.4　扩大表空间

[代码 2.8]
```
template <class elemType>
void seqList<elemType>::resize() {
    elemType *p = data;                          // p 指向原顺序表空间
    maxSize *= 2;                                // 表空间扩大 2 倍
    data = new elemType[maxSize];                // data 指向新的表空间
    for (int i = 0; i < curLength; ++i)
        data[i] = p[i];                          // 复制元素
    delete [] p;
}
```

10. 合并顺序表

顺序表 A 与 B 的结点关键字为整数，A 表与 B 表中的元素均非递减有序，试给出一种高效的算法，将 B 表中的元素合并到 A 表中，使新的 A 表中的元素仍保持非递减有序。高效是指最大限度避免移动元素。

算法思想：分别设立三个指针 i、j 和 k，其中，i、j 为线性表 A 和 B 的工作指针，分别赋值为 A 和 B 的表尾元素的下标；k 是结果线性表的工作指针，赋值为两表合并之后得到的新表尾的下标。对 i 和 j 所指的元素进行比较，将大者（假定为 i 所指）元素加入新表尾 k 处，同时，其指针（假定为 i）和 k 一起向前移，i 指针所指元素继续与 j 指针所指元素进行比较，直至一个表为空。若 B 表中还有元素剩余，则再将其剩余元素插入 k 处，此时 j、k 指针一起向前移。算法的时间复杂度为 $O(m+n)$。

[代码 2.9]
```
// 本例用类的成员函数实现
template<class elemType>
bool seqList<elemType>::Union(seqList<elemType> &B) {
```

```
int m, n, k, i, j;
m = this->curLength;                        // 当前对象为线性表A
n = B.curLength;                            // m, n 分别为线性表A和B的长度
k = m+n-1;                                  // k 为结果线性表的工作指针（下标）
i = m-1, j = n-1;                           // i, j 分别为线性表A和B的工作指针（下标）
if(m+n > this->maxSize) {                   // 判断表A空间是否足够大
    resize();                               // 空间不够，扩大表空间
}
while (i>=0 && j>=0)                        // 合并顺序表，直到一个表为空
    if (data[i] >= B.data[j])  data[k--] = data[i--];
    else  data[k--] = B.data[j--];          // 默认当前对象，this指针可省略
while(j>=0)                                 // 将表B中的剩余元素复制到表A中
    data[k--] = B.data[j--];
curLength = m+n;                            // 修改表A长度
return true;
}
```

顺序表的特点如下。

① 顺序表需要预先分配存储空间，很难恰当预留空间，分配大了会造成浪费，分配小了对有些运算会造成溢出。

② 由于逻辑顺序和物理顺序的一致性，因此顺序表能够按元素序号（下标）直接存取元素，具有随机存取的优点。

③ 由于要保持逻辑顺序和物理顺序的一致性，顺序表在进行插入、删除操作时需要移动大量的数据，因此顺序表的插入和删除效率低。

④ 改变顺序表的大小，需要重新创建一个新的顺序表，把原表里的数据复制到新表中，然后释放原表空间。

⑤ 顺序表比较适合静态的、经常做定位访问的线性表。

2.3 线性表的链式表示和实现

2.2 节讨论了线性表的顺序存储结构，其存储特点是逻辑上相邻的元素在物理存储位置上也相邻，即用物理上的相邻实现了逻辑上的相邻。它要求用连续的存储空间顺序存储线性表中的各元素。顺序表具有随机存取（通过下标直接存取元素）的优点。

本节介绍线性表的链式存储结构，以链式结构存储的线性表称之为线性链表，简称链表。链表克服了顺序表需要预先确定表长的缺点，可以充分利用计算机内存空间，实现灵活的动态内存管理。因为链表中的结点是在运行时动态申请和释放的，在插入元素时申请新的存储空间，在删除元素时释放其占有的内存空间。

链表是一种链式存取的数据结构，结点既存储数据元素本身的信息（数据域），又存储数据元素间的链接信息（地址域也叫指针域），每个结点在运行时动态生成，存放在一个独立的存储单元中，结点间的逻辑关系依靠存储单元中附加的指针来给出。

线性链表的分类：

① 结点只有一个地址域的链表，称为单链表；

② 结点有两个地址域的链表，称为双链表；

③ 首尾相连的链表，称为循环链表。

图 2.5 给出了单链表、双链表和单循环链表的示意图。

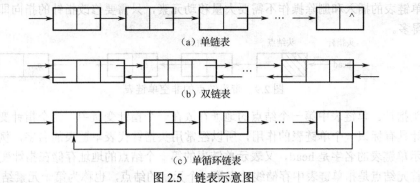

图 2.5 链表示意图

2.3.1 线性表的链式表示

单链表的概念和术语说明如下。

（1）单链表是链式结构中最简单的一种，每个结点只包含一个指针，指向后继，所以称其为单链表。

单链表结点的构成：数据域（数据元素本身的信息）＋ 指针域（指示后继元素的存储地址）。即：对于每个数据元素 a_i，除存放数据元素自身的信息之外，还需要存放其后继 a_{i+1} 所在的存储单元的地址，这两部分信息组成一个结点，如图 2.6 所示。

【例 2.1】 假设有一个线性表 $(a_0, a_1, a_2, a_3, a_4, a_5, a_6, a_7)$ 采用链式存储结构，每个元素占 12 字节，指针占 4 字节，其链式存储结构示意图如图 2.7 所示。指针变量 head 存放的是第一个结点 a_0 的地址 1160H，标志着单链表从 a_0 开始；最后一个结点 a_7 没有后继，其指针域为空，标志着单链表到此结束。

图 2.6 单链表的结点结构

对于链表这种存储结构，我们关心的是结点间的逻辑结构，而对每个结点的实际地址并不关心，所以在后续章节中，单链表将描述为如图 2.8 所示的样式。

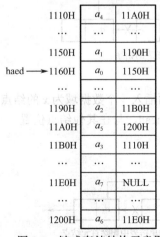

图 2.7 链式存储结构示意图

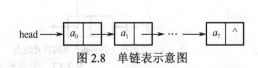

图 2.8 单链表示意图

单链表的每个结点都是动态申请的，我们并不知道结点的名字，因此，单链表的任何操作都必须从第一个结点开始，采用"顺藤摸瓜"的方式，从第一个结点的地址域找到第二个结点，从第二个结点的地址域找到第三个结点，直到最后一个结点，其地址域为空，就是表尾。由此看出，单链表失去了顺序存储结构的随机存取的特点，定位运算需要 $O(n)$ 的复杂度，要比顺序表慢，但是单链表的插入和删除操作不需要大量移动元素，只需要修改指针的指向即可，要比顺序表方便得多。

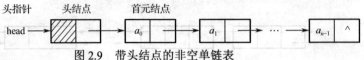

图 2.9　带头结点的非空单链表

（2）头指针。单链表中第一个结点的地址存放在一个指针变量中，这个指针变量称为头指针。头指针具有标识一个单链表的作用，所以经常用头指针代表单链表的名字，例如，单链表 head 既表示单链表的名字是 head，又表示单链表的第一个结点的地址存储在指针变量 head 中。

（3）首元结点是指单链表中存储线性表第一个元素的结点，也称为第一元素结点。

（4）头结点。在整个单链表的第一个结点之前加入一个结点，称为头结点。它的数据域可以不存储任何信息（也可以作为监视哨或用于存放线性表的长度等附加信息），指针域中存放的是首元结点的地址，如图 2.9 所示。

当带有头结点的单链表为空时，头结点的指针域为 NULL，如图 2.10（a）所示；

当不带头结点的单链表为空时，头指针为 NULL 表示空表，如图 2.10（b）所示。

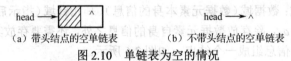

(a) 带头结点的空单链表　　　　　　(b) 不带头结点的空单链表

图 2.10　单链表为空的情况

那么，为什么要引入头结点呢？这主要是为了运算方便、统一。

在如图 2.11（a）所示的单链表中，在 a_i 和 a_{i+1} 之间插入数据域为 x 的结点，需要申请新结点用于存放 x，然后让新结点（数据域为 x）的指针域指向 a_{i+1}，修改 a_i 的指针域指向 x。

在如图 2.11（b）所示的单链表中，删除数据域是 a_i 的结点，只需要修改 a_{i-1} 的指针域指向 a_{i+1} 即可。

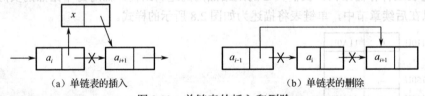

(a) 单链表的插入　　　　　　　　　(b) 单链表的删除

图 2.11　单链表的插入和删除

若单链表中没有头结点，如图 2.12 所示，则在首元结点的前面插入一个数据域为 x 的结点，使 x 成为新的首元结点；或者删除首元结点。这都将修改头指针 head，与在其他结点位置上的插入、删除算法是不一致的。

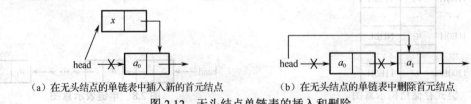

(a) 在无头结点的单链表中插入新的首元结点　　　(b) 在无头结点的单链表中删除首元结点

图 2.12　无头结点单链表的插入和删除

头结点的加入，将使这些操作方便、统一。头结点的类型与数据结点一致，标识链表的头指针 head 中存放头结点的地址，这样即使是空表，头指针 head 也不为空。头结点的加入使得插入和删除算法的差异不复存在，也使得"空表"和"非空表"的处理一致。鉴于头结点的重要性，在本书中如无特别说明，链表均带有头结点。

前面介绍过，链表结点的存储空间不是预先分配的，是在运行中根据需要动态申请的。那么，如何申请结点空间呢？假定单链表结点类型定义如下：

```
template <class elemType>
struct Node {
public:
    elemType   data;                                    // 数据域
    Node * next;                                        // 指针域
    Node(const elemType value, Node* p = NULL)  { // 两个参数的构造函数
        data = value;
        next = p;
    }
    Node(Node* p = NULL)  {                            // 一个参数的构造函数
        next = p;
    }
};
```

我们利用 C++语言的 new 和 delete 操作符给对象分配空间和释放空间，例如：

```
Node<elemType> *p = new Node<elemType>(value,NULL);
```

该语句完成了两个操作：首先是申请一块 Node<elemType>类型的存储单元，并为其数据域 data 赋值 value，指针域 next 赋值 NULL；其次是将这块存储单元的首地址赋值给指针变量 p，若系统没有足够内存可用，则 new 在申请内存失败时抛出一个 bad_alloc exception 异常。p 的类型为 Node<elemType> *型，所以该无名结点可以用指针 p 间接引用，数据域为(*p).data 或 p->data，指针域为(*p).next 或 p->next，如图 2.13 所示。

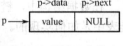

图 2.13 申请一个结点

下面，给出单链表的类型定义：

```
template <class elemType>                              // elemType 为单链表存储的元素类型
class linkList: public List<elemType>  {
private:
    struct Node {                                       // 结点类型
    public:
        elemType   data;                                // 结点的数据域
        Node * next;                                    // 结点的指针域
        Node(const elemType value, Node* p = NULL) {// 两个参数的构造函数
            data = value;    next = p;
        }
        Node(Node* p = NULL)  {                        // 一个参数的构造函数
            next = p;
        }
    };
    Node*  head;                                        // 单链表的头指针
    Node*  tail;                                        // 单链表的尾指针
    int curLength;                                      // 单链表的当前长度，牺牲空间换时间
    Node*  getPosition(int i)const;                     // 返回指向位序为 i 的结点的指针
public:
    linkList();                                         // 构造函数
    ~linkList();                                        // 析构函数
```

```
        void clear();                              // 将单链表清空，使之成为空表
        bool empty()const{ return head->next==NULL;}// 带头结点的单链表，判空
        int size()const{ return curLength; }      // 返回单链表的当前实际长度
        void insert(int i,const elemType &value);//在位序 i 处插入值为 value 的结点，表长增1
        void remove(int i);                        // 删除位序 i 处的结点，表长减1
        int search(const elemType&value)const;// 查找值为 value 的结点第一次出现的位序
        int prior(const elemType&value)const; // 查找值为 value 的结点的前驱的位序
        elemType visit(int i)const;                //访问位序为 i 的结点的值，0 定位到首元结点
        void traverse()const;                      // 遍历单链表
        void headCreate();                         // "头插法"创建单链表
        void tailCreate();                         // "尾插法"创建单链表
        void inverse();                            // 逆置单链表
    };
```

说明：在上述单链表类型定义中，tail 是单链表的尾指针，指向尾结点，如图 2.14 所示。尾指针的加入使得频繁修改尾结点的值或后继时，无须从头遍历链表。

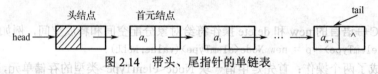

图 2.14 带头、尾指针的单链表

2.3.2 单链表上基本运算的实现

在数据结构中，链表的使用和运算是非常重要的。下面我们来讨论线性表的基本操作在单链表中是如何实现的。

1. 单链表的初始化

算法思想：单链表的初始化就是创建一个带头结点的空链表。实际上就是申请一个新的结点作为头结点，无须设置头结点的数据域，只需设置其指针域为空即可，算法的时间复杂度为 $O(1)$。

[代码 2.10]
```
    template <class elemType>
    linkList<elemType>::linkList() {
        head = tail = new Node();                  // 创建带有头结点的空表
        curLength=0;
    }
```

说明：在使用 new 操作符申请堆内存空间时，需要判别是否申请成功。为简单起见，在后续例子中，均认为申请成功。

2. 析构函数

当单链表对象脱离其作用域时（例如局部对象所在的函数已调用完毕），系统自动执行析构函数来释放单链表空间，算法的时间复杂度为 $O(n)$。

[代码 2.11]
```
    template <class elemType>
    linkList<elemType>::~linkList() {
        clear();                                   // 清空单链表
        delete head;                               // 释放头结点
    }
```

3. 清空单链表

算法思想：清空单链表的主要操作是将工作指针从头结点一直移动到表尾，边移动指针边释放结点，因此，算法的时间复杂度为 $O(n)$。需要说明的是：在实际应用中，一般不修改头指针 head 的指向，而是引入一个工作指针来完成单链表的遍历操作。

[代码 2.12]

```cpp
template <class elemType>
void linkList<elemType>::clear() {
    Node * p, * tmp;                // p 为工作指针，指向首元结点
    p = head->next;                 // 引入工作指针是为了防止随意修改头指针
    while (p != NULL) {             // 等效于 while(p)
        tmp = p;
        p = p->next;                // 指针后移
        delete tmp;
    }
    head->next=NULL;                // 头结点的指针域置空
    tail = head;                    // 头尾指针均指向头结点
    curLength=0;
}
```

4. 求表长

[代码 2.13]

```cpp
template <class elemType>
int linkList<elemType>::size()const{
    return  curLength;              // 直接返回 curLength
}
```

若单链表类型定义中没有设置变量 curLength 用于存储表长，就需要从第一个结点开始，一个结点一个结点地计数，直至表尾。为此，设置一个工作指针 p 和计数器 count，每当 p 指针向后移动一次，计数器 count 就加 1，直至表尾，算法的时间复杂度为 $O(n)$。

[代码 2.14]

```cpp
template <class elemType>
int linkList<elemType>::size()const{        // 若类中没有数据成员 curLength
    Node *p =head->next;                    // 则需要从头到尾遍历单链表
    int count=0;
    while(p) { count++; p=p->next;}
    return count;
}
```

5. 遍历单链表

算法思想：遍历单链表需要从头到尾访问单链表中的每个结点，并依次输出各结点的数据域，算法的时间复杂度为 $O(n)$。

[代码 2.15]

```cpp
template <class elemType>
void  linkList<elemType> ::traverse()const{
    Node *p = head->next;                   // 工作指针 p 指向首元结点
    cout << "traverse:" ;
    while (p != NULL) {
```

```
            cout << p->data <<" ";
            p = p->next;                    // 向后移动指针
        }
        cout << endl;
    }
```

请读者思考，如何实现单链表的逆序遍历？

6. 查找位序为 i 的结点的内存地址

算法思想：合法的查找范围为[-1..curLength-1]。当 i==0 时，表示要查找的是首元结点；当 i==-1 时，表示要查找的是头结点。若 i 的值是非法的，则没有位序为 i 的结点，返回 NULL；否则，设一个移动工作指针 p 和计数器 count，初始时 p 指向头结点，每当指针 p 移向下一个结点时，计数器 count 加 1，直到 p 指向位序为 i 的结点为止，返回 p。算法的时间复杂度为 $O(n)$。

[代码 2.16]
```
    template <class elemType>
    typename linkList<elemType> :: Node* linkList<elemType> :: getPosition(int i)const {
        if(i < -1 || i > curLength-1)        // 合法查找范围为[-1..CurLength-1]
            return NULL;                     // 当 i 非法时返回 NULL
        Node *p = head;                      // 工作指针 p 指向头结点
        int count = 0;
        while(count <= i) {
            p = p-> next;
            count++;
        }
        return p;                            // 返回指向位序为 i 的结点的指针
    }
```

7. 查找值为 value 的结点的位序

算法思想：查找值为 value 的结点的位序，需要设置计数器 count，从单链表的第一个结点起，判断当前结点的值是否等于给定值 value，若查找成功，则返回结点的位序，否则继续查找，直到单链表结束（p==NULL）为止；若查找失败，则返回-1。算法的时间复杂度为 $O(n)$。

[代码 2.17]
```
    template <class elemType>
    int linkList<elemType> ::search(const elemType&value)const{
        Node *p = head->next;                // 工作指针 p 指向首元结点
        int count = 0;                       // 首元结点的位序为 0
        while(p != NULL && p->data != value) {
            p = p->next;
            count++;
        }
        if(p == NULL)return -1;              // 查找失败返回-1，这里-1 并非头结点
        else return count;                   // 查找成功，count 为结点的位序
    }
```

8. 查找值为 value 的结点的前驱的位序

算法思想：求值为 value 的结点的前驱，需要从单链表的第一个结点开始遍历。我们设置两个指针 p 和 pre，分别指向当前正在访问的结点和它的前驱，还需要一个计数器 count。从单链表的第一个结点开始遍历：

① 若p==NULL，则查找值为value的结点失败，返回-1；
② 若找到值为value的结点，且该结点是首元结点，则无前驱，返回-1；
③ 若找到值为value的结点，且该结点不是首元结点，则返回其前驱的位序。

[代码 2.18]
```
template <class elemType>
int linkList<elemType> ::prior(const elemType&value)const{
    Node *p = head->next;              // p是工作指针指向首元结点
    Node *pre = NULL;                  // pre 指向 p 的前驱
    int count = -1;                    // 注意：-1 表示首元结点无前驱
    while(p &&p->data != value) {
        pre = p;                       // 前驱指针后移
        p = p->next;                   // 指向下个待处理结点
        count++;
    }
    if(p == NULL) return -1;           // 查找失败返回-1，这里-1 并非头结点
    else return count;                 // 查找成功，count 为结点的位序
}
```

观察上述几个查找算法，不难发现，在单链表中查找任意结点，都必须从头开始遍历单链表，采用以下形式的语句序列：

```
p = head;    或    p = head->next;
while(没有到达)
    p = p->next;
```

9. 求某个结点的后继

算法思想：求值为 value 的结点的后继，从单链表的第一个结点开始查找，若查找成功，则查看该结点的指针域，若其指针域为空，则说明该结点是尾结点，无后继；否则，结点的指针域指向其后继。若查找失败，则说明单链表中无值为 value 的结点，更谈不上后继。本算法主要是定位操作。

需要指出，求前驱和后继还有另外一种叙述：即求第 i 个结点的前驱和后继。这等同于求第 i-1 个结点和第 i+1 个结点。上面已有算法，这里不再赘述。

10. 插入结点

算法思想：在位序 i 处插入值为 value 的新结点 q。因为单链表中的结点只有一个指向后继的指针，因此需要先找到位序为 i-1 的结点 p，让 q 的指针域指向 p 原来的后继，然后修改 p 的后继为 q。需要注意的是，不要因修改指针而使单链表断开。对于有 curLength 个结点的线性表，合法的插入范围是[0..curLength]，其中，0 表示插入点在首元结点，curLength 表示插入点在尾结点的后面。插入算法的主要操作是移动指针查找结点，因此，算法的时间复杂度为 O(n)。

说明：指针 q 指向新申请的值为 value 的结点，为了方便书写，称其为结点 q。

[代码 2.19]
```
template <class elemType>
void linkList<elemType> :: insert(int i,const elemType &value)  {
    Node *p, *q;
    if (i < 0 || i > curLength)        // 合法的插入范围为[0..curLength]
        throw outOfRange();            // 插入位置非法，抛出异常
    p = getPosition(i-1);              // p 是位序为 i 的结点的前驱
    q = new Node(value, p->next);      // 申请新结点 q，数据域为 value，指针域为
```

```
            p->next = q;                              // q 结点插到 p 结点的后面
            if (p == tail) tail = q;                  // 若插入点在链表尾，则 q 成为新的尾结点
            curLength++;
    }
```

说明：

插入结点的另一种叙述方法是，在结点 p 之前插入一个结点 s，插入示意图如图 2.15 所示。我们首先要找到 p 的前驱 pre，然后改变 pre 和 p 的逻辑关系，也就是将 s 插入 pre 和 p 中间。这种插入算法的关键是找到 p 结点的前驱，查找前驱的主要操作是移动指针，所以算法的时间复杂度为 $O(n)$。

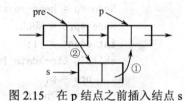

图 2.15 在 p 结点之前插入结点 s

假定 p 指针指向当前结点，pre 是指向其前驱的指针。在 p 前、pre 后插入结点 s（指针 s 指向的结点）的语句序列为：

```
            // 此处省略查找的过程
            s->next = pre->next;
            pre->next = s;
```

由于单链表中每个结点只有一个指向后继的指针，若知道某结点的指针 p，则求其后继是非常简单的（p->next），时间复杂度是 $O(1)$。若求其前驱，则必须从头开始遍历，时间复杂度是 $O(n)$。

因此，若题目要求在时间复杂度为 $O(1)$ 的前提下，将 s 所指结点插在 p 所指结点的前面，我们可以先将 s 结点插在 p 结点的后面，然后交换它们的数据域（p->data 与 s->data）即可，语句序列为：

```
            s->next = p->next;
            p->next = s;                                                  // s 结点插到 p 的后面
            tmp = p->data, p->data = s->data, s->data = tmp;              // 交换结点 s 和 p 的数据域
```

11．删除结点

算法思想：删除位序为 i 的结点，对于有 curLength 个结点的单链表，合法的删除范围为 [0..curLength-1]，其中，0 表示删除首元结点，curLength-1 表示删除尾结点。算法的关键是查找位序为 i-1 的结点，并修改指针的链接关系，算法的时间复杂度为 $O(n)$。

[代码 2.20]

```
template <class elemType>
void linkList<elemType>::remove(int i) {
    Node *pre, *p;                                    // p 是待删结点，pre 是其前驱
    if (i < 0 || i > curLength-1)                     // 合法的删除范围为 [0..curLength-1]
        throw outOfRange();                           // 当待删结点不存在时，抛出异常
    pre = getPosition(i-1);
    p = pre->next;                                    // p 是真正待删结点
    if (p == tail) {                                  // 待删结点为尾结点，则修改尾指针
        tail = pre;    pre->next=NULL;    delete p;
    }
    else {                                            // 修改指针并删除结点 p
        pre->next = p->next;
        delete p;
    }
```

```
            curLength--;
    }
```

说明：

删除结点还有其他叙述方法，例如，删除 p 指针所指的结点、删除值为 value 的结点等。设 p 是单链表中某个结点，删除结点 p 的操作如图 2.16 所示。要实现对结点 p 的删除，首先要找到 p 的前驱 pre，语句序列为：

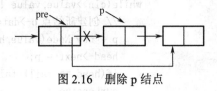

图 2.16 删除 p 结点

```
    // 此处省略查找的过程
    pre->next = p->next;
    delete p;
```

可以看到，在单链表中插入、删除一个结点，必须知道其前驱。单链表不具有按序号随机访问的特点，只能从头指针开始一个一个结点地顺序访问。由于单链表的存储单元在内存中是按需分配的，因此在插入、删除结点时，需要开辟或释放存储单元。

上面介绍的单链表各个操作中，都假定单链表已经存在。那么，单链表是如何建立的呢？建立单链表，首先要生成结点，然后按某种规律将各结点链接起来。若无头结点，则头指针指向首元结点；若带头结点，则将头结点放在首元结点之前，头指针指向头结点。尾结点的指针域为空。下面，介绍两种生成单链表的方法。

12. 头插法创建单链表

头插法是指在链表的头部插入结点建立单链表，也就是每次将新增结点插入头结点之后、首元结点之前。在构造函数中已经建立了具有头结点（指针域置空）的空链表，现在需要做的是将结点逐个插在头结点之后和首元结点之前（当然，在空表情况下插入的结点就是首元结点）。链表与顺序表不同，它是一种动态管理的存储结构，链表中的每个结点占用的存储空间不是预先分配的，而是运行时系统根据需求生成的。因此建立单链表从空表开始，每读入一个元素则申请一个结点，然后插入在单链表的头部。图 2.17 显示了根据线性表（5,4,3,2,1）创建带有头结点的单链表的过程，因为是在单链表的头部插入，所以读入数据的顺序为 1,2,3,4,5，和线性表中的逻辑顺序是相反的。算法的时间复杂度为 $O(n)$。

头插法可用于逆置单链表。

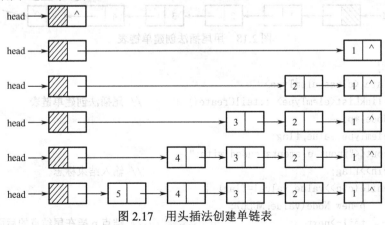

图 2.17 用头插法创建单链表

[代码 2.21]
```
template <class elemType>
void linkList<elemType> :: headCreate() {    // 头插法创建单链表
    Node *p;
```

```
        elemType value,flag;
        cout<<"input elements,ended with:";
        cin>>flag;                                  // 输入结束标志
        while(cin>>value, value != flag) {
            // 创建新结点 p->data = value, p->next = head->next
            p = new Node(value,head->next);
            head->next = p;                         // 结点 p 插在头结点的后面
            if(head == tail) tail = p;              // 原链表为空，新结点 p 成为尾结点
            curLength++;
        }
    }
```

13. 尾插法创建单链表

头插法建立的单链表，输入元素的顺序与生成的单链表中元素的顺序是相反的。若希望输入元素的顺序与生成的单链表中元素的顺序一致，则用尾插法。尾插法是指在单链表的尾部插入结点建立单链表，单链表类 linkList 中的尾指针 tail 将派上用场。图 2.18 展示了尾插法建立带头结点的单链表的过程。

算法思想：在初始状态时创建一个带头结点的空链表，头指针 head、尾指针 tail 都指向头结点。按线性表中元素的顺序依次读入元素并申请结点，将新结点插在 tail 所指结点的后面，然后 tail 指向新的尾结点。算法的时间复杂度为 O(*n*)。

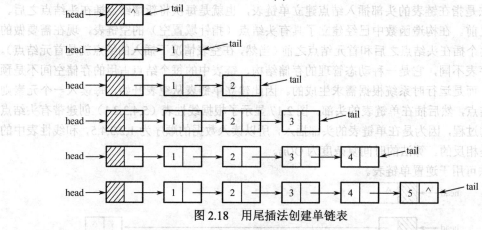

图 2.18　用尾插法创建单链表

[代码 2.22]
```
    template <class elemType>
    void linkList<elemType> ::tailCreate() {        // 尾插法创建单链表
        Node *p;
        elemType value,flag;
        cout<<"input elements,ended with:";
        cin>>flag;                                  // 输入结束标志
        while(cin>>value, value!=flag) {
            p=new Node(value,NULL);
            tail->next=p;                           // 结点 p 插在尾结点的后面
            tail=p;                                 // 结点 p 成为新的尾结点
            curLength++;
        }
    }
```

14. 逆置单链表

算法思想：利用头插法建立的单链表，其中元素的顺序与读入的元素的顺序是相反的。因此，在本算法中用工作指针 p 依次访问单链表中的每个结点，每访问一个结点，就将它插在头结点的后面（头插法），然后向后移动工作指针 p，直到所有结点都重新插入单链表中，就实现了单链表的逆置。算法的时间复杂度为 $O(n)$。

[代码 2.23]
```cpp
template <class elemType>
void linkList<elemType> :: inverse() {        // 头插法逆置
    Node *p,*tmp;
    p=head->next;                             // p 为工作指针指向首元结点
    head->next=NULL;                          // 头结点的指针域置空，构成空链表
    if(p)tail=p;                              // 逆置后，原首元结点将变成尾结点
    while(p) {
        tmp=p->next;                          // 暂存 p 的后继
        p->next=head->next;
        head->next=p;                         // 结点 p 插在头结点的后面
        p=tmp;                                // 继续处理下一个结点
    }
}
```

15. 合并单链表

将非递减有序的单链表 la 和 lb 合并成新的非递减有序单链表 lc，要求利用原表空间。

算法思想：因为新创建的单链表 lc 仍然是非递减有序的，所以用尾插法创建 lc。设立三个工作指针，指针 pa 和 pb 分别指向单链表 la 和 lb 的首元结点，指针 pc 指向单链表 lc 的头结点，比较 pa、pb 的数据域，将小者（假设 pa->data 小）连接到 lc 的表尾，然后向后移动 pa（假设 pa->data 小）指针，继续比较 pa、pb 的数据域，直到其中一个表为空，将另一个表的剩余结点全部链接到 lc 的表尾。算法的时间复杂度为 $O(m+n)$。

[代码 2.24]
```cpp
// 本例用类的成员函数实现，la 为 this 指针所指向的当前链表
template <class elemType>
typename linkList<elemType> * linkList<elemType> ::Union(linkList<elemType> * lb) {
    Node *pa,*pb,*pc;                         // 分别是单链表 la、lb、lc 的工作指针
    linkList<elemType>* lc = this;            // lc 利用 la 的空间
    pa=head->next;  head->next=NULL;          // la 头结点的指针域为 NULL，构成空链表
    pb=(lb->head)->next;
    (lb->head)->next=NULL;                    // lb 头结点的指针域置为 NULL，构成空链表
    pc=lc->head;                              // lc 直接利用 la 的头结点
    while(pa && pb) {                         // la 和 lb 均非空
        if(pa->data<=pb->data) {              // pa 所指结点用尾插法插入 lc 中
            pc->next=pa;  pc=pa;  pa=pa->next;
        }
        else {                                // pb 所指结点用尾插法插入 lc 中
            pc->next=pb;  pc=pb;  pb=pb->next;
        }
    }
    if(pa) {                                  // 若 pa 未到表尾，则将 pc 指向 pa
```

```
            pc->next=pa;
            lc->tail=tail;              // 修改尾指针，因为 lc=la，这条语句可省略
        }
        else{
            pc->next=pb;                // 若 pb 未到表尾，则将 pc 指向 pb
            lc->tail=lb->tail;          // 修改尾指针
        }
        lc->curLength = curLength+lb->curLength;
        delete lb;
        return lc;
    }
```

链表的特点：

① 不要求用地址连续的存储空间存储，每个结点在运行时动态生成。结点的存储空间在物理位置上可以相邻，也可以不相邻。
② 插入和删除操作不需要移动结点，只需修改指针，满足经常插入和删除结点的需求。
③ 链表不具备顺序表随机存取的优点。
④ 链表结点增加了指示元素间关系的指针域，空间开销比较大。

2.4 双链表

在单链表中，通过一个结点找到它的后继比较方便，其时间复杂度为 O(1)。而要找到它的前驱，则很麻烦，只能从该链表的头指针开始沿着各结点的指针域进行查找，时间复杂度是 O(n)。这是因为单链表的各结点只有一个指向其后继的指针域 next，只能向后查找。如果某链表需要经常进行查找结点前驱的操作，我们希望查找前驱的时间复杂度也达到 O(1)，这时可以用空间换时间：即每个结点再增加一个指向前驱的指针域 prior，使链表可以进行双向查找，这种链表称为双向链表，简称双链表。双链表的结点结构如图 2.19 所示。

| prior | data | next |

图 2.19 双链表的结点结构

双链表的结点类型定义如下：

```
    template <class elemType>
    struct Node {
        elemType  data;
        Node *prior, *next;                      // 两个指针分别指向前驱和后继
        Node(const elemType &value, Node *p = NULL, Node *n = NULL) {
            data = value;
            prior = p;
            next = n;
        }
        Node (    ) :next(NULL), prior(NULL) { }
        ~Node (    ) { }
    };
```

设 p 是指向双链表中某个结点的指针，则 p->prior->next 表示的是指向 p 的前驱的后继的指针，即 p 自身；类似的，p->next->prior 表示的是指向 p 的后继的前驱的指针，也是 p 自身。以下等式反映了双链表的本质规律：

    p->prior->next == p .
    p->next->prior == p

为了运算的方便与统一，消除在表头和表尾插入、删除的特殊情况，通常在实现双链表时除设有"头结点"外，还常常设有"尾部头结点"，其中，头结点的 prior 指针域为空，尾部头结点的 next 指针域为空，如图 2.20 所示。

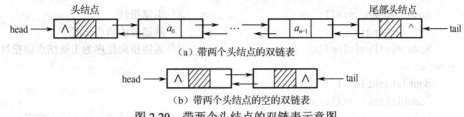

图 2.20 带两个头结点的双链表示意图

线性表的基本操作在双链表中实现时，凡涉及一个方向的指针的，如求长度、取元素的值、元素定位等，其算法描述和单链表基本相同。由于双链表有两个指针域，因此求前驱和后继都很方便。但是在插入和删除时，每个结点都要修改两个指针域，要注意不能断链。

1. 双链表的插入和删除操作

（1）双链表中结点的插入

设 p 是双链表中某结点，s 是待插入的值为 value

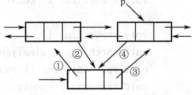

图 2.21 双链表中插入结点

的新结点，将 s 插在 p 的前面，这时不需要通过遍历该链表来查找 p 的前驱，因为 p 的前驱就是 p->prior。插入结点的示意图如图 2.21 所示。插入结点 s 的主要语句序列如下：

```
s->prior = p->prior;           // ① p 原先的前驱成为 s 的前驱
p->prior->next = s;            // ② s 成为 p 原先的前驱的后继
s->next = p;                   // ③ s 的后继是 p
p->prior = s;                  // ④ 修改 p 的前驱为 s
```

我们要注意这 4 条语句的顺序，语句④不能出现在语句①、②的前面，否则，p 的前驱的链就"断"了，就找不到 p 原来的前驱了。

（2）双链表中结点的删除

设 p 指向双链表中某个结点，删除 p 所指向的结点，操作示意图如图 2.22 所示。删除操作的主要语句序列如下：

```
p->prior->next = p->next;    //①
p->next->prior = p->prior;   //②
delete p;
```

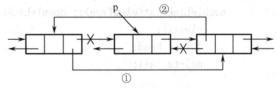

图 2.22 双链表中删除结点

2. 双链表的类型定义及实现

```
#include "List.h"
template <class elemType>
class doubleLinkList: public List<elemType>{
private:
    struct Node {
        elemType  data;                    // 数据域
        Node *prior, *next;                // 指针域，分别指向前驱和后继
        Node(const elemType &value, Node *p = NULL, Node *n = NULL) {
            data = value; next = n; prior = p;
```

```
            Node ( ) :next(NULL), prior(NULL) {}
            ~Node() {}
        };
        Node *head, *tail;                          // 头尾指针
        int curLength;                              // 双链表的当前长度
        Node *getPosition(int i)const;              // 返回指向位序为i处结点的指针
    public:
        doubleLinkList();
        ~doubleLinkList();
        void clear();                               // 清空双链表，使之成为空表
        bool empty() const{ return head->next == tail;}// 判空
        int size() const{ return curLength; }       // 求双链表的长度
        void insert(int i, const elemType &value);  // 在位序i处插入值为value的结点
                                                    // 表长+1
        void remove(int i);                         // 删除位序i处的结点，表的长度减1
        int search(const elemType &value) const;    // 查找值为value的结点的位序
        elemType visit(int i) const;                // 访问位序为i的结点的值
        void traverse() const;                      // 遍历双链表
        void inverse();                             // 逆置双链表
    };
```

[代码 2.25] 双链表的初始化。

```
    template <class elemType>
    doubleLinkList<elemType>::doubleLinkList() {
        head = new Node;                            // 头指针指向头结点
        tail = new Node;                            // 尾指针指向尾部头结点
        head->next = tail;
        tail->prior = head;
        curLength = 0;
    }
```

[代码 2.26] 析构函数。

```
    template <class elemType>
    doubleLinkList<elemType>::~doubleLinkList() {
        clear();
        delete head;
        delete tail;
    }
```

[代码 2.27] 清空双链表。

```
    template <class elemType>
    void doubleLinkList<elemType>::clear() {
        // 清空操作时不再考虑结点的前驱域是否断链
        Node *p = head->next, *tmp;
        head->next = tail;                          // 头结点的后继是尾部头结点
        tail->prior = head;                         // 尾部头结点的前驱是头结点
        while (p != tail) {                         // 沿着后继域，一边遍历一边删除
            tmp = p->next;
            delete p;
```

```
        p=tmp;
    curLength = 0;
}
```

[代码 2.28] 查找位序为 **i** 的结点的地址。

```
template <class elemType>
typename doubleLinkList<elemType>::Node *doubleLinkList<elemType>::
getPosition(int i) const{
    // 位序 i 的合法范围是[-1..curLength],若 i==-1,则定位到头结点
    // 若 i==curLength,则定位到 tail 指向的尾部头结点
    Node *p =head;
    int count = 0;
    if (i < -1 || i > curLength )return NULL; // 当 i 非法时返回 NULL
    while (count <= i) {
        p = p-> next;
        count++;
    }
    return p;                                // 返回指向位序为 i 的结点的指针
}
```

[代码 2.29] 查找值为 **value** 的结点的位序。

```
template <class elemType>
int doubleLinkList<elemType>::search(const elemType &value) const {
    Node *p = head->next;
    int i = 0;
    while (p != tail && p->data != value) {
        p = p->next;
        i++;
    }
    if (p == tail) return -1;
    else return i;
}
```

[代码 2.30] 在位序 **i** 处插入值为 **value** 的结点。

```
template <class elemType>
void doubleLinkList<elemType>::insert(int i,const elemType &value) {
    Node *p, *tmp;
    if (i < 0 || i > curLength)         // 合法的插入范围为[0..curLength]
        throw outOfRange();              // 插入位置非法,抛出异常
    p = getPosition(i);                  // 若 i==curLength,则定位到 tail 指向的结点
    tmp = new Node(value, p->prior, p);  // tmp 结点插在 p 结点之前
    p->prior->next = tmp;                // p 原先的前驱的后继指向 tmp
    p->prior = tmp;                      // 修改 p 的前驱为 tmp
    ++curLength;
}
```

[代码 2.31] 删除位序为 **i** 的结点。

```
template <class elemType>
void doubleLinkList<elemType>::remove(int i) {
    Node *p;
```

```
            if (i < 0 || i > curLength-1)              // 合法的删除范围为[0..curLength-1]
                throw outOfRange();                    // 当待删结点不存在时，抛出异常
            p = getPosition(i);
            p->prior->next = p->next;
            p->next->prior = p->prior;
            delete p;
            --curLength;
        }
```

[代码 2.32] 访问位序为 i 的结点的值。
```
        template <class elemType>
        elemType doubleLinkList<elemType>::visit(int i) const{
        // visit 不能直接用 getPosition 判断范围是否合法，因为其定位范围为[-1..curLength]
            if (i < 0 || i > curLength-1)              // 合法的访问范围为[0..curLength-1]
                throw outOfRange();                    // 当结点不存在时，抛出异常
            Node *p = getPosition(i);
            return p->data;
        }
```

[代码 2.33] 遍历双链表。
```
        template <class elemType>
        void doubleLinkList<elemType>::traverse() const{
            Node *p = head->next;
            cout << "traverse:";
            while (p != tail) {
                cout<<p->data<<" ";
                p=p->next;
            }
            cout << endl;
        }
```

[代码 2.34] 逆置双链表。
```
        template <class elemType>
        void doubleLinkList<elemType>::inverse() {
            Node *tmp,*p = head->next;                 // p 是工作指针指向首元结点
            head->next = tail;                         // 构成空双链表
            tail->prior = head;
            while (p != tail) {
                tmp= p->next;                          // 保存 p 的后继
                p->next=head->next;  p->prior=head;    // p 结点插到头结点的后面
                head->next->prior=p; head->next=p;
                p=tmp;
            }
        }
```

2.5 循环链表

1. 单循环链表

单链表只能从头结点开始遍历整个链表，若希望从任意一个结点开始遍历整个链表，则可

以将单链表通过指针域首尾相接,即尾结点的指针域指向头结点,这样形成的链表称为单循环链表,如图2.23所示。

单循环链表带来的主要优点之一是,从其中任意一个结点开始都可访问到其他结点。线性表的基本操作在单循环链表中的实现与在单链表中的实现类似。主要差别在于,在单链表中,用指针是否为 NULL 来判断是否到表尾;而在单循环链表中,用指针是否等于头指针来判断是否到表尾。

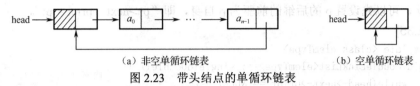

图 2.23　带头结点的单循环链表

需要指出的是,单循环链表往往只设尾指针而不设头指针,用一个指向尾结点的尾指针来标识单循环链表。其好处是既方便查找尾结点又方便查找头结点,因为通过尾结点的指针域很容易找到头结点。如图2.24所示的单循环链表中,尾指针 T2 指向尾结点,T2->next 即为 T2 的头结点。

【例 2.2】　将两个用尾指针标识的单循环链表 T1 和 T2 连接成一个新的单循环链表。

算法思想:若用带头结点的单循环链表实现两个链表的合并,则需要找到两个链表的尾结点。若两个单循环链表的长度分别为 m 和 n,则其时间复杂度为 $O(m+n)$,还要利用辅助变量。而若用带尾指针的循环链表,则时间复杂度降为 $O(1)$。如图2.24所示,两个单循环链表的尾指针分别为 T1 和 T2。

将单循环链表 T1 和 T2 连接成一个新的单循环链表的主要语句序列如下:

```
p = T1->next;              // ①p 指向 T1 的头结点
T1->next = T2->next->next; // ②T1 尾结点的指针域指向 T2 的首元结点
delete T2->next;           // ③释放 T2 的头结点
T2->next = p;              // ④T2 尾结点的指针域指向 T1 的头结点
```

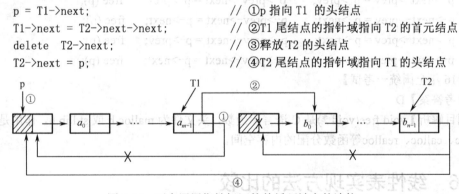

图 2.24　两个用尾指针标识的单循环链表的连接

2. 双向循环链表

双链表也可以做成循环结构,图2.25给出了带头结点的双向循环链表的示意图,其最后一个结点的后继域 next 指向头结点,头结点的前驱域 prior 指向最后一个结点。当带头结点的双向循环链表为空时,头结点的前驱域 prior 和后继域 next 都指向自身。

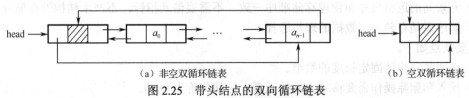

图 2.25　带头结点的双向循环链表

【例 2.3】 假设有一个单循环链表，其结点含有三个域 prior、data、next。其中 data 为数据域；prior 为指针域，初值为 NULL；next 为指针域，指向后继。请设计算法，将此表改成双向循环链表。

算法思想：现有单循环链表的 next 指针指向了结点的后继，但是 prior 指针并没有指向前驱，而是指向 NULL。将这个链表改造成双向循环链表的关键是，让每个结点的 prior 指针指向前驱。在单循环链表中，查找结点 p 的前驱是很麻烦的，但是查找 p 的后继很简单（p->next 即为 p 的后继），因此，可以先设置 p 的后继的前驱为 p 自身，即 "p->next->prior = p;"。

[代码 2.35]
```
template <class elemType>
void doubleLinkList<elemType> :: singleToDouble() {
    while(head->next->prior == NULL) {
        head->next->prior = head;      // 将 head 后继的 prior 指针指向 head
        head = head->next;              // head 指针后移
    }
}
```

在本算法中没有设置工作指针，而是直接移动头指针，当算法结束时，头指针又回到指向头结点的位置，因此不会因为移动头指针而找不到头结点。这样就省去了一个指针变量，是本算法的优点所在。

自测题 1. 已知一个带有表头结点的双向循环链表 L，结点结构为（prev,data,next），其中 prev 和 next 分别是指向其直接前驱和直接后继的指针。现要删除指针 p 所指的结点，正确的语句序列是（   ）。

A. p->next->prev = p->prev;   p->prev->next = p->prev;   free (p);
B. p->next->prev = p->next;   p->prev->next = p->next;   free (p);
C. p->next->prev = p->next;   p->prev->next = p->prev;   free (p);
D. p->next->prev = p->prev;   p->prev->next = p->next;   free (p);

【2016 年全国统一考试】
【参考答案】D
【题目解析】void free(void *)是 C 语言库函数，头文件为 malloc.h 或 stdlib.h，作用是：释放由 malloc、calloc、realloc 等函数分配的内存空间。

2.6 线性表实现方法的比较

1. 顺序表的主要优点和缺点

主要优点如下。
① 顺序表的实现方法简单，各种高级语言中都有数组类型，容易实现。
② 按序号查找可通过下标直接定位，时间代价为 O(1)。
③ 元素间的逻辑顺序和物理存储顺序一致，不需要借助指针，不产生结构性存储开销。
④ 顺序表是存储静态数据的理想选择。

主要缺点如下。
① 需要预先申请固定长度的数组。
② 插入和删除操作需要移动大量的元素，时间代价为 $O(n)$。

2. 链表的主要优点和缺点

主要优点如下。

① 插入和删除操作不需要移动元素，只需修改指针的指向，时间代价 O(n)；若不考虑查找，则插入和删除操作时间代价为 O(1)。链表比较适合经常插入和删除元素的情况。

② 动态地按照需要为表中新的元素分配存储空间，无须事先了解线性表的长度。当对线性表的长度难以估计时，采用链表比较合适。

③ 链表是存储动态变化数据的理想选择。

主要缺点如下。

① 链表需要在每个结点上附加指针，用以体现元素间的逻辑关系，增加了结构性存储开销。

② 按序号查找元素需要遍历链表，时间代价为 O(n)。

3. 如何为线性表选取合适的存储结构

① 顺序表具有按元素序号随机访问的特点，在顺序表中按序号访问元素的时间复杂度为 O(1)；而在链表中按序号访问的时间复杂度为 O(n)。如果经常按序号访问元素，则使用顺序表优于链表。

② 在顺序表中做插入、删除操作时，平均需要移动大约表中一半的元素。当表中元素的信息量较大且表较长时，顺序表的插入和删除操作效率低。在链表中做插入、删除操作时，虽然也要查找插入位置，但操作主要是比较运算。从这个角度考虑，显然链表优于顺序表。

总之，两种存储结构各有长短，选择哪一种存储结构，应由实际问题中的主要因素决定。通常"较稳定"的线性表选择顺序存储结构，而频繁进行插入、删除操作的动态性较强的线性表宜选择链式存储结构。

2.7 算法设计举例

【例 2.4】 设将 n(n>1) 个整数存放到一维数组 R 中。试设计一个在时间和空间两方面都尽量高效的算法，将 R 中保存的序列循环左移 p(p>0 且 p<n) 个位置，即将 R 中的数据由（$X_0, X_1, \cdots X_{p-1}, X_p, X_{p+1}, \cdots, X_{n-1}$）变换为（$X_p, X_{p+1}, \cdots, X_{n-1}, X_0, X_1, \cdots, X_{p-1}$）。

要求：

（1）给出算法的基本设计思想。

（2）根据设计思想，采用 C 或 C++ 或 Java 语言描述算法，关键之处给出注释。

（3）说明你所设计算法的时间复杂度和空间复杂度。

【2010 年全国统一考试】

【题目分析】 本题可利用顺序表的逆置操作求解。数组的大小是 n，首先将数组按下标分为 [0..p-1] 和 [p..n-1] 两个区间分别进行逆置；然后再对整个数组区间 [0..n-1] 进行整体逆置，最后的结果即为所求。

[代码 2.36]

```
void leftShift(int R[], int p, int n) {
    int t,i;
    for(i = 0;i < p/2;i++) {                    // 逆置[0..p-1]区间
        t = R[i];  R[i] = R[p-1-i];  R[p-1-i] = t;
    }
    for(i = p;i < (n+p)/2;i++) {                // 逆置[p..n-1]区间
        t=R[i];  R[i] = R[n-1-i+p];  R[n-1-i+p] = t;
```

```
        for(i = 0;i < n/2;i++) {              // 逆置[0..n-1]区间，即整个数组逆置
            t = R[i];  R[i] = R[n-1-i];  R[n-1-i] = t;
        }
    }
```

算法执行了两趟逆置，时间复杂度为 O(n)；用了一个辅助变量空间，空间复杂度为 O(1)。

讨论：若采用每个元素直接左移 p 个位置的方法，则空间复杂度仍为 O(1)，但时间复杂度为 O(np)；若采用一个大小为 p 的辅助数组存储 R 中的前 p 个元素，然后将 R 数组中剩余的 n-p 个元素左移 p 个位置，再将辅助数组中的 p 个元素存回 R 数组的后面，那么空间复杂度为 O(p)，时间复杂度为 O(n)。

【例 2.5】 已知长度为 n 的线性表 A 采用顺序存储结构，写一个时间复杂度为 O(n)、空间复杂度为 O(1)的算法，该算法删除线性表中所有值为 item 的元素。O(1)表示算法的辅助空间为常量。

【2000 年北京航空航天大学】

【题目分析】本题要求不能申请辅助的数组空间。若不考虑元素的相对顺序，可考虑用两个指针（此处将下标称为指针）i 和 j 相向移动，其中 i 从小下标端向大下标端移动查找值为 item 的元素，j 从大下标端向小下标端移动查找值不等于 item 的元素，用下标为 j 的元素覆盖下标为 i（值为 item）的元素，然后继续移动指针重复上述过程。当两个指针相遇（i>j）后算法结束，时间复杂度为 O(n)，空间复杂度为 O(1)。

[代码 2.37]
```
    template <class elemType>
    void seqList<elemType> ::delEqualItem(elemType item) {
        int i = 0,j = curLength-1;                  // 设置小下标端、大下标端指针
        while(i <= j) {
            while(i <= j && data[i] != item) i++;   // 若值不为 item，则指针右移
            while(i <= j && data[j] == item) j--;   // 若值为 item，则指针左移
            if(i < j)data[i++] = data[j--];
        }
        curLength = i;
    }
```

若题目要求不改变元素间相对顺序，应如何实现？

【题目分析】本题可用顺序表的遍历操作求解。设置两个指针（此处将下标称为指针），一个用于遍历所有元素，另一个用于重新保存值不等于 item 的元素，时间复杂度为 O(n)，空间复杂度为 O(1)。

[代码 2.38]
```
    template <class elemType>
    void seqList<elemType> ::delEqualItem2(elemType item) {
        int i = 0;                              // i 用于重新保存顺序表，只保存非 item 值
        int j = 0;                              // j 用于遍历整个顺序表
        while(j < curLength)
            if(data[j] == item) j++;            // 值为 item 的元素跳过
            else data[i++] = data[j++];         // 值不等于 item 的元素保存
        curLength = i;
    }
```

【例 2.6】 已知一个带有表头结点的单链表,结点结构为（data,link）,假设该链表只给出了头指针 list。在不改变链表的前提下,请设计一个尽量高效的算法,查找链表中倒数第 k 个位置上的结点（k 为正整数）,若查找成功,则算法输出该结点的 data 域的值,并返回 1;否则,只返回 0。

(1) 描述算法的基本设计思想。
(2) 描述算法的详细实现步骤。
(3) 根据设计思想和实现步骤,采用程序设计语言描述算法（使用 C 或 C++或 Java 语言实现）,关键之处请给出简要注释。

【2009 年全国统一考试】
【题目分析】
方法 1：初看题目最容易想到的方法就是利用遍历操作实现。第一次遍历单链表,得出整个链表的长度 n,然后再次遍历单链表找到倒数第 k 个结点（即正数的第 n-k+1 个结点）,该方法需要对链表进行两次遍历。

方法 2：通过改进上述方法得到一种更高效的方法,只需要一次遍历即可查找到倒数第 k 个结点。设置两个指针 p、q 用于遍历链表,指针 q 不动,指针 p 先向后移动 k 个结点,然后 p 和 q 一起移动,它们之间的距离保持为 k。当指针 p 遍历完链表时,指针 q 刚好停留在倒数第 k 个结点上。时间复杂度为 O(*n*),空间复杂度为 O(1)。

[代码 2.39]
```
int searchInvK(int k) {
    int i = 1;
    Node * p,* q;                              // Node 为结点类型
    p = list->link;                            // p 指向当前待处理结点,用于遍历整个链表
    q = list;                                  // 若查找成功,则 q 指向倒数第 k 个结点
    while(p && i < k) { i++;  p = p->link; }  // 查找正数第 k 个结点
    if(p == NULL) {                            // 正数第 k 个结点不存在
        cout<<"不存在\n"; return 0;            // 倒数第 k 个结点也不存在
    }
    while(p) { q = q->link;  p = p->link; }   // p,q 指针一起向后移动
    cout<<"倒数第 k 个结点的 data 域："<<q->data<<endl;
    return 1;
}
```

上述算法就本质而言,还是对链表进行两次遍历,一次遍历 n 个结点（p 指针）,另一次遍历 n-k+1 个结点（q 指针）,总共遍历 2*n+1-k 个结点。

方法 3：有人提出另一种更加高效的算法,按每次 k 个结点的方式遍历下去,遍历 m 次（m=n/k,"/"表示求商）,最后一次遍历的个数为 i 个（i=n%k+1,"%"表示求余数）。我们只需记录最后一次遍历 k 个结点的起始位置,然后再遍历 i 个结点,此时的位置即为倒数第 k 个结点。这种方法共遍历 n+i 个结点,时间复杂度为 O(*n*),空间复杂度为 O(1)。

[代码 2.40]
```
int searchInvK2(int k) {
    int i = 0, j = 0, count = 0;
    Node * p,* q,*pre;
    p = pre = list;
    while(p) {
        i = 0;                                 // 计数器置 0
```

```
                q = pre;                              // q 在前, pre 在后, 它们之间的距离为 k
                pre = p;                              // pre 在前, p 在后, 它们之间的距离为 k
                while(p && i < k) { i++;  p = p->link;}// 每次移动 k 个结点, 直到 p 为 NULL
                count++;
            }
            if(count == 1 && p == NULL) {             // 正数第 k 个结点不存在
                cout<<"不存在\n";                      // 倒数第 k 个结点也不存在
                return 0;
            }
            // 进入下面的 while 循环前, q 指向倒数第 k+i 个结点
            while(j < i) {  q = q->link;  j++; }
            cout<<"倒数第 k 个结点的 data 域: "<<q->data<<endl;
            return 1;
        }
```

【例 2.7】 在一个非递减有序的线性表中,有数值相同的元素存在。若存储方式为单链表,试设计算法去掉数值相同的元素,使表中不再有重复的元素。分析算法的时间复杂度。

【题目分析】 在单链表中删除数值相同的结点(元素),需要记录被删除结点的前驱。

[代码 2.41]

```
        template <class elemType>
        void linkList<elemType> :: delDuplicateEle() {// 删除非递减有序链表中的重复元素
            Node *pre = head->next ,*p = pre->next,*u;// pre 是指向 p 的前驱的指针
            while(p)
                if(p->data == pre->data)  {           // 前驱和后继的值相同
                    u = p; p = p->next; delete u;     // 删除
                }
                else {                                 // 前驱和后继的值不同
                    pre->next = p; pre = p; p = p->next;
                }
            pre->next = p;                             // 表尾
            tail = pre;                                // 当 p 为 NULL 时退出循环, 此时 pre 指向尾结点
        }
```

本算法假设链表中至少有一个结点,即初始时 pre 不为空,否则 p->next 无意义。算法中倒数第二条语句 pre->next=p 是必须的,因为表尾可能有数值相同的结点,在这些重复的结点均被删除后,指针的移动使 p=NULL 而退出 while 循环,所以应有 pre->next=p(即 pre->next=NULL),设置尾结点的指针域为 NULL。若表尾没有数值相同的结点,则 pre 和 p 为前驱和后继的关系,pre->next=p 也是对的。该算法对单链表中的每个结点只处理一次,其时间复杂度为 $O(n)$。

【例 2.8】 编写算法将单链表 L1 拆成两个链表,其中以 L1 为头的链表保持原来向后的链接,另一个链表的表头为 L2,其链接方向与 L1 相反,L1 包含原链表中奇数序号的结点,L2 包含原链表中偶数序号的结点。

【题目分析】 本题可利用链表的"头插法"和"尾插法"求解。本题采用类的成员函数实现,L1 是当前对象,L2 是一个带头结点的空链表。L2 链表实际上是 L1 链表中偶数序号结点的逆置,可采取"头插法"实现。拆分后,L1 链表包含原链表中奇数序号的结点,保持原来的链接顺序,可采用"尾插法"实现。时间复杂度为 $O(n)$,空间复杂度为 $O(1)$。

[代码 2.42]

```
        template <class elemType>
```

```cpp
void linkList<elemType> ::divide(linkList<elemType>*L2) {
    int i = 0;
    Node* p = head->next;                    // p 指向当前对象(即 L1)的首元结点
    Node* pre = head;                        // pre 指向 p 的前驱
    Node* s;
    while(p) {
        i++;
        if(i % 2) {                          // 奇数序号结点按原顺序存放于当前对象中
            pre->next = p;                   // 尾插法，保持原顺序
            pre = p;
            p = p->next;
        }
        else {                               // 偶数序号结点逆序插入 L2 中
            s = p->next;
            p->next = L2->head->next;
            L2->head->next = p;              // 头插法，逆序
            if(i == 2)L2->tail = p;          // 第 2 个结点最先插入 L2 表中，成为尾结点
            p = s;
        }
    }
    pre->next = NULL;                        // 置 L1 尾结点的指针域为 NULL
    tail = pre;
}
```

【例 2.9】 设 head 是带头结点的单链表的头指针，试写出算法，按递增次序输出单链表中各结点，并释放结点所占的存储空间。要求不允许使用数组作为辅助空间。

【题目分析】本题可用选择排序的思路来求解，在每趟遍历中查找出整个链表的最小值结点及最小值结点的前驱，输出并释放最小值结点所占存储空间；再查找次最小值结点，输出并释放空间，如此下去，直至链表为空，最后释放头结点所占存储空间。时间复杂度为 $O(n^2)$。

[代码 2.43]
```cpp
template <class elemType>
void linkList<elemType> ::delMin() {
    Node* p,* pre,* u;
    while(head->next != NULL) {              // 循环到仅剩头结点
        pre = head;                          // pre 为指向最小值结点的前驱的指针
        p = pre->next;                       // p 为工作指针遍历链表
        while(p->next != NULL) {
            if(p->next->data < pre->next->data) {
                pre = p;                     // 记住当前最小值结点的前驱
                p = p->next;
            }
            else p = p->next;
        }
        cout<<pre->next->data<<" ";          // 输出最小值
        u = pre->next;
        pre->next = u->next;
        delete u;                            // 删除最小值结点，释放结点空间
    }
```

```
        cout<<endl;
        delete head;                              // 释放头结点
    }
```

习题

一、选择题

1. 若某线性表最常用的操作是存取任意指定序号的元素和在最后进行插入与删除操作，则利用（　　）存储方式最节省时间。
   A．顺序表   B．双链表
   C．带头结点的双向循环链表   D．单循环链表

2. 若某线性表中最常用的操作是在最后一个元素之后插入一个元素和删除第一个元素，则采用（　　）存储方式最节省运算时间。
   A．单链表   B．仅有头指针的单循环链表
   C．双链表   D．仅有尾指针的单循环链表

3. 链表不具有的特点是（　　）。
   A．插入、删除操作不需要移动元素   B．可随机访问任意元素
   C．不必事先估计存储空间   D．所需空间与线性长度成正比

4. 在 n 个结点的线性表的顺序实现中，算法的时间复杂度为 O(1) 的操作是（　　）。
   A．访问第 i 个结点和求第 i 个结点的直接前驱
   B．在第 i 个结点后插入一个新结点
   C．删除第 i 个结点
   D．以上都不对

5. 单链表中，增加一个头结点的目的是（　　）。
   A．使单链表至少有一个结点   B．标识表中首结点的位置
   C．方便运算的实现   D．说明单链表是线性表的链式存储

6. 在一个以 h 为头指针（指向头结点）的单循环链表中，p 指针指向链表尾的条件是（　　）。
   A．p->next == h   B．p->next == NULL
   C．p->next->next == h   D．p->data == -1

7. 对于一个头指针为 head 的带头结点的单链表，判定该表为空表的条件是（　　）。
   A．head == NULL   B．head->next == NULL
   C．head->next == head   D．head != NULL

8. 在单链表的指针为 p 的结点之后插入指针为 s 的结点，正确的操作是（　　）。
   A．p->next = s;   s->next = p->next;
   B．p->next = s->next;   p->next = s;
   C．p->next = s;   p->next = s->next;
   D．s->next = p->next;   p->next = s;

9. 双链表中有两个指针域，prior 和 next 分别指向前驱及后继，设 p 指向链表中的一个结点，现要求删去 p 所指结点，则正确的删除操作是（　　）（链表中结点个数大于 2，p 不是第一个结点）。
   A．p->prior->next = p->next;   p->next->prior = p->prior;   delete p;

B. delete p;　　p->prior->next = p->next;　　p->next->prior = p->prior;
C. p->prior->next = p->prior;　　delete p;　　p->next->prior = p->prior;
D. 以上A，B，C都不对

10. 在循环双链表的结点p之后插入结点s的操作是（　　）。
　　A. p->next=s;　　s->prior=p;　　p->next->prior=s;　　s->next=p->next;
　　B. p->next=s;　　p->next->prior=s;　　s->prior=p;　　s->next=p->next;
　　C. s->prior=p;　　s->next=p->next;　　p->next=s;　　p->next->prior=s;
　　D. s->prior=p;　　s->next=p->next;　　p->next->prior=s;　　p->next=s;

二、填空题

1. 顺序存储结构是通过_____表示元素之间的关系的；链式存储结构是通过_____表示元素之间的关系的。
2. 在单链表中，指针p所指结点有后继的条件是_____。
3. 带头结点的双向循环链表为空表的条件是_____。
4. 对于一个具有n个结点的单链表，在已知的结点p后插入一个新结点的时间复杂度为_____，在值为x的结点后插入一个新结点的时间复杂度为_____。

三、判断题

1. 线性表采用链表存储时，结点和结点之间的存储空间可以是不连续的。（　　）
2. 顺序存储方式插入和删除操作的效率太低，因此它不如链式存储方式好。（　　）
3. 对任何数据结构，链式存储结构一定优于顺序存储结构。（　　）
4. 顺序存储方式只能用于存储线性结构。（　　）
5. 顺序存储方式的优点是存储密度大，且插入、删除操作效率高。（　　）
6. 线性表中每个元素都有一个直接前驱和一个直接后继。（　　）

四、应用题

1. 说明在线性表的链式存储结构中，头指针与头结点之间的根本区别，头结点与首元结点的关系，以及头结点的作用。
2. 若线性表的元素总数基本稳定，且很少进行插入和删除操作，但要求以最快的速度存取线性表中的元素，那么应采用哪种存储结构？为什么？
3. 线性表的顺序存储结构具有三个弱点：第一，在进行插入或删除操作时，需要移动大量元素；第二，由于难以估计，因此必须预先分配较大的空间，往往使存储空间不能得到充分利用；第三，表的容量难以扩充。试问，线性表的链式存储结构是否一定能够克服上述三个弱点？请简述之。
4. 分析线性表顺序存储结构和链式存储结构的优缺点，说明何时应该利用哪种结构。
5. 为什么在单循环链表中常使用尾指针？若只设头指针，则在表尾插入元素的时间复杂度如何？

五、算法设计题

1. 已知线性表($a_1, a_2, \cdots, a_n$)按顺序存于内存中，每个元素都是整数，试设计用最少时间把所有值为负数的元素移到全部正数值元素前面的算法。例如，($x,-x,-x,x,x,-x,\cdots,x$)变为($-x,-x,-x,\cdots,x,x,x$)。
2. 在一个递增有序的线性表中，有数值相同的元素存在。若存储方式为单链表，设计算法去掉数值相同的元素，使表中不再有重复的元素。例如，(7,10,10,21,30,42,42,42,51,70)将变为(7,10,21,30,42,51,70)，分析算法的时间复杂度。

3. 设 la 是一个双向循环链表，并且其中元素递增有序。试设计算法插入元素 x，使表中元素依然递增有序。

4. 假定采用带头结点的单链表保存单词，当两个单词有相同的后缀时，可共享相同的后缀存储空间。例如，"loading" 和 "being" 的存储映像如图 2.26 所示。

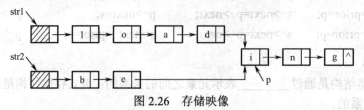

图 2.26　存储映像

设 str1 和 str2 分别指向两个单词所在单链表的头结点，链表结点结构为(data,next)，请设计一个在时间方面尽量高效的算法，找出由 str1 和 str2 所指的两个链表共同后缀的起始位置（图 2.26 中字符'i'所在结点的位置 p）。要求：

（1）给出算法的基本设计思想。
（2）根据设计思想，采用 C 或 C++或 Java 语言描述算法，在关键之处给出注释。
（3）说明所设计算法的时间复杂度。

【2012 年全国统一考试】

5. 用单链表保存 m 个整数，结点的结构为(data,link)，且|data|<n（n 为正整数）。现要求设计一个时间复杂度尽可能好的算法，对于链表中绝对值相等的结点，仅保留第一次出现的结点而删除其余绝对值相等的结点。例如，若给定的单链表 head 如图 2.27（a）所示，则删除结点后的 head 如图 2.27（b）所示。

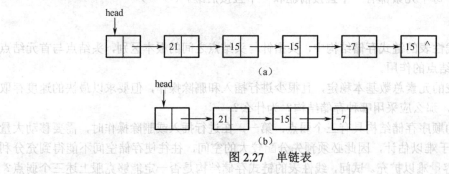

图 2.27　单链表

要求：
（1）给出算法的基本思想。
（2）使用 C 或 C++语言，给出单链表结点的数据类型定义。
（3）根据设计思想，采用 C 或 C++语言描述算法，在关键之处给出注释。
（4）说明所设计算法的时间复杂度和空间复杂度。

【2015 年全国统一考试】

第 3 章 栈 和 队 列

栈和队列仍属于线性结构，它们的逻辑结构和线性表相同，具有线性结构的共同特征。学习本章时，既要注意栈和队列所具有的线性结构的共性，更要掌握其个性。栈和队列的基本操作是线性表操作的子集，限定插入和删除元素的操作只能在线性表的一端进行。栈按"后进先出"的规则进行操作，队列按"先进先出"的规则进行操作。

本章学习目标：
- 理解栈的概念；
- 掌握顺序栈和链栈的结构特点与实现方法；
- 掌握表达式的转换和求值方法；
- 理解队列的概念；
- 掌握循环队列和链队列的结构特点与实现方法。

3.1 栈

3.1.1 栈的类型定义

栈（stack）是只允许在表的一端进行插入、删除操作的线性表，具有后进先出（LIFO, Last In First Out），也称为先进后出（FILO, First In Last Out）的特点。后进先出表示最晚入栈的元素最先被删除，先进后出表示最先入栈的元素最后被删除。

在日常生活中，有很多后进先出的例子。例如，在家里洗碗（大小一样），最后洗好的碗放在最上面，而用时从上面往下取。再如，用内直径为 4.2cm 的乒乓球桶来装直径为 4cm 的乒乓球，如图 3.1 所示，最后装入的 3 号球，将最先拿出来使用。这些都是栈的例子。在程序设计中，常常需要按与保存数据时相反的顺序来使用数据，这就需要用栈来实现。

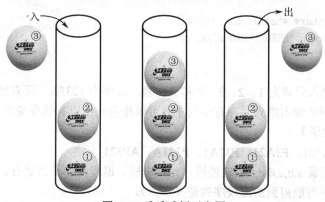

图 3.1 乒乓球桶示意图

栈的术语说明如下。

栈顶（Top），允许进行插入和删除操作的一端称为栈顶。

栈底（Bottom），表的另一端称为栈底。

进栈（Push），在栈顶位置插入元素的操作叫进栈，也叫入栈、压栈。

出栈（Pop），删除栈顶元素的操作叫出栈，也叫弹栈、退栈。

空栈，不含元素的空表称为空栈。

栈溢出，当栈满时，若再有元素进栈，则发生上溢；当栈空时，若再出栈，则发生下溢。

如图 3.2 所示的栈中有 4 个元素，进栈的顺序是 a1，a2，a3，a4。其中，top 指示栈顶元素 a4 的位置，bottom 指示栈底元素 a1 的位置。在栈的这种状态下，其出栈顺序为 a4，a3，a2，a1。

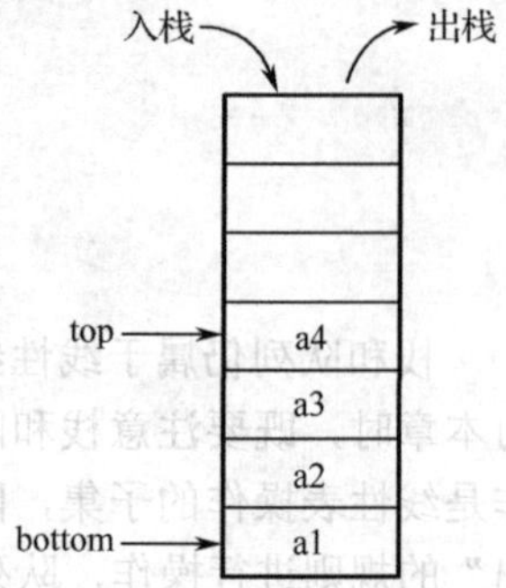

图 3.2　栈示意图

栈的抽象数据类型定义如下：

```
template <class T>                    // 栈的元素类型为T
class Stack {
public:
    virtual bool empty() const = 0;   // 判空
    virtual int size() const = 0;     // 求栈中元素个数
    virtual void push(const T &x) = 0;// 压栈，插入元素x为新的栈顶元素
    virtual T   pop() = 0;            // 弹栈，若栈非空，则删除栈顶元素
    virtual T getTop() const = 0;     // 取栈顶元素，返回栈顶元素但不弹出
    virtual void clear() =0;          // 清空栈
    virtual ~Stack() {}
};
```

自定义异常处理类：

```
class outOfRange:public exception {   // 用于检查范围的有效性
public:
    const char* what()const throw(){
        return "ERROR! OUT OF RANGE.\n";
    }
};
class badSize:public exception {      // 用于检查初始长度的有效性
public:
    const char* what()const throw(){
        return "ERROR! BAD SIZE.\n";
    }
};
```

自测题 1．设输入元素为 1、2、3、P 和 A，输入次序为 123PA。元素经过栈后到达输出序列，当所有元素均到达输出序列后，有哪些序列可以作为高级语言的变量名。

【1997 年中山大学】

【参考答案】PA321、P3A21、P32A1、P321A、AP321

自测题 2．若元素 a,b,c,d,e,f 依次进栈，允许进栈、退栈操作交替进行，但不允许连续三次进行退栈操作，则不可能得到的出栈序列是（　　）。

A．d,c,e,b,f,a   B．c,b,d,a,e,f
C．b,c,a,e,f,d   D．a,f,e,d,c,b

【2010 年全国统一考试】

【参考答案】D

自测题 3．元素 a,b,c,d,e 依次进入初始为空的栈中，若元素进栈后可停留、可出栈，直到所有元素都出栈，则在所有可能的出栈序列中，以元素 d 开头的序列个数是（　　）。
    A．3   B．4
    C．5   D．6
【2011 年全国统一考试】
【参考答案】B
【题目解析】当栈中只有 a,b,c,d 时，d 可以先出栈，出栈序列必为 d,_,c,_,b,_,a,_，其中"_"处均是 e 可能出现的位置。

自测题 4. 一个栈的入栈序列为 1,2,3,…,n，其出栈序列是 p1,p2,p3,…,pn。若 p2 为 3，则 p3 可能取值的个数是（　　）。
    A．n-3   B．n-2
    C．n-1   D．无法确定
【2013 年全国统一考试】
【参考答案】C
【题目解析】除 3 本身以外，其他的值均可以取到，因此可能取值的个数为 n-1。

3.1.2 顺序栈的表示和实现

利用顺序存储结构实现的栈称为顺序栈。类似于顺序表，栈中的元素用一个一维数组来存储，栈底位置可以设置在数组的任意一个端点处，通常设在小下标的一端，栈顶是随着插入和删除操作而变化的。为方便操作，用一个整型变量 top 存放栈顶元素的位置（下标），top 称为栈顶指针。初始时，top=-1，表示栈为空；元素进栈，top 加 1，然后将数据写入 top 所指向的单元中；退栈时，top 减 1。

顺序栈的类型描述如下：

```
template <class T>
class seqStack : public Stack<T> {
private:
    T * data;                            // 存放栈中元素的数组
    int top;                             // 栈顶指针，指向栈顶元素
    int maxSize;                         // 栈的大小
    void resize();                       // 扩大栈空间
public:
    seqStack(int initSize = 100);
    ~seqStack(){ delete [] data;}
    void clear() { top = -1; }           // 清空栈
    bool empty() const{ return top == -1;}  // 判空
    int size() const{ return top+1; }    // 求长度
    void push(const T &value);           // 进栈
    T  pop();                            // 出栈
    T  getTop() const;                   // 取栈顶元素
};
```

将数组的小下标端设为栈底，栈空时，栈顶指针 top=-1；入栈时，栈顶指针加 1，即++top；出栈时，栈顶指针减 1，即 top--。

栈的操作示意图如图 3.3 所示，图（a）为空栈，图（b）表示入栈 1 个元素 A，图（c）表示依次再入栈 4 个元素 B、C、D、E，图（d）表示在图（c）之后 E、D 相继出栈，此时栈中还有 3 个元素，最近出栈的元素 D、E 仍然在原先的单元中存储着，但 top 指针已经指向了新的栈

顶，认为元素 D、E 不在栈中了。通过这个示意图可以深刻理解入栈、出栈和栈顶指针的作用。

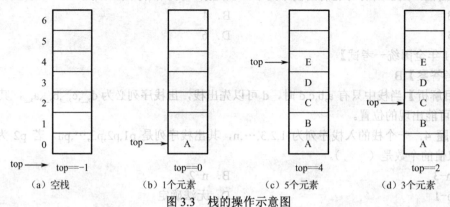

图 3.3　栈的操作示意图

下面介绍栈的基本操作在顺序栈中的实现。

[代码 3.1]　构造函数，初始化一个空的顺序栈，置栈顶指针 top 为-1。

```
template <class T>
seqStack<T>::seqStack(int initSize = 100) {
    if(initSize <= 0) throw badSize();
    data = new T[initSize];
    maxSize = initSize ;
    top = -1;
}
```

[代码 3.2]　进栈。

```
template <class T>
void seqStack<T>::push(const T &value) {
    if (top == maxSize - 1) resize();        // 检查顺序栈是否已满
    data[++top] = value;                     // 修改栈顶指针，新元素入栈
}
```

[代码 3.3]　出栈。

```
template <class T>
T seqStack<T>::pop(){
    if(empty()) throw outOfRange();          // 空栈无法弹栈
    return data[top--];                      // 修改栈顶指针，返回栈顶元素
}
```

应该指出，"出栈"并不一定要带回元素，带回元素是"副产品"，出栈的主要目的是下移指针，是否要返回栈顶元素取决于题目要求。

[代码 3.4]　取栈顶元素。

```
template <class T>
T seqStack<T>::getTop() const{
    if(empty()) throw outOfRange();
    return data[top];
}
```

说明：若允许修改返回的栈顶元素，则考虑使用引用作为函数的返回值。

[代码 3.5]　扩大栈空间。

```
template <class T>
void seqStack<T>::resize(){
```

```
        T *tmp = data;
        data = new T[2 * maxSize];
        for (int i = 0; i < maxSize; ++i)
            data[i] = tmp[i];
        maxSize *= 2;
        delete [] tmp;
    }
```

注意，对于顺序栈，入栈时应先判断栈是否已满，栈满的条件为 top == maxSize-1。若栈是满的，则需要重新申请空间，否则将出现上溢出错误。执行出栈和读栈顶元素操作时，应先判断栈是否为空，在栈为空时不能操作，否则会产生下溢出错误。栈空常作为一种控制转移的条件。

栈的基本操作中，除进栈和扩大栈空间以外，所有操作的时间复杂度都是 O(1)。当栈满时，这是最坏情况，需要调用 resize() 扩大栈空间才能进栈，时间复杂度是 O(n)；当栈不满时，进栈时间复杂度是 O(1)。

实际应用中，往往在一个程序中会出现使用多个栈的情况。这需要给每个栈都分配一个大小合适的空间。这很难做到，因为难以估计各个栈的最大实际空间。而且，各个栈的最大实际空间是变化的，有的栈已经满了，有的栈还是空的。因此，如果多个栈能共享内存空间将是很理想的，这将减少发生上溢出的可能性。在这种模式下，每个栈都设栈顶和栈底指针。当一个栈满之后，可以向左、右栈借用空间，只有所有栈都满了，才发生溢出。但多栈共享空间的算法比较复杂，特别是当临近溢出时，为了找到一个可用单元而要移动很多元素。

假设程序中需要两个栈，我们可让两个栈共享一个数组空间。利用"栈底位置不变"的特性，将两个栈的栈底分别设在数组两端，入栈时两个栈相向延伸。只有两个栈的栈顶相遇时才发生溢出。一个长度为 2*length 的双向栈比两个长度为 length 的栈发生溢出的概率要小得多。图 3.4 是两个栈共享空间的示意图。

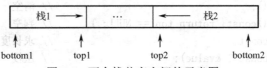

图 3.4 两个栈共享空间的示意图

描述两个栈共享向量的结构定义如下：

```
    template <class T>
    class dSeqStack: public Stack<T> {       // 双向顺序栈用数组实现
    private:
        int   maxSize;                        // 栈中最多可存放的元素个数
        T     *data;                          // 存放栈中元素的数组
        int   top[2];                         // 两个栈顶指针
        void resize();                        // 扩大栈空间
    public:
        dSeqStack(int size);                  // 构造函数
        ~dSeqStack();                         // 析构函数
        void clear(int no);                   // 清空栈，参数 no 用于区分操作哪个栈
        bool empty(int no);                   // 判空，参数 no 用于区分操作哪个栈
        int size(int no);                     // 求栈中元素个数，参数 no 用于区分操作哪个栈
        void push(const T &value, int no);    // 压栈，参数 no 用于区分操作哪个栈
        bool pop(T* item, int no);            // 弹栈，参数 no 用于区分操作哪个栈
```

```
        T   getTop (int no) const;          // 取栈顶元素，参数 no 用于区分操作哪个栈
};
```

其中，top[0]是第一个栈的栈顶指针，top[1]是第二个栈的栈顶指针。初始化时 top[0]=-1，top[1]=maxSize。当 top[1]-top[0]=1 时，栈满。

3.1.3 链栈的表示和实现

用链式存储结构实现的栈称为链栈。链栈中结点的结构与单链表中结点的结构相同。链栈由栈顶指针 top 唯一确定。因为栈的主要操作是在栈顶进行插入与删除操作，所以链栈通常不带头结点，top 指针直接指向栈顶元素。当 top==NULL 时为空栈。

元素 A、B、C、D 依次进入初始为空的链栈之后的状态，如图 3.5 所示。

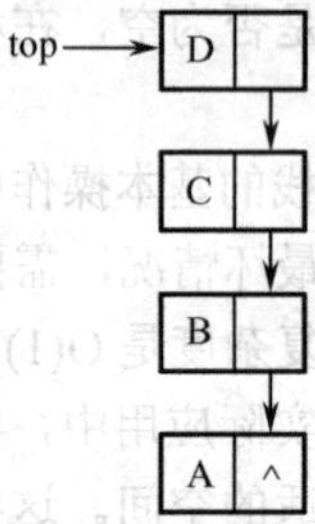

链栈的类型定义以及基本操作实现如下：

```
template <class T>
class linkStack : public Stack<T> {
private:
    struct Node{
        T data;
        Node* next;
        Node(){ next = NULL; }
        Node(const T &value, Node *p = NULL) { data = value; next = p;}
    };
    Node* top;                                        // 栈顶指针
public:
    linkStack() { top = NULL; }                       // 构造空栈
    ~linkStack() { clear(); }
    void clear();                                     // 清空
    bool empty()const{ return top == NULL; }          // 判空
    int size()const;                                  // 求长度
    void push(const T &value);                        // 压栈
    T   pop();                                        // 弹栈
    T   getTop()const;                                // 取栈顶元素
};
```

图 3.5 链栈示意图

[代码 3.6] 清空栈。

```
template <class T>
void linkStack<T>::clear() {
    Node *p;
    while (top != NULL) {
        p = top;                                      // p 指向当前栈顶元素
        top = top->next;                              // top 指针移向次栈顶元素
        delete p;                                     // 释放 p 指向的当前栈顶元素
    }
}
```

[代码 3.7] 求栈中元素个数。

```
template <class T>
int linkStack<T>::size()const {
    Node *p=top;
```

```
            int count=0;                          // 计数器
            while (p) {                           // 遍历栈，统计元素总数
                count++;
                p = p->next;
            }
            return count;
        }
```

[代码3.8] 进栈，在如图3.5所示的链栈中，继续压入元素E的操作如图3.6所示。

```
        template <class T>
        void linkStack<T>::push(const T &value) {
            Node *p = new Node(value, top);       // 在栈顶插入元素
            top = p;                              // p成为新的栈顶元素
        }
```

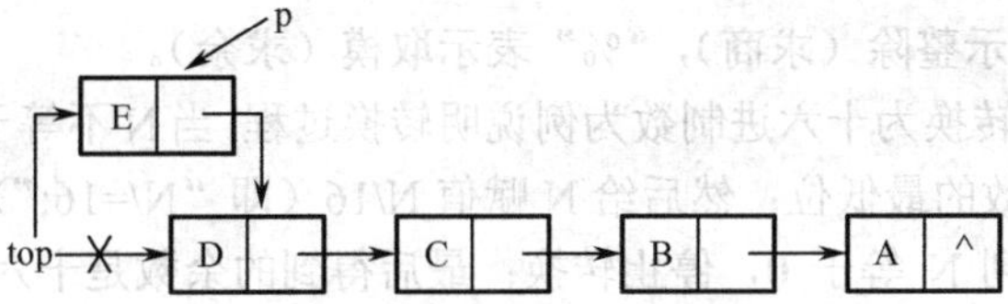

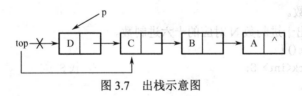

图3.6 进栈示意图

[代码3.9] 出栈，在图3.5所示的链栈中，弹出栈顶元素D的操作如图3.7所示。

```
        template <class T>
        T linkStack<T>::pop() {
            if (empty()) throw outOfRange();
            Node *p = top;
            T value = p->data;                    // value保存栈顶元素的值
            top = top->next;                      // top指针向后移动
            delete p;                             // 删除栈顶元素
            return value;
        }
```

图3.7 出栈示意图

[代码3.10] 取栈顶元素。

```
        template <class T>
        T linkStack<T>::getTop() const {
            if (empty()) throw outOfRange();
            return top->data;
        }
```

　　链栈的入栈、出栈、取栈顶元素、判空等都是在栈顶进行的操作，与栈中元素的个数无关，这些操作的时间复杂度均为 O(1)。链栈的入栈操作不需要判定栈是否已满，但出栈操作仍需判定栈是否为空。

　　链栈的清空和求长度操作需要遍历链栈中所有元素，因此，时间复杂度是 O(n)。若在链栈类型定义中增加整型变量 curLength，用于记录当前栈中元素个数，这样求长度操作的时间复杂

度将降为 O(1)。

实际应用中，顺序栈比链栈用得更广泛些，因为顺序栈存储开销较低，并且能够以 O(1) 的时间复杂度快速定位并读取栈中元素，而在链栈中读取第 n 个元素时需要沿着指针查找，时间复杂度 O(n)。

3.2 栈的应用举例

3.2.1 十进制数转换为其他进制数

在计算中，经常碰到十进制数 N 和其他 d 进制数的转换问题，实现转换的方法很多，其中一种方法基于以下公式：

$$N = (N/d)*d + N\%d \tag{3-1}$$

说明：式中"/"表示整除（求商），"%"表示取模（求余）。

下面以十进制数 N 转换为十六进制数为例说明转换过程：当 N 不等于 0 时，首先计算 N%16，得到的余数为十六进制数的最低位；然后给 N 赋值 N/16（即"N/=16;"），再次计算 N%16 的余数；持续这个过程，直到 N 等于 0，停止转换；最后得到的余数是十六进制数的最高位。这样我们很容易想到运用栈来存储计算过程中产生的余数。

十进制数 $(1000)_{10}$ 转为十六进制数是 $(3E8)_{16}$，其运算过程如下：

N	N/16	N%16
1000	62	8
62	3	14（即十六进制数 E）
3	0	3
0（结束）		

从第 3 列（N%16）可以看出，十进制数 $(1000)_{10}$ 对应的十六进制数为 $(3E8)_{16}$。若用一个栈存放每次除法的余数，则只要 N 不为 0，就将 N%16 的结果进栈，然后修改 N 的值为 N/16。本例中最低位 8 最先进栈，最高位 3 最后进栈，当 N 为 0 时结束进栈过程，然后边出栈边输出，即为所求的十六进制数。

[代码 3.11] 输出十进制数 N 对应的十六进制数。

```
void convert(){
    linkStack<int> S;                       // 栈 S
    int N,e;
    cin>>N;                                 // 读入十进制数
    while(0 != N) {
        S.push(N%16);                       // 将得到的十六进制数的位入栈
        N=N/16;                             // 数 N 除以 16 作为新的被除数
    }
    while(!S.empty()){
        e=S.pop();
        if(e > 9)  cout<<char(e-10+'A');    //10~15 的十六进制数为 A~F
        else  cout<<e;
    }
    cout<<endl;
}
```

3.2.2 表达式中括号的匹配检查

假定表达式中的括号有以下三对：'('和')'、'['和']'、'{'和'}'，我们可以使用栈来检查表达式中括号是否正确匹配。

规则如下：如果为左括号，则入栈。如果为右括号，若栈顶是其对应的左括号，则退栈，若不是其对应的左括号，则结论为括号不配对。当表达式结束后，若栈为空，则表明表达式中括号配对；否则表明表达式中括号不配对。下述算法中对非括号的字符未加讨论。

[代码 3.12]
```cpp
bool match(){
    linkStack<char> T;                                      // 使用 3.1.3 节中实现的链栈
    char item;
    int i=0;
    string expression;
    getline(cin,expression);                                // 输入字符串
    while(i < expression.size()){                           // 扫描字符串
        switch (expression[i]){
            case '(':T.push(expression[i]);    break;       // 左圆括号压栈
            case ')':                                       // 右圆括号将与栈顶元素进行配对
                if(T.empty()||(item=T.getTop())!='('){      // 不配对
                    cout<<"mismatched\n";
                    return false;
                }
                else   T.pop();                             // 配对
                break;
            case '[':T.push(expression[i]);    break;       // 左方括号压栈
            case ']':                                       // 右方括号将与栈顶元素进行配对
                if(T.empty()||(item=T.getTop())!='['){      // 不配对
                    cout<<"mismatched\n";
                    return false;
                }
                else   T.pop();                             // 配对
                break;
            case '{':T.push(expression[i]);    break;       // 左花括号压栈
            case '}':                                       // 右花括号将与栈顶元素进行配对
                if(T.empty()||(item=T.getTop())!='{'){      // 不配对
                    cout<<"mismatched\n";
                    return false;
                }
                else   T.pop();                             // 配对
                break;
        };
        i++;
    }
    if(T.empty()){ cout<<"matched\n";    return true; }
    else{ cout<<"mismatched\n";    return false; }          // 栈非空，不配对
}
```

说明：函数 istream& getline(istream&& is, string& str)，头文件 string，其功能是接收输入的

字符串并存储在 str 中（可以接收 Space 键和 Tab 键），直到遇到下列情况后结束，并返回。

① 遇到换行符 Enter，换行符并不存入 str 中，所以输出 str，要自己添加 endl 来换行。如果输入的第一个字符就是换行符，getline 也将结束，则 str 被置为空串。

② 遇到文件结束符，如 Ctrl+Z 组合键，或无效输入等。

3.2.3 表达式求值

【例 3.1】 中缀表达式求值。

表达式求值是程序设计中的常见运算。我们在小学时就知道计算表达式时的规则是：从左到右计算，先乘/除后加/减（级别相等时从左到右），先括号内后括号外。怎样让计算机模拟这套规则计算表达式呢？我们可以用栈来实现。

假定表达式中只有运算符和操作数两类成分，运算符有：加'+'，减'-'，乘'*'，除'/'，以及圆括号'('和')'。我们设两个栈：运算符栈 optr 和操作数栈 opnd。

算法思想：首先置操作数栈 opnd 为空，将表达式起始符'='压入运算符栈 optr 中作为栈底元素，然后从左向右扫描用于存储中缀表达式的 infix 数组，读入字符 infix[i]。若 infix[i]是数字字符则拼成数字，然后压入 opnd 栈中。若 infix[i]为运算符，则按以下规则进行。

① 若 infix[i]的优先级高于 optr 栈顶的运算符，则 infix[i]压入 optr 栈中。

② 若 infix[i]的优先级低于 optr 栈顶的运算符，则弹出 optr 栈顶的运算符，并从 opnd 栈中弹出两个操作数，进行相应算术运算后，结果压入 opnd 栈中。

③ 若 infix[i]是'('，则压入 optr 栈中。

④ 若 infix[i]是')'，并且 optr 栈顶是'('，则 optr 执行退栈操作，从而消去了左、右括号；否则')'被解释为优先级低于（除'='之外的）其他运算符，要按上面规则②进行，直到碰到'('，optr 栈弹出'('与栈外的')'抵消。

⑤ 若 infix[i]是'='，我们认为'='的优先级是最低的，则 optr 退栈，用弹出的运算符与从 opnd 栈中弹出的两个操作数进行相应的算术运算，结果压入 opnd 栈中。这个过程一直持续到 optr 栈中只剩'='为止，运算结束。

表 3.1 定义了运算符在栈内、外的优先关系，数值越大优先级越高；表 3.2 给出了表达式 12*(6−3.5)的求值过程。

表 3.1 运算符之间的优先关系

运算符	=	(	*, /	+, −	)
栈内优先级	0	1	5	3	6
栈外优先级	0	6	4	2	1

表 3.2 中缀表达式 12*(6−3.5)的求值过程

步骤	中缀表达式	opnd 栈	optr 栈	主要操作
初始	12*(6−3.5)=		=	optr.push('=');
1	12*(6−3.5)=	12	=	opnd.push(12);
2	*(6−3.5)=	12	= *	optr.push('*');
3	(6−3.5)=	12	= * (	optr.push('(');
4	6−3.5)=	12 6	= * (	opnd.push(6);
5	−3.5)=	12 6	= * (−	optr.push('−');

续表

步骤	中缀表达式	opnd 栈	optr 栈	主要操作
6	3.5)=	12 6 3.5	= * (−	opnd.push(3.5);
7	)=	12 2.5	= * (	opnd.push(operate(6, '−',3.5));①
8	)=	12 2.5	= *	item=optr.pop();//消去一对括号
9	=	30	= *	opnd.push(operate(12, '*',2.5));②
10	=	30	=	item=optr.pop();//消去'='
11		30		result=opnd.pop();

①②：在步骤 7 和步骤 9 的主要操作中，省略了退栈操作，完整的操作过程应为：

```
theta = optr.pop();
b = opnd.pop();
a = opnd.pop();
opnd.push(operate(a, theta, b));
```

用于表达式求值的计算器类 calculator 定义如下：

```
class calculator{
private:
    linkStack<char> optr;              // 运算符栈
    linkStack<double> opnd;            // 操作数栈
    char* infix;                       // 存储中缀表达式的字符数组
    char* postfix;                     // 存储中缀表达式的字符数组，用于例 3.2
    int   size;                        // 中缀表达式字符串的长度
public:
    calculator(char *s);               // 构造函数
    ~calculator();                     // 析构函数
    double spellNum(char* fix, int& i);// 拼数，将数字字符转换成 double 类型的数字
    int priorInStack(char item);       // 计算栈内运算符优先级
    int priorOutStack(char ch);        // 计算栈外运算符优先级
    int precede(char item, char ch);   // 比较栈内外运算符优先次序
    double operate(double a, char theta, double b);  // a 与 b 进行 theta 运算
    double calculateInfix();           // 中缀表达式求值
    double calculatePostfix();         // 后缀表达式求值，用于例 3.2
    void infixToPostfix();             // 中缀表达式转后缀表达式，用于例 3.2
    void printInfix();                 // 输出中缀表达式
    void printPostfix();               // 输出后缀表达式，用于例 3.2
};
```

其中，precede 是计算运算符优先级的函数，两个运算符比较可能有大于、等于、小于三种结果。若相等，则消除一对括号'('、')'或'='。operate 是运算函数，根据弹出栈的运算符（+、−、*、/）和两个操作数进行相应运算。

下面异常类用于除数为 0 异常：

```
class divideByZero:public exception {
public:
    const char* what()const throw() {
        return "ERROR! DIVIDE BY ZERO.\n";
    }
};
```

下面异常类用于表达式出错:

```cpp
class wrongExpression:public exception {
public:
    const char* what()const throw(){
        return "ERROR! BAD EXPRESSION.\n";
    }
};
```

中缀表达式求值的基本操作如下。

[代码 3.13] 构造函数。

```cpp
calculator::calculator(char *s) {
    size = strlen(s) ;
    infix = new char [size +1];            // infix 存储中缀表达式
    postfix = new char [2*size];           // postfix 存储后缀表达式
    strcpy_s(infix,size+1,s);
}
```

[代码 3.14] 析构函数。

```cpp
calculator::~calculator() {
    delete []infix;
    delete []postfix;
}
```

[代码 3.15] 拼数,将数字字符转拼成 double 类型的数字。

```cpp
double calculator::spellNum(char* fix,int& i) {
    double num1 = 0,num2 = 0,num;
    int j = 0;
    while(fix[i] >= '0' && fix[i] <= '9')            // 处理小数点以前部分
        num1 = num1*10 +fix[i++]-'0';
    if(fix[i]=='.') {                                 // 处理小数点以后部分
        i++;
        while(fix[i] >= '0' && fix[i] <= '9')
            num2 += (fix[i++]- '0')*1.0/pow(10.0,++j);
    }
    return  num = num1 + num2;
}
```

[代码 3.16] 计算栈内运算符优先级。

```cpp
int calculator::priorInStack(char item) {        // 参见表 3.1
    int in;
    switch(item) {
        case '=':in = 0;break;
        case '(':in = 1;break;
        case '*':
        case '/':in = 5;break;
        case '+':
        case '-':in = 3;break;
        case ')':in = 6;break;
    }
    return in;
}
```

[代码 3.17] 计算栈外运算符优先级。
```cpp
int calculator::priorOutStack(char ch)   {      // 参见表 3.1
    int out;
    switch(ch) {
        case '=':out = 0;break;
        case '(':out = 6;break;
        case '*':
        case '/':out = 4;break;
        case '+':
        case '-':out = 2;break;
        case ')':out = 1;break;
        default: throw wrongExpression();
    }
    return out;
}
```

[代码 3.18] 比较栈内、外运算符的优先级。
```cpp
int calculator::precede(char item,char ch){
    if(priorInStack(item) < priorOutStack(ch))   return -1;
    else if(priorInStack(item) == priorOutStack(ch)) return 0;
    else return 1;
}
```

[代码 3.19] 完成一次算术运算。
```cpp
double calculator::operate(double a,char theta,double b)   {
    double result;
    switch(theta) {
        case '+' : result = a+b;  break;
        case '-' : result = a-b;  break;
        case '*' : result = a*b;  break;
        case '/' :
            if ( fabs(b) <= 1e-6 )  throw divideByZero();
            else {  result = a/b;  break;  }
    }
    return result;
}
```

[代码 3.20] 中缀表达式求值。
```cpp
double   calculator::calculateInfix(){
    optr.clear();
    opnd.clear();
    int i=0;
    char item,theta;
    double num,a,b;
    optr.push('=');                               // '='置于栈底，级别最低
    while(!optr.empty()){
        if((infix[i]>= '0'&& infix[i]<= '9')||infix[i]== '.'){
            num=spellNum(infix,i);
            opnd.push(num);                       // 数字字符，入栈
        }
```

· 67 ·

```
            else {
                item = optr.getTop();
                switch(precede(item,infix[i])){    // infix[i]与栈顶运算符比较
                    case -1:optr.push(infix[i]);   // infix[i]级别高，入栈
                            i++;                    // i 指向下一个字符
                            break;
                    case 0: item = optr.pop();     // 删除括号或'='
                            if(item != '(')i++;    // i 指向下一个字符
                            break;
                    case 1: theta = optr.pop();    // infix[i]级别低，弹出一个运算符
                            b = opnd.pop();
                            a = opnd.pop();         // 弹出两个操作数
                            opnd.push(operate(a,theta,b)); // 运算后结果入栈
                }
            }
        }
        num = opnd.pop();
        if(!opnd.empty())throw wrongExpression();
        return num;
    }
```

说明：上述代码中"b = opnd.pop(); a = opnd.pop();"弹出两个操作数，此处没有判断栈是否为空，这是因为当栈为空时，linkList 类的 pop()操作会抛出 **outOfRange** 异常。

[代码 3.21] 输出表达式。

```
    void calculator::printInfix(){
        int i=0;
        while(infix[i]!= '\0')
            cout<<infix[i++];
        cout<<endl;
    }
```

【例 3.2】 设计算法将中缀表达式转为后缀表达式，并对后缀表达式求值。

表达式的相关概念如下。

前缀、中缀、后缀都是对表达式的记法，因此也被分别称为前缀记法、中缀记法和后缀记法。中缀表达式是人们常用的算术表示方法。它们的主要区别是运算符相对于操作数的位置不同。

中缀表达式的运算符位于两个操作数之间，例如：
a + b　　(a + b) * c – d

前缀表达式的运算符位于两个操作数之前，例如：
+ a b　　 – * + a b c d

后缀表达式的运算符位于两个操作数之后，例如：
a b +　　 a b + c * d –

后缀表达式的优点是计算机处理过程非常简单方便，这主要是因为：
① 后缀表达式中不包含括号；
② 不必考虑运算符的优先规则；
③ 运算符放在两个运算对象的后面，按照运算符出现的顺序，从左向右进行计算。

如图 3.8 所示，对中缀表达式 "(a + b) * c – d" 求值，需要考虑优先级和圆括号，先计算 a

加 b，再用加法的结果 a+b 与 c 相乘，最后乘法的结果(a+b)*c 与 d 相减。

如图 3.9 所示，对后缀表达式 "a b + c * d −" 求值，按照从左向右的顺序，先计算 a 加 b，再用加法的结果与 c 相乘，最后乘法的结果与 d 相减。

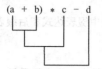

图 3.8　中缀表达式的求值顺序

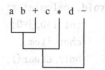

图 3.9　后缀表达式的求值顺序

算法思路说明如下。

1. 将中缀表达式转为后缀表达式

设一个字符栈 optr，并设中缀表达式和后缀表达式分别存放在字符数组 infix 和 postfix 中。从左向右扫描 infix，设 infix[i]是待处理的中缀表达式中的字符，转换规则如下。

① 若 infix[i]是'('，则压入栈 optr 中。

② 若 infix[i]是操作数，则将 infix[i]直接存入 postfix 中。

③ 若 infix[i]是运算符，且其级别比栈顶元素的级别高，则 infix[i]入栈；否则，栈顶元素退栈，存入 postfix 中，infix[i]再与新栈顶元素进行比较，重复步骤③。

④ 若 infix[i]为')'，则将栈中元素依次存入 postfix 中，直至遇到'('，然后'('退栈，消掉一对括号。

⑤ 当遇到 infix 的结束符'='时，开始执行退栈操作，并将退栈元素直接存入 postfix 中，直至栈空。最后在 postfix 中存入'\0'作为后缀表达式结束标志。

以中缀表达式 12*(6/2−0.5)为例，其转换为后缀表达式 12 6 2 / 0.5 − *的过程如表 3.3 所示。

表 3.3　中缀表达式 12*(6/2−0.5)转为后缀表达式的过程

步骤	中缀表达式 infix	主要操作	optr 栈	后缀表达式 postfix
1	<u>1</u>2 * (6 / 2 − 0.5) =	postfix[j++]=infix[i++];		12
2	<u>*</u> (6 / 2 − 0.5) =	optr.push('*');	*	12
3	<u>(</u> 6 / 2 − 0.5) =	optr.push('(');	* (	12
4	<u>6</u> / 2 − 0.5) =	postfix[j++]=infix[i++];	* (	12 6
5	<u>/</u> 2 − 0.5) =	optr.push('/');	* (/	12 6
6	<u>2</u> − 0.5) =	postfix[j++]=infix[i++];	* (/	12 6 2

7	<u>−</u> 0.5) =	item=optr.pop();
		postfix[j++]=item;
		optr.push('−');
			* (−	12 6 2 /

8	<u>0</u>.5) =	postfix[j++]=infix[i++];	* (−	12 6 2 / 0.5
9	<u>)</u> =	item=optr.pop(); postfix[j++]=item;	* (	12 6 2 / 0.5 −
10	<u>)</u> =	item=optr.pop();	*	12 6 2 / 0.5 −
11	<u>=</u>	item=optr.pop(); postfix[j++]=item;		12 6 2 / 0.5 − *

计算器类 calculator 的定义以及成员函数 spellNum、priorInStack、priorOutStack、precede 的定义见例 3.1，此处不再赘述。

[代码 3.22] 中缀表达式转为后缀表达式。

```
void calculator::infixToPostfix(){
    int i=0,j=0;                              // i、j 分别是中缀表达式和后缀表达式的下标
    char item;
    optr.clear();
    optr.push('=');                           // '='置于栈底，优先级最低
    while(!optr.empty()){
        if((infix[i]>= '0' && infix[i]<= '9')||infix[i]== '.' )
            postfix[j++] = infix[i++];        // 数字字符直接存储到后缀表达式中
        else {
            postfix[j++] = ' ';               // 空格用于区分后缀表达式中各组成部分
            item=optr.getTop();
            switch(precede(item,infix[i])){   // infix[i]与栈顶运算符比较
                case -1:optr.push(infix[i]);  // infix[i]级别高，入栈
                    i++;                      // i 指向下一个字符
                    break;
                case 0: item = optr.pop();    // 删除括号或'='
                    if(item != '=')i++;       // i 指向下一个字符
                    break;
                case 1: item = optr.pop();    // item 级别高，出栈
                    postfix[j++] = item;      // item 存储到后缀表达式中
            }
        }
    }
    postfix[j]= '\0';                         // 字符串结束标志
}
```

2. 对后缀表达式求值

（1）设置一个操作数栈 opnd。

（2）从左到右扫描后缀表达式，直到遇到结束标志'\0'。

① 若读到的是操作数，则将其进栈。

② 若读到的是运算符，则将栈顶的两个操作数出栈，后弹出的操作数为被操作数，先弹出的为操作数，将得到的操作数完成运算符所规定的运算，并将结果进栈。

③ 若读到的是空格，则跳过它。

（3）表达式扫描完毕，栈中剩一个数，即表达式的值。

后缀表达式"12 6 2 / 0.5 - *"的求值过程如表 3.4 所示，最后 opnd 栈中的数值 30 即为运算结果。

表 3.4 后缀表达式"12 6 2 / 0.5 - *"的求值过程

步骤	后缀表达式 postfix	主要操作	opnd 栈
1	12 6 2 / 0.5 - *	opnd.push(12);	12
2	6 2 / 0.5 - *	opnd.push(6);	12 6

续表

步骤	后缀表达式 postfix	主要操作	opnd 栈
3	2 / 0.5 - *	opnd.push(2);	12 6 2
4	/ 0.5 - *	b=opnd.pop();a=opnd.pop();opnd.push(a/b);	12 3
5	0.5 - *	opnd.push(0.5);	12 3 0.5
6	- *	b=opnd.pop();a=opnd.pop();opnd.push(a−b);	12 2.5
7	*	b=opnd.pop();a=opnd.pop();opnd.push(a*b);	30

[代码 3.23] 后缀表达式求值。
```
double calculator::calculatePostfix(){
    opnd.clear();
    int i=0;
    double num,a,b;
    while (postfix[i]!= '\0') {                    // '\0'是后缀表达式结束标志
        if((postfix[i]>= '0'&&postfix[i]<= '9')||postfix[i]== '.' ) {
            num=spellNum(postfix,i);               // 遇到数字字符或小数点,拼数
            opnd.push(num);                        // num 压入数字栈中
        }
        else if(postfix[i]== ' ')i++;              // 空格跳过
        else {
            b=opnd.pop();  a=opnd.pop();           // 弹出两个操作数
            if(postfix[i]== '+')  num=a+b;
            if(postfix[i]== '-')  num=a-b;
            if(postfix[i]== '*')  num=a*b;
            if(postfix[i]== '/') {
                if ( fabs(b) <= 1e-6 )  throw divideByZero();
                else num=a/b;
            }
            opnd.push(num);                        // 运算结果压栈
            i++;
        }
    }
    num=opnd.pop();
    if(!opnd.empty()) throw wrongExpression();
    return num;
}
```

[代码 3.24] 输出后缀表达式。
```
void calculator::printPostfix(){
    int i=0;
    while(postfix[i]!= '\0')
        cout<<postfix[i++];
    cout<<endl;
}
```

利用栈可以把中缀表达式转为后缀表达式，然后计算后缀表达式得出结果，此方法经常用于计算器程序设计。读者可以在上述表达式求值算法的基础上添加图形用户界面，设计一个如图3.10所示的简易计算器。

附：中缀表达式转为后缀表达式的简便方法介绍如下。

① 加括号：将中缀表达式中所有的子表达式按计算规则用嵌套括号括起来。

② 移运算符：将每对括号中的运算符移到相应括号的后面。

③ 删括号：删除所有括号。

例如，将中缀表达式"12*(6/2-0.5)"转为后缀表达式，按如上步骤：

图3.10 简易计算器

执行步骤①之后得到"(12 * ((6 / 2) - 0.5))"；

执行步骤②之后得到"(12 ((6 2) / 0.5) -) *"；

执行步骤③之后得到"12 6 2 / 0.5 - *"，即为所求后缀表达式。

可用类似方法将中缀表达式转为前缀表达式。

自测题5. 已知操作符包括'+'、'-'、'*'、'/'、'('和')'。将中缀表达式 a+b-a*((c+d)/e-f)+g 转换为等价的后缀表达式 "a b + a c d + e / f - * - g +" 时，用栈来存放暂时还不能确定运算次序的操作符。若栈初始时为空，则转换过程中同时保存在栈中的操作符的最大个数是（　　）。

A. 5　　　　　　　　　　　　　　B. 7

C. 8　　　　　　　　　　　　　　D. 11

【2012年全国统一考试】

【参考答案】A

自测题6. 中缀表达式(A+B)*(C-D)/(E-F*G)的后缀表达式是（　　）。

A. A+B*C-D/E-F*G　　　　　　B. AB+CD-*EFG*-/

C. AB+C*D-E/F-G*　　　　　　D. ABCDEFG+*-/-*

【2005年北京邮电大学】

【参考答案】B

自测题7. 假设栈初始为空，将中缀表达式 a/b+(c*d-e*f)/g 转换为等价的后缀表达式的过程中，当扫描到f时，栈中的元素依次是（　　）。

A. +(*-　　　　　　　　　　　　B. +(-*

C. /+(*-*　　　　　　　　　　　D. /+-*

【2014年全国统一考试】

【参考答案】B

3.2.4 利用栈消除递归

栈的一个重要应用是在程序设计语言中实现递归。递归是算法设计中最常用的手段。它通常把一个大型复杂的问题转化为一个与原问题相似的规模较小的子问题来求解，通过少量的语句，实现重复计算，起到事半功倍的作用。所谓递归是指，若在一个定义内部，直接（或间接）出现定义本身的应用，则称它们是递归的，或者是递归定义的。根据调用方式的不同，可分为直接递归和间接递归。递归算法通常比非递归算法更容易设计，尤其是当问题本身或所涉及的数据结构是递归定义的时候，使用递归算法特别合适。

递归定义由以下两部分组成：
① 递归规则，将规模较大的原问题分解为一个或多个规模更小，且具有与原问题类似特性的子问题，求解原问题的方法同样可用来求解这些子问题。
② 递归出口，无须分解可直接求解的最小子问题，也称为递归的终止条件。

【例 3.3】 求 n 的阶乘，定义如下：

$$n! = \begin{cases} 1 & \text{当} n = 0 \text{或} n = 1 \text{时} \\ n(n-1)! & \text{当} n > 1 \text{时} \end{cases}$$

[代码 3.25] 递归求阶乘。

```
int Fact(int n) {
    if( n==0||n==1 )  return 1 ;
    else  return (n*Fact(n-1)) ;
}
```

程序的执行过程如图 3.11 所示。

图 3.11　程序的执行过程

这个递归算法是如何实现的呢？

递归的本质是函数调用，在系统内部，函数调用是用栈来实现的。如果程序员可以自己控制这个栈，就可以消除递归调用。为了正确实现函数的递归和返回，系统开辟了一个工作记录栈，栈顶为"工作记录"，包括参数、局部变量及上一层的返回地址。对于递归调用，根据后调用先返回的原则，依次存放每次调用时参数的"工作记录"，以便返回时使用。当满足某种条件而执行函数的结束语句时，若栈不空，则退栈，并将退栈时的值赋给原来相对应的变量，然后，从返回地址所对应的语句开始继续向下执行；若栈空，则递归结束。

以下三种情况，常常使用递归的方法求解问题。

（1）定义是递归的。

在数学上有许多问题都是递归定义的，如阶乘、斐波那契数列等。

【例 3.4】 斐波那契数列：0,1,1,2,3,5,8,13,21,34,55,89,…，定义如下：

$$Fib(n) = \begin{cases} n & \text{当} n = 0 \text{或} n = 1 \text{时} \\ Fib(n-2) + Fib(n-1) & \text{当} n \geq 2 \text{时} \end{cases}$$

[代码 3.26] 求解斐波那契数列的递归算法。

```
int Fibonacci(int n) {
    if (n<2)  return n ;
    else return (Fibonacci(n-2)+Fibonacci(n-1));
}
```

（2）数据结构是递归的。

某些数据结构本身就是递归的，它们的操作可递归地实现。例如，链表就是一种递归的数据结构。链表结点 Node 由数据域 data 和指针域 next 组成，而 next 为指向 Node 的指针类型。

【例 3.5】 使用递归算法逆序输出单链表各结点的数据域的值。

[代码 3.27]

```
template <class elemType>
void linkList<elemType> :: traverseRecursive(Node * p) {
```

```
        if(p) {
            traverseRecursive(p->next);
            cout<<p->data<<" ";
        }
    }
```

除链表以外,树结构也是递归定义的,在有关树结构的操作中也有很多递归算法。

(3) 问题的解法是递归的。

这方面的典型例子是汉诺塔(Tower of Hanoi)问题。

【例 3.6】 汉诺塔问题。假设有三个分别命名为 A、B 和 C 的柱子,在 A 上插有 n 个直径大小各不相同、从小到大编号为 $1,2,\cdots,n$ 的圆盘,如图 3.12 所示。现要求将 A 上的 n 个圆盘移至 C 上并仍按原来的顺序叠放。圆盘可以插在 A、B 和 C 中的任意一个柱子上,在移动过程中,一次只能移动一个圆盘,不允许大盘放在小盘上面。

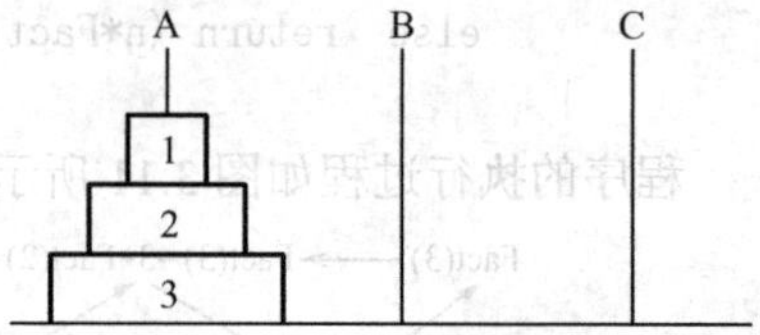

算法思路:

① 首先把 B 作为存放圆盘的临时柱子,把 A 上面的 $n-1$ 个圆盘移到 B 上。

图 3.12 汉诺塔问题

② 把 A 上的第 n 个圆盘移到 C 上。

③ 现在问题变成了把 B 上的 $n-1$ 个圆盘移到 C 上。(我们可以把 A 作为临时柱子,把第 $n-1$ 个圆盘上面的 $n-2$ 个圆盘从 B 移到 A 上,再把第 $n-1$ 个圆盘移到 C 上。这样 $n-2$ 个圆盘又回到 A 上了。)

④ 下面 $n-2$ 个圆盘的移动就是在重复第①、②、③步操作,这是典型的递归问题。

[代码 3.28]
```
    void Hanoi(int n, char A, char B, char C) {
        // 将 A 上由小到大,编号为 1 至 n 的 n 个圆盘移到 C 上,B 可作为辅助柱子
        if(n==1) Move(1, A, C);
        else{
            Hanoi(n-1, A, C, B);        // 先将 n-1 个圆盘从 A 移到 B 上,以 C 作为辅助
            Move(n, A, C);              // 将编号为 n 的圆盘从 A 移到 C 上
            Hanoi(n-1, B, A, C);        // 将 n-1 个圆盘从 B 移到 C 上,以 A 作为辅助
        }
    }
```

递归算法的优点是,递归过程结构清晰,程序易读,正确性容易证明。但其缺点是,时间效率低,空间开销大,算法不容易优化。对于频繁使用的算法,常常需要把递归算法转换为非递归算法。将递归转换为非递归的常用方法有以下三种。

(1) 采用迭代算法。

一般来说,只有一层递归调用的函数容易改写成非递归的迭代算法。例如,在上面求 $n!$ 时,要先求 $(n-1)!$;而求 $(n-1)!$ 时,又要先求 $(n-2)!$;如此下去,直至 $0!=1$。递归过程是一个"从顶到底"的链。若改为"从底到顶"的运算,则先求 $0!$,再求 $1!$,直到 $n!$,这就是迭代算法。

[代码 3.29] 用迭代法求阶乘。
```
    int factNonRecursive(int n) {
        int x=1;
        for(i=1;i<=n;i++)
            x*=i;
        return x;
    }
```

（2）尾递归的消除。

若递归调用语句是函数中最后一条执行语句，则称这种递归调用为尾递归。从调用返回后，没有要继续执行的语句了，外层实际参数值不会再用到，没有保留的必要。编译系统无法区别尾递归，自然会造成时间和空间的浪费。

消除尾递归的一般方法是：设 P(y)是过程 P(x)的尾递归过程调用语句，把 P(y)语句改写成"x=y;"再写一条转向 P 的开始语句的跳转语句。

消除尾递归的另一种方法是利用循环语句。设置相应的局部变量，开始令其等于最外层的实参值，以后每循环一次，将其修改成向里一层的实参值，直至原递归调用的最里层为止。

【例 3.7】 顺序输出单链表各结点的数据域。

[代码 3.30] 递归算法。

```
template <class elemType>
void linkList<elemType> :: traverseRecursive(Node * p) {
    if(p) {
        cout<<p->data<<" ";
        traverseRecursive(p->next);         // 尾递归调用
    }
}
```

[代码 3.31] 非递归算法 1。

```
template <class elemType>
void linkList<elemType> :: traverseNonRecursive1() {
    Node *p = head->next;
Lb1:                                        // 设置标号
    if(p){
        cout<<p->data<<" ";
        p = p->next;
        goto Lb1;                           // 转到第一条可执行语句
    }
}
```

[代码 3.32] 非递归算法 2。

```
template <class elemType>
void linkList<elemType> :: traverseNonRecursive2() {
    Node *tmp = head->next;
    while (tmp != NULL) {
        cout << tmp->data <<" ";
        tmp = tmp->next;
    }
    cout <<endl;
}
```

（3）利用栈消除递归。

【例 3.8】 利用栈逆序输出单链表各结点的数据域，要求用非递归算法实现。

[代码 3.33]

```
template <class elemType>
void linkList<elemType> :: traverseNonRecursive3() {
    stack<Node*> S;                         // 使用 STL 里的栈
    Node* tmp = head->next;
    while (tmp != NULL) {
```

```
            S.push(tmp);
            tmp = tmp->next;
        }
        while(!S.empty()){
            tmp = S.top();                    // 取栈顶元素
            S.pop();                          // 退栈
            cout << tmp->data <<" ";
        }
        cout <<endl;
    }
```

利用栈可以将任何递归函数转换成非递归的形式，其大致步骤如下。

① 入栈处理

a) 设一个工作栈代替递归函数中的栈，栈中每个记录包含函数的所有参数、函数名、局部变量和返回地址。

b) 所有递归调用语句均改写成把形参、局部变量和返回地址入栈的语句。

c) 修改确定本次递归调用时的实参数之新值。

d) 转到函数的第一条语句。

② 退栈处理

a) 若栈空，则算法结束，执行正常返回。

b) 若栈不空，则从栈中退出参变量赋给原来入栈时相对应的参变量，并退出返回地址。

c) 转到执行返回地址处的语句，继续执行。

通过以上规则，可将任何递归算法改写成非递归算法。一般来说，改写的非递归算法，其结构不够清晰，比较难读，还要经过一系列的优化，这里不再详述。

自测题 8. 已知程序如下：
```
    int s(int n)
    {   return (n<=0) ? 0 : s(n-1) +n;   }
    void main()
    {   cout<< s(1);    }
```
程序运行时使用栈来保存调用过程的信息，自栈底到栈顶保存的信息依次对应的是（   ）。

A．main()->S(1)->S(0)   B．S(0)->S(1)->main()
C．main()->S(0)->S(1)   D．S(1)->S(0)->main()

【2015 年全国统一考试】

【参考答案】A

自测题 9. 下列关于栈的叙述中，错误的是（   ）。

I．采用非递归方式重写递归程序时必须使用栈

II．函数调用时，系统要用栈保存必要的信息

III．只要确定了入栈次序，即可确定出栈次序

IV．栈是一种受限的线性表，允许在其两端进行操作

A．仅I   B．仅I、II、III
C．仅I、III、IV   D．仅II、III、IV

【2017 年全国统一考试】

【参考答案】C

3.3 队列

3.3.1 队列的类型定义

队列是一种只允许在表的一端插入,在另一端删除的,操作受限的线性表。像排队一样,入队时排在队尾,到达越早的结点离开得越早。所以队列的特点是先进先出(FIFO,First In First Out)。

允许插入的一端称为队尾(记为 rear),允许删除的一端称为队头(记为 front)。当队列中没有元素时称为空队列。如图 3.13 所示,一个有 5 个元素的队列,入队的顺序依次为 a0, a1, a2, a3, a4,出队时的顺序依然是 a0, a1, a2, a3, a4 。其中 a0 是队头元素,a4 是队尾元素。

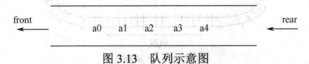

图 3.13 队列示意图

在日常生活中,队列的例子很多,例如,我们在食堂排队打饭,后来的人排在队尾,排在最前面的人打完饭后离开;再如,打印机对打印队列的处理也采用了这种先来先服务的方式。

队列的抽象数据类型定义如下:

```
template <class T>                          // 队列的元素类型为 T
class Queue{
public:
    virtual bool empty() const = 0;         // 判队空
    virtual void clear()=0;                 // 清空队列
    virtual int size() const=0 ;            // 求队列长度
    virtual void enQueue(const T &x) = 0;   // 入队
    virtual T deQueue() = 0;                // 出队
    virtual T getHead() const = 0;          // 读队头元素
    virtual ~Queue() {}                     // 虚析构函数
};
```

除一般意义的队列之外,还有一种变种的队列叫双端队列。双端队列是限定插入和删除操作在表的两端进行的线性表。在实际应用中,还有输入受限的双端队列和输出受限的双端队列。

输出受限的双端队列:即删除操作限制在表的一端进行,而插入操作允许在表的两端进行。

输入受限的双端队列:即插入操作限制在表的一端进行,而删除操作允许在表的两端进行。

这几种数据结构的应用远不及队列广泛,这里不做深入探讨。

自测题 10. 为解决计算机主机与打印机之间速度不匹配问题,通常会设置一个打印数据缓冲区,主机将要输出的数据依次写入该缓冲区中,而打印机则依次从该缓冲区中取出数据。该缓冲区的逻辑结构应该是(   )。

A. 栈   B. 队列
C. 树   D. 图

【2009 年全国统一考试】
【参考答案】B

自测题 11. 某队列允许在其两端进行入队操作,但仅允许在一端进行出队操作。若元素 a, b, c, d, e 依次入此队列后再进行出队操作,则不可能得到的出队序列是(   )。

A. b,a,c,d,e   B. d,b,a,c,e
C. d,b,c,a,e   D. e,c,b,a,d

【2010年全国统一考试】

【参考答案】C

自测题 12． 设如图 3.14 所示的火车轨道，入口到出口之间有 n 条轨道，列车的行进方向均为从左至右，列车可驶入任意一条轨道。现有编号为 1～9 的 9 列列车，驶入的次序依次是 "8,4,2,5,3,9,1,6,7"，若期望驶出的次序依次为 1～9，则 n 至少是（ ）。

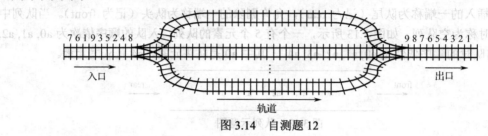

图 3.14 自测题 12

A. 2   B. 3
C. 4   D. 5

【2016年全国统一考试】

【参考答案】C

【题目解析】遇到这样的题目，通常会犯一个典型的错误，认为一条轨道只能放一列火车，实际并不是。假定一条轨道只能放一列火车，若想达到期望的驶出顺序 1～9，需要将列车 "8,4,2,5,3,9,1" 全部进入自己的轨道，1 号列车方可驶出，然后 2 号、3 号、……、9 号依次驶出，这需要 $n=7$ 才能满足，而题目中并没有 7 这一选项。

通过上面的分析发现，每条轨道可以存放的列车数量是任意的，且列车应按编号顺序存放。那么，一种可能的分配方案是：队列 1 中为 8 号、9 号；队列 2 中为 4 号、5 号、7 号；队列 3 中为 2 号、3 号；队列 4 中为 1 号、6 号。因此，最少需要 4 条轨道。

3.3.2 循环队列——队列的顺序表示和实现

队列也是操作受限的线性表，与线性表、栈一样，队列也常用顺序存储结构和链式存储结构表示和实现。

在队列的顺序存储结构中，除用一个能容纳数据元素的数组空间外，还需要两个指针分别指向队列的前端和尾端。我们约定，队头指针指向队头元素的前一个位置，队尾指针指向队尾元素（这样的约定是为了某些运算的方便，并不是唯一的方法，有的教材约定队头指针指向队头元素，队尾指针指向队尾元素的后一个位置）。

顺序队列的类型定义如下：

```
template <class T>
class seqQueue : public Queue<T>{
private:
    T *data;              // 指向存放元素的数组
    int maxSize;          // 队列的大小
    int front, rear;      // 队头和队尾指针
    void resize();        // 扩大队列空间
public:
    seqQueue(int initSize = 100);
```

```
~seqQueue(){ delete [] data; }
void clear(){ front = rear = -1; }                              // 清空队列
bool empty()const { return front == rear; }                     // 判空
bool full()const { return (rear + 1) % MaxSize == front; }      // 判满
int size()const{ return (rear-front+maxSize)%maxSize; }         // 队列长度
void enQueue(const T &x);                                        // 入队
T deQueue();                                                     // 出队
T getHead()const;                                                // 取队首元素
};
```

下面分析顺序队列基本操作的实现。

① 根据上面的约定，front 指向队头元素的前一位置，rear 指向队尾元素，则清空队列的操作为 "front = rear = -1;"。

② 在不考虑溢出的情况下，入队时队尾指针 rear 加 1，指向新的队尾位置之后，新元素 item 入队，操作为 "rear++; data[rear] = item;"。

③ 在不考虑队空的情况下，出队时队头指针 front 加 1，表示队头元素出队，操作为 "front++; item = data[front];"。

④ 队中元素的个数为 m = rear - front。当队满时，m == maxSize；当队空时，m == 0。

按照上述思想建立的空队列及入队出队示意图如图 3.15 所示，设 maxSize=10。从图中可以看到，随着入队、出队的进行，会使整个队列整体向后移动，这样就出现如图 3.15（d）所示的现象：队尾指针已经移到了最后 rear = maxSize -1，若再有元素入队就会出现溢出。事实上，此时并未真的队满，队列的前端还有许多空的（可用的）位置，这种现象称为"假溢出"。出现这种现象的原因是，队列限制为"队头出队，队尾入队"。

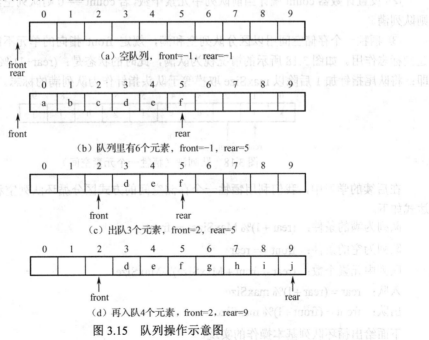

图 3.15　队列操作示意图

那么，怎样解决这种"假溢出"问题呢？

① 一种方法是将元素向前移动，在如图 3.15（d）所示的队列中，将 7 个元素从下标 3~9 的位置移至下标 0~6 的位置（即 front = -1，rear = 6）。这种方法要大量移动元素，时间开销大，不可取。

② 另一种解决假溢出的方法是，将队列的数据区 data[0.. maxSize -1]看成头尾相接的循环结构，从逻辑上认为单元 0 就是单元 MaxSize-1。我们将这种队列称为循环队列。图 3.16 给出了循环队列的示意图。

如图 3.15（d）所示的队列里有 7 个元素，此时 front = 2，rear = 9；随着元素 k、l、m 相继入队列，队列中有 10 个元素，此时队列满了，队头指针 front = 2，队尾指针 rear = 2，即 front == rear，如图 3.17（a）所示。在这种情况下，所有元素全部出队，此时队列空 front == rear，如图 3.17（b）所示。与队满情况一样，在队列空的情况下，两个指针的关系也是 front == rear。此时怎样区别"队满"和"队空"呢？这显然是必须要解决的问题。

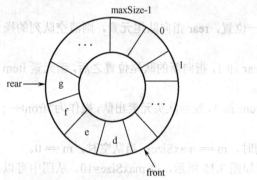
图 3.16 循环队列示意图

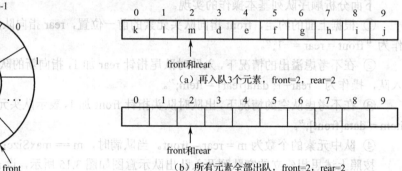
（a）再入队 3 个元素，front=2，rear=2

（b）所有元素全部出队，front=2，rear=2

图 3.17 队列满和队列空

常用的解决方法如下。
① 设置一个标志位以区别队列是"空"还是"不空"。
② 设置计数器 count 统计当前队列中元素个数，若 count == 0 则队列空，若 count == maxSize 则队列满。
③ 牺牲一个存储空间用以区分队列空和满，规定 front 指向的单元不能存储队列元素，只起到标志作用。如图 3.18 所示的情况视为队满，此时的状态是：(rear+1) % maxSize == front，即：将队尾指针加 1 后除以 maxSize 取模等于队头指针作为队列满的标志。

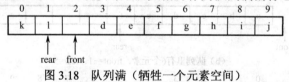
图 3.18 队列满（牺牲一个元素空间）

在后续的学习中，我们利用牺牲一个存储空间的方式区分循环队列空和满，一些常用的表达式如下。

队列为满的条件： (rear+1)% MaxSize == front

队列为空的条件： front == rear

队列中元素个数： (rear − front + MaxSize)%MaxSize

入队： rear = (rear+1)% maxSize

出队： front = (front+1)% maxSize

下面给出循环队列基本操作的实现。

[代码 3.34] 初始化一个空队列。
```
template <class T>
```

```
seqQueue<T>::seqQueue(int initSize){
    if(initSize <= 0) throw badSize();
    data = new T[initSize];
    maxSize = initSize;
    front = rear = -1;
}
```

[代码 3.35] 入队。
```
template <class T>
void seqQueue<T>::enQueue(const T &x){
    if ((rear + 1) % maxSize == front) resize();    // 若队列满，则扩大队列
    rear = (rear + 1) % maxSize;                    // 移动队尾指针
    data[rear] = x;                                 // x 入队
}
```

[代码 3.36] 出队。
```
template <class T>
T seqQueue<T>::deQueue(){
    if (empty()) throw outOfRange();                // 若队列空，则抛出异常
    front = (front + 1) % maxSize;                  // 移动队首指针
    return data[front];                             // 返回队首元素
}
```

[代码 3.37] 取队首元素。
```
template <class T>
T seqQueue<T>::getHead()const{
    if (empty()) throw outOfRange();
    return data[(front + 1) % maxSize];             // 返回队首元素，不移动队首指针
}
```

[代码 3.38] 扩大队列空间。
```
template <class T>
void seqQueue<T>::resize(){
    T *p = data;
    data = new T[2 * maxSize];
    for (int i = 1; i < size(); ++i)
        data[i] = p[(front + i) % maxSize];         // 复制元素
    front = 0; rear = size();                       // 设置队首和队尾指针
    maxSize *= 2;
    delete p;
}
```

自测题 13. 循环队列存放在一维数组 A[0..M-1] 中，end1 指向队头元素，end2 指向队尾元素的后一个位置。假设队列两端均可进行入队和出队操作，队列中最多能容纳 M-1 个元素，初始时为空。下列判断队空和队满的条件中，正确的是（　　）。

A．队空：end1==end2;　　队满：end1==(end2+1) mod M
B．队空：end1==end2;　　队满：end2==(end1+1) mod (M-1)
C．队空：end2==(end1+1) mod M;　　队满：end1==(end2+1) mod M
D．队空：end1==(end2+1) mod M;　　队满：end2==(end1+1) mod (M-1)

【2014 年全国统一考试】
【参考答案】A

3.3.3 链队列——队列的链式表示和实现

用链式存储结构表示的队列简称为链队列。用无头结点的单链表表示队列，表头为队头，表尾为队尾，如图 3.19 所示。一个链队列需要两个指针 front 和 rear 分别指示队头元素和队尾元素（分别称为头指针和尾指针），这样既方便在队首删除元素，又方便在队尾插入元素。

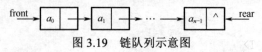

图 3.19 链队列示意图

链队列不会出现队列满的情况，但队列为空的情况依然存在。当队列为空时，单链表中没有结点，即头尾指针都为空指针。

下面给出链队列的类型定义：

```
template <class T>
class linkQueue: public Queue<T>{
private:
    struct node {
        T data;
        node *next;
        node(const T &x, node *N = NULL){ data = x; next = N; }
        node():next(NULL) {}
        ~node() {}
    };
    node *front, *rear;                         // 队头指针、队尾指针
public:
    linkQueue(){ front = rear = NULL; }
    ~linkQueue(){ clear(); }
    void clear();                               // 清空队列
    bool empty()const{ return front == NULL;}   // 判空
    int size()const;                            // 队列长度
    void enQueue(const T &x);                   // 入队
    T deQueue();                                // 出队
    T getHead()const;                           // 取队首元素
};
```

链队列的基本操作实现如下。

[代码 3.39] 清空队列。

```
template <class T>
void linkQueue<T>:: clear(){
    node *p;
    while (front != NULL) {                     // 释放队列中所有结点
        p = front;
        front = front->next;
        delete p;
    }
    rear = NULL;                                // 修改尾指针
}
```

[代码 3.40] 求队列长度。

```
template <class T>
```

```cpp
int linkQueue<T>::size()const {
    node *p = front;
    int count=0;
    while(p){
        count++;
        p=p->next;
    }
    return count;
}
```

[代码 3.41] 入队。
```cpp
template <class T>
void linkQueue<T>::enQueue(const T &x) {
    if (rear == NULL)                      // 原队列为空
        front = rear = new node(x);        // 入队元素既是队首又是队尾
    else {
        rear->next = new node(x);          // 在队尾入队
        rear = rear->next;                 // 修改队尾指针
    }
}
```

[代码 3.42] 出队。
```cpp
template <class T>
T linkQueue<T>::deQueue() {
    if(empty()) throw outOfRange();        // 队列空，抛出异常
    node *p = front;
    T value = front->data;                 // 保存队首元素
    front = front->next;                   // 在队首出队
    if(front == NULL)                      // 原来只有一个元素，出队后队列为空
        rear = NULL;                       // 修改队尾指针
    delete p;
    return value;
}
```

[代码 3.43] 取队首元素。
```cpp
template <class T>
T linkQueue<T>::getHead()const {
    if(empty()) throw outOfRange();        // 队列空，抛出异常
    return front->data;                    // 返回队首元素
}
```

采用带有头尾指针的单链表存储队列时，队列基本操作的实现非常简单，入队、出队和取队首元素的时间复杂度都是 $O(1)$。清空队列和求队列长度都需要遍历队列，时间复杂度为 $O(n)$，也可在链队列类型定义中增加整型变量用于记录当前队列的长度。

3.4 算法设计举例

【例 3.9】 设整型数组 A 中有 size 个整数，输出从这 size 个数中取出 k 个数的全部组合（k≤size）。例如，若 A 中存放的数是 1,2,3,4,5，并且 k 为 3，则输出结果应为：123,124,125,134,135,145,234, 235, 245,345。

【题目分析】从数组 A 中选出 k（本题中 k = 3）个元素，为了避免重复和漏选，可分别求出包括 A[0]和不包括 A[0]的所有组合。包括 A[0]时，求出从 A[1..size-1]中取出 k-1 个元素的所有组合；不包括 A[0]时，求出从 A[1..size-1]中取出 k 个元素的所有组合。将这两种情况合到一起，就是本题的解。

```
class Comb{
private:
    int* A;                                    // 数组 A 大小为 size
    int* B;                                    // 数组 B 用于存储从 A 中选取的 k 个元素
    int size;                                  // 数组 A 的大小
    int k;                                     // 从 size 个元素中选取 k 个元素的组合
public:
    Comb(int sizeValue, int kValue);
    ~Comb();
    void calculate(int i, int j, int kk);
};
```

[代码 3.44] 构造函数。

```
Comb::Comb(int sizeValue, int kValue){
    size = sizeValue;
    k = kValue;
    if(k > size) cout<<"error!"<< endl;        // 假定 k 和 size 都是正整数
    A = new int[size];
    B = new int[size];
    for(int i = 0;i < size;i++)
        A[i] = i+1;
}
```

[代码 3.45] 析构函数。

```
Comb::~Comb(){
    delete []A;
    delete []B;
}
```

[代码 3.46] 计算组合数。

```
void Comb::calculate(int i, int j, int kk){
    if(kk == 0){                               // 已经选取 k 个元素
        for(int i = 0;i < k;i++)
            cout<<B[i]<<" ";                   // 输出数组 B 中的 k 个元素
        cout<<endl;
    }
    else if(i+kk-1 < size){
        B[j++] = A[i];
        calculate(i+1, j, kk-1);               // 选取的元素中包含 A[i]
        calculate(i+1, j-1, kk);               // j-1 表示：选取的元素中不包含 A[i]
    }
}
```

调用形式：calculate(0,0,3)。

请读者考虑，若要求逆向输出，即本题输出：543,542,541,532,531,521,432,431,421,321，算法应做何调整。

· 84 ·

【例 3.10】 利用两个顺序栈 s1、s2 模拟一个队列,如何用栈的运算来实现队列的运算。
① empty:判定队列是否为空。
② full:判定队列是否为满。
③ enQueue:插入一个元素。
④ deQueue:删除一个元素。

求解本题的顺序栈的类型定义及操作实现如下:
```
template <class T>
class seqStack{
private:
    T    *data;
    int  maxSize;                                   // 栈的大小
    int  top;                                       // 栈顶指针
public:
    seqStack(int size);                             // 构造函数
    ~seqStack(){ delete [] data; }                  // 析构函数
    bool push(T item);                              // 压栈
    bool pop(T* item);                              // 弹栈
    bool empty() { return  top == -1; }             // 判空
    bool full() { return   top == maxSize-1; }      // 判满
};
```

[代码 3.47] 构造函数。
```
template <class T>
seqStack<T>::seqStack(int size){
    maxSize = size;
    top = -1;
    data = new T[maxSize];
}
```

[代码 3.48] 析构函数。
```
template <class T>
bool seqStack<T>::push(T item) {
    if(full())  { cout << "栈满溢出\n";  return false; }// 栈满,无法压栈
    else  { data[++top] = item;  return true; }         // 新元素入栈并修改栈顶指针
}
```

[代码 3.49] 弹栈。
```
template <class T>
bool seqStack<T>::pop(T* item) {
    if(top == -1) { cout << "栈空无法弹栈\n"; return false; }
    else { *item = data[top--];  return true; }         // 返回栈顶元素并修改栈顶指针
}
```

用两个顺序栈模拟的队列的类型定义及操作实现如下:
```
template <class T>
class stackAnalogQueue {
private:
    int  mSize;                                     // 队列的大小
    seqStack<T>  *s1,*s2;                           // 栈 s1 为入队端,s2 为出队端
public:
```

```cpp
    stackAnalogQueue(int size) {                  // 创建队列的实例
        mSize = size / 2;
        s1 = new seqStack<T>(mSize);
        s2 = new seqStack<T>(mSize);
    }
    ~stackAnalogQueue() {                          // 消除该实例,并释放空间
        delete s1;
        delete s2;
    }
    bool empty();                                  // 判空
    bool full();                                   // 判满
    bool enQueue(const T item);                    // 入队
    bool deQueue(T*item);                          // 出队
};
```

[代码 3.50] 判空。

```cpp
template <class T>
bool stackAnalogQueue<T>::empty() {
    return (s1->empty() && s2->empty());          // s1,s2 都空,队列为空
}
```

[代码 3.51] 判满。

```cpp
template <class T>
bool stackAnalogQueue<T>::full() {
    return (s1->full() && !s2->empty());          // s1满并且s2非空,队列满
}
```

[代码 3.52] 入队。

```cpp
template <class T>
bool stackAnalogQueue<T>::enQueue(const T item) {
    T *temp=new T;
    if (full()) {
        cout << "队列已满,溢出" << endl;
        delete temp;
        return false;
    }
    if(s1->full() && s2->empty()){                // s1满s2空,将s1退栈,再压入s2中
        while(!s1->empty()){
            s1->pop(temp);
            s2->push(*temp);
        }
    }
    s1->push(item);
    delete temp;
    return true;
}
```

[代码 3.53] 出队。

```cpp
template <class T>
bool stackAnalogQueue<T>::deQueue(T*item) {
    T * temp = new T;
```

```
            if ( empty()) {
                cout << "队列为空" << endl;
                delete temp;
                return false;
            }
            if(!s2->empty()){                    // 栈 s2 非空，直接出队
                s2->pop(item);
            }
            else {                               // 栈 s2 为空，s1 非空
                while(!s1->empty()) {            // 将栈 s1 中的元素导入 s2 中，再出队
                    s1->pop(temp);
                    s2->push(*temp);
                }
                s2->pop(item);
            }
            delete temp;
            return true;
        }
```

习题

一、选择题

1. 对于栈操作数据的原则是（　　）。
   A. 先进先出　　　　　　　　　　　　B. 后进先出
   C. 后进后出　　　　　　　　　　　　D. 不分顺序

2. 一个栈的输入序列为 1,2,3,…,n，若输出序列的第一个元素是 n，则输出的第 $i(1 \leq i \leq n)$ 个元素是（　　）。
   A. 不确定　　　　　　　　　　　　　B. $n-i+1$
   C. i　　　　　　　　　　　　　　　D. $n-i$

3. 设栈的输入序列是 1,2,3,4，则（　　）不可能是其出栈序列。
   A. 1,2,4,3
   B. 2,1,3,4
   C. 1,4,3,2
   D. 4,3,1,2
   E. 3,2,1,4

4. 若栈采用顺序存储方式存储，现在两个栈共享空间 V[1..m]，top[i]代表第 i(i=1,2)个栈的栈顶，栈 1 的栈底为 V[1]，栈 2 的栈底为 V[m]，则栈满的条件是（　　）。
   A. |top[2]-top[1]|=0　　　　　　　B. top[1]+1=top[2]
   C. top[1]+top[2]=m　　　　　　　　D. top[1]=top[2]

5. 一个递归算法必须包括（　　）。
   A. 递归部分　　　　　　　　　　　　B. 终止条件和递归部分
   C. 迭代部分　　　　　　　　　　　　D. 终止条件和迭代部分

6. 中缀表达式 (A+B)*(C-D)/(E-F*G) 的后缀表达式是（　　）。
   A. A+B*C-D/E-F*G
   B. AB+CD-*EFG*-/
   C. AB+C*D-E/F-G*
   D. ABCDEFG+*-/-*

7. 循环队列 A[0..m-1]存放其元素值，用 front 和 rear 分别表示队头和队尾，则当前队列中的元素数是（   ）。

    A．(rear-front+m)%m   B．rear-front+1
    C．rear-front-1   D．rear-front

8. 循环队列存储在数组 A[0..m]中，则入队时的操作为（   ）。

    A．rear=rear+1   B．rear=(rear+1) mod (m-1)
    C．rear=(rear+1) mod m   D．rear=(rear+1) mod (m+1)

9. 已知输入序列为 a,b,c,d，经过输出受限的双向队列后，能得到的输出序列有（   ）（多选）。

    A．d,a,c,b   B．c,a,d,b
    C．d,b,c,a   D．b,d,a,c

10. 若以 1,2,3,4 作为双端队列的输入序列，则既不能由输入受限的双端队列得到，也不能由输出受限的双端队列得到的输出序列是（   ）。

    A．1,2,3,4   B．4,1,3,2
    C．4,2,3,1   D．4,2,1,3

二、填空题

1. 栈和队列都是操作受限的线性表，栈的运算遵循_____的原则，队列的运算遵循_____的原则。

2. 表达式 23+((12*3-2)/4+34*5/7)+108/9 的后缀表达式是_____。

3. 循环队列的引入，其目的是克服_____的现象。

4. 在循环队列中，队列长度为 n，存储位置从 0 到 $n-1$ 编号，以 rear 指示实际的队尾元素，现要在此队列中插入一个新元素，新元素的位置是_____。

5. 用循环链表表示的队列长度为 n，若只设头指针，则出队和入队的时间复杂度分别是_____和_____；若只设尾指针，则出队和入队的时间复杂度分别是_____和_____。

三、判断题

1. 消除递归不一定需要使用栈。（   ）
2. 通常使用队列来处理函数或过程的调用。（   ）
3. 栈和队列都是线性表，只是在插入操作和删除操作时受到了一些限制。（   ）
4. 在链队列中，即使不设置尾指针也能进行入队操作。（   ）
5. 栈和队列的存储方式，既可以是顺序方式，又可以是链式方式。（   ）

四、应用题

1. 有 5 个元素，其入栈次序为 A,B,C,D,E，在各种可能的出栈序列中，第 1 个出栈元素为 C 且第 2 个出栈元素为 D 的出栈序列有哪几个？

2. 铁路进行列车调度时，常把站台设计成栈式结构，若进站的 6 辆列车顺序为：1,2,3,4,5,6，那么是否能够得到 435612，325641，154623 和 135426 的出站序列，如果不能，则说明为什么不能？如果能，则说明如何得到（即写出"进栈"或"出栈"的序列）？

3. 用一个大小为 6 的数组来实现循环队列，且当前 rear 和 front 的值分别为 0 和 3，当从队列中删除一个元素，再加入两个元素后，rear 和 front 的值分别为多少？

4. 循环队列的优点是什么？如何判断"空"和"满"？

5. 写出下列中缀表达式的后缀表达式：

（1）A*B*C　　（2）(A+B)*C-D　　（3）A*B+C/(D-E)　　（4）(A+B)*D+E/(F+A*D)+C

五、算法设计题

1. 双向栈 S 是在一个数组空间 V[m]内实现的两个栈，栈底分别处于数组空间的两端。试为此双向栈设计栈初始化 init()、入栈 push(i, x)和出栈 pop(i)算法，其中 i 为 0 或 1，用于指示栈号。

2. 用数组 Q[m]存放循环队列中的元素，同时设置一个标志 tag，用 tag=0 和 tag=1 来区别在队头指针（front）和队尾指针（rear）相等时，队列状态为"空"还是"不空"。试编写相应的入队（queueIn）和出队（queueOut）算法。

3. 用变量 rear 和 length 分别指示循环队列中队尾元素的位置和内含元素的个数。试给出此循环队列的定义，并写出相应的入队（queueIn）和出队（queueOut）算法。

4. 已知 Ackerman 函数定义如下：

$$akm(m,n) = \begin{cases} n+1 & m=0 \\ akm(m-1,1) & m \neq 0, n=0 \\ akm(m-1, akm(m,n-1)) & m \neq 0, n \neq 0 \end{cases}$$

试写出递归和非递归算法。

5. 已知有 n 个元素存放在数组 S[1..n]中，其值各不相同，请写一个递归算法，生成并输出 n 个元素的全排列。

第4章 串

从数据结构角度讲，串属于线性结构，是一种数据元素（简称元素）为字符的特殊的线性表。串的逻辑结构和线性表相似。学习本章时，要注意串所具有的线性结构的共性，更要掌握其个性。串的特殊性主要表现在以下两个方面：

① 串中的一个元素是一个字符；
② 操作的对象一般不再是单个元素，而是一组元素。

串的基本操作和线性表的基本操作有很大差别。在线性表的基本操作中，大多以单个元素作为操作对象，例如，在线性表中查找某个元素，在某个位置上插入一个元素或删除一个元素等。而在串的基本操作中，通常以"串的整体"作为操作对象，例如，在主串中查找子串的位置，在主串中截取一个子串，在主串的某个位置上插入一个子串或删除一个子串等。

本章学习目标：
- 理解串的基本概念和术语；
- 掌握串的顺序存储表示和基本操作的实现；
- 掌握朴素的模式匹配算法；
- 理解KMP算法的执行过程，能够进行手工模拟。

4.1 串的基本概念

（1）串（String）是字符串的简称。它是一种在元素的组成上具有一定约束条件的线性表，即要求组成线性表的所有元素都是字符。所以，人们经常这样定义串：由0个或多个字符顺序排列所组成的有限序列。

串一般记作：$S = "S_0S_1 \cdots S_i \cdots S_{n-1}"$ $(n \geq 0, 0 \leq i < n)$，其中，S是串的名字，用一对双引号括起来的字符序列是串的值；S_i[①]可以是字母、数字字符或其他字符。

（2）串的长度：一个串所包含的字符的个数n，称为串的长度。

（3）空串：当串的长度n=0时，串中没有任何字符，称为空串，如S=" "。

（4）空格串：由空格字符组成的串，称为空格串，如S="   "。

（5）子串：串中任意个连续的字符组成的子序列称为该串的子串。空串是任意串的子串；任意串都是其自身的子串。

（6）真子串：非空且不为自身的子串，称为真子串。

（7）主串：包含子串的串，称为该子串的主串。

（8）子串定位：查找子串在主串中第一次出现的位置。

（9）串相等：若两个串的长度相等，并且各对应的字符也都相同，则称两个串相等。例如，有下列4个串a、b、c、d：

a="Data Structure"   b="Data"
c="Structure"   d="Structure"

[①] 为表述方便，用S_i的形式表示串S的第i个字符S[i]。

它们的长度分别为 14、4、9、9，且 a、b、c、d 都是 a 的子串，b 在 a 中的位置（下标）是 0，c 在 a 中的位置是 5，c 和 d 两个串相等。

4.2 串的表示和实现

4.2.1 串的顺序存储结构

串的顺序存储结构用一组连续的存储单元依次存储串中的字符序列。为适应串长度动态变化的需求，不宜采用字符数组 char Str[maxSize]存储串，而应采用动态存储管理方式。顺序存储结构的串的类型定义如下：

```
class String{
public:
    String(const char *str = NULL);                      // 构造函数
    String(const String &str);                            // 拷贝构造函数
    ~String(){ delete []data;}                            // 析构函数
    int capacity()const{return maxSize;}                  // 最大存储容量
    int size()const{return curLength;}                    // 求串长度
    bool empty()const{return curLength==0;}               // 判空
    int compare(const String &s) const;                   // 比较当前串和串 s 的大小
    String subStr(int pos,int num)const;                  // 从 pos 位置开始取长度为 num 的子串
    int bfFind(const String &s, int pos = 0) const;       // 朴素的模式匹配算法
    String &insert(int pos,const String &s);              // 在 pos 位置插入串 s
    String &erase(int pos, int num);                      // 删除从 pos 开始的 num 个字符
    const char* toCharStr() const{ return data; }         // 获取字符数组 data
    int kmpFind(const String &t, int pos = 0);            // 改进的模式匹配算法
    void getNext(const String &t, int *next);             // 获取 next 数组
    void getNextVal(const String&t,int *nextVal);         // 获取 nextVal 数组
    bool operator==(const String &str) const;             // 重载==，判断两个串是否相等
    String& operator+(const String &str) ;                // 重载+，用于串的连接
    String& operator=(const String &str);                 // 重载=，用于串间赋值
    char& operator[](int n) const;                        // 重载[]，通过下标运算取串中字符
    friend istream& operator>>(istream &cin, String &str);// 重载>>，用于输入串
    friend ostream& operator<<(ostream &cout, String &str);// 重载<<，用于输出串
private:
    char *data;                                           // 存储串
    int maxSize;                                          // 最大存储容量
    int curLength;                                        // 串的长度
    void resize(int len);                                 // 扩大数组空间
};
class outOfRange:public exception {                       // 用于检查范围的有效性
public:
    const char* what()const throw()
    {    return "ERROR! OUT OF RANGE.\n"; }
};
class badSize:public exception {                          // 用于检查长度的有效性
public:
    const char* what()const throw()
```

```
            { return "ERROR! BAD SIZE. \n"; }
    };
```

下面给出 String 类除子串定位（模式匹配）以外的基本操作的实现。

[代码 4.1] 构造函数。
```
String::String(const char *str) {
    maxSize = 2*strlen(str);
    data = new char[maxSize + 1];
    strcpy_s(data, maxSize+1, str);
    curLength = strlen(data);
}
```

[代码 4.2] 拷贝构造函数。
```
String::String(const String &str){
    maxSize = str.maxSize;
    data = new char[maxSize + 1];
    strcpy_s(data, maxSize+1, str.toCharStr());
    curLength = str.curLength;
}
```

[代码 4.3] 比较当前串与串 s 的大小：两个串相等，返回 0；当前串大，返回 1；当前串小，返回-1。
```
int String::compare(const String &s) const{
    int i = 0;
    while (s.data[i] != '\0' || this->data[i] != '\0' ) {
        if (this->data[i] > s.data[i])             // this 大于 s
            return 1;
        else if (this->data[i] < s.data[i])        // this 小于 s
            return -1;
        i++;
    }
    if (this->data[i] == '\0' && s.data[i] != '\0')  // s 有剩余元素
        return -1;
    else if (s.data[i] == '\0' && this->data[i] != '\0')
        return 1;                                    // this 有剩余元素
    return 0;                                        // 均无剩余元素，相等
}
```

上述代码中的函数体可替换成"return strcmp(data,s.toCharStr());"语句，即调用头文件 cstring 中的库函数 strcmp 实现串比较。

[代码 4.4] 取子串：从主串中下标为 pos 的位置开始取长度为 num 的子串。当 pos == curLength 或 num == 0 时，取到的子串为空串；当 num > curLength - pos 时，修改 num = curLength - pos。
```
String String::subStr(int pos, int num)const{
    int i;
    String tmp("");
    if (pos > curLength || pos < 0)          // pos 的合法范围是[0..curLength]
        throw outOfRange();                  // 抛出异常
    if(num < 0) throw badSize();             // num<0，抛出异常
    if(num > curLength - pos)                // num 大于从 pos 开始到串尾的元素个数
        num = curLength - pos;               // 修改 num 的值
    delete []tmp.data;                       // 释放 tmp 原来的存储空间
```

```
        tmp.maxSize = tmp.curLength = num;
        tmp.data = new char[num+1];              // 申请大小为 num+1 的存储空间
        for (i =0; i < num; i++)                  // 长度为 num 的子串赋值给 tmp
            tmp.data[i] = data[pos+i];
        tmp.data[i] = '\0';
        return tmp;
    }
```

[代码 4.5] 插入：在当前串的 pos 位置插入串 s。
```
    String & String::insert(int pos, const String &s){
        if (pos > curLength||pos < 0)            // pos 合法范围是[0..curLength]
            throw outOfRange();                   // 抛出异常
        if(curLength+s.curLength > maxSize)      // 空间不够
            resize(2*(curLength+s.curLength));   // 扩大数组空间
        for (int i = curLength; i >= pos; i--)   // 下标在[curLength..pos]范围内的元素
            data[i+s.curLength] = data[i];        // 往后移动 s.curLength,包括'\0'
        for(int j=0 ;j < s.curLength; j++)       // 存储 s 中的字符
            data[pos+j] = s.data[j];
        curLength += s.curLength;                 // 修改串的长度
        return *this;
    }
```

[代码 4.6] 删除：在当前串中删除从 pos 位置开始的长度为 num 的子串。
```
    String & String::erase(int pos, int num){
        if (pos < 0 || pos > curLength-1)        // 合法的删除位置为[0..curLength-1]
            throw outOfRange();
        if(num < 0) throw badSize();              // num<0 抛出异常
        if(num > curLength - pos)                 // num 大于从 pos 开始到串尾元素个数
            num = curLength-pos;                  // 修改 num 的值
        for (int j = pos+num; j <=curLength ; j++) // 下标在[pos+num..curLength]内的元素
            data[j-num] = data[j] ;               // 向前移动 num,包括'\0'
        curLength -= num;                         // 修改串的长度
        return *this;
    }
```

[代码 4.7] 扩大数组空间。
```
    void String::resize(int len){
        maxSize = len;                            // 修改数组的最大容量为 len
        char *temp = new char[maxSize + 1];
        strcpy_s(temp,maxSize+1,data);
        delete []data;
        data=temp;
    }
```

[代码 4.8] 重载+：用于串的连接。
```
    String& String::operator+(const String &str){
        if( maxSize < curLength+str.size() )     // 加上 str 后，数组空间不够了
            resize( 2*(curLength+str.size()) );
        strcat_s(data,maxSize+1, str.data);
        curLength += str.curLength;
        return *this;
    }
```

[代码 4.9]　重载=：用于串赋值。
```
String& String::operator=(const String &str){
    if (this == &str) return *this;          // 当前串和 str 是同一个串
    delete []data;                            // 释放原空间
    maxSize = str.maxSize;
    data = new char[maxSize + 1];             // 重新申请一块新的存储空间
    strcpy_s(data, maxSize+1, str.toCharStr());
    curLength = str.curLength;
    return *this;
}
```

串的赋值运算会改变原有的串值，为了避免内存泄漏，最好释放原空间后再重新申请一块新的存储空间。

[代码 4.10]　重载==：用于判断两个串是否相等。
```
bool String::operator==(const String &str) const{
    if (curLength!= str.curLength)   return false;
    return  strcmp(data, str.data) ? false : true; // 调用 cstring 库的 strcmp 函数
}
```

[代码 4.11]　重载[]：用于通过下标运算存取串中字符。
```
inline char& String::operator[](int n) const{
    if (n<0|| n >= curLength) throw outOfRange(); // 下标越界时抛出异常
    else return data[n];
}
```

[代码 4.12]　重载>>：用于输入串。
```
istream& operator>>(istream &cin, String &str) {
    char *temp=new char[10000];                   // 申请临时空间
    cin >> temp;
    str.maxSize = 2*strlen(temp);
    str.data = new char[str.maxSize + 1];
    strcpy_s(str.data, str.maxSize+1, temp);
    str.curLength=strlen(temp);
    delete []temp;
    return cin;
}
```

[代码 4.13]　重载<<：用于输出串。
```
ostream& operator<<(ostream &cout, String &str) {
    cout << str.data;
    return cout;
}
```

4.2.2 串的链式存储结构

因为串结构中一个元素即为一个字符，所以最简单的链式存储结构是在一个结点的数据域中存放一个字符，如图 4.1 所示。这种存储结构优点是操作方便，不足之处是存储密度较低（存储密度=串值所占的存储单元数÷实际分配的存储单元数）。

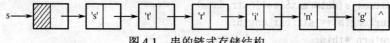

图 4.1　串的链式存储结构

另一种链式存储结构称为块链式存储结构，即在一个结点的数据域中存放多个字符，如图 4.2 所示。这样做提高了存储密度，但是带来了新的问题，就是插入和删除操作可能会在结点间大量地移动字符，算法实现起来比较复杂。因此串一般采用顺序存储结构来表示和实现。

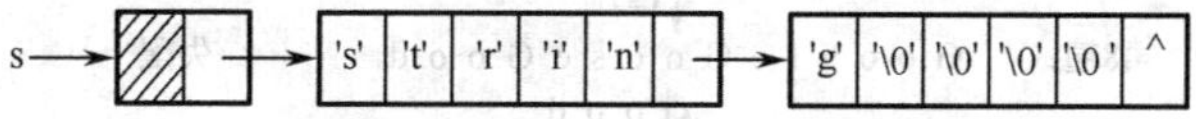

图 4.2 串的块链式存储结构

4.3 串的模式匹配

子串的定位操作通常称为模式匹配（或模型匹配），设有主串 S 和子串 T，如果在主串 S 中找到一个与子串 T 相等的子串，则返回子串 T 第 1 次在主串 S 中出现的位置，即子串 T 的第 1 个字符在主串 S 中的位置。其中主串又称为目标串，子串又称为模式串。

4.3.1 朴素的模式匹配算法

朴素的模式匹配算法（Brute-Force 算法，简称为 BF 算法）是模式匹配的一种常规算法，它的基本思想是：从主串 $S = "S_0S_1 \cdots S_{n-1}"$ 的第 1 个字符开始与子串 $T = "T_0T_1 \cdots T_{m-1}"$ 中的第 1 个字符进行比较（匹配）。若 S_i 与 T_j 相等，则指示两个串的指针 i 和 j 后移（i++，j++），继续进行下一个字符的比较。若 S_i 与 T_j 不相等，则主串指针 i 回溯到上一次比较的起始位置的后一位（即 i=i−j+1），而子串指针 j 回溯到第 1 个字符（即 j=0），继续进行下一次比较。比较过程一直进行到匹配成功或失败为止。若匹配成功，则返回子串的第一个字符在主串中的位置；否则，匹配失败，返回−1。

【例 4.1】 主串 S ="GoogleGooseGood"，子串 T ="Good"，则朴素的模式匹配过程如图 4.3 和图 4.4 所示。第 1 趟，两个串前 3 个字符相同，当 i=3，j=3 时，匹配失败，i 回溯到 1（i=i−j+1），j 回溯到 0；第 2 趟，当 i=1，j=0 时，匹配失败，i 移动到 2，j 不变；第 3 趟，当 i=2，j=0 时，匹配失败，i 移动到 3，j 不变；……；第 7 趟，两个串前 3 个字符相同，当 i=9，j=3 时，匹配失败，i 回溯到 7（i=i−j+1），j 回溯到 0；……；第 12 趟，从 i=11，j=0 开始匹配，所有字符均相等，直到 i=15，j=4 时，T_j =='\0'，子串结束，匹配成功。

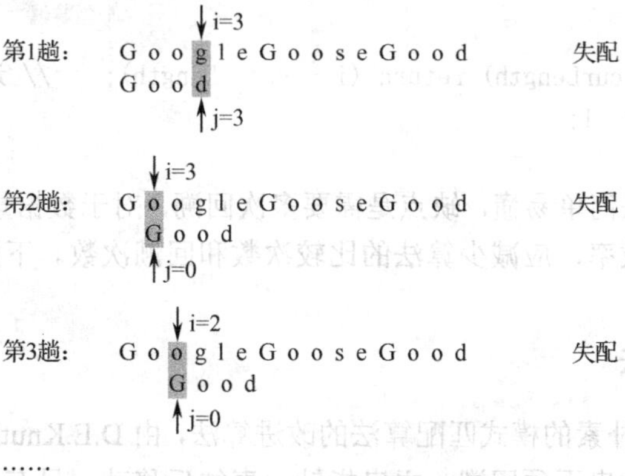

```
              ↓i=3
第1趟：    G o o g l e G o o s e G o o d          失配
          G o o d
              ↑j=3

              ↓i=3
第2趟：    G o o g l e G o o s e G o o d          失配
            G o o d
            ↑j=0

              ↓i=2
第3趟：    G o o g l e G o o s e G o o d          失配
             G o o d
             ↑j=0
          ……
```

图 4.3 朴素的模式匹配过程 1

```
第7趟：     G o o g l e G o o s e G o o d        失配
                          ↑i=9
                        G o o d
                          ↑j=3

第8趟：     G o o g l e G o o s e G o o d        失配
                      ↑i=7
                        G o o d
                      ↑j=0

......

第12趟：    G o o g l e G o o s e G o o d        匹配成功
                                    ↓ i=15
                              G o o d
                                    ↑j=4
```

图 4.4 朴素的模式匹配过程 2

设主串的长度为 n，子串的长度为 m。

最好的情况是：主串的前 m 个字符刚好与子串相等，此时算法的最好时间复杂度为 O(*m*)。例如，主串为"000000000000000000000000000000000"，而子串为"0000"。

最坏的情况是：每趟都比较到子串的最后一个字符才失配，主串将进行大量的回溯。例如，主串为"000000000000000000000000000000000001"，而子串为"00001"。对于此类情况，算法的效率最低，最坏时间复杂度为 O(*nm*)。

[代码 4.14] 朴素模式匹配算法：当匹配成功时，返回子串在主串中第一次出现的位置；当匹配失败时，返回-1；当子串是空串时，返回 0。

```
int String::bfFind(const String &s, int pos) const{
    int i = 0, j = 0;                               // 主串和子串的指针
    if (curLength < s.curLength)                    // 主串比子串短，匹配失败
        return -1;
    while (i < curLength && j < s.curLength){
        if (data[i] == s.data[j])                   // 对应字符相等，指针后移
            i++,  j++;
        else {                                      // 对应字符不相等
            i = i - j + 1;                          // 主串指针回溯
            j = 0;                                  // 子串从头开始
        }
    }
    if (j >= s.curLength) return (i - s.curLength); // 返回子串在主串中的位置
    else return -1;
}
```

朴素的模式匹配算法简单易懂，缺点是需要多次回溯，对于数据量较大的文件，效率低下。要提高模式匹配算法的效率，应减少算法的比较次数和回溯次数。下面介绍改进的模式匹配算法。

4.3.2 KMP 算法

KMP 算法是一种对朴素的模式匹配算法的改进算法，由 D.E.Knuth、V.R.Pratt 和 J.H.Morris 同时发现。它的特点是主串无须回溯，主串指针一直往后移动，只有子串指针回溯，大大减少算法的比较次数和回溯次数。此算法可在 O(*n*+*m*) 的时间复杂度量级上完成串的模式匹配操作。

回顾例 4.1 的匹配过程，在第 1 趟比较中，在 i=3，j=3 下标处，对应字符不相等，又从 i=1，j=0 下标处重新开始进行比较。但实际上，i=1，j=0 和 i=2，j=0 这两趟比较都不必进行。因为从

第 1 趟比较的结果就可得出，主串中 S_1 和 S_2 是'o'和'o'，子串中 T_1 和 T_2 也是'o'和'o'。由于模式中的第 1 个字符 T_0 是 'G'，不是'o'，因此 T_0 无须再和 S_1、S_2 进行比较（即第 2 趟和第 3 趟比较可以略去），仅需将子串向右滑动 3 个字符，继续进行 i=3，j=0 的比较即可。

当主串中下标为 i 的字符与子串中下标为 j 的字符"失配"时，主串指针 i 不回溯，子串指针 j 回溯（子串相对于主串向右滑动）到一个合适的位置，重新进行比较。当然，子串向右滑动的距离越远越好，那么如何确定应滑动到什么位置呢？也就是说，与主串第 i 个字符比较的子串的"下一个"字符怎么确定呢？

假设主串 $S = "S_0S_1 \cdots S_{n-1}"$，子串 $T = "T_0T_1 \cdots T_{m-1}"$，当 S_i 与 T_j 比较时失配，主串不回溯，用子串中第 k(k < j) 个字符 T_k 与 S_i 继续进行比较，如图 4.5 所示。

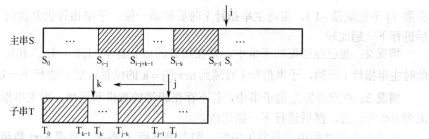

图 4.5　当 $S_i \neq T_j$ 时，失配，子串回溯到下标为 k 的位置继续比较

此时将子串向右滑动，使 T_k 与 S_i 对齐进行比较，则隐含下式成立：

$$"S_{i-k}S_{i-k+1} \cdots S_{i-1}" = "T_0T_1 \cdots T_{k-1}" \quad (0 < k < j) \tag{4-1}$$

而从之前匹配结果（主串下标为 i 的字符与子串下标为 j 的字符失配）可知下式成立：

$$"S_{i-k}S_{i-k+1} \cdots S_{i-1}" = "T_{j-k}T_{j-k+1} \cdots T_{j-1}" \quad (0 < k < j) \tag{4-2}$$

由式（4-1）和式（4-2）可得：

$$"T_0T_1 \cdots T_{k-1}" = "T_{j-k} \cdots T_{j-1}" \quad (0 < k < j) \tag{4-3}$$

反之，若子串满足式（4-3），则在匹配过程中，当主串中下标为 i 的字符与子串中下标为 j 的字符比较不等时，仅需将子串向右滑动至子串中下标为 k 的字符与主串中下标为 i 的字符对齐即可，子串前面 k 个字符必定与主串下标为 i 的字符前长度为 k 的子串相等，因此，仅需从子串中下标为 k 的字符与主串中下标为 i 的字符开始继续进行比较。

【例 4.2】　主串 S = "abc123abc123abcd"，子串 T = "abc123abcd"，串匹配过程如图 4.6 所示。在第 1 趟的比较中，当 i=9，j=9 时失配。此时我们注意到子串 T 中有相等的前缀子串③和后缀子串④，也称为"首串"和"尾串"。又由于子串②和④相等，所以子串②和③必然相等，因此在下一趟比较中，主串指针 i=9 不动，子串指针 j 向前回溯到 k=3 的位置。

```
        ①           ②       ↓i
S = a b c 1 2 3 a b c 1 2 3 a b c d
T = a b c 1 2 3 a b c d
    ③   ↑k        ④   ↑j
```

图 4.6　子串的指针由 j=9 位置回溯到 k=3 位置

因此 KMP 算法的关键问题变成了如何求 k 的值。在已经匹配的子串 "$T_0T_1 \cdots T_{j-1}$" 中，找出最长的相同的前缀子串 "$T_0T_1 \cdots T_{k-1}$"（首串）和后缀子串 "$T_{j-k}T_{j-k+1} \cdots T_{j-1}$"（尾串），这时 k 的值也就确定了。需要注意，在查找最长的相同首串和尾串时，首串和尾串可以部分重叠。例如，"ababa" 的最长首串和尾串是 "aba"，其中第三个字母'a'为重叠部分。

为了计算每次失配时子串指针 j 回溯的位置 k，KMP 算法采用以空间换时间的方式，申请一个与子串长度相同的整型数组 next。令 next[j]=k，则 next[j] 表示当子串中 T_j 与主串中 S_i 失配时，在子串中需重新和主串中 S_i 进行比较的字符的位置为 k，由此子串的 next 数组定义为：

$$next[j] = \begin{cases} -1 & \text{当 } j=0 \text{ 时} \\ \max\{k \mid 0 < k < j \text{ 且 } "T_0 T_1 \cdots T_{k-1}" = "T_{j-k} T_{j-k+1} \cdots T_{j-1}"\} & \text{当集合不为空时} \\ 0 & \text{其他情况} \end{cases}$$

(4-4)

上述公式分为以下三种情况。

情况 1：当 j=0 时，next[j] = −1，表示子串指针指向下标为 0 的元素时失配，子串指针无法回溯（j 不能赋值 −1），需将主串指针 i 向后移动一位，子串指针仍然指向下标为 0 的元素，然后进行下一趟比较。

情况 2：在已经匹配的子串中，存在相等的最长首串 "$T_0 T_1 \cdots T_{k-1}$" 和尾串 "$T_{j-k} T_{j-k+1} \cdots T_{j-1}$"，此时主串指针 i 不动，子串指针 j 回溯到 next[j] = k 的位置，然后进行下一趟比较。

情况 3：在已经匹配的子串中，若不存在相等的首串和尾串，则主串指针不动，子串指针回溯到 j=0 的位置，然后进行下一趟比较。

在模式匹配过程中，若发生失配，则主串下标 i 不变，利用 next 数组，求出子串下标为 j 的位置失配时，应滑动到的新位置 k。若 k≥0，则将主串下标为 i 的字符与子串下标为 k 的字符进行比较。若匹配，则继续比较后面字符；若失配，仍然利用 next 数组求出 k 失配后的下一个比较位置 k'，再重复以上操作。若 k=−1，则表示子串已滑动到头，主串下标 i 向后移动一位，与子串的第一个字符进行比较。这就是 KMP 算法的基本思想。

【例 4.3】 主串 S = "abc123abc123abcd"，子串 T = "abc123abcd"，利用 KMP 算法的模式匹配过程如图 4.7 所示。

子串 T 的 next 数组如下：

j	0123456789
子串	abc123abcd
next[j]	−1000000123

在第 1 趟比较中，当 i=9, j=9 时失配，next[9] = 3，此时，主串指针 i=9 不动，子串指针 j 回溯到下标 j=3 的位置。继续进行第 2 趟比较。在第 2 趟比较中，所有对应字符均相等，模式匹配成功。

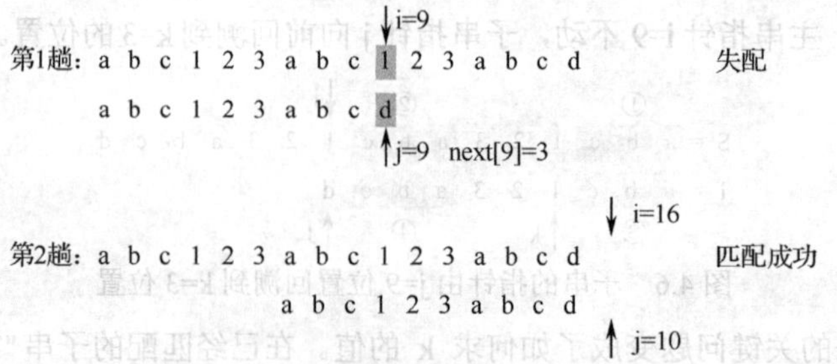

```
                        ↓i=9
第1趟: a b c 1 2 3 a b c 1 2 3 a b c d        失配
       a b c 1 2 3 a b c d
                        ↑j=9  next[9]=3

                                        ↓i=16
第2趟: a b c 1 2 3 a b c 1 2 3 a b c d        匹配成功
                         a b c 1 2 3 a b c d
                                         ↑j=10
```

图 4.7 利用 KMP 算法的模式匹配过程

【例 4.4】 若主串 S = "GoogleGooseGood"，子串 T = "Good"，利用 KMP 算法的模式匹配过程如图 4.8 所示。

子串 T 的 next 数组如下：

j	0 1 2 3
子串	G o o d
next[j]	-1 0 0 1

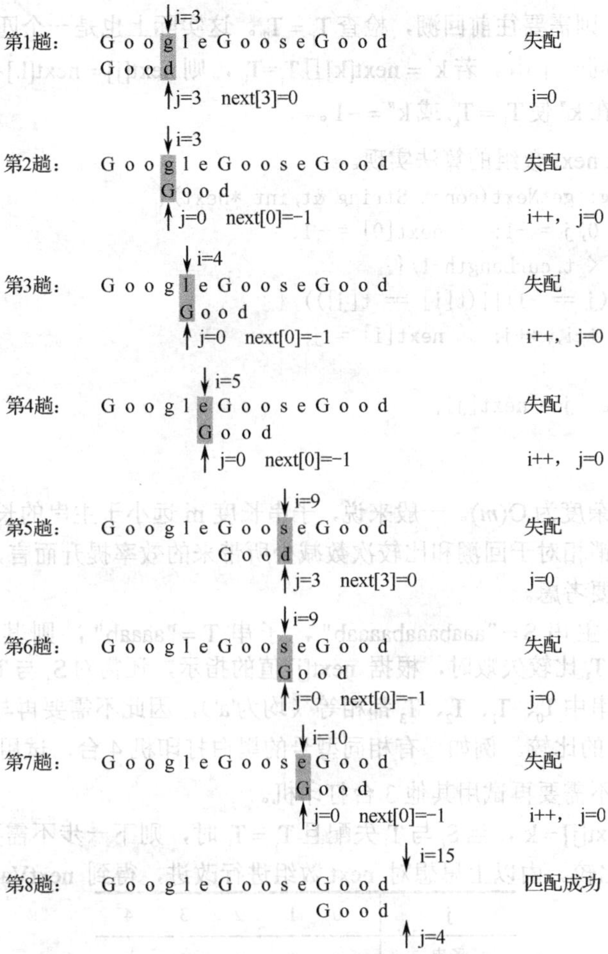

```
              ↓i=3
第1趟:   G o o g l e G o o s e G o o d         失配
         G o o d
         ↑j=3  next[3]=0                        j=0

              ↓i=3
第2趟:   G o o g l e G o o s e G o o d         失配
            G o o d
            ↑j=0  next[0]=-1                    i++, j=0

                ↓i=4
第3趟:   G o o g l e G o o s e G o o d         失配
              G o o d
              ↑j=0  next[0]=-1                  i++, j=0

                  ↓i=5
第4趟:   G o o g l e G o o s e G o o d         失配
                G o o d
                ↑j=0  next[0]=-1                i++, j=0

                          ↓i=9
第5趟:   G o o g l e G o o s e G o o d         失配
                  G o o d
                  ↑j=3  next[3]=0               j=0

                          ↓i=9
第6趟:   G o o g l e G o o s e G o o d         失配
                      G o o d
                      ↑j=0  next[0]=-1          i++, j=0

                            ↓i=10
第7趟:   G o o g l e G o o s e G o o d         失配
                        G o o d
                        ↑j=0  next[0]=-1        i++, j=0

                                    ↓i=15
第8趟:   G o o g l e G o o s e G o o d         匹配成功
                          G o o d
                          ↑j=4
```

图 4.8 利用 KMP 算法的模式匹配过程

[代码 4.15] KMP 算法：当匹配成功时，返回子串在主串中第一次出现的位置；当匹配失败时，返回-1；当子串是空串时，返回 0。

```
int String:: kmpFind(const String &t,int pos){
    if(t.curLength == 0)return 0;          // 注意：不允许申请大小为 0 的数组
    if(curLength < t.curLength)return -1;  // 如果主串比子串短，则匹配失败
    int i = 0, j = 0;                       // 主串和子串的指针
    int *next=new int[t.curLength];         // next 数组
    getNext(t,next);                        // 为 next 数组赋值
    while ( i < curLength &&  j < t.curLength) {  // 比较对应字符
        if( j == -1 || data[i] == t.data[j])      // 情况 1、2
            i++,   j++;
        else j = next[j];                         // 情况 3
    }
    delete []next;
    if ( j >= t.curLength)  return (i - t.curLength);
```

```
        else return -1;
    }
```

KMP 算法的关键在于求 next 数组，下面用一个递推过程来求解 next 数组。

分析：已知 next[0] = −1，假设 next[j] = k 且 $T_j = T_k$，则有 next[j+1] = k+1 = next[j]+1；若 next[j] = k 但 $T_j \neq T_k$，则需要往前回溯，检查 $T_j = T_?$。这实际上也是一个匹配的过程，不同之处在于，主串和子串是同一个串。若 k′ = next[k] 且 $T_j = T_{k'}$，则 next[j] = next[k]+1；若 $T_j \neq T_{k'}$，则继续往前回溯，直到存在 k″ 使 $T_j = T_{k''}$ 或 k″ = −1。

[代码 4.16] 求 next 数组的算法实现。

```
void String::getNext(const String &t, int *next){
    int i = 0, j = -1;    next[0] = -1;
    while(i < t.curLength-1){
        if((j == -1)||(t[i] == t[j])) {
            ++i, ++j;    next[i] = j;
        }
        else  j = next[j];
    }
}
```

以上算法时间复杂度为 O(*m*)。一般来说，子串长度 m 远小于主串的长度 n，故求 next 数组产生的时间和空间开销相对于回溯和比较次数减少所带来的效率提升而言，非常有价值。但是，还有一种特殊情况需要考虑。

【例 4.5】 若主串 S = "aaabaaabaaaab"，子串 T = "aaaab"，则其 next 数组值序列为 {-1,0,1,2,3}，当 S_3 与 T_3 比较失败时，根据 next[j] 值的指示，还需对 S_3 与 T_2、T_1、T_0 进行 3 次比较。实际上，因为子串中 T_0、T_1、T_2、T_3 都相等（均为'a'），因此不需要再与主串的 S_3 进行比较，可以直接进行 S_4 与 T_0 的比较。例如，有相同型号的黑白打印机 4 台，试用 1 台之后发现其无法打印彩色照片，那么不需要再试用其他 3 台打印机。

也就是说，若 next[j] = k，当 S_i 与 T_j 失配且 $T_j = T_k$ 时，则下一步不需要与 T_k 进行比较，而是直接与 $T_{next[k]}$ 进行比较。由以上思想对 next 数组进行改进，得到 nextVal 数组如下：

j	0	1	2	3	4
子串	a	a	a	a	b
next[j]	-1	0	1	2	3
nextVal[j]	-1	-1	-1	-1	3

使用 nextVal 数组的模式匹配过程如图 4.9 所示。

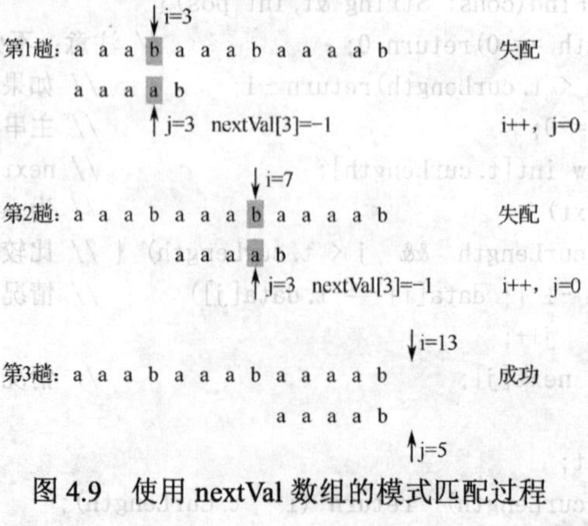

```
              ↓i=3
第1趟: a a a b a a a b a a a a b       失配
      a a a a b
      ↑j=3  nextVal[3]=-1              i++, j=0

                  ↓i=7
第2趟: a a a b a a a b a a a a b       失配
          a a a a b
          ↑j=3  nextVal[3]=-1          i++, j=0

                        ↓i=13
第3趟: a a a b a a a b a a a a b       成功
              a a a a b
              ↑j=5
```

图 4.9 使用 nextVal 数组的模式匹配过程

[代码 4.17] 求 nextVal 数组的算法。
```
void String::getNextVal(const String&t,int *nextVal){
    int  i = 0,j = -1;
    nextVal[0] = -1;
    while(i < t.curLength-1){
        if((j == -1)||(t[i] == t[j])){
            ++i,++j;
            if(t[i] != t[j]) nextVal[i] = j;
            else  nextVal[i] = nextVal[j];
        }
        else  j = nextVal[j];
    }
}
```

说明：getNextVal 函数在 getNext 函数的基础上增加了对子串中字符 t[i] 与 t[j] 是否相等的判断，若 t[i] == t[j]，则将 nextVal[j] 的值传递给 nextVal[i]，否则，与 getNext 函数一样，nextVal[i] = j。

KMP 算法与 BF（朴素的模式匹配）算法的比较如下。

在 BF 算法中，当主串和子串失配时，主串和子串的指针都需要回溯，然后再次进行匹配，所以该算法的时间复杂度较高，达到 O(nm)，空间复杂度为 O(1)。需要说明的是，虽然 BF 算法的时间复杂度是 O(nm)，但在一般情况下，其实际的执行时间近似于 O($n+m$)，因此至今仍被采用。

KMP 算法是一种高效的模式匹配算法，它的核心思想是，寻找子串自身的特征，设计 next 数组，在此基础上达到主串不回溯，子串有规律地回溯的目的，以减少回溯和比较的次数。但是，这是建立在牺牲存储空间的基础上的。KMP 算法的时间复杂度为 O($m+n$)，空间复杂度为 O(n)。

自测题 1. 已知字符串 s 为 "abaabaabacacaabaabcc"，模式串 t 为 "abaabc"，采用 KMP 算法进行匹配，第一次出现"失配"（s[i] != t[i]）时，i = j = 5，则下次开始匹配时，i 和 j 的值分别是（　　）。

A．i=1，j=0 　　　　　　　　B．i=5，j=0
C．i=5，j=2 　　　　　　　　D．i=6，j=2

【2015 年全国统一考试】
【参考答案】C
【题目解析】考查 KMP 算法，计算 next 数组或 nextVal 数组均可。

习题

一、选择题

1. 下面关于串的叙述中，哪一个是不正确的？（　　）
    A．串是字符的有限序列
    B．空串是由空格构成的串
    C．模式匹配是串的一种重要运算
    D．串既可以采用顺序存储，也可以采用链式存储

2．串是一种特殊的线性表，下面哪个叙述体现了这种特殊性？（   ）
   A．数据元素是一个字符   B．可以顺序存储
   C．数据元素可以是多个字符   D．可以链接存储
3．串的长度是指（   ）。
   A．串中所含不同字母的个数   B．串中所含字符的个数
   C．串中所含不同字符的个数   D．串中所含非空格字符的个数
4．设 S 为一个长度为 n 的串，其中的字符各不相同，则 S 中互异的非平凡子串（非空且不同于 S 本身）的个数为（   ）。
   A．$2n-1$ B．n^2
   C．$(n^2/2)+(n/2)$ D．$(n^2/2)+(n/2)-1$
   E．$(n^2/2)-(n/2)-1$ F．其他情况
5．设有两个串 S1 和 S2，求 S2 在 S1 中首次出现的位置的运算称为（   ）。
   A．求子串   B．判断是否相等
   C．模型匹配   D．连接
6．若串 S="software"，则其子串的数目是（   ）。
   A．8   B．37
   C．36   D．9

二、填空题

1．组成串的数据元素只能是_____。
2．设主串长度为 n，子串长度为 m，则 KMP 算法的时间复杂度为_____。
3．模式串 P = "abaabcac" 的 next 数组值序列为_____。
4．字符串 "ababaaab" 的 nextVal 数组值序列为_____。

三、判断题

1．KMP 算法的特点是，在模式匹配时指示主串的指针不会变小。（   ）
2．设模式串的长度为 m，目标串的长度为 n，当 $n \approx m$ 且处理只匹配一次的模式时，朴素的模式匹配（即子串定位函数）算法所花的时间代价可能会更少。（   ）
3．两个长度不相同的串有可能相等。（   ）
4．串长度是指串中不同字符的个数。（   ）

四、应用题

1．简述下列每对术语的区别：
（1）空串和空格串；
（2）目标串和模式串。
2．KMP 算法较 BF（朴素的模式匹配）算法有哪些改进？
3．对 S = "aabcbabcaabcaaba"，T = "bca"，画出以 T 为模式串，S 为目标串的匹配过程。

五、算法设计题

1．给出函数 atoi(x) 的实现方法，其功能是将串 x 转换为整数，串 x 由 0～9 数字字符和表示负数的"-"符号组成，返回值为整型数值。
2．编写算法，对给定的串 str，返回其最长重复子串及其下标位置。例如，str = "abcdacdac"，子串 "cdac" 是 str 的最长重复子串，下标为 2。

3. 假设采用串顺序存储结构，编写算法实现串的置换操作 replace(int pos, int num, const String &t)，其含义是将当前串中从第 pos 个字符开始的 num 个字符用串 t 替换。

4. 写一个递归算法来实现串的逆序存储，要求不另设串存储空间。

5. 输入一个串，内有数字和非数字字符，如："ak123x456 17960?302gef4563"，将其中连续的数字作为一个整体，依次存放到数组 a 中，例如，123 放入 a[0]中，456 放入 a[1]中……编写算法统计其共有多少个整数，并输出这些整数。

6. "回文串"是一个正读和反读都一样的串。例如，"level"和"noon"就是回文串，而"abc"和"aab"不是回文串。编写算法判断给定串是否为回文串。

第 5 章 数 组

本章讨论的数组是数据元素为线性表扩展的线性结构，可以看作线性结构的推广。数组中的元素结构相同，以数组为元素的数组即为多维数组。本章主要讨论特殊矩阵和稀疏矩阵的压缩存储表示和实现。

本章学习目标：
- 理解数组的基本概念，会计算数组中元素的存储地址；
- 掌握特殊矩阵的压缩存储公式；
- 掌握稀疏矩阵的三元组表示法；
- 了解稀疏矩阵的十字链表表示法。

5.1 数组的基本概念

（1）数组

数组是由类型相同的元素构成的有序集合，每个元素都可以看作下标和值的偶对。

（2）n 维数组

n 维数组是受 n 组线性关系约束的线性表，即 n 维数组的每个元素受 $n(n \geq 1)$ 个线性关系的约束，每个元素在 n 个线性关系中的序号 $(i_1, i_2, \cdots, i_n)$ 称为该元素的下标，可以通过一组下标唯一确定一个元素。如图 5.1 所示是一个二维数组，用 m 行 n 列的矩阵表示，每个元素 a_{ij} 均参与行和列两个线性关系。

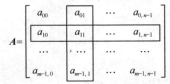

图 5.1 用 m 行 n 列矩阵表示二维数组

n 维数组可以理解为每个元素是 $n-1$ 维数组的定长线性表。一维数组可以看作一个线性表，二维数组可以看作元素是线性表的线性表。例如，如图 5.1 所示的二维数组可以看作由 m 个行向量组成的线性表（见图 5.2），即：

$$A = (A_0, A_1, \cdots, A_{m-1})$$

其中，每个元素 A_i 是一个行向量：$A_i = (a_{i0}, a_{i1}, \cdots, a_{i,n-1})$，$0 \leq i \leq m-1$，即：

$$A = ((a_{00}a_{01}\cdots a_{0,n-1}), (a_{10}a_{11}\cdots a_{1,n-1}), \cdots, (a_{m-1,0}a_{m-1,1}\cdots a_{m-1,n-1}))$$

如图 5.1 所示的二维数组也可以看作由 n 个列向量组成的线性表（见图 5.3），即：

$$A = (A_0, A_1, \cdots, A_{n-1})$$

其中，每个元素 A_j 是一个列向量：$A_j = (a_{0j}, a_{1j}, \cdots, a_{m-1,j})$，$0 \leq j \leq n-1$，即：

$$A = ((a_{00}a_{10}\cdots a_{m-1,0}), (a_{01}a_{11}\cdots a_{m-1,1}), \cdots, (a_{0,n-1}a_{1,n-1}\cdots a_{m-1,n-1}))$$

$$A = \begin{bmatrix} (a_{00} & a_{01} & \cdots & a_{0,n-1}) \\ (a_{10} & a_{11} & \cdots & a_{1,n-1}) \\ & & \cdots & \\ (a_{m-1,0} & a_{m-1,1} & \cdots & a_{m-1,n-1}) \end{bmatrix} \qquad A = \begin{bmatrix} \begin{pmatrix} a_{00} \\ a_{10} \\ \vdots \\ a_{m-1,0} \end{pmatrix} \begin{pmatrix} a_{01} \\ a_{11} \\ \vdots \\ a_{m-1,1} \end{pmatrix} \cdots \begin{pmatrix} a_{0,n-1} \\ a_{1,n-1} \\ \vdots \\ a_{m-1,n-1} \end{pmatrix} \end{bmatrix}$$

图 5.2 二维数组行向量形式　　　　　图 5.3 二维数组列向量形式

二维数组中的每个元素 a_{ij} 既属于第 i 行的行向量，又属于第 j 列的列向量，元素 a_{ij} 在行上的前驱和后继是 $a_{i,j-1}$ 和 $a_{i,j+1}$，在列上的前驱和后继是 $a_{i-1,j}$ 和 $a_{i+1,j}$（假设这些结点存在）。

（3）数组的顺序存储方式

数组一般不做插入和删除操作，即结构中元素个数和元素间关系不变化。一般采用顺序存储结构表示数组。因为计算机的存储单元是一维的，而二维以上的数组是多维的，所以用一组连续存储单元存放数组的元素就会有顺序的问题。那么，如何将多维数组的元素排成线性序列后存入存储器中呢？

如图 5.1 所示的二维数组，既可以用行序为主序的一维数组存放，如图 5.4 所示，也可以用列序为主序的一维数组存放，如图 5.5 所示。

| a_{00} | a_{01} | ... | $a_{0,n-1}$ | a_{10} | a_{11} | ... | $a_{1,n-1}$ | ... | $a_{m-1,0}$ | $a_{m-1,1}$ | ... | $a_{m-1,n-1}$ |

图 5.4　二维数组以行序为主序存入一维数组中

| a_{00} | a_{10} | ... | $a_{m-1,0}$ | a_{01} | a_{11} | ... | $a_{m-1,1}$ | ... | $a_{0,n-1}$ | $a_{1,n-1}$ | ... | $a_{m-1,n-1}$ |

图 5.5　二维数组以列序为主序存入一维数组中

① 行主序（行优先顺序）。将数组元素按行向量排列，第 i 个行向量后面紧接着存储第 $i+1$ 个行向量。在 BASIC、Pascal 和 C/C++等语言中，采用的都是行主序的存储结构。二维数组按行优先顺序存储的线性序列为：

$$A_{m\times n} = ((a_{00}a_{01}\cdots a_{0,n-1}),(a_{10}a_{11}\cdots a_{1,n-1}),\cdots,(a_{m-1,0}a_{m-1,1}\cdots a_{m-1,n-1}))$$

② 列主序（列优先顺序）。将数组中的元素按列向量排列，第 j 个列向量后面紧接着存储第 $j+1$ 个列向量。在 FORTRAN 语言中，采用的是列主序的存储结构。二维数组按列优先顺序存储的线性序列为：

$$A_{m\times n} = ((a_{00}a_{10}\cdots a_{m-1,0}),(a_{01}a_{11}\cdots a_{m-1,1}),\cdots,(a_{0,n-1}a_{1,n-1}\cdots a_{m-1,n-1}))$$

（4）数组中元素存储地址的计算

一旦确定了数组的维数和各维的界限，以及元素的类型，便可为它分配存储空间。因此，在已知数组首地址的情况下，根据给定的一组下标便可求得相应元素的存储位置。

① 一维数组

设一维数组 $A[c_1..d_1]$ 存放在一块连续的存储单元中，每个元素占 C 个连续字节，其中 c_1 和 d_1 分别为数组 A 的下标的下界和上界。如果数组中元素 $A[c_1]$ 的首地址是 $Loc(c_1)$，则 $A[c_1+1]$ 的首地址是 $Loc(c_1)+C$，$A[c_1+2]$ 的首地址是 $Loc(c_1)+2\times C$，……。对于 $c_1 \leq i \leq d_1$，有：

$$Loc(i) = Loc(c_1) + (i-c_1)\times C \tag{5-1}$$

数组的起始位置亦称为基地址。在具体的程序设计语言中，数组的起始下标有确定的值，例如，在 Pascal 语言中约定为 1，而在 C/C++语言中约定为 0。这时可简化式（5-1）。例如，假设在 C/C++语言中已定义了一个一维数组 A[n]，数组的下标范围是 $0 \leq i \leq n-1$。将 $c_1 = 0$ 代入式（5-1）可得：

$$Loc(i) = Loc(0) + i\times C \tag{5-2}$$

② 二维数组

a）以行序为主序存储二维数组

设二维数组 $A[c_1..d_1][c_2..d_2]$ 以行序为主序存放在一块连续的存储单元中，每个数组元素占 C 个连续字节，其中 c_1、c_2 和 d_1、d_2 分别为二维数组 A 的下标的下界和上界，则该二维数组中任意元素 $A[i][j]$（$c_1 \leq i \leq d_1$，$c_2 \leq j \leq d_2$）的存储位置可由下式确定：

$$\text{Loc}(i,j) = \text{Loc}(c_1,c_2) + [(i-c_1) \times (d_2 - c_2 + 1) + (j - c_2)] \times C \qquad (5\text{-}3)$$

对于 m 行 n 列的二维数组 A，若数组下标从 0 开始，则 $0 \leq i \leq m-1$，$0 \leq j \leq n-1$，将 $c_1 = c_2 = 0$ 及 $d_2 = n-1$ 代入式（5-3）可得：

$$\text{Loc}(i,j) = \text{Loc}(0,0) + (i \times n + j) \times C \qquad (5\text{-}4)$$

若数组下标从 1 开始，则 $1 \leq i \leq m$，$1 \leq j \leq n$，将 $c_1 = c_2 = 1$ 及 $d_2 = n$ 代入式（5-3）可得：

$$\text{Loc}(i,j) = \text{Loc}(1,1) + [(i-1) \times n + (j-1)] \times C \qquad (5\text{-}5)$$

b）以列序为主序存储二维数组

设二维数组 $A[c_1..d_1][c_2..d_2]$ 以列序为主序存放在一块连续的存储单元中，每个元素占 C 个连续字节，其中 c_1、c_2 和 d_1、d_2 分别为二维数组 A 的下标的下界和上界，则该二维数组中任意元素 $A[i][j]$（$c_1 \leq i \leq d_1$，$c_2 \leq j \leq d_2$）的存储位置可由下式确定：

$$\text{Loc}(i,j) = \text{Loc}(c_1,c_2) + [(j-c_2) \times (d_1 - c_1 + 1) + (i - c_1)] \times C \qquad (5\text{-}6)$$

对于 m 行 n 列的二维数组 A，若数组下标从 0 开始，将 $c_1 = c_2 = 0$ 及 $d_1 = m-1$ 代入式（5-6）可得：

$$\text{Loc}(i,j) = \text{Loc}(0,0) + (j \times m + i) \times C \qquad (5\text{-}7)$$

若数组下标从 1 开始，将 $c_1 = c_2 = 1$ 及 $d_1 = m$ 代入式（5-6）可得：

$$\text{Loc}(i,j) = \text{Loc}(1,1) + [(j-1) \times m + (i-1)] \times C \qquad (5\text{-}8)$$

③ 多维数组

设 n 维数组 $A[c_1..d_1][c_2..d_2]\cdots[c_n..d_n]$ 以行序为主序存放在一块连续的存储单元中，其中 $c_1, c_2, \cdots, c_n$ 和 $d_1, d_2, \cdots, d_n$ 分别为 n 维数组 A 的下标的下界和上界，则此数组中任意元素 $A[j_1][j_2]\cdots[j_n]$（$c_1 \leq j_1 \leq d_1$，$c_2 \leq j_2 \leq d_2$，$\cdots$，$c_n \leq j_n \leq d_n$）的存储位置可由式（5-9）确定：

$$\begin{aligned}\text{Loc}(i,j) &= \text{Loc}(c_1,c_2,\cdots,c_n) + [(j_1 - c_1) \times (d_2 - c_2 + 1) \times \cdots \times (d_n - c_n + 1) + \\ &\quad (j_2 - c_2) \times (d_3 - c_3 + 1) \times \cdots \times (d_n - c_n + 1) + \\ &\quad \cdots\cdots + \\ &\quad (j_{n-1} - c_{n-1}) \times (d_n - c_n + 1) + \\ &\quad (j_n - c_n)] \times C \\ &= \text{Loc}(c_1,c_2,\cdots c_n) + \left[\sum_{i=1}^{n}(j_i - c_i)\prod_{k=i+1}^{n}(d_k - c_k + 1)\right] \times C \qquad (5\text{-}9)\end{aligned}$$

（5）二维数组的抽象数据类型的定义

数组是定长线性表。数组一旦被定义，数组的维数与维界（下标的取值范围）及元素间的关系都不能被改变。基于这个特点，使得对数组的操作不像线性表那样，可以在表中任意一个位置插入或删除元素。对于数组的操作一般只有两种：① 求给定下标的元素的值；② 对给定下标的元素赋值。

二维数组的抽象数据类型的定义如下：

```
class Array {
public:
    // 若下标不越界，则对下标为 row, col 的元素赋值 data
    virtual void setValue(int row, int col, const T& data)=0;
    // 若下标不越界，则获取下标为 row, col 的元素的值
    virtual T getValue(int row, int col)=0;
    virtual ~Array(){};
};
```

自测题 1. 数组通常具有的两种基本操作是（　　）。

A. 查找和修改　　　　　　　　　　B. 查找和索引
C. 索引和修改　　　　　　　　　　D. 建立和删除

【2005 年中南大学】

【参考答案】A

自测题 2. 若 6 行 5 列的数组以列序为主序顺序存储，基地址为 1000，每个元素占 2 个存储单元，则第 3 行第 4 列的元素（假定无第 0 行第 0 列）的地址是（　　）。

A. 1040　　　　　　　　　　　　B. 1042
C. 1026　　　　　　　　　　　　D. 备选答案 A，B，C 都不对

【2004 年华中科技大学】

【参考答案】A

【解析】注意：题目中二维数组以列序为主序，且下标从 1 开始。

自测题 3. 在程序设计中，要对两个 16K×16K 的多精度浮点数二维数组进行矩阵求和，行优先读取和列优先读取的区别是（　　）。

A. 没区别　　　　　　　　　　　B. 行优先快
C. 列优先快　　　　　　　　　　D. 两种读取方式速度为随机值，无法判断

【2012 年腾讯实习生笔试题】

【参考答案】B

【解析】题目中的数组较大，需要读写磁盘，其所需要的时间与存储位置相关。在 BASIC、Pascal 和 C/C++等语言中，数组的存放是按照行优先顺序存放的。本题的关键是考查内存抖动的问题。如果按列优先读取，则需要跳过一大串内存地址，可能需求的内存地址不在当前页中，需要进行页置换，这样便需要读写硬盘，因此行优先读取比列优先读取要快。

5.2　矩阵的压缩存储

矩阵是很多科学与工程计算问题中研究的数学对象。通常，用高级语言编程时都会用二维数组来存储矩阵的元素。然而在数值分析中经常发现，一些阶数很高的矩阵存在许多数值相同的元素或者零元素，例如一些常见的特殊矩阵：三角矩阵、对称矩阵、对角矩阵、稀疏矩阵等。这时仍采用二维数组存放就不合适了。因为只有很少的空间存放的是有效数据，这将造成大量的存储空间的浪费。为了节省存储空间并且加快处理速度，需要对这类矩阵进行压缩存储。压缩存储的原则是：为多个值相同的元素只分配一个存储空间，零元素不分配存储空间。

特殊矩阵：值相同的元素或者零元素在矩阵中的分布有一定规律。

稀疏矩阵：非零元素的个数很少，而且在矩阵中的分布没有规律。

5.2.1　特殊矩阵

1. 对称矩阵的压缩存储及寻址

若 n 阶矩阵 A 中的元素满足下述性质：

$$a_{ij} = a_{ji} \quad (0 \leq i, j \leq n-1)$$

则称 A 为 n 阶对称矩阵，如图 5.6 所示。

由于对称矩阵几乎有一半元素是相同的，因此为了节省存储空

$$A = \begin{bmatrix} 1 & 2 & 3 & 4 \\ 2 & 5 & 6 & 7 \\ 3 & 6 & 9 & 8 \\ 4 & 7 & 8 & 0 \end{bmatrix}$$

图 5.6　对称矩阵示意图

间，我们可以为每对对称元素分配一个存储空间，可将 n^2 个元素压缩存储到 $n(n+1)/2$ 个存储空间中。不失一般性，我们以行序为主序将对称矩阵的下三角部分（包括对角线）中的元素存储到一个大小是 $n(n+1)/2$ 的一维数组中，如图5.7所示。

图 5.7 对称矩阵的压缩存储

（1）若 i、j、k 从 0 开始，则矩阵元素 a_{ij} 与一维数组 B 的下标 k 之间存在如下对应关系：

$$k = \begin{cases} \dfrac{i(i+1)}{2} + j, & i \geq j \\ \dfrac{j(j+1)}{2} + i, & i < j \end{cases} \quad (0 \leq i, j \leq n-1;\ 0 \leq k \leq \dfrac{n(n+1)}{2} - 1) \tag{5-10}$$

式（5-10）可简化为：

$$k = \max(i,j) \times (\max(i,j)+1)/2 + \min(i,j) \tag{5-11}$$

（2）若 i、j、k 从 1 开始，则矩阵元素 a_{ij} 与一维数组 B 的下标 k 之间存在如下对应关系：

$$k = \begin{cases} \dfrac{i(i-1)}{2} + j, & i \geq j \\ \dfrac{j(j-1)}{2} + i, & i < j \end{cases} \quad (1 \leq i, j \leq n;\ 1 \leq k \leq \dfrac{n(n+1)}{2}) \tag{5-12}$$

式（5-12）可简化为：

$$k = \max(i,j) \times (\max(i,j)-1)/2 + \min(i,j) \tag{5-13}$$

2. 三角矩阵的压缩存储及寻址

下（上）三角矩阵是指矩阵的上（下）三角（不包括对角线）中的元素均为常数 C 或零的 n 阶矩阵，如图5.8和图5.9所示。其存储方式可以参考对称矩阵，除存储下（上）三角中的元素以外，还要增加一个存储空间用于存储常数 C。因此，n 阶三角矩阵可压缩存储到大小是 $n(n+1)/2 + 1$ 的一维数组中，其中常数 C 存放在数组末尾。下三角矩阵的压缩存储如图5.10所示。

图 5.8 下三角矩阵示意图   图 5.9 上三角矩阵示意图

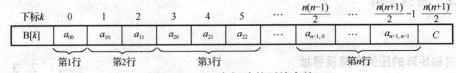

图 5.10 下三角矩阵的压缩存储

三角矩阵的存储与前面介绍的对称矩阵的存储相似，当 i、j、k 从 0 开始时，下三角元素 a_{ij} 与一维数组 B 的下标 k 之间存在如下对应关系：

$$k = \begin{cases} \dfrac{i(i+1)}{2}+j, & i \geq j \\ \dfrac{n(n+1)}{2}, & i < j \end{cases} \quad (0 \leq i, j \leq n-1;\ 0 \leq k \leq \dfrac{n(n+1)}{2}) \tag{5-14}$$

其中，下三角矩阵中上三角部分的常数 C 存储在一维数组 B 中下标为 $n(n+1)/2$ 的位置。

3．对角矩阵的压缩存储及寻址

对角矩阵是指所有非零元素都集中在以主对角线为中心的带状区域，除主对角线和它的上、下方若干条对角线的元素外，所有其他元素都为零。以三对角矩阵为例，如图 5.11 所示，若按行优先方式存储，则除第一行和最后一行只需存储两个元素以外，其余行均存储三个元素。因此，n 阶三对角矩阵可压缩存储到大小是 $3n-2$ 的一维数组中，图 5.12 给出了三对角矩阵的压缩存储示意图。

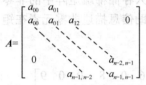

图 5.11 三对角矩阵示意图

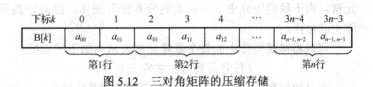

图 5.12 三对角矩阵的压缩存储

（1）若 i、j、k 从 0 开始，则三对角矩阵元素 a_{ij} 与一维数组 B 的下标 k 之间存在如下对应关系：

$k=3i-1$，主对角线左下，即 $i=j+1$；
$k=3i$，主对角线，即 $i=j$； (5-15)
$k=3i+1$，主对角线右上，即 $i=j-1$。

由以上三式，得：

$$k = 2i+j \quad (0 \leq i, j \leq n-1;\ 0 \leq k \leq 3n-3) \tag{5-16}$$

（2）若 i、j、k 从 1 开始，则三对角矩阵元素 a_{ij} 与一维数组 B 的下标 k 之间存在如下对应关系：

$k=3(i-1)$，主对角线左下，即 $i=j+1$；
$k=3(i-1)+1$，主对角线，即 $i=j$； (5-17)
$k=3(i-1)+2$，主对角线右上，即 $i=j-1$。

由以上三式，得：

$$k = 2(i-1)+j \quad (1 \leq i, j \leq n;\ 1 \leq k \leq 3n-2) \tag{5-18}$$

自测题 4．若对 n 阶对称矩阵 A 以行序为主序方式将其下三角形的元素（包括主对角线上所有元素）依次存放于一维数组 B[1..(n(n+1))/2]中，则在 B 中确定 $a_{ij}(i<j)$ 的位置 k 的公式为（　　）。

A．i*(i-1)/2+j　　　　　　　　　　B．j*(j-1)/2+i
C．i*(i+1)/2+j　　　　　　　　　　D．j*(j+1)/2+i

【2007 年烟台大学】
【参考答案】B

自测题 5．有一个 100 阶的三对角矩阵 M，其元素 $m_{ij}(1 \leq i \leq 100, 1 \leq j \leq 100)$ 按行优先次序压缩存入下标从 0 开始的一维数组 N 中，元素 $m_{30,30}$ 在数组 N 中的下标是（　　）。

A．86　　　　　　　　　　　　　　B．87
C．88　　　　　　　　　　　　　　D．89

【2016 年全国统一考试】
【参考答案】 B
【题目解析】 矩阵 M 的下标 i 和 j 从 1 开始，将 $i=30$ 和 $j=30$ 代入公式 $k=2(i-1)+j$，求得 $k=88$，而一维数组 N 的下标从 0 开始，因此 $k=k-1=87$ 即为 $m_{30,30}$ 在数组 N 中的下标。

5.2.2 稀疏矩阵

稀疏矩阵是指矩阵中的零元素个数远远多于非零元素个数，且非零元素的分布没有规律。

设在 $m \times n$ 的矩阵中，有 t 个非零元素，称 δ 为矩阵的稀疏因子：$\delta = t/(m \times n)$。当 $\delta \leq 0.05$ 时，称该矩阵为稀疏矩阵。

显然，稀疏矩阵中的非零元素是我们应该重点关注的数据，因此对于很多元素为零的稀疏矩阵，仅存储非零元素可节约存储空间并提高操作效率。

现在有多种稀疏矩阵的存储方式，但是大多数原理是一样的，即只存储稀疏矩阵中的非零元素。由于稀疏矩阵中非零元素的分布没有规律，因此还需要提供辅助信息描述非零元素在矩阵中的位置。

可以将稀疏矩阵中的每个非零元素表示为如下三元组：

（行号，列号，非零元素值）

在已知行数、列数的情况下，三元组与稀疏矩阵是一一对应的。例如，图 5.13 的稀疏矩阵 A 可由下面的三元组表确定：
$A=((0,0,6),(0,2,8),(0,5,9),(2,0,4),(2,3,1),(3,4,5),(4,2,-2))$

当用三元组表示非零元素时，对稀疏矩阵进行压缩存储通常有如下两种方法。

$$A = \begin{bmatrix} 6 & 0 & 8 & 0 & 0 & 9 \\ 0 & 0 & 0 & 0 & 0 & 0 \\ 4 & 0 & 0 & 1 & 0 & 0 \\ 0 & 0 & 0 & 0 & 5 & 0 \\ 0 & 0 & -2 & 0 & 0 & 0 \end{bmatrix}$$

图 5.13 稀疏矩阵 A

matrix[i]	row	col	data
matrix[0]	0	0	6
matrix[1]	0	2	8
matrix[2]	0	5	9
matrix[3]	2	0	4
matrix[4]	2	3	1
matrix[5]	3	4	5
matrix[6]	4	2	-2

图 5.14 稀疏矩阵 A 的三元组表

① 三元组表：三元组的顺序存储表示和实现。
② 十字链表：三元组的链式存储表示和实现。

1. 稀疏矩阵的顺序存储结构：三元组表

由于两个阶数不同的矩阵可能具有相同的非零元素，因此，为了加以区别，在存储三元组时，同时还要存储该矩阵的行数和列数。通常，为了运算的方便，也要存放非零元素的个数。以顺序存储结构来表示三元组的线性表，简称为**三元组表**。

稀疏矩阵 A 的以行序为主序存储的三元组表如图 5.14 所示。

三元组表的存储结构可定义如下：

```
template <class T>
class Triple:public Array<T> {         // 三元组表
    struct Node {                      // 三元组的结点类型
        int  row;                      // 非零元素的行标
        int  col;                      // 非零元素的列标
        T    data;                     // 非零元素的值
        Node (int r=-1, int c=-1, T d=0) {   // 构造函数
            row = r;
            col = c;
            data = d;
```

```cpp
        void setNodeValue(int r,int c,T d){          // 元素赋值
            row = r;
            col = c;
            data = d;
        }
    };
    Node* matrix;                                     // 三元组表
    int numRow;                                       // 矩阵的行数
    int numCol;                                       // 矩阵的列数
    int curLength;                                    // 矩阵的非零元素个数
    int maxSize;                                      // 三元组表的存储容量
public:
    Triple(int m,int n,int size=10);                  // 构造函数
    ~Triple() { delete []matrix; }                    // 析构函数
    void setValue(int r,int c,const T& d);            // 矩阵元素赋值
    T getValue(int r,int c);                          // 取矩阵中元素值
    void transpose(const Triple<T> &A);               // 用当前对象保存A的转置的三元组表
    void quickTranspose(const Triple<T> &A);          // 快速转置算法
    bool multMatrix(const Triple<T> &A, const Triple<T> &B);// 矩阵乘法
    void print();                                     // 输出三元组表
    void resize();                                    // 扩大三元组表空间
};
```

这里需要用到的异常处理类见前面章节，不再赘述。三元组表基本操作的实现与顺序表相似，下面给出三元组表基本操作的实现。

（1）初始化一个空的三元组表

[代码 5.1] 参数为矩阵的行数 m、列数 n 和非零元素个数 size。

```cpp
template <class T>
Triple<T>::Triple(int m,int n,int size=10){           // 构造函数
    if(m<=0 || n<=0 || size<0 )throw badSize();
    numRow = m;
    numCol = n;
    curLength = 0;
    if( size > m*n) maxSize = m*n;                    // 三元组表最大容量为m*n
    else   maxSize = size;
    if( 0 != maxSize ) matrix = new Node[maxSize];
    else   matrix=NULL;
}
```

（2）输出三元组表

[代码 5.2]

```cpp
template <class T>
void Triple<T>::print(){
    int i=0;
    cout<<"Row:"<<numRow<<","<<"Col:"<<numCol<<","<<"Length:"<<curLength<<endl;
    for(i=0;i<curLength;i++){                         // 遍历并输出三元组表
        cout<<"("<<matrix[i].row<<","
            <<matrix[i].col<<","
```

```
          <<matrix[i].data<<")"<<endl;
      }
  }
```

(3) 扩大三元组表空间

算法思想：由于数组空间在内存中必须是连续的，因此，扩大三元组表空间的操作需要重新申请一个更大规模的新动态数组，将原有数组的内容复制到新数组中，释放原有数组空间，将新数组作为三元组表的存储区。算法的时间复杂度为 $O(n)$。

[代码 5.3]

```cpp
template <class T>
void Triple<T>::resize(){
    Node *p = matrix;                                  // p 指向原三元组表空间
    if(2*maxSize > numRow*numCol) maxSize = numRow*numCol;
    else  maxSize *= 2;                                // 表空间扩大 2 倍
    matrix = new Node[maxSize];                        // matrix 指向新的表空间
    for (int i = 0; i < curLength; ++i)
        matrix[i] = p[i];                              // 复制元素
    delete [] p;
}
```

(4) 给指定下标的元素赋值

算法思想：在以行序为主序存储的三元组表中，给 r 行 c 列的元素赋值 d。若 r 行 c 列的元素在三元组表中存在，则重新为它赋值 d；否则，查找合适的位置并插入元素。

[代码 5.4]

```cpp
template <class T>
void Triple<T>::setValue(int r, int c, const T& d){
    if( d == 0 ) return;                               // 零元素不存储
    if( r>numRow-1 || r<0 || c>numCol-1 || c<0 )       // 下标越界
        throw outOfRange();
    if( curLength >= maxSize) resize();                // 数组容量不够
    int i;
    for(i=0; i<curLength; i++){                        // 顺序查找插入位置
        if( matrix[i].row > r || (matrix[i].row == r && matrix[i].col > c ))
            break;                                     // 找到插入位置
        if( matrix[i].row == r && matrix[i].col == c ){ // r 行 c 列的元素已经存在
            matrix[i].setNodeValue(r,c,d);             // 给元素重新赋值
            return ;
        }
    }
    for(int j=curLength-1; j>=i; j--)                  // r 行 c 列的元素不存在
        matrix[j+1] = matrix[j];                       // 位置 i 处及其后的元素向后移动一位
    matrix[i].setNodeValue(r,c,d);                     // 在位置 i 处插入三元组(r,c,d)
    curLength++;                                       // 修改矩阵的非零元素个数
}
```

本算法要注意以下问题：

① 检验插入元素是否为零元素，若为零元素，则无须存储。
② 检验插入位置的有效性，有效下标范围是 0≤r≤numRow-1，0≤c≤numCol-1。
③ 检查表空间是否已满，在表满的情况下不能再做插入操作，否则会产生溢出错误。

④ 由于矩阵以行序为主序存储，因此查找插入位置时，row 为主关键字，col 为次关键字。

⑤ 若 r 行 c 列的元素已经存在，则给三元组重新赋值(r,c,d)；否则元素不存在，需要将位置 i 处及其后的元素向后移动一位。注意数据的移动方向，最先移动的是表尾元素，然后在位置 i 处插入三元组(r,c,d)，并修改矩阵的非零元素个数 curLength。

(5) 读取指定下标的元素的值

算法思想：在以行序为主序存储的三元组表中，查找 r 行 c 列的元素。若 r 行 c 列的元素在三元组表中存在，则返回其值；否则返回 0 值。

[代码 5.5]

```
template <class T>
T Triple<T>::getValue(int r,int c){
    if( r>numRow-1 || r<0 || c>numCol-1 || c<0 )    // 下标越界
        throw outOfRange();
    for(int i=0; i<curLength; i++){                 // 顺序查找
        if( matrix[i].row == r && matrix[i].col == c )
            return  matrix[i].data;                 // 找到 r 行 c 列的非零元素
    }
    return 0;                                       // 没找到，返回零元素
}
```

(6) 求矩阵的转置矩阵

将矩阵的行列互换得到的新矩阵称为转置矩阵，设原矩阵为 A，转置后的矩阵为 B。根据矩阵转置运算的定义，矩阵 A 与矩阵 B 的元素有对应关系，即 $b_{ij}=a_{ji}$。稀疏矩阵 A 的转置矩阵 B 仍为稀疏矩阵，矩阵 B 也用三元组表来存放。稀疏矩阵 A 及其以行序为主序存储的三元组表如图 5.15 所示。

$$A=\begin{bmatrix} 6 & 0 & 8 & 0 & 0 & 9 \\ 0 & 0 & 0 & 0 & 0 & 0 \\ 4 & 0 & 0 & 1 & 0 & 0 \\ 0 & 0 & 0 & 0 & 5 & 0 \\ 0 & 0 & -2 & 0 & 0 & 0 \end{bmatrix}$$

A.matrix [i]	row	col	data
A.matrix[0]	0	0	6
A.matrix[1]	0	2	8
A.matrix[2]	0	5	9
A.matrix[3]	2	0	4
A.matrix[4]	2	3	1
A.matrix[5]	3	4	5
A.matrix[6]	4	2	-2

图 5.15 稀疏矩阵 A 及其以行序为主序存储的三元组表

矩阵 A 的转置矩阵 B 及其以行序为主序存储的三元组表如图 5.16 所示。

$$B=\begin{bmatrix} 6 & 0 & 4 & 0 & 0 \\ 0 & 0 & 0 & 0 & 0 \\ 8 & 0 & 0 & 0 & -2 \\ 0 & 0 & 1 & 0 & 0 \\ 0 & 0 & 0 & 5 & 0 \\ 9 & 0 & 0 & 0 & 0 \end{bmatrix}$$

A.matrix[i]	row	col	data
A.matrix[0]	0	0	6
A.matrix[1]	0	2	4
A.matrix[2]	2	0	8
A.matrix[3]	2	4	-2
A.matrix[4]	3	2	1
A.matrix[5]	4	3	5
A.matrix[6]	5	0	9

图 5.16 矩阵 A 的转置矩阵 B 及其以行序为主序存储的三元组表

求一个矩阵的转置矩阵有多种方法。

方法1：行列互换后再排序。

① 将矩阵 A 的行数 numRow 赋值给矩阵 B 的列数，将矩阵 A 的列数 numCol 赋值给矩阵 B 的行数。

② 对矩阵 A 的每个三元组所表示的非零元素，将该元素的行标 row 和列标 col 的数值互换，赋值给矩阵 B 的三元组。

③ 按行主序重排矩阵 B 的三元组表。

方法2：查找矩阵 A 第 j 列元素直接赋值给矩阵 B 的第 j 行。

矩阵 A 有 numRow 行 numCol 列，共 curLength 个元素。

① 将矩阵 A 的行数 numRow 赋值给矩阵 B 的列数，矩阵 A 的列数 numCol 赋值给矩阵 B 的行数。

② 扫描矩阵 A 中所有（curLength 个）元素 numCol 次，依次查找矩阵 A 的第 $j(0 \leq j \leq$ A.numCol-1)列的元素，将矩阵 A 中第 j 列的元素按找到的先后顺序存放在矩阵 B 的第 j 行中。

说明：由于三元组表是以行序为主序存储的，因此，若矩阵 A 的三元组表中有两个三元组 (i_1, j, a_1) 和 (i_2, j, a_2)，它们属于同一列，且 $i_1 < i_2$，则转置之后在矩阵 B 的三元组表中 (j, i_1, a_1) 必存放在 (j, i_2, a_2) 之前。

例如，在如图5.15所示的矩阵 A 中，查找列标为0的元素时，按下标从小到大的顺序遍历矩阵 A 的三元组表，先后发现有两个三元组满足要求：A.matrix[0]为(0,0,6)，A.matrix[3]为(2,0,4)，将它们行、列互换后存储到矩阵 B 的三元组表中：B.matrix[0]为(0,0,6)，B.matrix[1]为(0,2,4)。

[代码 5.6] 在三元组表中实现矩阵的转置。本算法用当前三元组表（矩阵 B）保存矩阵 A 的转置。

```cpp
template <class T>
void Triple<T>::transpose(const Triple<T> &A){
    int q,j,p;
    numRow = A.numCol;              // 给 B 的行数赋值 A 的列数
    numCol = A.numRow;              // 给 B 的列数赋值 A 的行数
    if( maxSize < A.curLength ){
        maxSize = A.maxSize;
        delete []matrix;
        matrix = new Node[maxSize];
    }
    curLength=A.curLength;
    q=0;                            // B 中非零元素个数
    if( curLength )
        for(j=0; j<A.numCol; j++)   // 按列转置
            for(p=0; p<A.curLength; p++)
                if(A.matrix[p].col == j){   // 第 j 列找到一个非零元素
                    matrix[q].row = A.matrix[p].col;
                    matrix[q].col = A.matrix[p].row;
                    matrix[q].data = A.matrix[p].data;
                    q++;
                }
}
```

算法分析：本算法的特点是直接取、顺序存。算法的主要工作是在双重循环中完成的，故算法的执行时间为 O(A.numCol×A.curLength)，即与矩阵 A 的列数和非零元素个数的乘积成正比。当待转置矩阵中非零元素个数和 A.numRow×A.numCol 为等数量级时，算法的时间复杂度为 O(A.numRow×A.numCol×A.numCol)。

上述算法，每处理矩阵 A 中的一列就要遍历三元组表 A.matrix 一次，工作量比较大。下面介绍另一种矩阵转置方法，它只需扫描三元组表一次即可完成转置运算。

方法 3：三元组表上的快速转置。

三元组表的矩阵快速转置是指按三元组表 A.matrix 中元素的顺序依次进行转置，转置后直接放到三元组表 B.matrix 中元素的正确位置上。其算法的思想是，在扫描三元组表 A.matrix 中元素的过程中，每遇到一个三元组，就将它的行、列值交换并放在三元组表 B.matrix 中元素的正确位置上。

我们已经知道，矩阵 B 中的行就是矩阵 A 中的列，而且矩阵 B 中每行的各三元组在 A.matrix 中出现的相对顺序与它们在 B.matrix 中的相对顺序是一样的。因此，如果我们知道矩阵 A 中第 j 列的第一个非零元素在 B.matrix 中的位置 position[j](0≤j≤A.numCol-1)，那么，在遍历矩阵 A 时遇到的第 j 列的第一个非零元素，可直接放在 B.matrix 中的 position[j]位置上，然后将该位置加 1。这样，再遇到矩阵 A 的第 j 列的第二个元素时，又可放在 B.matrix 中的当前 position[j]位置上。如此重复，即可实现矩阵的转置。

那么应该如何求出 A.matrix 中每列第一个非零元素在 B.matrix 中的正确位置呢？

用 number 数组记录矩阵 A 中每列的非零元素个数。

用 position 数组记录矩阵 A 中每列第一个非零元素在三元组表 B.matrix 中的位置。

可用下述公式求出矩阵 A 中每列第一个非零元素在矩阵 B 的三元组表 B.matrix 中的位置：

$$\text{position}[j] = \begin{cases} 0, & j=0 \\ \text{position}[j-1]+\text{number}[j-1], & 1 \leq j < \text{A.numCol} \end{cases} \quad (5\text{-}19)$$

因为矩阵 A 中下标为 0 的列上第一个非零元素一定存放在矩阵 B 的三元组表 B.matrix 中的下标为 0 的位置上，因此有 position[0]=0。若第 j-1(0≤j≤A.numCol-1)列的第一个非零元素在 position[j-1]的位置上，矩阵 A 中第 j-1 列有 number[j-1]个非零元素，则第 j 列的第一个非零元素必在矩阵 B 的 position[j-1]+number[j-1]位置上。

通过上述方法，我们可以得到图 5.15 中的矩阵 A 的 number 和 position 数组的值，如图 5.17 所示。

下标 j	0	1	2	3	4	5
number[j]	2	0	2	1	1	1
position[j]	0	2	2	4	5	6

图 5.17 矩阵 A 的 number 和 position 数组的值

[代码 5.7] 在三元组表上实现矩阵的快速转置。本算法用当前三元组表（矩阵 B）保存矩阵 A 的转置。

```
template <class T>
void Triple<T>::quickTranspose(const Triple<T> &A){
    int j,t,p,q;
    int *position,*number;
    numRow = A.numCol;
    numCol = A.numRow;
    if(maxSize < A.curLength){
```

```
            maxSize = A.maxSize;
            delete []matrix;
            matrix = new Node[maxSize];
        }
        curLength = A.curLength;
        if(curLength){
            number = new int[A.numCol];    // 统计A每列非零元素个数
            position = new int[A.numCol];// A每列第一个非零元素在B中的位置
            for(j=0; j<A.numCol; j++)      // A每列非零元素个数初始化为零
                number[j] = 0;
            for(t=0; t<A.curLength; t++) // 求A每列非零元素个数
                number[A.matrix[t].col]++;
            position[0] = 0;
            for(j=1; j<A.numCol; j++)      // 求A第j列第一个非零元素在B中的位置
                position[j] = position[j-1] + number[j-1];
            for(p=0; p<A.curLength; p++){// 求B的三元组表
                j = A.matrix[p].col;
                q = position[j];
                matrix[q].row = A.matrix[p].col;
                matrix[q].col = A.matrix[p].row;
                matrix[q].data = A.matrix[p].data;
                position[j]++;
            }
        }
    }
```

算法分析：本算法的特点是顺序取、直接存。从空间方面看，快速转置算法比方法 2 的算法多了两个辅助数组 number 和 position。从时间方面看，快速转置算法中有 4 个并列的单循环，循环次数分别为 A.numCol、A.curLength、A.numCol-1、A.curLength。因而总的时间复杂度为 O(A.numCol+A.curLength)。当待转置矩阵中非零元素个数和 A.numRow×A.numCol 为等数量级时，其时间复杂度为 O(A.numRow×A.numCol)。

2. 稀疏矩阵的链式存储结构：十字链表

三元组表的存储方式的主要优点是灵活、简单。其仅存储非零元素以及每个非零元素的下标。但是利用三元组表表示稀疏矩阵时，若矩阵的运算使非零元素个数发生变化，就必须对三元组表进行插入、删除操作，也就是必须移动三元组表中的元素。因为三元组表为顺序存储结构，所以这些操作将花费大量的时间。下面我们介绍稀疏矩阵的一种链式存储结构：十字链表。十字链表可以克服三元组表的上述缺点，能够灵活地插入因运算而产生的新的非零元素、删除因运算而产生的新的零元素，实现矩阵的各种运算。

在十字链表中，矩阵中的一个非零元素用一个结点表示，该结点除存储行标、列标、元素值（row, col, data）以外，还要有以下两个链域：

right 用于链接同一行中的下一个非零元素；
down 用于链接同一列中的下一个非零元素。

十字链表中非零元素的结点结构如图 5.18 所示。

row	col	data
down		right

图 5.18 十字链表中非零元素的结点结构

为了使整个链表中的结点结构一致，我们规定，行（列）循环链表的表头结点和表中非零元素的结点一样，也设 5 个域。图 5.15 中矩阵 A 的十字链表存储结构如图 5.19 所示。

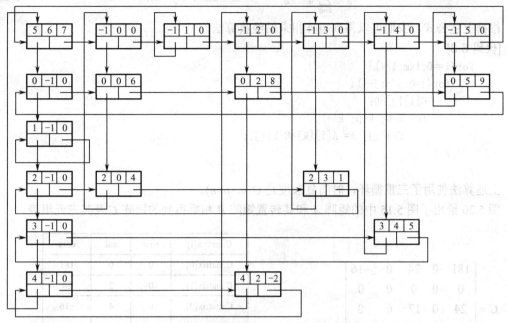

图 5.19　图 5.15 中矩阵 A 的十字链表存储结构

在十字链表中，数组的一行非零元素结点构成一个带头结点的循环链表，一列非零元素结点也构成一个带头结点的循环链表，这种组织方法使得任意一个非零元素结点既处在某一行的链表中，又处在某一列的链表中。

由于行/列表头结点的 data 域是没有意义的，因此，我们存储零元素作为行/列表头结点的标志。行表头结点的 row 域存储当前的行号，col 域存储-1；列表头结点的 col 域存储当前的列号，row 域存储-1。读者可根据自己的实际需求设置行/列表头结点的三元组(row, col, data)的数值。

这里还为十字链表设置一个总表头结点，其 row 域、col 域、data 域的值分别是稀疏矩阵的行数、列数及非零元素个数，行、列指针分别指向行、列表头结点构成的循环链表。设 head 为指向总表头结点的指针，通过 head 指针可取得整个稀疏矩阵的全部信息。

自测题 6．适用于压缩存储稀疏矩阵的两种存储结构是（　　）。
A．三元组表和十字链表　　　　　　B．三元组表和邻接矩阵
C．十字链表和二叉链表　　　　　　D．邻接矩阵和十字链表
【2017 年全国统一考试】
【参考答案】A

5.3　算法设计举例

【例 5.1】　三元组表上的矩阵乘法运算。

矩阵乘法是常用的矩阵运算。它只有在第一个矩阵的列数（numCol）和第二个矩阵的行数（numRow）相同时才有意义。

设 A 为 $m \times p$ 的矩阵，B 为 $p \times n$ 的矩阵，那么称 $m \times n$ 的矩阵 C 为矩阵 A 与 B 的乘积，记作 $C = A \times B$，其中矩阵 C 中的第 i 行第 j 列元素可以表示为：

$$c_{ij} = \sum_{k=0}^{p-1} a_{ik} \times b_{kj} \quad (0 \leq i < m, \ 0 \leq j < n) \tag{5-20}$$

根据上述公式，我们可以得到矩阵相乘的经典算法。

[代码 5.8]
```
for(i=0;i<m;i++){
    for(j=0;j<n;j++){
        C[i][j]=0;
        for(k=0; k<p; k++)
            C[i][j] += A[i][k]*B[k][j];
    }
}
```

上述算法使用了三重循环，时间复杂度是 $O(m \times p \times n)$。

图 5.20 给出了图 5.15 中的矩阵 A 和其转置矩阵 B 相乘得到的矩阵 C 及其三元组表。

$$C = \begin{bmatrix} 181 & 0 & 24 & 0 & -16 \\ 0 & 0 & 0 & 0 & 0 \\ 24 & 0 & 17 & 0 & 0 \\ 0 & 0 & 0 & 25 & 0 \\ -16 & 0 & 0 & 0 & 4 \end{bmatrix}$$

C.matrix[i]	row	col	data
C.matrix[0]	0	0	181
C.matrix[1]	0	2	24
C.matrix[2]	0	4	-16
C.matrix[3]	2	0	24
C.matrix[4]	2	2	17
C.matrix[5]	3	3	25
C.matrix[6]	4	0	-16
C.matrix[7]	4	4	4

图 5.20 矩阵 A 和其转置矩阵 B 相乘得到的矩阵 C 及其三元组表

在稀疏矩阵中利用经典的矩阵相乘的算法是不合适的。首先，不论相乘的元素是否为 0，都要执行一次乘法，这在稀疏矩阵中是没有必要的。其次，这个算法直接取出矩阵 A 中第 i 行的元素与矩阵 B 中第 j 列的对应元素相乘并累加，得到的和作为 c_{ij} 的值。但是在三元组表中，定位一列的元素是比较困难的，这需要扫描整个三元组表。

由此可见，为了得到非零元素的乘积，只要对 A.matrix 中的每个元素 (i,k,a_{ik}) 找到 B.matrix 中所有相应的元素 (k,j,b_{kj}) 相乘即可。这样只需扫描 A.matrix 一次，即可求得乘积矩阵对应的三元组表。

展开式（5-20）得到下式：

$$c_{ij} = a_{i0} \times b_{0j} + a_{i1} \times b_{1j} + \cdots \tag{5-21}$$

考虑到行位置容易找，可以将上述式子分解为按行计算，如图 5.21 所示。

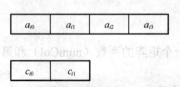

图 5.21 矩阵 A 第 i 行与矩阵 B 各列相乘示意图

分析图 5.2.1 发现，矩阵 A 的第 i 行的第 k 列元素 a_{ik}，一直在与矩阵 B 中的第 k 行元素进行乘法运算。

因此，可以考虑按行计算：设置一个数组 sum，用来记录 a_{ik} 和矩阵 $\boldsymbol{B}$ 的第 k 行的乘积，当 k 从 0 到 p-1 变化时，计算并依次累加到 sum 数组中，即可得到矩阵 $\boldsymbol{C}$ 的第 i 行元素。

$$
\begin{array}{lll}
 & a_{i0}\times b_{00},\ a_{i0}\times b_{01},\ \cdots \\
 & a_{i1}\times b_{01},\ a_{i1}\times b_{11},\ \cdots \\
 & \cdots \\
+ & \\
\hline
 & c_{i0}\qquad\qquad c_{i1}
\end{array}
$$

图 5.22 矩阵乘法公式分解

为了便于在 B.matrix 中寻找矩阵 $\boldsymbol{B}$ 中第 k 行的第一个非零元素，和前面转置算法类似，另设一个数组 position，首先求出矩阵 $\boldsymbol{B}$ 中各行的非零元素个数，存入 number 数组中，然后求得矩阵 $\boldsymbol{B}$ 中第 k 行的第一个非零元素在 B.matrix 中的位置 position[k]。

矩阵相乘的基本思想是：对 A.data 中每个元素 A.matrix[p].data，找出满足 A.matrix [p].col = B.matrix[q].row 条件的所有 q，将 A.matrix[p].data 与 B.matrix[q].data 的乘积相加，其和存入累加和变量 sum[ccol]（ccol = B.matrix[q].col）中，最终求得的 sum 数组即为矩阵 $\boldsymbol{C}$ 的第 crow（crow = A.matrix[p].row）行元素。

[代码 5.9] 求矩阵乘积 $\boldsymbol{C}=\boldsymbol{A}\times\boldsymbol{B}$，假定当前对象为矩阵 $\boldsymbol{C}$ 的三元组表。

```
template <class T>
bool Triple<T>::multMatrix(const Triple<T> &A, const Triple<T> &B){
    int j,t,p,q,ccol,crow,brow,clen;
    int *position,*number,*sum;
    if(A.numCol!=B.numRow)                      // 无法进行乘法运算
        return false;
    numRow=A.numRow;                            // 给 C 的行数赋值 A 的行数
    numCol=B.numCol;                            // 给 C 的列数赋值 B 的列数
    maxSize=A.numRow*B.numCol; clen=0;
    if(A.curLength * B.curLength != 0){
        delete []matrix;
        matrix = new Node[maxSize];
        sum = new int[numCol];
        position = new int[B.numRow+1];         // B 中各行第一个非零元素的位置表
        number = new int[B.numRow];             // 用于统计 B 中每行非零元素个数
        for(j=0; j<B.numRow; j++)               // B 中每行非零元素个数初始化为零
            number[j] = 0;
        for(t=0; t<B.curLength; t++)            // 求 B 中每行的非零元素个数
            number[B.matrix[t].row]++;
        position[0] = 0;
        for(j=1;j<B.numRow;j++)                 // 求 B 中各行第一个非零元素的位置
            position[j] = position[j-1] + number[j-1];
        position[B.numRow] = B.curLength;
        p=0;
        while(p < A.curLength)  {               // 处理 A 的当前元素
            crow = A.matrix[p].row;             // 取 A 的当前元素的行标
            for(ccol=0; ccol<numCol; ccol++)
                sum[ccol] = 0;                  // C 的当前行的各列元素清零
            //遍历 A 当前行 crow 中的所有元素，按每个元素的列标 brow 找到 B 的一行元素
            //相乘后累加得到 C 的当前行的各列元素
            while(p < A.curLength && A.matrix[p].row == crow){
                brow = A.matrix[p].col;  // 按 A 的当前元素的列号找 B 的当前行
```

```
                for(q = position[brow]; q < position[brow+1]; q++) {
                    // 处理B的当前行
                    ccol = B.matrix[q].col;     // 乘积元素在C中的列号
                    sum[ccol] += A.matrix[p].data * B.matrix[q].data;
                }
                p++;                            // 找A当前行中的下一个元素
            }
            // 压缩由乘法得到的一行非零元素存储到三元组表C.matrix中
            for(ccol=0; ccol < numCol; ccol++)
                if(0 != sum[ccol]){             // 零元素不存储
                    matrix[clen].row = crow;
                    matrix[clen].col = ccol;
                    matrix[clen].data = sum[ccol];
                    ++clen;
                }
            curLength = clen;
        }
    }
    return true;
}
```

算法的时间主要耗费在乘法运算及累加上，其时间复杂度为O(A.curLength×B.numRow)。
在本算法设计中还要注意以下问题。

① 两个稀疏矩阵相乘的结果不一定是稀疏矩阵。

② 相乘的两个分量 $a_{ik} \times b_{kj}(0 \leq k < p)$ 可能不为零，但累加和 c_{ij} 可能为零。

③ 用 position[i] 表示矩阵 ***B*** 的第 i 行第一个非零元素在 B.matrix 中的序号，所以 position[$i+1$]−1 表示第 i 行最后一个非零元素在 B.matrix 中的序号。为了表示矩阵 ***B*** 的最后一行最后一个非零元素在 B.matrix 中的序号，需要在数组 position 中增加一个元素 position[B.numRow]=B.curLength，即矩阵 ***B*** 的第 numRow 行第一个元素的位置，尽管矩阵 ***B*** 中没有第 numRow 行。

【例5.2】 给定矩阵 $A_{m \times n}$，并设 $a_{ij} \leq a_{i,j+1}(0 \leq i \leq m-1, 0 \leq j \leq n-2)$ 和 $a_{ij} \leq a_{i+1,j}(0 \leq i \leq m-2, 0 \leq j \leq n-1)$。设 x 和矩阵元素类型相同，设计一个算法判定 x 是否在矩阵 A 中，要求时间复杂度为 O($m+n$)。

【题目分析】矩阵中元素按行和按列都已排好序，要求查找时间复杂度为 O($m+n$)，因此不能采用常规的二层循环查找。这里用 A[i][j] 表示 a_{ij}。可以先从右上角（i=0, j=n-1）开始，将元素与 x 比较，比较结果只有三种情况：① A[i][j]=x，查找成功，结束算法；② A[i][j]>x，j−−，继续查找；③ A[i][j]<x，i++，继续查找。这样一直查到 i==m-1 和 j==0，若仍未找到，则查找失败。算法如下。

[代码5.10]
```
template <class T>
void search(T ** A, int m, int n, T x) {
    int i=0, j=n-1;
    bool flag=false;
    while(i<=m-1 && j>=0)
        if(A[i][j]==x) { flag=true; break; }
        else if (A[i][j]>x) j--;
        else i++;
```

```
        if(flag) cout<<"A["<<i<<"]["<<j<<"]="<<x<<endl;
        else cout<<"矩阵 A 中无"<<x<<"元素\n";
}
```

算法中查找的路线从右上角开始，向下或向左查找。最佳情况是在右上角比较一次成功，最差情况是在左下角比较成功，需要比较 $m+n$ 次，故算法最差时间复杂度是 $O(m+n)$。

习题

一、选择题

1. 对矩阵压缩存储是为了（　　）。
   A. 方便运算   B. 方便存储
   C. 提高运算速度   D. 减少存储空间

2. 数组 A[0..5,0..6]的每个元素占 5 字节，将其按列优先顺序存储在起始地址为 1000 的内存单元中，则元素 A[5,5]的地址是（　　）。
   说明：在试题中经常用[0..5,0..6]的形式表示二维数组的下标范围。
   A. 1175   B. 1180
   C. 1205   D. 1210

3. 将用二维数组 A[1..100,1..100]表示的三对角矩阵按行优先存入一维数组 B[1..298]中，元素 A[66,65]（即该元素下标 i=66，j=65）在 B 中的下标 k 为（　　）。
   A. 198   B. 195
   C. 197   D. 196

4. 若将对称矩阵 A 以行序为主序的方式将其下三角元素（包括主对角线上所有元素）依次存放于一维数组 B[1..(n*(n+1))/2]中，则在 B 中确定元素 A[i][j]（i<j）的位置 k 的关系为（　　）。
   A. i*(i-1)/2+j   B. j*(j-1)/2+i
   C. i*(i+1)/2+j   D. j*(j+1)/2+i

5. 设 A 是对称矩阵，将其对角线及对角线上方的元素采用以列为主的方式存放在一维数组 B[1..n*(n+1)/2]中，则元素 A[i][j] (1<=i, j<=n，且 i<=j)在 B 中的位置为（　　）。
   A. i*(i-l)/2+j   B. j*(j-l)/2+i
   C. j*(j-l)/2+i-1   D. i*(i-l)/2+j-1

6. 设二维数组 A[1..m, 1..n]（即 m 行 n 列）按行存放在一维数组 B[1..m*n]中，则二维数组中元素 A[i, j]在一维数组 B 中的下标为（　　）。
   A. (i-1)*n+j   B. (i-1)*n+j-1
   C. i*(j-1)   D. j*m+i-1

7. 将对称矩阵 A 下三角部分按行存放在一维数组 B 中，A[0][0]存放于 B[0]中，那么第 i 行的对角元素 A[i][i]存放于 B 中（　　）处。
   A. (i+3)*i/2   B. (i+1)*i/2
   C. (2*n-i+1)*i/2   D. (2*n-i-1)*i/2

8. 稀疏矩阵的三元组存储方法（　　）。
   A. 实现转置运算很简单，只需将每个三元组的行标和列标交换即可
   B. 是一种链式存储方法
   C. 矩阵的非零元素个数和位置在操作过程中变化不大时比较有效

D. 比十字链表法更高效

二、填空题

1. 稀疏矩阵的常用压缩存储方法有：属于顺序存储结构的_____和属于_____的十字链表。

2. 二维数组 A 下标从 0 开始，共 6 行 8 列，每个元素占 6 字节。
（1）这个数组的大小是_____字节。
（2）假设存储元素 A[0][0]的地址是 0，则存储数组 A 的最后一个元素的地址是_____。
（3）若按行存储，则 A[1][4]的地址是_____。
（4）若按列存储，则 A[4][7]的地址是_____。
（5）按行存储的 A[2][4]地址与按列存储的_____的地址相等。

三、判断题

1. 从逻辑结构上看，n 维数组的每个元素均属于 n 个向量。（   ）
2. 数组可看成线性结构的一种推广，因此与线性表一样，可以对它进行插入、删除等操作。（   ）
3. 一个稀疏矩阵 $A_{m \times n}$ 采用三元组形式表示，若把三元组中有关行下标与列下标的值互换，并把 m 和 n 的值互换，则完成了 $A_{m \times n}$ 的转置运算。（   ）
4. 数组是一种线性结构，因此只能用来存储线性表。（   ）
5. 稀疏矩阵压缩存储后，必会失去随机存取功能。（   ）

四、应用题

1. 设有三对角矩阵 A，将其三条对角线上的元素逐行存于一维数组 B[1..(3*n-2)]中，使得 B[k]=A[i][j]，求：
（1）用 i，j 表示 k 的下标变换公式；
（2）用 k 表示 i，j 的下标变化公式。

2. 对于特殊矩阵和稀疏矩阵，哪一种压缩存储后会失去随机存取的功能？为什么？

五、算法设计题

1. 设计算法将对称矩阵、三角矩阵、对角矩阵压缩存储到一维数组中。

2. 已知一个 $n \times n$ 的上三角矩阵 a 的上三角元素已按行序为主序连续存放在 b 中，请设计算法将 b 中元素按列序为主序连续存放至 c 中。
例如，设 $n=4$，则

$$a = \begin{bmatrix} 1 & 2 & 3 & 4 \\ & 5 & 6 & 7 \\ & & 8 & 9 \\ & & & 10 \end{bmatrix}$$

b=(1,2,3,4,5,6,7,8,9,10)
c=(1,2,5,3,6,8,4,7,9,10)

3. 设矩阵 A 中的某个元素 a_{ij} 是第 i 行中的最小值，而又是第 j 列中的最大值，则称 a_{ij} 为矩阵中的一个鞍点，请写出一个可确定该鞍点位置的算法（如果这个鞍点存在），并给出算法的时间复杂度。

4. 设稀疏矩阵用三元组表示，编写算法将两个稀疏矩阵相加，结果矩阵仍用三元组表示。

5. 设 A[1..100]是一个由记录构成的数组，B[1..100]是一个整数数组，其元素值介于 1～100 之间，现要求按 B 中的内容调整 A 中记录的次序，例如，当 B[1]=11 时，要求将 A[1]中的内容调整到 A[11]中。规定可使用的附加空间为 O(1)。

6. 设计算法以求解从集合$\{1,2,\cdots,n\}$中选取 $k(k\leq n)$个元素的所有组合。例如，从集合$\{1,2,3,4\}$中选取两个元素的所有组合，其输出结果为：1 和 2，1 和 3，1 和 4，2 和 3，2 和 4，3 和 4。

第 6 章 树和二叉树

在前几章主要介绍了线性结构，线性结构主要反映了数据元素之间的线性关系。从本章开始介绍非线性结构，其中树结构就是一种重要的非线性结构，它可以用来描述数据元素间的层次关系。这种层次关系的特点是，任意一个结点的直接前驱（结点）如果存在，则一定是唯一的；直接后继（结点）如果存在，则可以有多个，这也被称为一对多的关系。本章主要介绍树和二叉树的概念、性质、存储结构及其运算的实现。

本章学习目标：
- 掌握二叉树的概念、性质和存储结构；
- 熟练掌握二叉树的前序、中序、后序和层次遍历方法及算法的实现；
- 掌握树、森林的遍历方法，掌握树、森林和二叉树之间互相转换的方法；
- 了解线索二叉树的概念。

6.1 树的概念

树结构在现实生活广泛存在，例如，家谱（贾家家谱如图 6.1 所示）、组织机构图、书的目录等都可以用树结构来表示。树结构也常用于计算机学科，例如，在编译系统中，源程序的语法结构用树结构来表示；在操作系统中，文件和文件夹以树结构组织和存储。

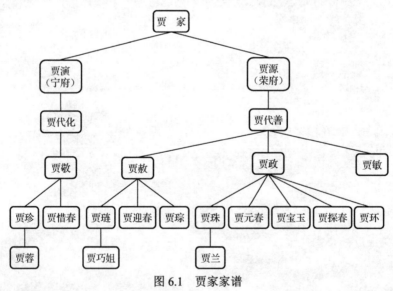

图 6.1 贾家家谱

树的概念和术语说明如下。

（1）树（Tree）：是由 $n(n{\geqslant}0)$ 个结点构成的有限集合 T。若 $n=0$，则称为空树；否则，一个非空树需满足以下两个条件：

① 有且只有一个特定的称为根（Root）的结点；

② 除根结点以外的其他结点被分成 $m(m{\geqslant}0)$ 个互不相交的有限集合 $T_1,T_2,\cdots,T_m$，其中每个集合又是一棵树，树 $T_1,T_2,\cdots,T_m$ 称为根结点的子树（Subtree）。

由此可见，树的定义是一个递归定义，即在树的定义中又用到了树的概念。

在后续章节的学习中，我们采用如图6.2所示的形式描述树结构，它的树根在上，向下生长，与自然界中的树相反。其中，A 是根结点，没有前驱；除根结点 A 外，每个结点都有且仅有一个前驱，每个结点可以有零个或多个后继，体现为一种一对多的关系。

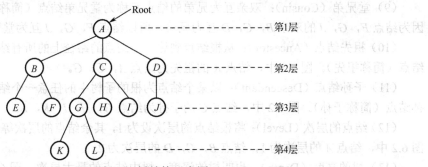

图6.2 树结构示意图

如图6.2所示的树中，A 为根结点，其余的结点可以分为三个互不相交的子集：$T_1=\{B,E,F\}$，$T_2=\{C,G,H,I,K,L\}$，$T_3=\{D,J\}$。T_1，T_2，T_3 是根结点 A 的三棵子树，它们本身又都是一棵树。例如 T_2，其根结点为 C，其余结点可分为三个互不相交的子集 $T_{21}=\{G,K,L\}$，$T_{22}=\{H\}$，$T_{23}=\{I\}$，它们都是根结点 C 的子树。T_{21} 的根结点为 G，其余结点可分为两个互不相交的子集 $T_{211}=\{K\}$ 和 $T_{212}=\{L\}$，它们都是根结点 G 的子树。

树结构的表示方法还有很多种，如图6.3所示是图6.2中树的其他三种表示方法。图6.3（a）是文氏图表示法，常用于描述集合；图6.3（b）是凹入表表示法，类似于书的目录；图6.3（c）是嵌套括号表示法，也叫广义表表示法。

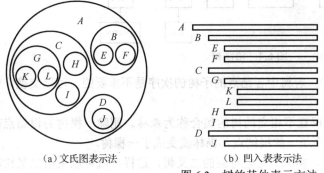

(a) 文氏图表示法　　　　(b) 凹入表表示法　　　　(c) 嵌套括号表示法

图6.3 树的其他表示方法

（2）结点（Node）：它包含数据项及指向其他结点的分支。图6.2中的树，其根结点包含数据项 A 以及指向 B，C，D 的三个分支，这棵树共有12个结点。

（3）结点的度（Degree）：结点所拥有的子树的数目。图6.2中，结点 A 的度为3，结点 B 的度为2，结点 C 的度为3，结点 D 的度为1，结点 E 的度为0。

（4）叶结点（Leaf），也叫终端结点：度为0的结点。叶结点没有后继。图6.2中的结点 E，F，K，L，H，I，J 为叶结点。

（5）分支结点（Branch），也叫非终端结点：度不为0的结点，即除叶结点外的其他结点。图6.2中的结点 A，B，C，D，G 为分支结点。

（6）孩子结点（Child），也叫儿子结点：一个结点的直接后继称为该结点的孩子结点（简称孩子）。图6.2中的结点 B，C，D 是结点 A 的孩子。

（7）双亲结点（Parent），也叫父结点：一个结点的直接前驱称为该结点的双亲结点（简称双亲）。图6.2中，结点A是结点B，C，D的双亲。

（8）兄弟结点（Sibling）：同一双亲的孩子结点互称为兄弟结点（简称兄弟）。图6.2中，结点B，C，D互为兄弟。

（9）堂兄弟（Cousin）：双亲互为兄弟的结点互称为堂兄弟结点（简称堂兄弟）。图6.2中，因为结点F，G，J的双亲B，C，D互为兄弟，所以结点F，G，J互为堂兄弟。

（10）祖先结点（Ancestor）：从根结点到达一个结点的路径上的所有结点称为该结点的祖先结点（简称祖先）。图6.2中，结点K的祖先为结点A，C，G。

（11）子孙结点（Descendant）：以某个结点为根的子树中的任意一个结点都称为该结点的子孙结点（简称子孙）。图6.2中，结点C的子孙为结点G，H，I，K，L。

（12）结点的层次（Level）：将根结点的层次设为1，其余结点的层次等于它双亲的层次加1。图6.2中，结点A的层次为1，结点B，C，D的层次为2。

（13）树的高度（Depth），也叫树的深度：树中结点的最大层次。图6.2中树的高度为4。

（14）有序树（Ordered Tree）：如果一棵树中各结点的子树从左到右是依次有序的，不能交换，则称为有序树。如图6.1所示的贾家家谱中，孩子是按年龄大小排序的，因此是有序树。又如，如图6.4所示的英语句子"The big elephant ate the peanut"的语法树，也是有序树。

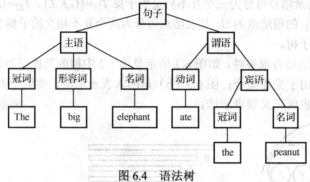

图 6.4 语法树

（15）无序树（Unordered Tree）：若树中各结点的子树的次序是不重要的，可以交换，则称为无序树。

（16）森林（Forest）：$m(m \geq 0)$棵互不相交的树的集合称为森林。删除一棵树的根结点就会得到森林；反之，若给森林增加一个统一的根结点，森林就变成了一棵树。

由于任何树和森林都可以通过转换得到与之对应的二叉树，这样，就可以采用二叉树的存储结构并利用二叉树的有关算法解决树的有关问题，因此下面先介绍二叉树。

6.2 二叉树的概念和性质

6.2.1 二叉树的概念和抽象数据类型

二叉树是树结构的一种重要类型。在二叉树中，每个结点最多只可以有两个孩子，因此二叉树的存储实现较容易也更具有实际意义。

二叉树的概念和术语说明如下。

（1）二叉树（Binary Tree）的递归定义：二叉树是$n(n \geq 0)$个结点的有限集合，该集合或者为空（$n=0$），或者由一个根结点及两棵互不相交的左、右子树构成，而其左、右子树又都是二叉树。

由上述定义可知：

① 二叉树可以为空，即不含任何结点的空集为空二叉树。

② 二叉树的特点是每个结点最多有两个孩子，分别称为该结点的左孩子和右孩子。也就是说，二叉树中所有结点的度都小于等于2。

③ 二叉树的子树有左、右之分，其子树的次序不能颠倒，即使只有一棵子树，也必须说明是左子树还是右子树。交换一棵二叉树的左、右子树后得到的是另一棵二叉树。

④ 度为2的有序树并不是二叉树，因为在有序树中，删除某个度为2的结点的第一子树后，第二子树自然顶替成为第一子树。而在二叉树中，若删除某结点的左子树，则左子树为空，右子树仍然是右子树。

二叉树的5种基本形态如图6.5所示。

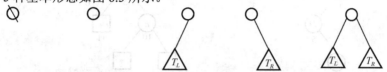

(a) 空二叉树　(b) 仅有根结点　(c) 右子树为空　(d) 左子树为空　(e) 左、右子树均非空

图6.5　二叉树的5种基本形态

(2) 满二叉树（Full Binary Tree）：如果一棵二叉树中任意一层的结点个数都达到了最大值，则此二叉树称为满二叉树。一棵高度为 k 的满二叉树具有 2^k-1 个结点。

如图6.6所示为一棵高度为4的满二叉树，每个分支结点都有2个孩子，每层的结点个数都达到了最大值，这棵满二叉树共有15个结点。我们为结点进行了编号，编号顺序为从上到下，从左到右。

(3) 完全二叉树（Complete Binary Tree）：如果一棵二叉树只有最下面两层结点的度可以小于2，并且最下面一层的结点都集中在该层最左边的连续位置上，则此二叉树称为完全二叉树。对于深度为 k，有 n 个结点的完全二叉树，除第 k 层外，其他各层（1～k-1 层）的结点个数都达到最大个数，第 k 层所有结点都集中在该层最左边的连续位置上。该完全二叉树中每个结点都与深度为 k 的满二叉树中编号从1至 n 的结点一一对应，如图6.7所示。

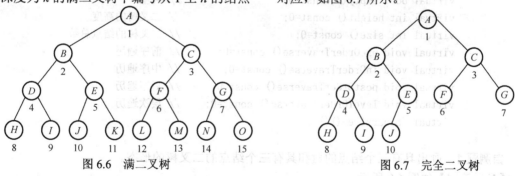

图6.6　满二叉树　　　　　　　　　图6.7　完全二叉树

完全二叉树的特征如下。

① 叶结点只可能在层次最大的两层上出现。

② 任意一个结点，若其左分支下的子孙的最大层次为 l，则其右分支下的最大层次为 l 或 l-1，即若某个结点无左子树，则该结点一定没有右子树。

③ 满二叉树必为完全二叉树，而完全二叉树不一定是满二叉树。

(4) 正则二叉树[①]（Proper Binary Tree）也称严格二叉树：如果一棵二叉树的任意结点，或者

---

① 国外教材中经常称"正则二叉树"为"满二叉树"。

是叶结点,或者恰有两棵非空子树,则这棵二叉树称为正则二叉树。即正则二叉树中不存在度为 1 的结点,除度为 0 的叶结点外,所有分支结点的度都为 2。

(5)扩充二叉树(Extended Binary Tree):在二叉树里出现空子树的位置增加空的叶结点(也称为外部结点),所形成的二叉树称为扩充二叉树(如图 6.8 所示)。扩充二叉树是严格二叉树。

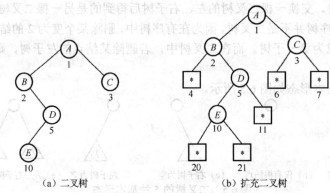

(a)二叉树　　　　　　　　　(b)扩充二叉树

图 6.8　二叉树及其扩充二叉树

构造一棵扩充二叉树的方法如下。
① 在原二叉树中度为 1 的分支结点下面增加一个外部结点。
② 在原二叉树的叶结点下面增加两个外部结点。
③ 原二叉树中度为 2 的分支结点不变。

下面给出二叉树的抽象数据类型定义:

```
template <class elemType>                          // 二叉树的元素类型为 elemType
class binaryTree {                                 // 二叉树的抽象数据类型
public:
    virtual void clear()=0;                        // 清空
    virtual bool empty() const=0;                  // 判空
    virtual int height() const=0;                  // 二叉树的高度
    virtual int size() const=0;                    // 二叉树的结点总数
    virtual void preOrderTraverse() const=0;       // 前序遍历
    virtual void inOrderTraverse() const=0;        // 中序遍历
    virtual void postOrderTraverse() const=0;      // 后序遍历
    virtual void levelOrderTraverse() const=0;     // 层次遍历
    virtual ~binaryTree(){};
};
```

自测题 1. 画出具有三个结点的树和具有三个结点的二叉树的形态。

【参考答案】如图 6.9 所示。

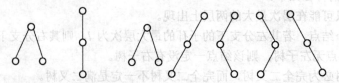

(a)具有三个结点的树的形态　　　(b)具有三个结点的二叉树的形态

图 6.9　具有三个结点的树和具有三个结点的二叉树的形态

6.2.2 二叉树的性质

性质 1 一个非空二叉树的第 i 层上最多有 2^{i-1} ($i \geq 1$)个结点。

证明 当 $i=1$ 时，二叉树只有一个结点即根结点，$2^{i-1}=2^0=1$，命题成立。

假设 $i=k$ 时结论成立，即第 k 层上最多有 2^{k-1} 个结点。

由归纳假设可知，第 $k+1$ 层上最多有 2^k 个结点，因为二叉树的每个结点的度最大为 2，所以第 $k+1$ 层上的最大结点个数为第 k 层上的最大结点个数的 2 倍，即 $2 \times 2^{k-1} = 2^k$。

因此，命题成立。

性质 2 深度为 k 的二叉树最多有 $2^k-1(k \geq 1)$ 个结点。

证明 深度为 k 的二叉树，只有每层的结点个数达到最大值时，二叉树结点总数才会最多。根据性质 1，第 i 层的结点个数最多为 2^{i-1}，此时二叉树的结点总数为：

$$2^0 + 2^1 + \cdots + 2^{k-1} = 2^k - 1 \tag{6-1}$$

因此，命题成立。

推论 1 深度为 k 且具有 2^k-1 个结点的二叉树一定是满二叉树。

深度为 k 且具有 2^k-1 个结点的二叉树，每层的结点个数都达到了最大值，这符合满二叉树的定义。

性质 3 任何一棵二叉树中，若叶结点个数为 n_0，度为 2 的结点个数为 n_2，则 $n_0 = n_2 + 1$。

证明 设二叉树中结点总数为 n，度为 1 的结点个数为 n_1，二叉树的结点总数等于度分别为 0，1，2 的结点个数之和：

$$n = n_0 + n_1 + n_2 \tag{6-2}$$

设二叉树中的边（分支）数为 B。除根结点之外，其余结点都有一条边进入，所以有

$$B = n - 1 \tag{6-3}$$

又由于每个度为 2 的结点均发出两条边，每个度为 1 的结点均发出一条边，度为 0 的结点不发出边，因此有：

$$B = n_1 + 2n_2 \tag{6-4}$$

由以上三个等式可以推出 $n_0 + n_1 + n_2 = n_1 + 2n_2 + 1$，即：$n_0 = n_2 + 1$。

因此，命题成立。

推论 2 扩充二叉树中新增外部结点的个数等于原二叉树的结点个数加 1。

扩充二叉树中，新增外部结点都是叶结点，原二叉树中的结点都成为了度为 2 的结点，如图 6.8 所示。

根据性质 3，任何一棵二叉树中，若叶结点个数为 n_0，度为 2 的结点个数为 n_2，则 $n_0 = n_2 + 1$。因此，结论成立。

性质 4 具有 n 个结点的完全二叉树的深度为 $\lceil \log(n+1) \rceil$。

证明 假设 n 个结点的完全二叉树的深度为 k，则 n 的值应大于深度为 $k-1$ 的满二叉树的结点个数 $2^{k-1}-1$，小于等于深度为 k 的满二叉树的结点个数 2^k-1，即：

$$2^{k-1} - 1 < n \leq 2^k - 1 \tag{6-5}$$

式（6-5）各部分都加 1，可推导出：

$$2^{k-1} < n+1 \leq 2^k \tag{6-6}$$

两边取对数后，有：

$$k - 1 < \log(n+1) \leq k \tag{6-7}$$

因为 k 是整数,所以 $k=\log(n+1)$。

因此,结论成立。

性质 5 如果对一棵有 n 个结点的完全二叉树按层次自上而下(每层自左而右)对结点从 1 到 n 进行编号,则对任意一个结点 $i(1 \leq i \leq n)$ 有:

① 若 $i=1$,则结点 i 为根,无双亲;若 $i>1$,则结点 i 的双亲的编号是 $\lfloor i/2 \rfloor$。

② 若 $2i \leq n$,则 i 的左孩子的编号是 $2i$,否则 i 无左孩子。

③ 若 $2i+1 \leq n$,则 i 的右孩子的编号是 $2i+1$,否则 i 无右孩子。

从如图 6.6 所示的满二叉树和图 6.7 所示的完全二叉树中,可以看到性质 5 所描述的结点与编号的这种对应关系。

自测题 2. 已知一棵完全二叉树的第 6 层(设根是第 1 层)有 8 个叶结点,则该完全二叉树的结点个数最多是(   )。

A. 39   B. 52
C. 111   D. 119

【2009 年全国统一考试】

【参考答案】C

【题目解析】完全二叉树的叶结点只可能在层次最大的两层上出现。题目问结点个数最多的情况,因此,这棵树应有 7 层,其中第 6 层和第 7 层上有叶结点。

自测题 3. 若一棵完全二叉树有 768 个结点,则该二叉树中叶结点的个数是(   )。

A. 257   B. 258
C. 384   D. 385

【2011 年全国统一考试】

【参考答案】C

【题目解析】在完全二叉树中度为 1 的结点个数 $n_1=0$ 或者 $n_1=1$。

根据性质 3:$n_0=n_2+1$,则 $n_0+n_2=2n_0-1$ 必为奇数,因为结点总数 768 是偶数,所以 $n_1=1$。将 $n_0+n_2=2n_0-1$ 代入 $n_0+n_1+n_2=768$,有 $2n_0-1+1=768$,所以 $n_0=384$。

自测题 4. 一棵深度为 4 的完全二叉树,最少有(   )个结点。

A. 4   B. 8
C. 15   D. 6

【2005 年华南理工大学】

【参考答案】B

【题目解析】深度为 4 的完全二叉树,当第 4 层只有一个结点时,结点个数最少。

自测题 5. 有 n 个结点,并且高度为 n 的二叉树的数目为(   )。

A. $\log_2 n$ B. $n/2$
C. n D. 2^{n-1}

【2007 年华中科技大学】

【参考答案】D

6.3 二叉树的表示和实现

6.3.1 二叉树的存储结构

1. 顺序存储结构

二叉树的顺序存储结构就是，一组地址连续的存储单元依次自上而下，自左而右地存储二叉树中的结点，并且在存储结点的同时，结点的存储位置（下标）应能体现结点之间的逻辑关系。那么如何利用数组下标来体现结点之间的逻辑关系呢？性质 5 中介绍的完全二叉树中结点的编号就可以体现结点之间的逻辑关系。

对于完全二叉树，将完全二叉树上编号为 i 的结点存储在一维数组中下标为 i 的分量中，如图 6.10 所示。

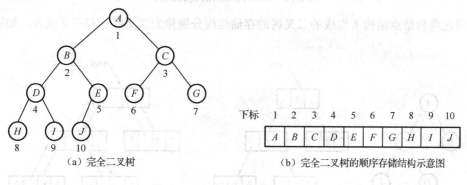

图 6.10　完全二叉树的顺序存储

对于普通的二叉树，为了能够方便地体现结点之间双亲、孩子、兄弟等逻辑关系，需要将二叉树先扩充一些空结点使之成为完全二叉树，新增的空结点记为"∅"，然后按照完全二叉树的编号将每个结点存储在一维数组的相应分量中，如图 6.11 所示。

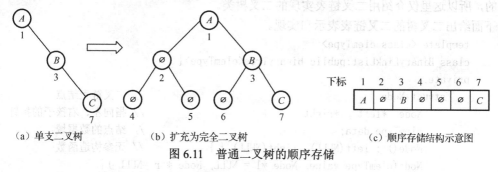

图 6.11　普通二叉树的顺序存储

普通二叉树也可不经扩充直接进行编号，编号方法是：根结点若存在，则编号为 1；编号为 i 的结点的左孩子若存在，则编号为 $2i$；右孩子若存在，则编号为 $2i+1$。

由图 6.10 可以看出，这种顺序存储结构比较适用于完全二叉树。因为对一般的二叉树来说，在如图 6.11 所示的最坏情况下，一个深度为 k 且只有 k 个结点的右单支二叉树需要 2^k-1 个存储单元，这显然会造成存储空间的极大浪费。因此，顺序存储结构一般只用于静态的完全二叉树或接近完全二叉树的二叉树。

2. 链式存储结构

采用链式存储结构存储二叉树时，链表结点除存储元素本身的信息外，还要设置指示结点间逻辑关系的指针。由于二叉树的每个结点最多有两个孩子，因此可以设置两个指针域 left 和 right，分别指向该结点的左孩子和右孩子。当结点的某个孩子为空时，相应的指针置为空指针。结点的形式如图 6.12（a）所示。这种结点结构称为二叉链表结点。

若二叉树中经常进行的操作是寻找结点的双亲，每个结点还可以增加一个指向双亲的指针域 parent，根结点的 parent 指针置为空指针，如图 6.12（b）所示。这种结点结构称为三叉链表结点。

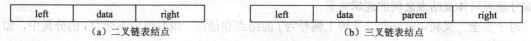

图 6.12　二叉树结点的链式结构

利用这两种结点结构所构成的二叉树的存储结构分别称为二叉链表和三叉链表，如图 6.13 所示。

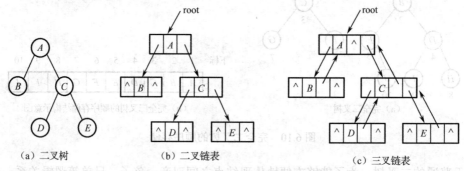

图 6.13　二叉树链式存储结构示意图

二叉树的顺序存储实现常用于一些特殊的场合。在大多数情况下，二叉树都是用二叉链表实现的，所以这里仅介绍用二叉链表实现的二叉树类。

下面给出二叉树的二叉链表表示和实现。

```
template <class elemType>
class BinaryLinkList:public binaryTree<elemType>{
private:
    struct Node {                                        // 二叉链表结点
        Node *left , *right ;                            // 指向左、右孩子的指针
        elemType data;                                   // 结点的数据域
        Node() : left(NULL), right(NULL) { }             // 无参构造函数
        Node(elemType value, Node *l = NULL, Node * r =NULL ){
            data=value; left=l; right=r;
        }
        ~Node() {}
    };
    Node * root;                                         // 私有，指向二叉树的根结点
    void clear( Node *t );                               // 私有，清空
    int size( Node *t ) const;                           // 私有，二叉树的结点总数
    int height( Node *t ) const;                         // 私有，二叉树的高度
    int leafNum(Node *t )const;                          // 私有，二叉树的叶结点个数
```

```cpp
            void preOrder( Node *t ) const;                    // 私有，递归前序遍历
            void inOrder( Node *t ) const;                     // 私有，递归中序遍历
            void postOrder( Node *t ) const;                   // 私有，递归后序遍历
            void preOrderCreate(elemType flag,Node* & t);      // 私有，创建二叉树
    public:
            BinaryLinkList() : root( NULL) {}                  // 构造空二叉树
            ~BinaryLinkList(){ clear(); }
            bool empty () const{ return root == NULL; }        // 公有，判空
            void clear() {if (root) clear(root); root = NULL;} // 公有，清空
            int size() const { return size(root);}             // 公有，求结点总数
            int height() const { return height(root); }        // 公有，二叉树的高度
            int leafNum()const{ return leafNum(root); }        // 公有，二叉树的叶结点个数
            void preOrderTraverse() const{ if(root) preOrder(root); }// 公有，前序遍历
            void inOrderTraverse() const { if(root) inOrder(root); }// 公有，中序遍历
            void postOrderTraverse() const{ if(root) postOrder(root);}// 公有，后序遍历
            void levelOrderTraverse() const;                   // 层次遍历
            void preOrderWithStack()const;                     // 非递归前序遍历
            void inOrderWithStack()const;                      // 非递归中序遍历
            void postOrderWithStack()const;                    // 非递归后序遍历
            void levelOrderCreate(elemType flag);// 利用带外部结点的层次序列创建二叉树
            void preOrderCreate(elemType flag){   // 公有，利用带外部结点的前序序列创建二叉树
                preOrderCreate(flag,root);
            }
    };
```

6.3.2 二叉树的遍历运算

遍历运算非常重要，是二叉树各种运算的基础，掌握二叉树的遍历有助于二叉树运算的实现及算法的设计。

遍历二叉树，是指按一定的规则和顺序访问二叉树的所有结点，使每个结点都被访问一次，而且只被访问一次。由于二叉树是非线性结构，因此，二叉树的遍历实质上是将二叉树的各个结点排列成为一个线性序列。遍历的含义包括输出、读取和修改等。

1. 深度优先遍历

深度优先遍历（Depth First Traverse）是指，沿着二叉树的深度遍历二叉树的结点，尽可能深地访问二叉树的分支。若分别用 L 表示遍历左子树、D 表示访问根结点、R 表示遍历右子树，则有 DLR、LDR、LRD、DRL、RDL、RLD 共 6 种遍历方案。如果限定先左后右，则二叉树遍历方式有三种：DLR、LDR、LRD。这三种方式按照访问根结点次序的不同分别称为：前序（也称先序）遍历、中序遍历、后序遍历。这三种遍历方式的算法思想如下。

① 前序遍历二叉树（DLR）

若二叉树为空，则算法结束，否则执行：

  访问根结点

  前序遍历左子树

  前序遍历右子树

② 中序遍历二叉树（LDR）

若二叉树为空，则算法结束，否则执行：

中序遍历左子树
　　访问根结点
　　中序遍历右子树
③ 后序遍历二叉树（LRD）
若二叉树为空，则算法结束，否则执行：
　　后序遍历左子树
　　后序遍历右子树
　　访问根结点
按照上述算法，我们可以得出如图6.13（a）所示的二叉树的前序、中序和后序序列分别为：$ABCDE$，$BADCE$，$BDECA$。

如图6.10所示的二叉树的前序、中序和后序序列分别为：$ABDHIEJCFG$，$HDIBJEA$ FCG，$HIDJEBFGCA$。

因为二叉树是递归定义的，而且二叉树的前序、中序、后序遍历操作的描述也是递归的，所以采用递归的方法去实现二叉树的三种遍历不仅容易理解而且代码很简捷。从以上对遍历方法的讨论可知，对二叉树的遍历是在对各子树分别遍历的基础之上进行的。由于各子树的遍历和整个二叉树的遍历方式相同，因此，可借助于对整个二叉树的遍历算法来实现对左、右子树的遍历，即采用递归调用的方式来实现对左、右子树的遍历。下面给出二叉树的递归遍历算法在二叉链表上的实现。

（1）二叉树的前序递归遍历

[代码6.1]
```
        template <class elemType>
        void BinaryLinkList<elemType>:: preOrder(Node *t) const{
            if (t){
                cout <<t->data << ' ';              // 访问当前结点
                preOrder(t->left);                  // 前序遍历左子树
                preOrder(t->right);                 // 前序遍历右子树
            }
        }
```

（2）二叉树的中序递归遍历

[代码6.2]
```
        template <class elemType>
        void BinaryLinkList<elemType>:: inOrder(Node *t) const{
            if (t){
                inOrder(t->left);                   // 中序遍历左子树
                cout <<t->data << ' ';              // 访问当前结点
                inOrder(t->right);                  // 中序遍历右子树
            }
        }
```

（3）二叉树的后序递归遍历

[代码6.3]
```
        template <class elemType>
        void BinaryLinkList<elemType>::postOrder(Node *t) const{
            if (t){
                postOrder(t->left);                 // 后序遍历左子树
```

```
            postOrder(t->right);                // 后序遍历右子树
            cout <<t->data << ' ';              // 访问当前结点
        }
    }
```

前面介绍的二叉树的前序、中序、后序遍历的递归函数，都需要 Node 类型的指针作为参数，而指向二叉树的根结点的指针 root 是私有的。这时我们无法利用 BinaryLinkList 类的对象来调用这些函数。因此，需要在类中设置公共的接口函数，才能实现对前序、中序、后序遍历的递归函数的调用。在 BinaryLinkList 类中公共接口函数的定义如下：

```
    void preOrderTraverse() const{ if(root) preOrder(root); }   // 公有，前序遍历
    void inOrderTraverse() const { if(root) inOrder(root); }    // 公有，中序遍历
    void postOrderTraverse() const{ if(root) postOrder(root);}  // 公有，后序遍历
```

递归算法形式简捷、可读性好，而且其正确性容易得到证明，将给程序的编写和调试带来很大的方便，但递归算法消耗的时间与空间多，运行效率低。因此可以仿照递归算法执行过程中递归工作栈的工作原理写出其相应的非递归算法。利用一个栈来记下待遍历的结点或子树，以备以后访问，可以将递归的深度优先遍历改为非递归的算法。

（4）二叉树的非递归前序遍历

算法思想：每遇到一个结点，先访问该结点，并把该结点压入栈中，然后下降去遍历它的左子树。遍历完它的左子树后，从栈顶弹出这个结点，并按照它的 right 域再去遍历该结点的右子树。

[代码 6.4]

```
    template <class elemType>
    void BinaryLinkList<elemType>::preOrderWithStack()const{
        stack<Node* > s;                        // STL 中的栈
        Node* p = root;                         // 工作指针
        while(!s.empty() || p) {                // 栈非空或者 p 非空
            if(p) {
                cout<< p->data<<' ';            // 访问当前结点
                s.push(p);                      // 指针入栈
                p = p->left;                    // 工作指针指向左子树
            }
            else {                              // 左子树访问完毕，转向访问右子树
                p = s.top();                    // 获取栈顶元素
                s.pop();                        // 退栈
                p = p->right;                   // 工作指针指向右子树
            }
        }
    }
```

上述算法可以做一个小的优化，即每遇到一个结点，就访问该结点，并把该结点的非空右孩子压入栈中，然后下降去遍历它的左子树。遍历完左子树后，从栈顶弹出一个结点，继续这个遍历过程。

（5）二叉树的非递归中序遍历

算法思想：每遇到一个结点就把它压入栈中，然后去遍历它的左子树。遍历完左子树后，从栈顶弹出这个结点并访问该结点，然后按照它的 right 域再去遍历该结点的右子树。

[代码 6.5]

```
    template <class elemType>
```

```
void BinaryLinkList<elemType>::inOrderWithStack() const {
    stack<Node *> s;                       // STL 中的栈
    Node* p = root;                        // 工作指针
    while (!s.empty() || p) {              // 栈非空或者 p 非空
        if (p) {
            s.push(p);                     // 指针入栈
            p = p->left;                   // 工作指针指向左子树
        }
        else {                             // 左子树访问完毕，转向访问右子树
            p = s.top();                   // 获取栈顶元素
            s.pop();                       // 退栈
            cout<< p->data<<'';            // 访问当前结点
            p = p->right;                  // 工作指针指向右子树
        }
    }
}
```

（6）二叉树的非递归后序遍历

算法思想：每遇到一个结点就把它压入栈中，然后去遍历它的左子树。遍历完它的左子树后，还不能马上访问处于栈顶的该结点，而是要再按照它的 right 域去遍历该结点的右子树。右子树也遍历完之后，才能从栈顶弹出该结点并访问它。在后序非递归遍历过程中，需要给栈中的每个元素加上一个特征位，以便区分从栈顶弹出的结点是从栈顶结点的左子树回来的，还是从右子树回来的。

特征位 Left 表示已访问完该结点的左子树，从左边回来，要继续遍历它的右子树；特征位 Right 表示已访问完该结点的右子树，从右边回来，此时该结点的左、右子树均已完成遍历，可以访问该结点。

[代码 6.6]

```
template <class elemType>
void BinaryLinkList<elemType>::postOrderWithStack()const {
    enum ChildType{Left,Right};            // 特征位定义
    struct StackElem{                      // 栈中元素的类型
        Node* pointer;
        ChildType flag;
    };
    StackElem elem;
    stack<StackElem> S;                    // STL 中的栈
    Node* p= root;                         // 工作指针
    while (!S.empty() || p) {
        while (p != NULL) {
            elem.pointer=p;
            elem.flag=Left;
            S.push(elem);
            p = p->left;                   // 沿左子树方向向下周游
        }
        elem = S.top();
        S.pop();                           // 取栈顶元素
        p = elem.pointer;
```

```
            if (elem.flag == Left){              // 从左边回来,已经遍历完左子树
                elem.flag = Right;
                S.push(elem);
                p = p->right;
            }
            else {                                // 从右边回来,已经遍历完右子树
                cout<< p->data<<'';               // 访问当前结点
                p = NULL;
            }
        }
    }
```

2. 广度优先遍历

广度优先遍历（Breadth First Traverse），又叫宽度优先遍历，或层次遍历，是指沿着二叉树的宽度遍历二叉树的结点，即从上至下、从左到右逐层遍历二叉树的结点。

层次遍历的过程是：首先访问根结点，然后从左向右依次访问根结点的非空的左、右孩子，在完成一层结点的访问后，按照先访问的结点其左、右孩子也要先访问的顺序访问下一层结点，这样一层一层地访问，直至二叉树中所有结点都被访问到。那么，怎样才能保证结点的访问顺序呢？由于队列具有先进先出的特点，因此可以借助队列实现算法。

算法思想：
① 初始化一个队列，并把根结点入队。
② 若队列非空，则循环执行步骤③～⑤，否则遍历结束。
③ 出队一个结点，并访问该结点。
④ 若该结点的左子树非空，则将它的左子树入队。
⑤ 若该结点的右子树非空，则将它的右子树入队。

按照上述算法，我们可以得出如图 6.13（a）所示的二叉树的层次序列为：$ABCDE$。
如图 6.10（a）所示的二叉树的层次序列为：$ABCDEFGHIJ$。

[代码 6.7] 二叉树的层次遍历。

```
    template <class elemType>
    void BinaryLinkList<elemType>::levelOrderTraverse() const{
        queue<Node*> que;                         // 队列
        Node* p = root;
        if(p) que.push(p);                        // 根结点入队
        while (!que.empty()) {                    // 队列非空
            p = que.front();                      // 取队首元素
            que.pop();                            // 出队
            cout << p->data << '';                // 访问当前结点
            if (p->left != NULL)que.push(p->left);   // 左子树入队
            if (p->right!= NULL)que.push(p->right);  // 右子树入队
        }
    }
```

无论是递归遍历算法还是非递归遍历算法，因为要访问每个结点，所以时间复杂度都是$O(n)$。

3. 二叉树遍历的规律

二叉树的前序遍历是指，若二叉树非空，则先访问根结点，然后遍历根结点的左、右子树。

所以，前序序列的第一个结点必是二叉树的根结点。若根结点的左子树非空，则第二个结点必是左子树的根，否则第二个结点必是右子树的根。

二叉树的中序遍历是指，若二叉树非空，则先遍历左子树，然后访问根结点，最后再遍历右子树。根结点将中序序列分割成两个子序列，根结点左边的子序列是根结点的左子树的中序序列，根结点右边的子序列是根结点的右子树的中序序列。

二叉树的后序遍历是指，若二叉树非空，则先遍历根结点的左、右子树，然后访问根结点。所以，后序序列的最后一个结点必是二叉树的根结点。若根结点的右子树非空，则倒数第二个结点必是右子树的根，否则倒数第二个结点必是左子树的根。

二叉树的层次遍历是指，若二叉树非空，则先访问根结点，然后从上至下从左到右逐层遍历二叉树的结点。所以，层次序列的第一个结点必是二叉树的根结点。若根结点的左、右子树都是非空的，则第二个结点必是左子树的根，第三个结点必是右子树的根。若根结点的左子树为空，则第二个结点必是右子树的根。

通过上面的分析，我们可以得出以下结论：
① 已知二叉树的前序序列和中序序列，可以唯一确定一棵二叉树。
② 已知二叉树的后序序列和中序序列，可以唯一确定一棵二叉树。
③ 已知二叉树的前序序列和后序序列，不能唯一确定一棵二叉树。
④ 已知二叉树的层次序列和中序序列，可以唯一确定一棵二叉树。

【例 6.1】 已知二叉树的前序序列：$ABDFCEHG$，中序序列：$DBFAHECG$，请唯一确定一棵二叉树。

步骤如下：
① 确定根结点，二叉树的前序序列的第一个结点 A 是根结点。
② 在中序序列中划分左、右子序列，在中序序列中结点 A 之前的结点序列 DBF 是左子树的中序序列，在 A 之后的结点序列 $HECG$ 是右子树的中序序列。
③ 在前序序列中划分左、右子序列，到前序里找到根结点的左子树的前序序列是 BDF，右子树的前序序列是 $CEHG$。
④ 对每棵子树重复上述过程，直到达到叶结点（加粗表示根结点，下同）。

前序序列： **A** B D F C E H G   （根、左、右）
中序序列： D B F **A** H E C G   （左、根、右）

A 的左子树
前序序列： **B** D F   （根、左、右）
中序序列： D **B** F   （左、根、右）

A 的右子树
前序序列： **C** E H G   （根、左、右）
中序序列： H E **C** G   （左、根、右）

C 的左子树
前序序列： **E** H   （根、左）
中序序列： H **E**   （左、根）

最终确定的二叉树如图 6.14 所示。

【例 6.2】 已知二叉树的中序序列：$DBFAHECG$，后序序列：$DFBHEGCA$，请唯一确定一棵二叉树。

后序序列： D F B H E G C **A**   （左、右、根）

中序序列： D B F A H E C G　　　　（左、根、右）

A 的左子树

后序序列： D F B　　　　　　　　（左、右、根）

中序序列： D B F　　　　　　　　（左、根、右）

A 的右子树

后序序列： H E G C　　　　　　　（左、右、根）

中序序列： H E C G　　　　　　　（左、根、右）

C 的左子树

后序序列： H E　　　　　　　　　（左、根）

中序序列： H E　　　　　　　　　（左、根）

最终确定的二叉树如图 6.14 所示。

自测题 6. 给定二叉树如图 6.15 所示。设 N 代表访问二叉树的根，L 代表遍历根结点的左子树，R 代表遍历根结点的右子树。若遍历后的结点序列为 3,1,7,5,6,2,4，则其遍历方式是（　　）。

A. LRN

B. NRL

C. RLN

D. RNL

【2009 年全国统一考试】

【参考答案】D

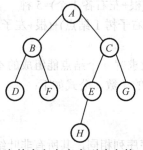

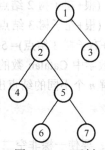

图 6.14　由前序和中序序列确定的二叉树　　　　图 6.15　二叉树

自测题 7. 若一棵二叉树的前序遍历序列和后序遍历序列分别是：1,2,3,4 和 4,3,2,1，则该二叉树的中序序列不会是（　　）。

A. 1,2,3,4　　　　　　　　　　B. 2,3,4,1

C. 3,2,4,1　　　　　　　　　　D. 4,3,2,1

【2011 年全国统一考试】

【参考答案】C

【题目解析】前序（遍历）序列 DLR 和后序（遍历）序列 LRD 刚好相反，说明 LR 不能同时出现，因此这是一棵单支二叉树，树的高度等于结点个数。读者可自行画出答案对应的二叉树。

自测题 8. 一棵非空的二叉树的先序序列和后序序列正好相反，则该二叉树一定满足（　　）。

A. 其中任意一个结点均无左孩子

B. 其中任意一个结点均无右孩子

C. 其中只有一个叶结点

D. 其中度为 2 的结点最多为 1 个

【2005年中南大学】

【参考答案】C

自测题 9. 若一棵二叉树的前序遍历序列为 a,e,b,d,c，后序遍历序列为 b,c,d,e,a，则根结点的孩子结点（　　）。

A．只有 e
B．有 e,b
C．有 e,c
D．无法确定

【2012年全国统一考试】

【参考答案】A

【题目解析】观察前序遍历序列的部分片段 a,e 及后序遍历序列的部分片段 e,a，发现前序（遍历）序列 DLR 和后序（遍历）序列 LRD 刚好相反，说明以 a 为根的二叉树，只能有一棵子树，e 是它的某个子树的根。

自测题 10. 先序序列为 a,b,c,d 的不同二叉树的个数是（　　）。

A．13
B．14
C．15
D．16

【2015年全国统一考试】

【参考答案】B

【题目解析】即求 n 个结点能组成多少种不同的二叉树。

1 个结点：1 种

2 个结点：2 种

3 个结点：(根+左子树 2 结点)+(根+右子树 2 结点)+(根+左右各 1 个)＝5 种

4 个结点：(根+左子树 3 结点)+(根+左子树 2 结点+右子树 1 结点)+(根+左子树 1 结点+右子树 2 结点)+(根+右子树 3 结点)= 5+2+2+5=14 种

熟悉组合数学中 Catalan 数的读者，可用 Catalan 数求解 n 个结点能组成的不同的二叉树的个数，以及求解 n 个不同的结点出栈后得到的出栈序列的个数，公式如下：

$$C_n = \frac{(2n)!}{(n+1)!n!} \qquad (6\text{-}8)$$

自测题 11. 要使一棵非空二叉树的先序序列与中序序列相同，其所有非叶结点须满足的条件是（　　）。

A．只有左子树
B．只有右子树
C．结点的度均为 1
D．结点的度均为 2

【2017年全国统一考试】

【参考答案】B

【题目解析】前序序列 DLR 和中序序列 LDR 相同，这棵二叉树的任意一个结点最多只有右子树。

自测题 12. 已知一棵二叉树的形状如图 6.16 所示，其后序序列为 e,a,c,b,d,g,f，树中与结点 a 同层的结点是（　　）。

A．c
B．d
C．f
D．g

【2017年全国统一考试】

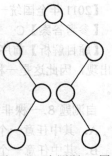

图 6.16　自测题 12 图

【参考答案】B

【题目解析】后序遍历二叉树，填入结点可知，a 和 d 同层。

6.3.3 二叉树的其他基本运算

遍历是二叉树各种运算的基础，可以在遍历过程中对结点进行各种操作，也可以在遍历的过程中生成结点，建立二叉树的存储结构。

1. 按带外部结点的前序序列建立二叉树

算法思想：递归创建二叉树，先创建根结点再创建其左、右子树。我们已经知道，对于一般的二叉树，根据某种遍历序列无法确定结点间的关系，也就无法唯一确定一棵二叉树，但是用带外部结点的前序序列是可以唯一确定一棵二叉树的，外部结点标识了空子树。

[代码 6.8]

```
template <class elemType>
void BinaryLinkList<elemType>::preOrderCreate(elemType flag, Node * & t) {
    // 注意，因为要修改 t 指针，所以 t 指针使用引用传递
    elemType value;
    cin>>value;
    if(value!=flag) {                                   // 递归出口 value==flag
        t= new Node(value);                             // 生成根结点
        preOrderCreate(flag, t->left);                  // 递归创建左子树
        preOrderCreate(flag, t->right);                 // 递归创建右子树
    }
}
```

假设要建立如图 6.14 所示的二叉树，凡外部结点都用 flag='*'表示，按前序序列读入的字符序列应为 A B D * * F * * C E H * * * G * *。假设要建立如图 6.8 所示的带外部结点的二叉树，需要输入的字符序列应为 A B * D E * * * C * *。

2. 求二叉树的结点总数

基于前序递归遍历的思想，求二叉树的结点总数的算法描述如下。

递归前序遍历二叉树：

① 若为空子树，则该子树结点个数为 0。

② 若子树非空，则该子树的结点总数=1(当前结点)+左子树的结点个数+右子树的结点个数。

[代码 6.9]

```
template <class elemType>
int BinaryLinkList<elemType>::size(Node *t) const{
    if (t == NULL) return 0;                            // ①：空子树
    return 1 + size(t->left) + size(t->right);          // ②：子树非空
}
```

3. 求二叉树的高度

基于前序递归遍历的思想，求二叉树的高度的算法描述如下。

递归前序遍历二叉树：

① 若为空子树，则该子树的高度为 0。

② 若子树非空，则该子树的高度为：左、右子树高度大者+1。

[代码 6.10]
```
template <class elemType>
int BinaryLinkList<elemType>::height(Node *t) const{
    if (t == NULL) return 0;                              // ①：空子树
    else {                                                 // ②：子树非空
        int lh = height(t->left), rh = height(t->right);
        return 1 + ( (lh > rh) ? lh : rh );               // 树的高度为左、右子树高度大者+1
    }
}
```

4．求叶结点个数

基于前序递归遍历的思想，求叶结点个数的算法描述如下。

递归前序遍历二叉树：

① 若为空子树，则该子树的叶结点个数为0。
② 若当前结点没有左、右孩子，那么该结点是叶结点，当前子树的叶结点个数为1。
③ 若当前结点为分支结点，则当前子树的叶结点个数=左子树的叶结点个数+右子树的叶结点个数。

[代码 6.11]
```
template <class elemType>
int BinaryLinkList<elemType>::leafNum(Node* t)const{
    if(t==NULL)return 0;                                       // ①：空子树
    else if((t->left==NULL)&&(t->right==NULL))return 1;// ②：叶结点
    else return leafNum(t->left)+leafNum(t->right);// ③：求左、右子树叶结点个数之和
}
```

5．清空二叉树

[代码 6.12] 删除其左、右子树之后再删除根结点自身。
```
template <class elemType>
void BinaryLinkList<elemType>::clear(Node *t) {
    if (t->left) clear(t->left);
    if (t->right) clear(t->right);
    delete t;
}
```

前面介绍的二叉树的相关递归函数，都需要 Node 类型的指针作为参数，而指向二叉树的根结点的指针 root 是私有的。这时我们无法用 BinaryLinkList 类的对象来调用这些函数。因此，需要在类中设置公共的接口函数，才能实现这些递归函数的调用。在 BinaryLinkList 类中公共接口函数的定义如下：

```
void clear() {if (root) clear(root); root = NULL;}                    // 清空
int size() const { return size(root);}                                 // 二叉树的结点总数
int height() const { return height(root); }                            // 二叉树的高度
int leafNum()const{ return leafNum(root); }                            // 二叉树的叶结点个数
void preOrderCreate(elemType flag) { preOrderCreate(flag,root); }// 按前序序列创建树
```

将 Node 类型及 root 指针置为私有或保护成员的好处是，有利于数据的封装和隐藏。封装是将对象用户不必了解的实现细节隐藏起来的一种语言能力。和封装编程逻辑紧密相关的概念是数据保护，封装技术使得外界不能直接改变或获取数据的值，避免数据被破坏。

6.4 树和森林

在 6.1 节中已经介绍了树的概念，下面给出树的抽象数据类型定义。

```
template <class elemType>
class Tree {                                          // 树的抽象数据类型
public:
    virtual int height() const=0;                     // 树的高度
    virtual int size() const=0;                       // 树的结点总数
    virtual void clear()=0;                           // 清空
    virtual bool empty() const=0;                     // 判空
    virtual void preOrderTraverse() const=0;          // 前序遍历
    virtual void postOrderTraverse() const=0;         // 后序遍历
    virtual void levelOrderTraverse() const=0;        // 层次遍历
    virtual ~Tree(){} ;
};
```

6.4.1 树的存储结构

树中的分支结点可以有多个孩子，实现树的存储结构的关键是如何表示树中结点之间的逻辑关系。树的存储结构有很多种，下面重点介绍最常用的三种。

1．双亲表示法

基本思想：树具有 1∶n 的关系，根结点无双亲，其他任何一个结点的双亲只有一个，这是由树的定义决定的。双亲表示法正是利用了树的这种性质，用一维数组来存储树的各个结点，通常按层存储，数组中的一个元素对应树中的一个结点，结点的信息包含数据域 data 和结点双亲在数组中的下标 parent。结点结构如图 6.17 所示，图 6.19 是如图 6.18 所示树的双亲表示法示意图。

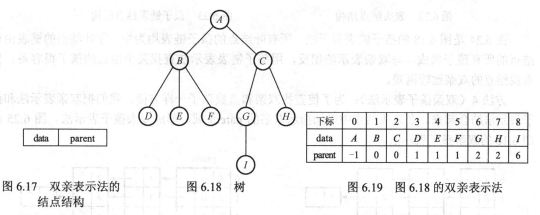

图 6.17 双亲表示法的结点结构　　　图 6.18 树　　　图 6.19 图 6.18 的双亲表示法

根结点无双亲，在双亲表示法中，其双亲域用-1 表示。因为在存储每个结点的数据信息的同时还存储了该结点的双亲的数组下标，所以这种表示方法对求指定结点的双亲和祖先是非常方便的，可以反复调用求双亲的操作直至根结点。但查找该结点的孩子或兄弟，需要遍历整个数组。

2．孩子表示法

方法 1：树的每个结点都可能有多个孩子。我们可以参考二叉链表结构，在每个结点中设置若干指针指向该结点的孩子,每个结点的指针域的个数等于树的度 d,即每个结点包含一个数据域和 d 个指针域。

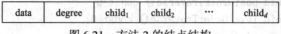

图 6.20　方法 1 的结点结构

这种链表中的结点是同构的,称为多重链表。其优点是结点结构定长,易于管理。但是由于树中有很多结点的度小于 d,许多指针域是空的,因此其缺点是造成存储空间的浪费。在这种结构中,具有 n 个结点的树总共有 $n \times d$ 个指针,因为树只有 $n-1$ 个分支,因此只有 $n-1$ 个指针有用,浪费了 $n(d-1)+1$ 个指针域。

方法 2:如果按每个结点的度分配指针域的个数,并在结点中设置 degree 域,保存该结点的度,则可以得到如图 6.21 所示的结点结构。

图 6.21　方法 2 的结点结构

这种链表中的结点是非同构的,即各结点结构不等长,这种存储结构的优点是节约了空间,但是难于实现,运算也不方便。

方法 3(孩子链表表示法):将每个结点的孩子构成一个单链表,称为孩子链表。叶结点的孩子链表为空。链表中增加一个头结点,为便于管理,将各头结点放在一个一维数组中,构成孩子链表的表头数组。

表头数组中每个元素(结点)包含两个域:数据域 data 用于存放该结点的数据信息,指针域 first 用于存放该结点的第一个孩子的地址,如图 6.22 所示。

孩子链表结点也有两个域:数据域 child 用于存放该结点在顺序表中的下标,指针域 next 用于存放其双亲的下一个孩子的地址,如图 6.23 所示。

data	first

child	next

图 6.22　表头结点结构　　　　　　　图 6.23　孩子链表结点结构

图 6.24 是图 6.18 的孩子链表表示法,所有叶结点的孩子链表均为空。非叶结点的链表由该结点的所有孩子组成。与双亲表示法相反,用孩子链表表示法查找某个结点的孩子很容易,但查找结点的双亲比较困难。

方法 4(双亲孩子表示法):为了使查找双亲和查找孩子一样方便,我们把双亲表示法和孩子表示法结合起来,在表头结点中增加指示双亲的 parent 域,形成双亲孩子表示法。图 6.25 是图 6.18 的双亲孩子表示法。

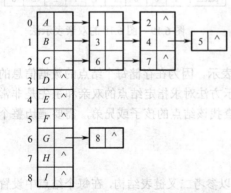

图 6.24　图 6.18 的孩子链表表示法

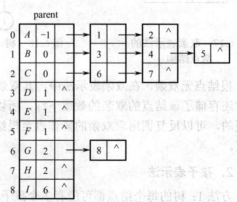

图 6.25　双亲孩子表示法

3. 孩子兄弟表示法

（左）孩子（右）兄弟表示法也称二叉树表示法，即用二叉链表作为树的存储结构。其原理是，结点的第一个孩子若存在，则它是唯一的，结点的右兄弟若存在，则它也是唯一的。因此，链表中结点的两个指针域：firstChild 和 nextSibling，分别指向该结点的第一个孩子和下一个兄弟，如图 6.26 所示。

图 6.27 是图 6.18 的孩子兄弟表示法。用这种存储结构很容易实现树的某些操作。例如，要访问结点 x 的第 i 个孩子（假定存在），只要先从结点 x 的 firstChild 域找到第一个孩子，然后沿孩子的 nextSibling 域连续走 $i-1$ 步，便可以找到结点 x 的第 i 个孩子。更重要的是，采用孩子兄弟表示法的树、森林和二叉树可以相互转换，6.4.2 节将详细说明。

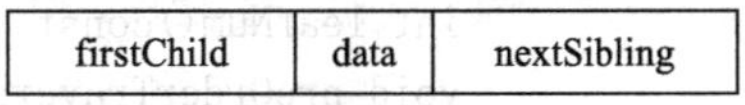

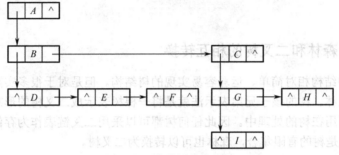

图 6.26 孩子兄弟表示法的结点结构

图 6.27 孩子兄弟表示法

因为树的孩子兄弟链表和二叉树的二叉链表本质上是一样的，树的某些算法可以采用二叉树的算法实现，所以这里仅介绍孩子兄弟表示法的实现。下面给出树（森林相同）的类型定义。

```
template <class elemType>
class childSiblingTree:public Tree<elemType>{
private:
    struct Node {
        elemType data;                              // 结点的数据域
        Node *firstChild , *nextSibling ;           // 指向第一个孩子、下一个兄弟的指针
        Node() : firstChild(NULL), nextSibling(NULL) { }
        Node(elemType value, Node *l = NULL, Node * r =NULL ){
            data = value; firstChild = l; nextSibling = r;
        }
        ~Node() {}
    };
    Node * root;                                    // 指向根结点的指针
    void clear( Node *t );                          // 清空
    int size( Node *t ) const;                      // 求结点总数
    int height( Node *t ) const;                    // 求高度
    int leafNum(Node *t )const;                     // 求叶结点个数
    void preOrder_1( Node *t ) const;               // 前序深度优先遍历方法(1)
    void preOrder_2( Node* t ) const;               // 前序深度优先遍历方法(2)
    void postOrder_1( Node *t ) const;              // 后序深度优先遍历方法(1)
    void postOrder_2( Node *t ) const;              // 后序深度优先遍历方法(2)
    void preOrderCreate(elemType flag,Node* & t);   // 前序建树，注意 t 为引用
```

```cpp
public:
    childSiblingTree() : root(NULL) {}                          // 构造空树
    ~childSiblingTree(){ clear(); }
    void clear(){if(root) clear(root); root = NULL;}            // 清空
    bool empty () const{ return root == NULL; }                 // 判空
    int size () const { return size(root);}                     // 求结点总数
    int height () const { return height(root); }                // 求高度
    int leafNum()const{ return leafNum(root); }                 // 求叶结点个数
    void preOrderTraverse () const{ if(root) preOrder_1(root); } // 前序深度优先遍历
    void postOrderTraverse () const { if(root) postOrder_1(root);}// 后序深度优先遍历
    void levelOrderTraverse () const;                           // 广度优先遍历
    void preOrderCreate(elemType flag){                         // 带外部结点的前序序列建树
        preOrderCreate(flag,root);
    }
};
```

6.4.2 树、森林和二叉树的相互转换

二叉树是一种结构相对简单、运算容易实现的树结构。但是对于很多实际问题，其自然的描述形态是树或森林。树的孩子兄弟表示法就是将一棵树表示成二叉树的形态，这样可以将二叉树中的许多方法用在树的处理中。因此任何树都可以采用二叉链表作为存储结构，树可以转换为二叉树。森林是树的有限集合，森林也可以转换为二叉树。

树、森林与二叉树之间可以相互转化，而且这种转换是一一对应的。树和森林转化成二叉树后，森林或树的相关操作都可以转换成对二叉树的操作。

1. 树到二叉树的转换

树到二叉树的转换可以分为以下三步。

① 连线：在所有互为兄弟的结点之间加一条连线。

② 删线：对于每个结点，除保留与其最左孩子的连线外，删掉该结点与其他孩子之间的连线。

③ 旋转：将按以上方法形成的二叉树，沿顺时针方向旋转45°，就可以得到一棵结构清晰的二叉树。

如图 6.28（a）所示的树经过上述转换，变换成图 6.28（d）所示的二叉树。从图中可以看出，转换产生的二叉树没有右子树；某结点的左孩子及沿着其左孩子的右链遍历遇到的各结点与该结点在原来的树中是父子关系，例如，结点 B 的左孩子是结点 D，沿着结点 D 的右链遍历遇到结点 E、F，在原来的树中，结点 D、E、F 都是结点 B 的孩子；而沿着某个结点的右链遍历遇到的各结点，与该结点在原来的树中是兄弟关系，例如，沿着结点 D 的右链遍历遇到结点 E、F，在原来的树中，结点 D、E、F 是兄弟关系。

2. 森林到二叉树的转换

我们认为森林中所有的树具有兄弟关系，森林到二叉树的转换和树到二叉树的转换一样，分为以下三步。

① 连线：在所有互为兄弟的结点之间加一条连线，包括森林中所有树的根结点。

② 删线：对于每个结点，除保留与其最左孩子的连线外，删掉该结点与其他孩子之间的连线。

③ 旋转：将按以上方法形成的二叉树，沿顺时针方向旋转45°，就可以得到一棵结构清晰的二叉树。

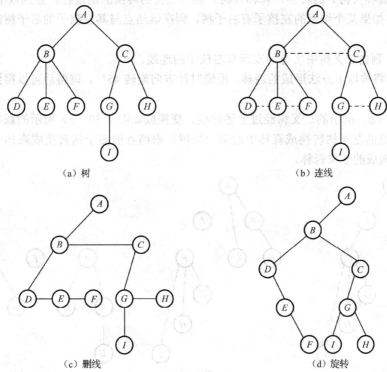

图 6.28 树转化为二叉树的过程

如图 6.29（a）所示的森林经过上述转换，变换成图 6.29（d）所示的二叉树。森林转换成二叉树后，原森林中后一棵树作为前一棵树根结点的右子树；若森林中不止一棵树，则转换后得到的二叉树有右子树。

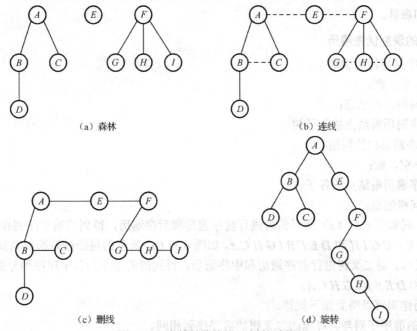

图 6.29 森林转化为二叉树的过程

3. 二叉树到森林（树）的转换

二叉树到森林（树）的转换即森林（树）到二叉树的转换的逆过程，分为以下三步。

① 连线：如果某个结点的左孩子有右子树，则在该结点与其左孩子的右子树的右链上各结点间增加连线。

② 删线：删去二叉树中所有的双亲与右孩子的连线。

③ 旋转：将按以上方法形成的森林，沿逆时针方向旋转45°，调整后可以得到一个结构清晰的森林。

如图 6.29（d）所示的二叉树经过上述转换，变换成如图 6.30（c）所示的森林。二叉树中根结点及根结点的左子树转换成森林中的第一棵树，根结点的右子树转换成森林中除第一棵树以外其余的树构成的子树森林。

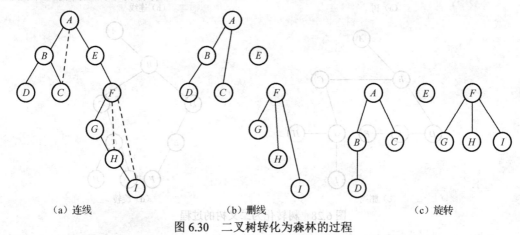

(a) 连线　　　　　　　　　(b) 删线　　　　　　　　　(c) 旋转

图 6.30　二叉树转化为森林的过程

6.4.3　树和森林的遍历运算

与二叉树相似，基于树结构的特点，可以按深度的方向遍历树和森林，也可以按广度的方向遍历树和森林。

1. 树的深度优先遍历

① 前序遍历树的规则

若树非空，则：
- 访问树的根结点；
- 前序遍历根结点的各子树。

② 后序遍历树的规则

若树非空，则：
- 后序遍历根结点的各子树；
- 访问树的根结点。

例如，对如图 6.31（a）所示的树进行前序遍历和后序遍历，得到的前序序列和后序序列分别为 $ABDEFCGIH$ 和 $DEFBIGHCA$。如图 6.31（a）所示的树经过转换得到如图 6.31（b）所示的二叉树。对二叉树进行前序遍历和中序遍历，得到的前序序列和中序序列分别为 $ABDEFCGIH$ 和 $DEFBIGHCA$。

由遍历结果可以得到如下规律。

① 树的前序序列与其对应的二叉树的前序序列相同。

② 树的后序序列与其对应的二叉树的中序序列相同。

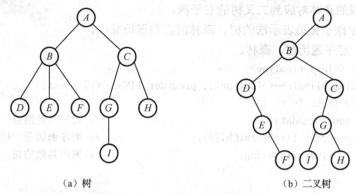

(a) 树　　　　　　　　　　(b) 二叉树

图6.31　树及其转化得到的二叉树

因此，树的遍历也可借助二叉树的遍历运算实现。

2. 森林的深度优先遍历

① 前序遍历森林的规则

若森林非空，则：
- 访问森林中第一棵树的根结点；
- 前序遍历第一棵树根结点的子树森林；
- 前序遍历除第一棵树之外剩余的树构成的森林。

② 后序遍历森林的规则

若森林非空，则：
- 后序遍历森林中第一棵树的子树森林；
- 访问第一棵树的根结点；
- 后序遍历除第一棵树之外剩余的树所构成的森林。

对图6.32（a）中的森林进行前序和后序遍历，得到的该森林的前序和后序序列分别为 $ABDCEFGHI$ 和 $DBCAEGHIF$，而如图6.32（b）所示的二叉树的前序和中序序列也是 $ABDCEFGHI$ 和 $DBCAEGHIF$。

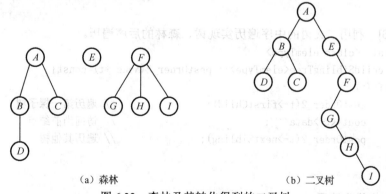

(a) 森林　　　　　　　　　　(b) 二叉树

图6.32　森林及其转化得到的二叉树

由遍历结果可以得到如下规律。

① 森林的前序序列与其对应的二叉树的前序序列相同。

② 森林的后序序列与其对应的二叉树的中序序列相同。

这主要是由森林到二叉树的转换方式决定的，因为森林中第一棵树对应到二叉树的根和左子树，其他树构成的森林对应到二叉树的右子树。

下面给出基于孩子兄弟表示法的树、森林的递归遍历算法。

[代码 6.13]　前序遍历树、森林。

```
template <class elemType>
void childSiblingTree<elemType>:: preOrder_1(Node *t) const{
    while (NULL != t) {
        cout<<t->data<<' ';              // 访问当前结点
        preOrder_1(t->firstChild);        // 前序遍历第一棵子树
        t = t->nextSibling;              // 遍历其他的树
    }
}
```

[代码 6.14]　后序遍历树、森林。

```
template <class elemType>
void childSiblingTree<elemType>::postOrder_1(Node *t) const{
    while (NULL != t) {
        postOrder_1(t->firstChild);       // 后序遍历第一棵子树
        cout<<t->data<<' ';              // 访问当前结点
        t= t->nextSibling;               // 遍历其他树
    }
}
```

由于前序遍历树或森林等价于前序遍历其对应的二叉树，后序遍历树或森林等价于中序遍历其对应的二叉树，因此前序、后序遍历算法还可以写成二叉树的前序、中序遍历的形式。

[代码 6.15]　利用二叉树的前序遍历实现树、森林的前序遍历。

```
template <class elemType>
void childSiblingTree<elemType>:: preOrder_2(Node *t) const{
    if (t){
        cout<<t->data<<' ';              // 访问当前结点
        preOrder_2(t->firstChild);        // 前序遍历第一棵子树
        preOrder_2(t->nextSibling);       // 前序遍历其他树
    }
}
```

[代码 6.16]　利用二叉树的中序遍历实现树、森林的后序遍历。

```
template <class elemType>
void childSiblingTree<elemType>:: postOrder_2(Node *t) const{
    if (t){
        postOrder_2(t->firstChild);       // 遍历第一棵子树
        cout<<t->data<<' ';              // 访问当前结点
        postOrder_2(t->nextSibling);      // 遍历其他树
    }
}
```

3. 树的广度优先遍历

广度优先遍历即层次遍历，其过程是：首先访问根结点，然后从左向右依次访问根结点的非空的孩子，在完成一层结点的访问后，按照"先被访问的结点，其孩子也要先被访问"的顺序访问下一层结点，这样一层一层访问，直至树中所有结点都被访问到。广度优先遍历的基本原则是，按层次顺序，自顶向下，同一层自左向右。对如图6.31（a）所示的树，按层次遍历得到的层次序列为 $ABCDEFGHI$。

4．森林的广度优先遍历

层次遍历森林的规则如下。

若森林非空，则：
- 层次遍历森林中的第一棵树；
- 层次遍历森林中剩余的树构成的森林。

对如图6.32（a）所示的森林按层次遍历得到的层次序列为 $ABCDEFGHI$。下面给出利用队列实现的树、森林的层次遍历算法。

[代码6.17] 层次遍历树、森林。

```
template <class elemType>
void childSiblingTree<elemType>::levelOrderTraverse() const{
    queue<Node*> Q;                    // STL 队列
    Node* p = root;                    // 工作指针
    while (p) {                        // 与当前结点同一层的结点入队
        Q.push(p);                     // 当前结点进入队列
        p = p->nextSibling;            // 指向当前结点的右兄弟
    }
    while (!Q.empty()) {
        p = Q.front();                 // 取队列首结点指针
        Q.pop();                       // 出队
        cout<< p->data<<' ';           // 访问当前结点
        p = p-> firstChild;            // 找到当前结点的第一个孩子
        while (p) {                    // 当前结点的子结点进队列
            Q.push(p);
            p = p->nextSibling;        // 沿最左孩子的右兄弟链可以找到所有的孩子
        }
    }
}
```

6.4.4 树和森林的其他基本运算

树、森林采用孩子兄弟表示法实现时，其与对应的二叉树的二叉链表等价，所以树、森林的基本运算的实现与二叉树的基本运算的实现非常相似。

树和森林的基本运算是一致的，下面统称为树的运算。

遍历是树的各种运算的基础，可以在遍历过程中对结点进行各种操作，也可以在遍历的过程中生成结点，建立树的存储结构。下面介绍一个按带外部结点的前序序列建立树的孩子兄弟链表的算法。

1．按带外部结点的前序序列建立树

树的带外部结点的前序序列是可以唯一确定树所对应的二叉树的，而且树的前序序列与其对应的二叉树的前序序列相同，因此利用前序序列创建二叉树算法创建的二叉链表也就是树的孩子兄弟链表。

[代码6.18]

```
template <class elemType>
void childSiblingTree<elemType>::preOrderCreate(elemType flag, Node * & t) {
```

```
            elemType value;
            cin>>value;
            if(value != flag) {                          // 递归出口 value==flag
                t= new Node(value);
                preOrderCreate(flag, t->firstChild);     // 递归创建第一棵子树
                preOrderCreate(flag, t->nextSibling);    // 递归创建右兄弟树
            }
        }
```

2. 求树的高度

基于前序递归遍历的思想，求树的高度的算法描述如下。

递归前序遍历树：

① 若为空子树，则该子树的高度为 0；

② 若子树非空，则比较 1（当前结点）加其左孩子树的高度与其右兄弟树的高度，选取大者为该子树的高度。

[代码 6.19]

```
    template <class elemType>
    int childSiblingTree<elemType>::height(Node *t) const{
        if (t == NULL) return 0;                         // ①：空子树
        else {                                           // ②：子树非空
            int lh = height(t->firstChild), rh = height(t->nextSibling);
            return  1+lh > rh ? lh +1 : rh;              // 选取大者作为子树高度
        }
    }
```

3. 求结点总数

基于前序递归遍历的思想，求树的结点总数的算法描述如下。

递归前序遍历树：

① 若为空子树，则该子树结点个数为 0；

② 若子树非空，则该子树的结点总数=1（当前结点）+左孩子树的结点个数+右兄弟树的结点个数。

[代码 6.20]

```
    template <class elemType>
    int childSiblingTree<elemType>::size(Node *t) const{
        if (t == NULL) return 0;
        return 1 + size(t->firstChild) + size(t->nextSibling);
    }
```

4. 求叶结点个数

基于前序递归遍历的思想，求叶结点个数的算法描述如下。

递归前序遍历树：

① 若为空子树，则该子树的叶结点个数为 0；

② 若当前结点没有第一个孩子，那么它也不会有其他的孩子，该结点是叶结点，因此，当前子树的叶结点个数=1（当前结点）+兄弟树的叶结点个数；

③ 若当前结点有孩子，即分支结点，那么，当前子树的叶结点个数=孩子树的叶结点个数+兄弟树的叶结点个数。

[代码 6.21]
```
template <class elemType>
int childSiblingTree<elemType>::leafNum(Node* t)const{
    if(NULL == t) return 0;                            // ①：空子树
    else{
        if(t->firstChild == NULL)                       // ②：当前结点是叶结点
            return 1 + leafNum(t->nextSibling);         // 1+兄弟树的叶结点个数
        else                                            // ③：当前结点是分支结点
            return leafNum(t->firstChild) + leafNum(t->nextSibling);
    }
}
```

5. 清空树

[代码 6.22] 删除其左孩子树和右兄弟树之后再删除根结点自身。
```
template <class elemType>
void childSiblingTree<elemType>::clear(Node *t) {
    if (t->firstChild) clear(t->firstChild);
    if (t->nextSibling) clear(t->nextSibling);
    delete t;
}
```

树的前序遍历、后序遍历、前序创建、求高度、求叶结点个数等递归函数，都需要 Node 类型的指针作为参数，而指向树的根结点的指针 root 是私有的。这时我们就无法用 childSiblingTree 类的对象来调用这些函数。因此，需要在类中设置公共的接口函数，才能实现这些函数的调用。在 childSiblingTree 类中公共接口函数的定义如下：
```
void clear(){ if (root) clear(root); root = NULL;}              // 清空
int size() const{ return size(root);}                           // 求结点总数
int height() const{ return height(root); }                      // 求高度
int leafNum()const{ return leafNum(root); }                     // 求叶结点个数
void preOrderTraverse() const{ if(root) preOrder_1(root); }     // 前序深度优先遍历
void postOrderTraverse() const{ if(root) postOrder_1(root); }   // 后序深度优先遍历
void preOrderCreate(elemType flag){ preOrderCreate(flag,root);} // 根据前序序列建树
```

自测题 13. 将森林转换为对应的二叉树，若在二叉树中，结点 u 是结点 v 的父结点的父结点，则在原来的森林中，u 和 v 可能具有的关系是（　　）。
Ⅰ. 父子关系
Ⅱ. 兄弟关系
Ⅲ. u 的父结点与 v 的父结点是兄弟关系
A．只有Ⅱ   B．Ⅰ和Ⅱ
C．Ⅰ和Ⅲ   D．Ⅰ、Ⅱ和Ⅲ
【2009 年全国统一考试】
【参考答案】B

自测题 14. 在一棵度为 4 的树 T 中，若有 20 个度为 4 的结点，10 个度为 3 的结点，1 个度为 2 的结点，10 个度为 1 的结点，则树 T 的叶结点个数是（　　）。
A．41   B．82
C．113   D．122
【2010 年全国统一考试】

【参考答案】B

【题目解析】二叉树的性质 3：$n_0 = n_2 + 1$ 的推广。在一棵度为 k 的树中：$n_0 = (k-1) \times n_k + \cdots + 1 \times n_2 + 1$，在一棵度为 4 的树中：$n_0 = 3 \times n_4 + 2 \times n_3 + 1 \times n_2 + 1$。

自测题 15. 已知一棵有 2011 个结点的树，其叶结点个数为 116，该树对应的二叉树中无右孩子的结点个数是（　　）。

A. 115
B. 116
C. 1895
D. 1896

【2011 年全国统一考试】

【参考答案】D

【题目解析】本题可采用特殊情况法求解。

自测题 16. 将森林 F 转换为对应的二叉树 T，F 中叶结点的个数等于（　　）。

A. T 中叶结点的个数
B. T 中度为 1 的结点个数
C. T 中左孩子指针为空的结点个数
D. T 中右孩子指针为空的结点个数

【2014 年全国统一考试】

【参考答案】C

自测题 17. 若森林 F 有 15 条边、25 个结点，则 F 包含的树的个数是（　　）。

A. 8
B. 9
C. 10
D. 11

【2016 年全国统一考试】

【参考答案】C

【题目解析】本题可采用特殊情况法求解。

*6.5　线索二叉树

6.5.1　线索二叉树的概念

6.3 节详细讨论了二叉树的遍历运算，遍历的实质是将树（非线性结构）中所有的结点按某种次序排列成一个线性序列，这个结点序列可以看成是一个线性表。在该线性表中，除第一个结点外，每个结点仅有一个前驱；除最后一个结点外，每个结点仅有一个后继，这样从某个结点出发可以很容易地找到它在某种遍历次序下的前驱和后继。然而要查找二叉树某个结点的前驱或后继，就必须每次都遍历二叉树，这样会浪费时间。

方法 1：为每个结点增加一个前驱指针和一个后继指针，这样虽然解决了查找前驱和后继的问题，但浪费了存储空间，该方案并不可取。

方法 2：在二叉树的二叉链表存储结构中，有 n 个结点的二叉树，其指针域共有 $2n$ 个，但是只有 $n-1$ 个指针用于指示结点的左、右孩子，而另外 $n+1$ 个为空指针。这是因为除根结点外，每个结点都有双亲，因此二叉树的分支数为 $n-1$。我们考虑利用这些空指针域来存放结点的前驱和后继信息。

约定如下：若结点有左子树，则其 left 域指示其左孩子，否则令 left 域指示其在某种遍历下的前驱；若结点有右子树，则其 right 域指示其右孩子，否则令 right 域指示其在某种遍历下的后继。为了区分一个结点的指针域是指向其孩子的指针还是指向其前驱或后继的指针，需要增加两个标志域 lTag 和 rTag，结点的结构如图 6.33 所示。

| left | lTag | data | rTag | right |

图 6.33 线索链表结点结构

其中：
$$lTag=\begin{cases} false & \text{left指向结点的左孩子} \\ true & \text{left指向结点的前驱} \end{cases}$$

$$rTag=\begin{cases} false & \text{right指向结点的右孩子} \\ true & \text{right指向结点的后继} \end{cases}$$

线索：二叉链表中指向前驱和后继的指针，称为线索。

线索化：使二叉链表中结点的空指针域，按某种次序的遍历序列，存放其前驱或后继信息的过程，称为线索化。

线索链表：加上线索的二叉链表，称为线索链表。

线索二叉树：加上线索的二叉树，称为线索二叉树。

二叉树的遍历方式有 4 种，故有 4 种意义下的前驱和后继，相应地，有 4 种线索二叉树：前序线索二叉树、中序线索二叉树、后序线索二叉树、层次线索二叉树。

例如，图 6.34（b）是图 6.34（a）二叉树的中序线索二叉树，其对应的线索链表如图 6.34（c）所示，其中实线为指针（指向左、右子树），虚线为线索（指向中序序列下的前驱、后继），false 缩写为 f，true 缩写为 t。

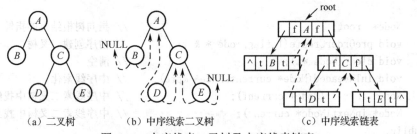

(a) 二叉树　　(b) 中序线索二叉树　　(c) 中序线索链表

图 6.34　中序线索二叉树及中序线索链表

根据图 6.34（a）二叉树的中序序列 $B A D C E$，可知结点 B 是中序序列的开始结点，没有前驱，其左线索为空，B 的后继是 A；结点 D 在中序序列中前驱是 A，后继是 C；结点 E 是中序序列的终点，没有后继，其右线索为空，E 的前驱是 C。当然，也可以建立一个带头结点的线索二叉树，使 B 的左线索和 E 的右线索指向头结点。

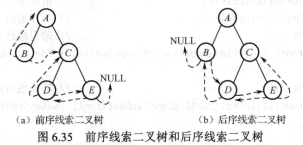

(a) 前序线索二叉树　　(b) 后序线索二叉树

图 6.35　前序线索二叉树和后序线索二叉树

图 6.35（a）是图 6.34（a）二叉树的前序线索二叉树。根据图 6.34（a）二叉树的前序序列 $A B C D E$，可知结点 B 在前序序列中前驱是 A，后继是 C；结点 D 在前序序列中前驱是 C，后继是 E；结点 E 是前序序列的终点，没有后继，其右线索为空，E 的前驱是 D。

图 6.35（b）是 6.34（a）二叉树的后序线索二叉树。根据图 6.34（a）二叉树的后序序列 $B D$

ECA，可知结点 B 是后序序列的开始结点，没有前驱，其左线索为空，B 的后继是 D；结点 D 在后序序列中前驱是 B，后继是 E；结点 E 在后序序列中前驱是 D，后继是 C。

下面给出用线索链表表示的中序线索二叉树的类型定义：

```
template <class T>
class threadBinaryTree{                          // 线索二叉树
private:
    struct Node {
        T    data;                               // 数据域
        Node* left;                              // 左孩子指针
        Node* right;                             // 右孩子指针
        bool   lTag;                             // 左线索标志
        bool   rTag;                             // 右线索标志
        Node() {                                 // 默认构造函数
            left = NULL, right = NULL;  lTag = false, rTag = false;
        }
        Node(const T& val){                      // 给定参数的构造函数
            data = val, left = NULL, right = NULL;  lTag = false, rTag = false;
        }
        Node(const T& val, Node* l, Node* r){    // 给定参数的构造函数
            data = val, left = l, right = r;  lTag = false, rTag = false;
        }
    };
    Node*  root;                                 // 指向树根结点的指针
    void preOrderCreate(T flag, Node * & t);     // 前序创建二叉树
    void clear(Node *t);                         // 清空
    void inThreaded(Node* current, Node* &pre);  // 中序线索化
    Node* inPrior(Node* current);                // 中序线索二叉树中找结点的前驱
    Node* inNext(Node* current);                 // 中序线索二叉树中找结点的后继
public:
    threadBinaryTree(){ root = NULL; }           // 构造函数
    ~threadBinaryTree(){ clear(root); root = NULL; }  // 析构函数
    bool Empty() const{ return root==NULL; }     // 判空
    void preOrderCreate(T flag){ preOrderCreate(flag,root); }// 前序创建二叉树
    void inThreaded();                           // 创建中序线索二叉树
    void preOrderTraverse();                     // 前序遍历
    void inOrderTraverse();                      // 中序遍历
    void inPrior(){                              // 输出根结点的前驱
        if(root) if(inPrior(root)) cout<<inPrior(root)->data<<endl;
    }
    void inNext(){                               // 输出根结点的后继
        if(root) if(inNext(root)) cout<<inNext(root)->data<<endl;
    }
};
```

请读者自行实现前序线索二叉树和后序线索二叉树。

6.5.2 线索二叉树的基本运算

1. 二叉树的线索化

按某种遍历次序将二叉树线索化的过程，其实质是将二叉树中的空指针改为指向其前驱或后继的线索的过程。只要在按该次序遍历二叉树的过程中修改指针，用线索取代空指针即可。我们可以设置一个指针 pre 始终指向刚刚访问过的结点，而指针 current 指向正在访问的结点，则 pre 是 current 的前驱，current 是 pre 的后继，由此记录下遍历过程中访问结点的先后关系。

二叉树的中序线索化过程如下。

① 若 current 所指结点的左子树为空，则 current->left 指向 pre（前驱）。

② 若 pre≠NULL 且 pre 的右子树为空，则 pre->right 指向 current 所指向的结点（后继）。这是因为，我们不知道当前结点 current 的后继，但是可以知道 pre 的后继是 current。

③ 将 pre 指针后移指向刚访问过的结点 current，即 pre=current。

[代码 6.23] 二叉树中序线索化。

```cpp
template<class T>
void threadBinaryTree<T>::inThreaded(Node* current,Node* &pre){
    if(current== NULL)return;
    inThreaded(current->left,pre);              // 左子树中序线索化
    if(current->left == NULL){                  // 给当前结点加前驱线索 pre
        current->left = pre;   current->lTag = true;
    }
    if(pre != NULL && pre->right == NULL){      // 给前驱加后继线索
        pre->right = current;  pre->rTag = true;
    }
    pre = current;                              // 前驱指针后移
    inThreaded(current->right,pre);             // 右子树中序线索化
}
```

[代码 6.24] 中序线索化的公共接口函数。

```cpp
template<class T>
void threadBinaryTree<T>::inThreaded(){
    Node* pre = NULL;
    if(root != NULL)  {
        inThreaded(root,pre);                   // 调用私有中序线索化
        pre->right=NULL;                        // pre 指向中序序列最后一个结点
        pre->rTag=true;
    }
}
```

和中序遍历一样，递归过程中对每个结点仅访问一次，因此对于 n 个结点的二叉树，线索化算法的时间复杂度为 $O(n)$。

2. 查找结点的前驱和后继

对于一般二叉树，仅从某个结点出发无法找到其前驱或后继，必须在遍历过程中查找，而在线索二叉树中，由于线索的存在而使得遍历二叉树和在指定次序下找结点的前驱、后继的算法变得简单，因此，若某程序中所用的二叉树需要经常查找结点在遍历序列中的前驱和后继，则应采用线索链表作为存储结构。下面讨论在线索二叉树中如何查找结点的前驱和后继。

（1）在中序线索二叉树中查找结点的前驱和后继

在中序线索二叉树中，查找结点 p（称指针 p 指向的结点为结点 p）的前驱的规律如下。

① 若 p->lTag = true，则 p->left 指向结点 p 的前驱，如图 6.36（a）所示。

② 若 p->lTag = false，则说明结点 p 有左子树，结点 p 的中序前驱必是其左子树中最右下的结点，即其中序前驱是其左子树中按中序遍历的最后一个结点，如图 6.36（b）所示。

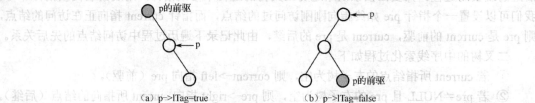

图 6.36 在中序线索二叉树中查找结点的前驱

[代码 6.25] 在中序线索二叉树中查找结点的前驱。

```
template<class T>
typename  threadBinaryTree<T>::Node* threadBinaryTree<T>::inPrior(Node* current){
    Node * p = current->left;
    if(current->lTag == false){             // 当前结点有左孩子
        while(p->rTag == false)
            p = p->right;                   // 沿左子树的右链下降
    }
    return p;
}
```

在中序线索二叉树中，查找结点 p 的后继的规律如下。

① 若 p->rTag = true，则 p->right 指向结点 p 的后继。

② 若 p->rTag = false，则说明结点 p 有右子树，结点 p 的中序后继必是其右子树中最左下的结点，即其中序后继是其右子树中按中序遍历的第一个结点。

[代码 6.26] 在中序线索二叉树中查找结点的后继。

```
template<class T>
typename  threadBinaryTree<T>::Node* threadBinaryTree<T>::inNext(Node* current){
    Node * p = current->right;
    if(current->rTag== false){              // 当前结点有右孩子
        while(p->lTag == false)
            p = p->left;                    // 沿右子树的左链下降
    }
    return p;
}
```

（2）在前序线索二叉树中查找结点的前驱和后继

在前序线索二叉树中，找某个结点的后继与在后序线索二叉树中找结点的前驱相类似，只要从该结点出发就可以找到。其算法如下。

① 若 p->lTag = false，则结点 p 有左孩子，其左孩子 p->left 是其前序后继。

② 否则，p->right 是其前序后继。

而在前序线索二叉树中，查找结点的前驱就比较复杂一些，可分为以下几种情况。

① 结点 p 为二叉树的根，其前序前驱为空。

② 结点 p 是其双亲的左孩子，它的前序前驱就是其双亲。如图 6.37 所示，结点 B 的前序前驱为结点 A。

③ 结点 p 是其双亲的右孩子，如果结点 p 没有左兄弟，则它的前序前驱就是其双亲。如果结点 p 有左兄弟，则它的前序前驱是其双亲左子树中最后一个前序遍历到的结点，它是该子树中最右下的结点。如图 6.37 所示，结点 C 的前序前驱为结点 E。

从以上分析中可以看出，在前序线索二叉树中，只有当某个结点的左子树为空时，才能由它的左线索直接得到它的前驱，否则必须知道其双亲才能找到其前序前驱。由此可见，线索二叉树对查找指定结点的前序前驱，用途并不大。

（3）在后序线索二叉树中查找结点的前驱和后继

在后序线索二叉树中，查找结点 p 的前驱的规律如下。

① 若 p->rTag = false，则 p 有右孩子，其右孩子 p->right 是其后序前驱。
② 否则，p->left 是其后序前驱。

而在后序线索二叉树中找结点的后继就比较复杂一些，可分为以下几种情况。

① 若结点 p 为二叉树的根，则其后序后继为空。
② 若结点 p 是其双亲的右孩子，则 p 的后序后继就是其双亲。如图 6.38 所示，结点 C 的后序后继为结点 A。
③ 若结点 p 是其双亲的左孩子，如果 p 没有右兄弟，则 p 的后序后继就是其双亲，如果 p 有右兄弟，则它的后序后继是其双亲右子树中第一个后序遍历到的结点，即该子树中最左下的叶结点。如图 6.38 所示，结点 B 的后序后继为结点 D。

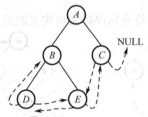

图 6.37 前序线索二叉树

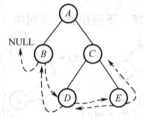

图 6.38 后序线索二叉树

从以上分析中，我们可以看出，在后序线索二叉树中，只有当某个结点的右子树为空时，才能由它的右线索直接得到它的后继，否则必须知道其双亲才能找到其后序后继。由此可见，线索二叉树对查找指定结点的后序后继，用途并不大。

3．遍历线索二叉树

讨论了在线索二叉树中查找后继之后，在遍历某种次序的线索二叉树时，只要从该次序下的开始结点出发，反复查找其在该次序下的后继，直到终点即可。下面给出前序和中序遍历中序线索二叉树的代码。

[代码 6.27] 前序遍历中序线索二叉树。

```
template<class T>
void threadBinaryTree<T>::preOrderTraverse(){
    Node<T> * p = root;                           // 工作指针
    while(p){
        visit( p->value());                       // 访问根结点
        if( p->leftFlag() == 0 ) p=p->leftChild();         // 有左孩子，左孩子为后继
        else if( p->rightFlag() == 0 ) p=p->rightChild();  //无左孩子有右孩子，右孩子为后继
        else {                                    // 叶结点
            while(p && p->rightFlag() == 1)       // 沿后继线索找有右孩子的结点
                p=p->rightChild();
```

```
            if(p) p=p->rightChild();
        }
    }
}
```

[代码 6.28] 中序遍历中序线索二叉树。

```
template<class T>
void threadBinaryTree<T>::inOrderTraverse(){
    Node * p = root;                              // 工作指针
    while(p){
        while(p->lTag==false) p=p->left;          // 沿左孩子向下
        cout<<p->data;                            // 访问左子树为空的结点
        while(p && p->rTag == true){              // 沿右线索访问后继
            p=p->right;
            if(p)cout<<p->data;
        }
        if(p) p=p->right;                         // 转向右子树
    }
}
```

在中序线索二叉树中遍历二叉树，时间复杂度也为 O(n)，但与二叉树遍历算法相比，它不需要使用栈。

自测题 18． 下列线索二叉树中（用虚线表示线索），符合后序线索树定义的是（　　）。

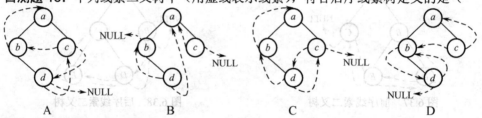

【2010 年全国统一考试】
【参考答案】D

自测题 19． 若 X 是后序线索二叉树中的叶结点，且 X 存在左兄弟结点 Y，则 X 的右线索指向的是（　　）。

A．X 的父结点　　　　　　　　　　B．以 Y 为根的子树的最左下结点
C．X 的左兄弟结点 Y　　　　　　　D．以 Y 为根的子树的最右下结点

【2013 年全国统一考试】
【参考答案】A

【题目解析】根据后序线索二叉树的定义，X 结点为叶结点且有左兄弟，那么这个结点为右孩子（结点），利用后序遍历的方式可知 X 结点的后继是其父（双亲）结点，即其右线索指向的是父结点。

自测题 20． 若对如图 6.39 所示的二叉树进行中序线索化，则结点 x 的左、右线索指向的结点分别是（　　）。

A．c, c
B．c, a
C．d, c
D．b, a

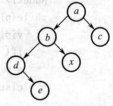

图 6.39　自测题 20 图

【2014 年全国统一考试】
【参考答案】D

6.6 算法设计举例

【例 6.3】 按带外部结点的层次序列构建二叉链表表示的二叉树。
[代码 6.29]
```
template <class elemType>
void BinaryLinkList<elemType>::levelOrderCreate(elemType flag){
    queue<Node *> que;                                    // STL 中的队列
    Node *p;
    elemType value, ldata, rdata;
    cin >> value;
    if (value != flag) root = new Node(value);            // 创建根结点
    que.push(root);                                       // 入队
    while (!que.empty()) {                                // 队列非空
        p = que.front();    que.pop();                    // 取队首元素
        cin >> ldata >> rdata;                            // 输入左、右孩子
        if (ldata != flag)que.push(p->left = new Node(ldata));
        if (rdata != flag)que.push(p->right = new Node(rdata));
    }
}
```

【例 6.4】 设一棵二叉树中各结点的值互不相同,其前序序列和中序序列分别存于两个一维数组 pre[1..n]和 mid[1..n]中,试编写算法建立该二叉树的二叉链表。
[代码 6.30]
```
template<class elemType>
void BinaryLinkList<elemType>::
preInCreat(Node * &t,elemType pre[],elemType in[],int l1,int h1,int l2,int h2){
    int i;
    if(l1<=h1&&l2<=h2){
        t =new Node(pre[l1]);                             // 创建根结点
        for(i=l2;i<=h2;i++)
            if(in[i]==pre[l1]) break;                     // 在中序序列中查找根结点
        if(i==l2)
            t->left = NULL;                               // 无左子树
        else
            preInCreat(t->left,pre,in,l1+1,l1+(i-l2),l2,i-1);    // 递归建立左子树
        if(i==h2)
            t->right = NULL;                              // 无右子树
        else
            preInCreat(t->right,pre,in,l1+(i-l2)+1,h1,i+1,h2);   // 递归建立右子树
    }
}
```

习题

一、选择题

1. 某二叉树的先序序列和后序序列正好相反，则该二叉树一定是（   ）的二叉树。
   A. 空或只有一个结点　　　　　　　B. 高度等于其结点个数
   C. 任意结点无左孩子　　　　　　　D. 任意结点无右孩子

2. 一棵树高为 K 的完全二叉树至少有（   ）个结点。
   A. 2^k-1　　　　　　　　　　　B. $2^{k-1}-1$
   C. 2^{k-1}　　　　　　　　　　　D. 2^k

3. 一个具有 1025 个结点的二叉树的高 h 为（   ）。
   A. 11　　　　　　　　　　　　　　B. 10
   C. 11～1025 之间　　　　　　　　 D. 10～1024 之间

4. 已知一棵完全二叉树中共有 626 个结点，叶结点的个数应为（   ）。
   A. 311　　　　　　　　　　　　　 B. 312
   C. 313　　　　　　　　　　　　　 D. 314

5. 若用一维数组表示一个深度为 5、结点个数为 10 的二叉树，数组的长度至少为（   ）。
   A. 10　　　　　　　　　　　　　　B. 16
   C. 31　　　　　　　　　　　　　　D. 64

6. 树的后历序列等同于该树对应的二叉树的（   ）。
   A. 先序序列　　　　　　　　　　　B. 中序序列
   C. 后序序列　　　　　　　　　　　D. 层次序列

7. 有关二叉树下列说法正确的是（   ）。
   A. 二叉树的度为 2　　　　　　　　B. 一棵二叉树的度可以小于 2
   C. 二叉树中至少有一个结点的度为 2　D. 二叉树中任何一个结点的度都为 2

8. 一棵 124 个叶结点的完全二叉树，最多有（   ）个结点。
   A. 247　　　　　　　　　　　　　 B. 248
   C. 249　　　　　　　　　　　　　 D. 250

9. 高度为 $h(h>0)$ 的满二叉树对应的森林由（   ）棵树构成。
   A. 1　　　　　　　　　　　　　　　B. $\log_2^h$
   C. $h/2$　　　　　　　　　　　　　D. h

10. 二叉树的先序遍历和中序遍历如下：先序遍历 $EFHIGJK$；中序遍历 $HFIEJKG$。该二叉树根的右子树的根是（   ）。
    A. E　　　　　　　　　　　　　 B. F
    C. G　　　　　　　　　　　　　 D. H

11. 对任意一棵树，设它有 n 个结点，这 n 个结点的度之和为（   ）。
    A. n　　　　　　　　　　　　　 B. $n-2$
    C. $n-1$　　　　　　　　　　　　 D. $n+1$

12. 由 3 个结点可以构造出多少种不同的二叉树？（   ）
    A. 2　　　　　　　　　　　　　　 B. 3
    C. 4　　　　　　　　　　　　　　 D. 5

13. 引入二叉线索树的目的是（   ）。

A. 加快查找结点的前驱或后继的速度
B. 为了能在二叉树中方便地进行插入与删除操作
C. 为了能方便地找到双亲
D. 使二叉树的遍历结果唯一

14. 若 X 是二叉中序线索树中一个有左孩子的结点，且 X 不为根，则 X 的前驱为（　　）。
A. X 的双亲
B. X 的右子树中最左的结点
C. X 的左子树中最右结点
D. X 的左子树中最右叶结点

15. 二叉树在线索化后，仍不能有效求解的问题是（　　）。
A. 先序线索二叉树中求先序后继
B. 中序线索二叉树中求中序后继
C. 中序线索二叉树中求中序前驱
D. 后序线索二叉树中求后序后继

16. 设 F 是一个森林，B 是由 F 变换得的二叉树。若 F 中有 n 个非终端结点，则 B 中右指针域为空的结点有（　　）个。
A. $n-1$
B. n
C. $n+1$
D. $n+2$

二、填空题

1. 度为 H 的完全二叉树至少有＿＿＿＿个结点；最多有＿＿＿＿个结点。

2. 一棵有 n 个结点的满二叉树有＿＿＿＿个度为 1 的结点，有＿＿＿＿个分支（非终端）结点和＿＿＿＿个叶（终端）结点，该满二叉树的深度为＿＿＿＿。

3. 设 F 是由 T_1、T_2、T_3 三棵树组成的森林，与 F 对应的二叉树为 B，已知 T_1、T_2、T_3 的结点个数分别为 n_1、n_2 和 n_3，则二叉树 B 的左子树中有＿＿＿＿个结点，右子树中有＿＿＿＿个结点。

4. 一个深度为 k 的，具有最少结点个数的完全二叉树，按层次（同层从左到右）用自然数依次对结点编号，则编号最小的叶结点的序号是＿＿＿＿；编号是 i 的结点所在的层次号是＿＿＿＿（根所在的层次规定为 1 层）。

5. 完全二叉树中，结点个数为 n，则编号最大的分支结点的编号为＿＿＿＿。

6. 已知一棵二叉树的前序序列为 $a\,b\,d\,e\,c\,f\,h\,g$，中序序列为 $d\,b\,e\,a\,h\,f\,c\,g$，则该二叉树的根为＿＿＿＿，左子树中有＿＿＿＿，右子树中有＿＿＿＿。

7. 某二叉树的后序序列是 $d\,a\,b\,e\,c$，中序序列是 $d\,e\,b\,a\,c$，前序序列是＿＿＿＿。

8. 线索二叉树中，若某结点无左孩子，则其左线索指向其＿＿＿＿；若某结点无右孩子，则其右线索指向其＿＿＿＿。

三、判断题

1. 二叉树是度为 2 的有序树。（　　）
2. 在含有 n 个结点的树中，边数只能是 $n-1$ 条。（　　）
3. 采用孩子兄弟链表作为存储结构，树的前序遍历和其相应的二叉树的前序遍历的结果是一样的。（　　）
4. 完全二叉树中，若一个结点没有左孩子，则它必是树叶。（　　）
5. 给定一棵树，可以找到唯一的一棵二叉树与之对应。（　　）
6. 完全二叉树的存储结构通常采用顺序存储结构。（　　）
7. 二叉树按照某种顺序线索化之后，任意一个结点均有指向其前驱或者后继的线索。（　　）
8. 不用递归就不能实现二叉树的前序遍历。（　　）

四、应用题

1. 已知一棵度为 M 的树中有 n_1 个度为 1 的结点，n_2 个度为 2 的结点，……，n_m 个度为 m 的结点，证明其叶结点个数为：

$$n_0 = 1 + \sum_{i=1}^{m}(i-1)n_i$$

2. 试找出满足下列条件的二叉树。
   （1）前序序列与后序序列相同。
   （2）中序序列与后序序列相同。
   （3）前序序列与中序序列相同。
   （4）中序序列与层次序列相同。

3. 一棵二叉树的前序、中序和后序序列如下，其中有部分未标出，试补充完整并画出该二叉树。

   前序序列为：_ _ C D E _ G H I _ K
   中序序列为：C B _ _ F A _ J K I G
   后序序列为：_ E F D B _ J I H _ A

4. 设树 T 在后根次序下的结点排列和各结点相应的度如下。

   后根次序：B D E F C G J K I L H A
   结点的度：0 0 0 0 3 0 0 0 2 0 2 4
   请画出 T 的树结构图。

5. 设二叉树中每个结点均用一个字母表示，若一个结点的左子树或右子树为空，则用#表示。现前序遍历二叉树，访问的结点序列为 $A B D \# \# C \# E \# \# F \# \#$。
   （1）写出该二叉树的中序和后序序列（不带#）。
   （2）画出该二叉树。

6. 已知一个森林的前序序列和后序序列如下，请构造出该森林。

   前序序列：$A B C D E F G H I J K L M N O$
   后序序列：$C D E B F H I J G A M L O N K$

7. 森林如图 6.40 所示。

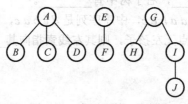

图 6.40　应用题第 7 题图

（1）写出该森林的前序和后序序列。
（2）画出该森林对应的二叉树。
（3）写出森林对应的二叉树的后序序列。

8. 设一棵二叉树的前序序列为：$A B D F C E G H$，中序序列为：$B F D A G E H C$。
   （1）画出这棵二叉树。
   （2）画出这棵二叉树的后序线索树。
   （3）将这棵二叉树转换成对应的树（或森林）。

9. 如果一棵非空 $k(k \geq 2)$ 叉树 T 中每个非叶结点都有 k 个孩子，则称 T 为正则 k 叉树。请回答下列问题并给出推导过程。

（1）若 T 有 m 个非叶结点，则 T 中的叶结点有多少个？

（2）若 T 的高度为 h（单结点的树 h=1），则 T 的结点个数最多为多少个？最少为多少个？

【2016 年全国统一考试】

五、算法设计题

1. 以二叉链表作为存储结构，设计算法求出二叉树 T 中度为 0、度为 1 和度为 2 的结点个数。

2. 求二叉链表表示的二叉树的镜像二叉树，即交换二叉树中所有结点的左、右子树。

3. 求二叉链表表示的二叉树的最大宽度。

4. 设计一个算法，判断两棵以二叉链表表示的二叉树是否相等。

5. 一棵 n 个结点的完全二叉树存放在二叉树的顺序存储结构中，试编写非递归算法对该树进行先序遍历。

6. 由顺序存储的 n 个结点的完全二叉树建立二叉链表存储的二叉树。

7. 二叉树 T 的中序序列和层次序列分别是 D B G E H J A C I F 和 A B C D E F G H I J，试画出该二叉树，并写出由二叉树的中序序列和层次序列确定二叉树的算法。

8. 试编写一个算法对二叉树按前序线索化。

第7章 树和二叉树的应用

第6章介绍了树和二叉树的相关概念、性质、存储结构和基本运算。二叉树是树结构的一个重要的特例,具有如下特点:每个结点最多有两棵子树,结点的度最大为2;左子树和右子树是有次序的,不能颠倒;即使某个结点只有一个子树,也要区分左、右子树。二叉树常被用作表达式树、哈夫曼树、堆、二叉搜索(排序)树、平衡二叉树、判定树等。

本章重点介绍哈夫曼树、哈夫曼编码、优先级队列等内容,还介绍了并查集的概念及应用,并查集属于树(森林)的应用。二叉搜索(排序)树、平衡二叉树和判定树将在第10章中介绍。

本章学习目标:
- 理解表达式树的概念;
- 掌握建立哈夫曼树和哈夫曼编码的方法;
- 掌握利用堆实现优先级队列的方法;
- 理解并查集的概念及应用。

*7.1 表达式树

栈的应用部分已经介绍过,根据运算符相对于运算数的位置不同,表达式分为前缀表达式、中缀表达式和后缀表达式。其中大家熟知的是中缀表达式,如(A+B)*C;前缀表达式又称为波兰式(Polish Notation),如*+ABC;后缀表达式又称为逆波兰式(Reverse Polish Notation),如AB+C*。后两种表达式的最大特点是不考虑运算符的优先规则也不含括号,它们经常用于计算机科学。

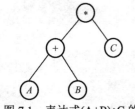

图 7.1 表达式(A+B)*C 的
二叉树表示

二叉树的前序、中序和后序序列,正好对应表达式的三种形式:前缀、中缀和后缀表达式。图 7.1 是表达式(A+B) *C 的二叉树表示。
按照前序方式遍历,就形成了前缀表达式:
　　* + A B C
按照中序方式遍历,得到的是去掉括号的中缀表达式:
　　A + B * C
按照后序方式遍历,得到的是后缀表达式:
　　A B + C *

表达式树的特点是:叶结点是运算数,分支结点是运算符。因为常用的算术运算符都是双目的,所以这里我们只讨论有两个分支的表达式树。

下面给出用后缀表达式建立表达式树并求值的算法,当给定中缀表达式时,可利用第 3 章中的代码 3.22 先将中缀表达式转为后缀表达式。

1. 根据后缀表达式建立表达式树

从左到右扫描后缀表达式的方法如下。
① 如果当前字符是数字字符,则创建数据域为该运算数的新结点,然后将指向该运算数结点的指针压入栈中。
② 如果当前字符是运算符,则创建数据域为该运算符的新结点,从栈中弹出两个结点,先

弹出的结点作为运算符结点的右孩子，后弹出的结点作为运算符结点的左孩子，然后再将指向该运算符结点的指针压入栈中。

扫描后缀表达式结束后，栈中保存的元素即为指向表达式树根结点的指针。

如图 7.2 所示为后缀表达式 12 6 2 / 0.5 - * 的建树过程。

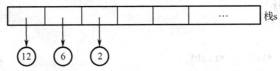
（a）创建数据域为12、6、2的运算数结点，并将指向结点的指针压栈

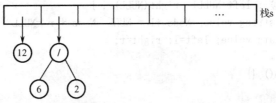
（b）创建数据域为'/'的运算符结点，并弹出两个结点作为其左、右孩子

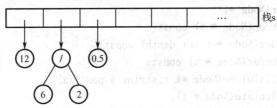
（c）创建数据域为0.5的运算数结点，并将指向结点的指针压栈

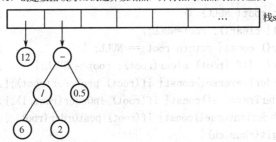
（d）创建数据域为'-'的运算符结点，并弹出两个结点作为其左、右孩子

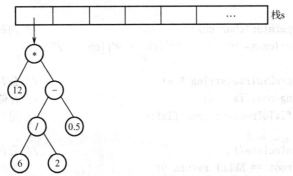
（e）创建数据域为'*'的运算符结点，并弹出两个结点作为其左、右孩子

图 7.2　后缀表达式 12 6 2 / 0.5 - * 的建树过程

2. 表达式树求值

后序遍历表达式树的过程如下。

① 当根结点的数据域是运算数时，到达递归出口，根结点的数据域即为表达式的值。
② 当根结点的数据域是运算符时，递归计算它的左、右子树的值，这两个值分别作为左、右运算数，根据根结点的运算符进行计算，运算结果即为表达式的值。

表达式树的类型定义及运算实现如下：

```cpp
class expTree{
private:
    struct Node {
        Node *left , *right ;                               // 指向左、右孩子的指针
        string data;                                        // 结点的数据域
        Node() : left(NULL), right(NULL) { }                // 无参构造函数
        Node(string value, Node *l = NULL, Node * r =NULL ){// 有参构造函数
            data=value; left=l; right=r;
        }
        ~Node() {}
    };
    Node * root;                                            // 指向根结点的指针
    void clear(Node *t);                                    // 私有，清空
    void preOrder(Node * t) const;                          // 私有，前序遍历
    void inOrder(Node * t,int depth) const;                 // 私有，中序遍历
    void postOrder(Node * t) const;                         // 私有，后序遍历
    void postfixToTree(Node *& t,string & postfix);         // 私有，建立表达式树
    double calculate(Node * t);                             // 私有，表达式树求值
public:
    expTree(): root( NULL) {}                               // 构造空二叉树
    ~expTree(){ clear(); root=NULL;}
    bool empty() const{ return root == NULL; }              // 判空
    void clear() {if (root) clear(root); root = NULL;}      // 公有，清空
    void preOrderTraverse()const{ if(root) preOrder(root);} // 公有，前序遍历
    void inOrderTraverse()const{ if(root) inOrder(root,1);} // 公有，中序遍历
    void postOrderTraverse()const{ if(root) postOrder(root);}// 公有，后序遍历
    bool isDigit(char ch){                                  // 判断是否是数字字符
        return((ch >= '0' && ch <= '9')||ch == '.');
    }
    bool isOperator(char ch){                               // 判断是否是合法运算符
        return(ch == '+'||ch <= '-'||ch == '*'||ch == '/');
    }
    void createExpTree(string & s) {                        // 公有，创建表达式树
        string postfix = s;                                 // 存储后缀表达式
        postfixToTree(root,postfix);                        // 用后缀表达式建立表达式树
    }
    double calculate(){                                     // 公有，表达式树求值
        if (root == NULL) return 0;
        return calculate( root );
    }
    double stringToDouble(string & str);                    // 字符串转换成浮点数
};
```

下面异常类用于除数为 0 异常：

```cpp
class divideByZero:public exception {
public:
    const char* what()const throw()
    {   return "ERROR! DIVIDE BY ZERO.\n";    }
};
```

下面异常类用于表达式出错：

```cpp
class wrongExpression:public exception {
public:
    const char* what()const throw()
    {   return "ERROR! BAD EXPRESSION.\n";    }
};
```

[代码 7.1] 用后缀表达式建立表达式树。

```cpp
void expTree::postfixToTree(Node *& t,string & postfix){
    stack <Node*> s;                              // 用于保存指向结点的指针
    string temp;
    int i=0;
    postfix+='=';                                 // 结束标志，防止 string 下标越界
    while(i < postfix.size() && postfix[i] != '=' ){
        if(isDigit(postfix[i])){                  // 运算数压栈
            while(isDigit(postfix[i])) {
                temp += postfix[i++];             // 拼数
            }
            t = new Node(temp);                   // 构造运算数结点
            s.push(t);                            // 压栈
            temp.clear();
        }
        else if( postfix[i] == ' ' )i++;          // 空格跳过
        else if(isOperator(postfix[i])){          // 运算符
            temp += postfix[i++];
            t = new Node(temp);                   // 构造运算符结点
            temp.clear();
            if( s.size() < 2 ) throw wrongExpression();// 栈中元素少于2个，表达式错误
            t->right = s.top();s.pop();           // 弹出一个运算数设为 t 的右孩子
            t->left = s.top();s.pop();            // 弹出一个运算数设为 t 的左孩子
            s.push(t);                            // 压栈
        }
        else  throw wrongExpression();
    }
    if( s.size()>1 )throw wrongExpression();      // 栈中元素多于一个，表达式错误
}
```

[代码 7.2] 表达式树求值。

```cpp
double expTree::calculate(Node *t){
    double num1, num2;
    if (isDigit(t->data[0]))  return stringToDouble(t->data);  // 根结点是运算数
    num1 = calculate(t->left);                    // 求左子树的值
    num2 = calculate(t->right);                   // 求右子树的值
    switch(t->data[0]){                           // 根结点是运算符
```

```
            case '+':   return  num1 + num2;
            case '-':   return  num1 - num2;
            case '*':   return  num1 * num2;
            case '/':
                if( abs(num2) <= 1e-6) throw divideByZero();
                return  num1 / num2;
        }
    }
```

[代码 7.3] 字符串转换成浮点数。
```
    double expTree::stringToDouble(string & str) {
        istringstream  iss(str);
        double  x;
        if (iss >> x)  return x;
        return 0.0;
    }
```

[代码 7.4] 清空表达式树。
```
    void expTree::clear(Node *t) {
        if(t->left)   clear(t->left);
        if(t->right)  clear(t->right);
        delete t;
    }
```

[代码 7.5] 表达式树的前序遍历（求前缀表达式）。
```
    void expTree:: preOrder(Node * t) const{
        if(t){
            cout <<t->data << ' ';
            preOrder(t->left);
            preOrder(t->right);
        }
    }
```

[代码 7.6] 表达式树的中序遍历（求中缀表达式）。
```
    void expTree:: inOrder(Node *t, int depth) const{
        if(t){
            if(t->left == NULL && t->right == NULL)
                cout<<t->data<< ' ';                    // 输出运算数
            else{
                if(depth>1) cout<<"(";                  // 若有子表达式，则加 1 层括号
                inOrder(t->left,depth+1);
                cout <<t->data << ' ';
                inOrder(t->right,depth+1);
                if(depth > 1)cout<<")";                 // 若有子表达式，则加 1 层括号
            }
        }
    }
```

[代码 7.7] 表达式树的后序遍历（求后缀表达式）。
```
    void expTree::postOrder(Node *t) const{
        if(t){
```

```
            postOrder(t->left);
            postOrder(t->right);
            cout<<t->data<<' ';
        }
    }
```

[代码 7.8] 主函数。

```
int main(){
    string expression;
    expTree tree;
    cout<<"请输入后缀表达式(以空格分隔):";
    getline(cin,expression);              // expression.assign("12 6 2 / 0.5 - *");
    tree.createExpTree(expression);
    cout<<"\n 前序遍历:";
    tree.preOrderTraverse();
    cout<<"\n 中序遍历:";
    tree.inOrderTraverse();
    cout<<"\n 后序遍历:";
    tree.postOrderTraverse();
    cout<<"\n 表达式求值:"<<expression<<" = ";
    cout<<tree.calculate()<<endl;
    return 0;
}
```

7.2 哈夫曼树和哈夫曼编码

7.2.1 哈夫曼树

树结构是一种应用非常广泛的结构，在许多算法中常常利用树结构作为中间结构，以求解问题、确定对策等。哈夫曼（Huffman）树，又称最优二叉树，是树结构应用之一。

1. 基本概念和术语

① 路径（Path）：从一个结点到另一个结点之间的分支序列，构成这两个结点之间的路径。

② 路径长度（Path Length）：路径上的分支数目称为路径长度。例如，根结点到第 L 层结点路径长度为 $L-1$。完全二叉树是路径长度最短的二叉树。

③ 结点的权值（Weight）：在实际应用中，人们常常给树的每个结点赋予一个具有某种实际意义的数，如单价、出现频度等，该数被称为这个结点的权值。

④ 结点的带权路径长度：从根结点到某一结点的路径长度与该结点的权值的乘积，称为该结点的带权路径长度。

⑤ 树的带权路径长度（Weighted Path Length，WPL）：树中所有叶结点的带权路径长度之和。通常记为：$WPL = \sum_{i=1}^{n} w_i l_i$。其中，$n$ 为叶结点个数，w_i 为第 i 个叶结点的权值，l_i 为根结点到第 i 个叶结点的路径长度。

⑥ 哈夫曼树（Huffman Tree）：由 n 个带权值的叶结点构成的二叉树中，WPL 最小的二叉树称为最优二叉树，也称为哈夫曼树。

例如，给定 4 个叶结点 a、b、c、d，其权值分别是 2、3、6、9，可以构造出形态不同的多棵二叉树。如图 7.3 所示的 4 棵二叉树其带权路径长度分别为：
（a）WPL=2×2+3×2+6×2+9×2=40
（b）WPL=2×1+3×2+6×3+9×3=53
（c）WPL=9×1+6×2+3×3+2×3=36
（d）WPL=9×1+6×2+2×3+3×3=36

如图 7.3（c）、（d）所示的二叉树的 WPL 最小，它们是哈夫曼树。从带权路径长度最小这一角度来看，完全二叉树不一定是最优二叉树。

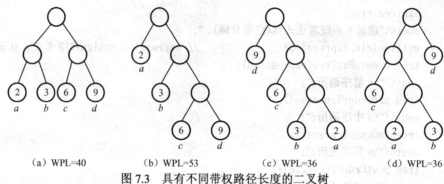

（a）WPL=40　　　（b）WPL=53　　　（c）WPL=36　　　（d）WPL=36

图 7.3　具有不同带权路径长度的二叉树

2. 哈夫曼树的特点

① 有 n 个叶结点的哈夫曼树共有 $2n-1$ 个结点。
② 权值越大的叶结点，离根结点越近，权值越小的叶结点，离根结点越远。
③ 哈夫曼树是正则二叉树，只有度为 0（叶结点）和度为 2（分支）的结点，不存在度为 1 的结点。
④ 哈夫曼树的任意非叶结点的左、右子树交换后仍是哈夫曼树，哈夫曼树的形状不唯一，但 WPL 是相同的。

3. 哈夫曼算法

构造最优二叉树的算法是由德国数学家冯·哈夫曼提出的，所以称为哈夫曼算法，算法描述如下。

① 根据给定的权值集合 $\{w_1, w_2, \cdots, w_n\}$，构造含有 n 棵二叉树的集合（森林）$F=\{T_1, T_2, \cdots, T_n\}$，其中每棵二叉树 T_i 只有根结点，其权值为 w_i，左、右子树为空。
② 在集合 F 中选取根结点的权值最小的两棵二叉树分别作为左、右子树构造一棵新的二叉树，这棵新二叉树的根结点的权值为其左、右子树根结点的权值之和。
③ 从集合 F 中删除作为左、右子树的两棵二叉树，同时把新二叉树加入 F 中。
④ 重复步骤②和③，直到集合 F 中只含有一棵二叉树为止，这棵二叉树即为哈夫曼树。

图 7.4 给出了按此算法构造哈夫曼树的过程。初始时，集合中有 4 棵树，权值分别为 2、3、6、9，如图 7.4（a）所示。第一次选出根结点的权值最小的两棵二叉树，分别是权值为 2 的 a 和权值为 3 的 b，a 和 b 作为左、右子树合并成权值为 5 的新结点，新结点加入集合中，如图 7.4（b）所示。第二次选出根结点的权值最小的两棵二叉树，是刚生成的权值为 5 的二叉树和权值为 6 的 c，合并成权值为 11 的新结点，如图 7.4（c）所示。最后一次归并剩余的两棵二叉树，形成最终的哈夫曼树，如图 7.4（d）所示。

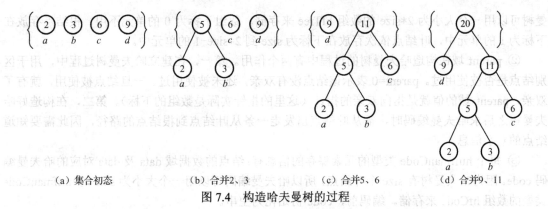

(a) 集合初态　　　　　(b) 合并2、3　　　　(c) 合并5、6　　　(d) 合并9、11

图 7.4　构造哈夫曼树的过程

从哈夫曼算法可以看出，初始时，共有 n 棵二叉树，且均只有一个结点；在构造过程中选取两棵根结点权值最小的二叉树合并成一棵新的二叉树时，需增加一个结点作为新二叉树的根结点。由于要进行 $n-1$ 次合并才能使初始的 n 棵二叉树合并为一棵二叉树，因此合并 $n-1$ 次共产生 $n-1$ 个结点，所以最终求得的哈夫曼树共有 $2n-1$ 个结点。

哈夫曼树的类型定义及运算实现如下：

```
template <class T>
class huffmanTree{
private:
    struct Node{
        T data;                              // 结点的数据域
        int weight;                          // 结点的权值
        int parent, left, right;             // 双亲及左、右孩子的下标
        Node(){                              // 构造函数
            weight = parent = left = right = 0;
        }
    };
    struct huffmanCode{
        T data;
        string code;                         // 保存 data 的哈夫曼编码
        huffmanCode() { code=""; }           // 构造函数，编码前，code 是空串
    };
    Node *hfTree;                            // 顺序存储结构，保存 huffman 树
    huffmanCode *hfCode;                     // 顺序存储结构，保存 huffman 编码
    int size;                                // 叶结点个数
    void selectMin(int m, int& p);           // 选出当前集合中的最小元素
public:
    huffmanTree(int initSize);               // 构造函数
    ~huffmanTree(){ delete [] hfTree; delete []hfCode;}   // 析构函数
    void createHuffmanTree(const T *d, const double *w);  // 创建哈夫曼树
    void huffmanEncoding();                  // 获取 huffman 编码
    void printHuffmanCode();                 // 输出 huffman 编码
};
```

上述哈夫曼树类型定义的说明如下。

① 每个 Node 类型的元素保存的信息有：结点的数据域 data，权值 weight，双亲和左、右孩子的下标 parent、left、right。因为 size 个叶结点的哈夫曼树共有 2*size-1 个结点，所以哈夫

曼树可以用一个大小为 2*size 的数组 hfTree 来存储。数组下标为 0 的单元不用，根结点存放在下标为 1 的单元中，叶结点依次存放在下标为 size 到 2*size-1 的单元中。

② parent 域在构造哈夫曼树的过程中有两个作用。第一，在建立哈夫曼树过程中，用于区别结点是否被使用过。parent=0 表示该结点没有双亲，还未被使用过。一旦结点被使用，就有了双亲，parent 域的值就是指向双亲的指针（这里的指针实际是数组的下标）。第二，在构造好哈夫曼树之后求哈夫曼编码时，需从叶结点出发走一条从叶结点到根结点的路径，因此需要知道结点的双亲信息。

③ 每个 huffmanCode 类型的元素保存的信息有：结点的数据域 data 及 data 对应的哈夫曼编码 code。因为哈夫曼树有 size 个叶结点，所以哈夫曼编码可以用一个大小为 size 的 huffmanCode 类型的数组 hfCode 来存储。编码前，code 初始化为空串。

[代码 7.9] 构造函数。

```
template <class T>
huffmanTree<T>::huffmanTree(int initSize){
    size = initSize;                    // size 为初始集合中的结点个数
    hfTree = new Node[2*size];          // 哈夫曼树采用顺序存储结构
    hfCode = new huffmanCode[size];     // 哈夫曼编码
}
```

[代码 7.10] 根据叶结点数据数组 v 及其权值数组 w 创建哈夫曼树。

```
template <class T>
void huffmanTree<T>::createHuffmanTree(const T *d, const double *w){
    int i, min1, min2;                  // 最小树、次最小树的下标
    for(i = size; i < 2*size; ++i){     // 给 size 个叶结点赋值
        hfTree[i].data = d[i - size];
        hfTree[i].weight = w[i - size];
    }
    for(i = size - 1; i > 0; --i){      // 合并产生 size-1 个新结点
        // 选出 parent 的值为 0 且权值最小的两棵子树 min1、min2 作为结点 i 的左、右孩子
        selectMin(i+1,min1);        hfTree[min1].parent=i;
        selectMin(i+1,min2);        hfTree[min2].parent=i;
        hfTree[i].weight = hfTree[min1].weight + hfTree[min2].weight;
        hfTree[i].left = min1;
        hfTree[i].right = min2;
    }
}
```

[代码 7.11] 选出 parent 的值为 0 且权值最小的子树的根结点，并记录其下标。

```
template<class T>
void huffmanTree<T>::selectMin(int m, int& p){
    int j=m;
    while(hfTree[j].parent != 0) j++;    // 跳过已有双亲的结点
    for(p=j, j+=1 ; j < 2*size; j++)     // 向后扫描剩余元素
        if((hfTree[j].weight < hfTree[p].weight) && 0 == hfTree[j].parent )
            p = j;                        // 发现更小的记录，记录它的下标
}
```

我们用大小为 2*size-1 的一维数组 hfTree 来存放哈夫曼树中的结点。对于如图 7.4 所示的哈夫曼树，利用 createHuffmanTree 算法建立的顺序存储结构的哈夫曼树，如表 7-1 和表 7-2 所示。

表 7-1 数组 hfTree 的初始状态

	data	weight	parent	left	right
1		0	0	0	0
2		0	0	0	0
3		0	0	0	0
4	a	2	0	0	0
5	b	3	0	0	0
6	c	6	0	0	0
7	d	9	0	0	0

（4~7 为 4 个叶结点）

表 7-2 建成哈夫曼树

	data	weight	parent	left	right
1		20	0	7	2
2		11	1	3	6
3		5	2	4	5
4	a	2	3	0	0
5	b	3	3	0	0
6	c	6	2	0	0
7	d	9	1	0	0

（4~7 为 4 个叶结点）

7.2.2 哈夫曼编码

哈夫曼树被广泛应用在各种技术中，其中最典型的就是在编码技术上的应用。利用哈夫曼树，可以得到平均长度最短的编码。

基本概念和术语说明如下。

（1）字符编码，狭义的字符编码是指给一组对象中的每个对象标记一个二进制位串，方便文本在计算机中存储和通过通信网络的传递。

（2）等长编码，表示一组对象的二进制位串的长度相等，如 ASCII 编码。

（3）不等长编码，表示一组对象的二进制位串的长度不相等。

（4）前缀码，任何一个字符的编码都不是另一个字符的编码的前缀。

通信中要将待传字符转换成二进制位串，下面以数据通信的二进制编码的优化问题为例来分析说明。例如，有一段报文："GOOGLE GOOSE GOOD"，在报文中出现的字符集是 Data= {'G','O','L','E','S','D',' '}，其中' '为空格符。各个字符出现的频率（次数）是 W={4,6,1,2,1,1,2}。若每个字符用一个等长的三位二进制位串表示（如表 7-3 所示），则所发报文为：000001100100001001111000000100110001111000000100110 1，此时报文总长是：17×3=51。

表 7-3 字符集 Data 的等长编码

data	'G'	'O'	'L'	'E'	'S'	'D'	' '
频率	4	6	1	2	1	1	2
code	000	001	010	011	100	101	110

若按字符出现频率的不同进行不等长编码，出现频率较多的字符采用位数较少的编码，出现频率较少的字符采用位数较多的编码，可使报文中的码数减少。例如，对上述报文中出现的字符按其出现频率给予不等长编码（如表 7-4 所示），则所发报文为：011010001011110001011100，此时报文的总长是：1×4+1×6+2×1+2×2+2×1+3×1+2×2=25。这种编码方式可以使得报文的总长度达到最小，但机器无法解码，这显然是不可行的。例如，"good"的二进制位串"011100"，其中：

"00"可以识别为'E'，还可以识别为"GG"；

"01"可以识别为' '，还可以识别为"GO"；

"11"可以识别为'S'，还可以识别为"OO"；

"10"可以识别为'L'，还可以识别为"OG"；

"100"可以识别为'D'，还可以识别为"LG"或"OE"或"OGG"。

表 7-4 字符集 Data 的不等长编码

data	'G'	'O'	'L'	'E'	'S'	'D'	' '
频率	4	6	1	2	1	1	2
code	0	1	10	00	11	100	01

这样一来，二进制位串"011100"就有多种译法。因此，要使编码总长最小，所设计的不等长编码必须满足一个条件：任意一个字符的编码不能成为其他字符的编码的前缀，即必须是"前缀码"。

利用二叉树可以构造出前缀码，而利用哈夫曼算法可以设计出最优的前缀码，这种编码就称为哈夫曼编码。构造哈夫曼编码的方式是：将需要传送的信息中各字符出现的频率作为权值来构造一棵哈夫曼树，每个带权叶结点都对应一个字符，根结点到叶结点都有一条路径，我们约定路径上指向左子树的分支用 0 表示，指向右子树的分支用 1 表示，则根结点到每个叶结点路径上的 0、1 码序列即为相应字符的哈夫曼编码。

例如，前面报文的字符集 Data={'G','O','L','E','S','D',' '}，各字符对应的使用频率（权值）W={4, 6,1,2,1,1,2}。利用权值 W 构造哈夫曼树，然后按照左孩子为 0，右孩子为 1 的规则构造哈夫曼编码，如图 7.5 所示。需要注意，由于哈夫曼树不唯一，因此如无特殊约定，通常哈夫曼编码也不唯一。

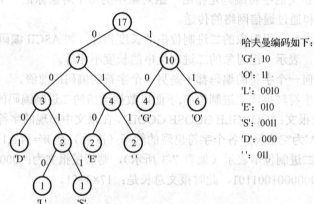

哈夫曼编码如下：
'G': 10
'O': 11
'L': 0010
'E': 010
'S': 0011
'D': 000
' ': 011

图 7.5 建立哈夫曼树并进行哈夫曼编码

构造了哈夫曼树以后，求哈夫曼编码的方法是，依次从叶结点出发，向上回溯，直至根结点，在回溯的过程中生成哈夫曼编码。即从哈夫曼树的叶结点出发，利用其双亲指针 parent 找到其双亲，然后再利用其双亲的指针域 left 和 right 来判断该结点是双亲的左孩子还是右孩子：若是左孩子，则在该叶结点的编码前添加'0'；若是右孩子，则在该叶结点的编码前添加'1'。

[代码 7.12] 根据哈夫曼树为每个叶结点生成哈夫曼编码。

```
template <class T>
void huffmanTree<T>::huffmanEncoding() {
    int f,p;                             // p 是当前正在处理的结点，f 是 p 的双亲的下标
    for(int i = size; i < 2*size; ++i){
        hfCode[i - size].data = hfTree[i].data;
        p = i;
        f = hfTree[p].parent;
        while(f){
            if (hfTree[f].left == p)// p 是其双亲 f 的左孩子，编码+'0'
```

```
                hfCode[i - size].code = '0' + hfCode[i - size].code;
            else                     // p 是其双亲 f 的右孩子，编码+'1'
                hfCode[i - size].code = '1' + hfCode[i - size].code;
            p = f;
            f = hfTree[p].parent;
        }
    }
}
```

[代码 7.13] 输出叶结点及其哈夫曼编码。

```
template<class T>
void huffmanTree<T>::printHuffmanCode(){
    for (int i=0; i< size; i++)
        cout<< hfCode[i].data <<' '<< hfCode[i].code << endl;
}
```

[代码 7.14] 主函数。

```
int main(){
    char    d[] = "GOLESD ";
    double  w[] = {4,6,1,2,1,1,2};
    huffmanTree<char>   tree(7);
    tree.createHuffmanTree( d,w );
    tree.huffmanEncoding();
    tree.printHuffmanCode();
    return 0;
}
```

用上述方法构造的编码，由于出现频度大的字符编码短，频度小的字符编码较长，因此，从总体上讲，比等长编码减少了传送的信息量，从而可缩短通信时间。哈夫曼树还有很多其他的应用，例如，在当今流行的数据压缩算法中，经常采用哈夫曼编码进行压缩存储。

利用哈夫曼树除可以进行编码外，也可以用来译码。译码的过程正好与编码相反，从根结点出发向下遍历，依次识别报文中的二进制编码，如果为'0'，则走向左子树，否则走向右子树，当到达叶结点时，便可译出相应的字符。

自测题 1. 对 $n(n≥2)$ 个权值均不相同的字符构造哈夫曼树。下列关于该哈夫曼树的叙述中，错误的是（　　）。

A. 该树一定是一棵完全二叉树
B. 树中一定没有度为 1 的结点
C. 树中两个权值最小的结点一定是兄弟结点
D. 树中任一非叶结点的权值一定不小于下一层任一结点的权值

【2010 年全国统一考试】
【参考答案】A
【题目解析】考查哈夫曼树的特点。

自测题 2. 5 个字符有如下 4 种编码方案，不是前缀编码的是（　　）。

A. 01,0000,0001,001,1
B. 011,000,001,010,1
C. 000,001,010,011,100
D. 0,100,110,1110,1100

【2014 年全国统一考试】
【参考答案】D

【题目解析】考查前缀码的概念。

自测题 3. 下列选项给出的是从根分别到达两个叶结点路径上的权值序列,能属于同一棵哈夫曼树的是（ ）。

A. 24,10,5 和 24,10,7　　　　　　B. 24,10,5 和 24,12,7
C. 24,10,10 和 24,14,11　　　　　D. 24,10,5 和 24,14,6

【2015 年全国统一考试】
【参考答案】D

自测题 4. 已知字符集{a,b,c,d,e,f,g,h},若各字符的哈夫曼编码依次是 0100,10,0000,0101,001, 011,11,0001,则编码序列 01000110010010111110101 的译码结果是（ ）。

A. acgabfh　　　　　　　　　　B. adbagbb
C. afbeagd　　　　　　　　　　D. afeefgd

【2017 年全国统一考试】
【参考答案】D

7.3 堆和优先级队列

7.3.1 堆

堆（二叉堆）是满足下列性质的序列 $\{K_1, K_2, \cdots, K_n\}$:

$$\begin{cases} K_i \leq K_{2i} \\ K_i \leq K_{2i+1} \end{cases} \text{或} \quad \begin{cases} K_i \geq K_{2i} \\ K_i \geq K_{2i+1} \end{cases} \quad \text{其中}: i=1, 2, \cdots, \lfloor n/2 \rfloor$$

若将此序列看成一棵完全二叉树,则堆或者是空树,或者是满足下列特性的完全二叉树: 其左、右子树分别是堆,任何一个结点的键值不大于（或不小于）其左、右孩子（若存在）的键值。编号 i 即为二叉树按层次遍历的次序。

最大堆,也称大根堆或大堆:结点（双亲）的键值总是大于或等于任何一个孩子的键值, 根结点 K_1 是序列中的最大值。

最小堆,也称小根堆或小堆:结点（双亲）的键值总是小于或等于任何一个孩子的键值, 根结点 K_1 是序列中的最小值。

例如,序列 D1={6,8,9,10,15,12,18,12'}是小根堆,D2={18,12,15,10,8,12',6,9}是大根堆。按层次序列分别画出 D1、D2 对应的完全二叉树,如图 7.6 所示。图 7.6（a）二叉树的任意结点（双亲）的键值都小于孩子的键值的是小根堆,图 7.6（b）二叉树的任意结点（双亲）的键值都大于孩子的键值的是大根堆。

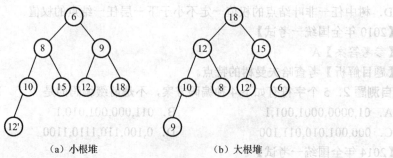

(a) 小根堆　　　　　　　　(b) 大根堆
图 7.6　小根堆和大根堆示意图

在第 6 章中已经介绍过，完全二叉树适合用顺序存储结构表示和实现，因此堆可以利用一维数组实现。顺序结构存储的优点是：元素排列紧凑，空间利用率高；元素间的逻辑关系通过下标就能判定，不需要借助指针，不产生结构性存储开销。

有 n 个结点的堆，对结点从 1 到 n 进行编号，数组 0 号单元不使用，对任意一个结点 $i(1 \leq i \leq n)$ 有：若 $i=1$，则结点 i 为根，无双亲；若 $i>1$，则结点 i 的双亲的编号是 $\lfloor i/2 \rfloor$。若 $2i \leq n$，则 i 的左孩子的编号是 $2i$，否则 i 无左孩子；若 $2i+1 \leq n$，则 i 的右孩子的编号是 $2i+1$，否则 i 无右孩子。

例如，图 7.6 中的小根堆和大根堆可以存储在如图 7.7（a）、（b）所示的一维数组中。

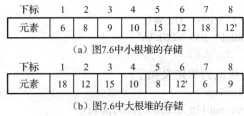

图 7.7　小根堆和大根堆存储示意图

7.3.2　优先级队列

优先级队列（Priority Queue）：是零个或多个元素的集合，优先级队列中的每个元素都有一个优先级，元素出队的先后次序由优先级的高低决定，而不是由入队的先后次序决定。优先级高的先出队，优先级低的后出队。优先级队列在现实生活广泛存在，例如，排队上车，老弱病残孕优先上车；排队候诊，危急病人优先就诊。

优先级队列的主要特点是，支持从一个集合中快速地查找和删除具有最大值或最小值的元素。最小优先级队列适合查找和删除最小元素，最大优先级队列适合查找和删除最大元素。

优先级队列实现方法很多，可以利用普通队列实现，还可以利用堆实现。

方法 1：利用普通队列实现优先级队列，入队时，按照优先级在队列中寻找合适位置插入元素；出队操作不变，仍然在队首出队。入队和出队的时间复杂度分别是 $O(n)$ 和 $O(1)$。

方法 2：利用普通队列实现优先级队列，入队操作不变，仍然在队尾入队；出队时，在整个队列中查找优先级最高的元素，并删除它。入队和出队的时间复杂度分别是 $O(1)$ 和 $O(n)$。

方法 3：利用堆实现优先级队列。例如，最小优先级队列，键值越小优先级越高，可以用一个小根堆实现。在小根堆中，存储在数组下标 1 处的根结点是最小元素。入队操作就是在数组的末尾添加一个元素，然后调整元素的位置，以保持小根堆的特性；出队操作就是删除下标为 1 的根结点，然后调整元素的位置，以保持小根堆的特性；获取队首元素的操作就是返回下标 1 处的根结点。

队列的抽象数据类型定义如下：

```
template <class T>
class Queue{
public:
    virtual bool empty()const = 0;              // 判队空
    virtual int size()const=0 ;
    virtual void enQueue(const T &x) = 0;       // 入队
    virtual T deQueue() = 0;                    // 出队
    virtual T getHead()const = 0;               // 取队首元素
```

```cpp
        virtual ~Queue() {}                    // 虚析构函数
};
```

自定义异常处理类：
```cpp
class outOfRange:public exception {            // 用于检查范围的有效性
public:
    const char* what()const throw()
    {   return "ERROR! OUT OF RANGE.\n"; }
};
class badSize:public exception {               // 用于检查长度的有效性
public:
    const char* what()const throw()
    {   return "ERROR! BAD SIZE.\n"; }
};
```

基于小根堆的最小优先级队列的定义如下：
```cpp
template <class elemType>
class priorityQueue:public Queue<elemType>{
private:
    int curLength;                             // 队列中元素个数
    elemType * data;                           // 指向存放元素的数组
    int maxSize;                               // 队列的大小
    void resize();                             // 扩大队列空间
    void siftDown(int parent);                 // 从 parent 位置向下调整优先级队列
    void siftUp(int position);                 // 从 position 位置向上调整优先级队列
public:
    priorityQueue(int initSize = 100);
    priorityQueue(const elemType data[], int size);
    ~priorityQueue() { delete [] data; }
    bool empty()const{ return curLength == 0; }  // 判空
    int size()const{ return curLength; }         // 求长度
    void buildHeap();                            // 建堆
    void enQueue(const elemType & x);            // 入队
    elemType deQueue();                          // 出队
    elemType getHead()const {                    // 取队首元素
        if(empty())  throw outOfRange();
        return data[1];
    }
};
```

下面讨论基于小根堆的最小优先级队列的基本操作。

1. 入队（插入）

算法思想：

若小根堆的结点个数为 n，则插入一个新元素时，为了保持完全二叉树的性质，新增结点放在数组末尾，其编号应为 $i=n+1$。

为了保持小根堆的性质，还需要比较结点 i 和其双亲的键值，如果结点 i 的键值小于其双亲 $\lfloor i/2 \rfloor$ 的键值，则将结点 i 中的元素与其双亲的元素进行交换，令结点 i 的双亲成为新的结点 i，继续向上比较，直到结点 i 的键值不小于其双亲的键值或 i 到达根结点为止。

为提高效率，算法设计时可以采用向下移动较大的双亲数据的方式来替代交换数据。

例如,在图 7.6(a)小根堆中插入 3 的过程,如图 7.8 所示。

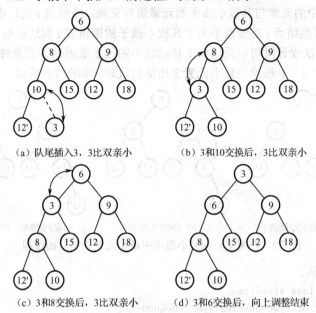

图 7.8　在图 7.6(a)小根堆中插入 3 的过程

[代码 7.15] 入队。

```
template <class elemType>
void priorityQueue<elemType>::enQueue(const elemType & x){
    if(curLength == maxSize - 1)  resize();
    data[++curLength] = x;                          // 下标从 1 开始
    siftUp(curLength);                              // 新入队元素需向上调整
}
```

[代码 7.16] 向上调整堆,为提高效率,当双亲的键值大时,采用向下移动双亲数据的策略,而不是交换数据。

```
template < class elemType>
void priorityQueue<elemType>::siftUp(int position) {   // 从 position 开始向上调整
    elemType temp = data[position];                     // 保存 position 位置元素
    for( ; position > 1 && temp < data[position/2]; position /= 2 )
        data[position] = data[position/2];              // position 位置元素比双亲小,双亲下移
    data[position] =temp ;
}
```

算法分析:

入队(插入)过程从完全二叉树的叶结点开始,并向上调整,最坏情况需要向上调整到根结点为止,n 个结点的完全二叉树的高度为⌈log(n+1)⌉,入队算法 enQueue 调用向上调整算法 siftUp 中的循环最多迭代 O(logn)次,因此入队操作的时间复杂度是 O(logn)。

2. 出队(删除)

算法思想:

从最小优先级队列出队一个元素即在小根堆中删除一个元素时,该元素必定在数组下标 1 处的根结点中;删除根结点后,小根堆的元素个数变为 n-1,为了保持完全二叉树的性质,将下标为 n 的叶结点暂时存放在下标为 1 的根结点中。

为了保持小根堆的性质，比较结点 i 和其较小孩子的键值，若结点 i 的键值大于其较小孩子的键值，则将结点 i 中的元素与其较小孩子的元素进行交换，令结点 i 的较小孩子成为新的结点 i，继续向下比较，直到结点 i 的键值不大于其较小孩子的键值或 i 到达叶结点为止。

为提高效率，算法设计时可以采用向上移动较小的孩子数据的方式来替代交换数据。

例如，在图 7.8（d）小根堆中最小元素 3 出队的过程，如图 7.9 所示。

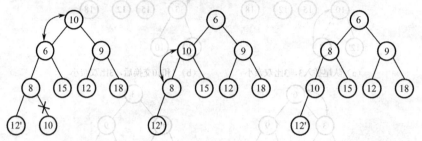

（a）10 移到根结点　　　　（b）10 和 6 交换后　　　（c）10 和 8 交换后，向下调整结束

图 7.9　在图 7.8（d）小根堆中最小元素 3 出队的过程

[代码 7.17] 出队。

```
template <class elemType>
elemType priorityQueue<elemType>::deQueue(){
    if( empty()) throw outOfRange();
    elemType min;
    min = data[1];                       // 保存最小元素
    data[1] = data[curLength--];         // 队尾元素存入下标 1 位置（堆顶）
    siftDown(1);                         // 从队首（堆顶）向下调整
    return min;                          // 返回队首元素
}
```

[代码 7.18] 向下调整堆，为提高效率，当孩子的键值较小时，采用向上移动较小的孩子数据的策略，而不是交换数据。

```
template <class elemType>
void priorityQueue<elemType>::siftDown(int parent) {  // 从 parent 开始向下调整
    int child;
    elemType tmp = data[parent];         // 保存 parent 处结点
    for( ; parent * 2 <= curLength; parent = child) {
        child = parent * 2;              // child 用于记录较小的子结点
        if(child != curLength && data[child + 1] < data[child])
            child++;                     // 右孩子更小
        if(data[child] < tmp)  data[parent] = data[child];
        else  break;
    }
    data[parent] = tmp;
}
```

算法分析：

出队（删除）过程从完全二叉树的根结点开始，并向下调整，最坏情况一直向下调整到叶结点为止，n 个结点的完全二叉树的高度为 $\lceil \log(n+1) \rceil$，出队算法 deQueue 调用向下调整算法 siftDown 中的循环最多迭代 $O(\log n)$ 次，因此出队操作的时间复杂度是 $O(\log n)$。

在文件的排序部分还会介绍到堆排序，即依次输出堆顶元素，然后重新调整成堆，如此反复执行，便得到一个有序序列。

3. 建堆

方法1：采用自上向下的建堆方法。首先初始化一个空的优先级队列，然后连续进行 n 次入队（插入）操作。请读者自行实现。

方法2：采用自下向上的建堆方法。将给定的初始序列看成一棵完全二叉树，该完全二叉树暂时还不满足堆的性质，需要从最后一个分支结点一直到根结点，调用$\lfloor n/2 \rfloor$次向下调整算法，把它调整成堆。可以证明，该方法的时间复杂度为 $O(n)$。

具有 n 个结点的完全二叉树，其叶结点被认为符合堆的定义，其最后一个分支结点的编号是$\lfloor n/2 \rfloor$，从该结点开始，直到根结点，依次使用向下调整堆算法 siftDown，使堆的序列从$[n/2..n]$一直扩大到$[1..n]$，就完成了初始堆的建立。

例如，初始序列 D2={18,12,15,10,8,12',6,9}，利用方法2建立小根堆的过程如图7.10所示。

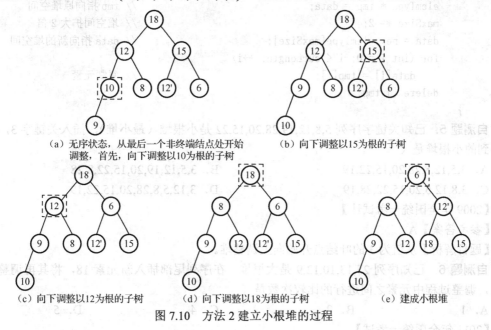

图 7.10 方法 2 建立小根堆的过程

[代码 7.19] 建堆方法 2 的实现。

```
template <class elemType>
void priorityQueue<elemType>::buildHeap( ){
    for(int i = curLength/2; i > 0; i--)
        siftDown(i);           // [curLength/2..1]从下标最大的分支结点开始调整
}
```

4. 初始化堆

[代码 7.20] 构造空堆，只有初始大小，无初始序列，建堆时需调用入队操作。

```
template <class elemType>
priorityQueue<elemType>::priorityQueue(int initSize = 100) {
    if(initSize <= 0)   throw badSize();
    data = new elemType[initSize];
    maxSize = initSize;
    curLength = 0;
}
```

[代码 7.21] 构造无序堆，有初始大小和初始序列，使用该堆之前需要调用 buildHeap( )建堆。

```
template <class elemType>
priorityQueue<elemType>::priorityQueue(const elemType *items, int size):
    maxSize(size + 10), curLength(size) {
    data = new elemType[maxSize];
    for(int i = 0; i < size; i++)
        data[i + 1] = items[i];                 // 复制元素
}
```

5. 扩大堆空间

[代码 7.22]

```
template <class elemType>
void priorityQueue<elemType>::resize(){
    elemType * tmp = data;                      // tmp 指向原堆空间
    maxSize *= 2;                               // 堆空间扩大2倍
    data = new elemType[maxSize];               // data 指向新的堆空间
    for (int i = 0; i < curLength; ++i)
        data[i] = tmp[i];                       // 复制元素
    delete [] tmp;
}
```

自测题 5. 已知关键字序列 5,8,12,19,28,20,15,22 是小根堆（最小堆），插入关键字 3，调整后得到的小根堆是（　　）。

A. 3,5,12,8,28,20,15,22,19　　　　　　　B. 3,5,12,19,20,15,22,8,28

C. 3,8,12,5,20,15,22,28,19　　　　　　　D. 3,12,5,8,28,20,15,22,19

【2009 年全国统一考试计】

【参考答案】A

【题目解析】从值为 3 的叶结点开始向上调整堆。

自测题 6. 已知序列 25,13,10,12,9 是大根堆，在序列尾部插入新元素 18，将其再调整为大根堆，调整过程中元素之间进行的比较次数是（　　）。

A. 1　　　　　　B. 2　　　　　　C. 4　　　　　　D. 5

【2011 年全国统一考试】

【参考答案】B

自测题 7. 已知小根堆为 8,15,10,21,34,16,12，删除关键字 8 之后需重建堆，在此过程中，关键字之间的比较次数是（　　）。

A. 1　　　　　　B. 2　　　　　　C. 3　　　　　　D. 4

【2015 年全国统一考试】

【参考答案】C

【题目解析】删除堆顶元素 8 后将最后一个元素 12 置于堆顶，然后调整堆：① 比较 12 和 15，不动。② 比较 12 和 10，交换。③ 比较 12 和 16，不动。

*7.4　并查集

相关概念介绍如下。

（1）等价关系（Equivalence Relation）：R 是非空集合 S 上的二元关系，若 R 是自反的、对称的和传递的，则称 R 是集合 S 上的等价关系。

自反性（Reflexive）：对于每个元素 $a \in S$，有 $(a,a) \in R$。
对称性（Symmetric）：对于每对元素 $a,b \in S$，当 $(a,b) \in R$ 时，有 $(b,a) \in R$。
传递性（Transitive）：对于任意元素 $a,b,c \in S$，当 $(a,b) \in R$ 且 $(b,c) \in R$ 时，有 $(a,c) \in R$。

例如，数字的相等关系，同班同学关系，一群人中姓氏相同的关系等都是等价关系。

（2）元素等价：R 是非空集合 S 上的等价关系，如果 $(a,b) \in R$，则称元素 a 和 b 是等价的，或称元素 b 和 a 是等价的。

（3）等价类：若非空集合 S 满足等价关系 R，则可以按该等价关系将集合 S 划分成等价类，即任意两个元素 a、b，只要有 $(a,b) \in R$，则它们属于同一等价类（子集）。这些等价类形成了不相交的集合，它们的并集等于原集合。

例如，整数集合 S 模 3 的同余关系 R 是一个等价关系，集合 S 划分为三个等价类：模 3 余数为 0 的等价类 S_1、模 3 余数为 1 的等价类 S_2 和模 3 余数为 2 的等价类 S_3。等价类 S_1、S_2、S_3 是不相交的集合，它们的并集等于原集合 S。

（4）并查集（Union Find Sets）：是一种特殊的集合，用于处理一些不相交集合的合并及查询问题。并查集常用于求解等价类问题，如最小生成树的 Kruskal 算法和求最近公共祖先等。

并查集的常用基本操作有三个。
① 构造操作：将集合中的每个元素初始化为一个独立的不相交集合（等价类）。
② 合并操作：把属于不同集合的两个元素各自所属的集合合并。
③ 查找操作：找出元素属于哪个子集。常用来确定两个元素是否属于同一子集。

并查集常表示为森林，采用树（森林）的双亲表示法作为存储结构，森林中的每棵树是一个子集（等价类），树中的每个结点表示子集中的一个元素，用根结点作为子集中所有元素的代表。

在双亲表示法中，每个结点只需要知道其双亲，可以用一个整型数组 parent 来存储，数组中元素 parent[num] 的值为结点 num 的双亲的下标。根结点作为子集的名称。初始化一个并查集时，由于每个元素作为一个独立的子集，因此 parent 数组全部置为 -1。图 7.11 是一个并查集的初态及其 parent 数组。

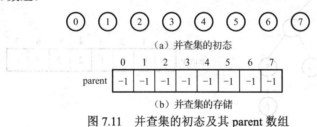

图 7.11 并查集的初态及其 parent 数组

执行两个集合的合并操作，即归并两棵树，将一棵树的根结点作为另一棵树根结点的孩子。在极端的情况下，可能合并出单支树从而退化成线性结构，这将不利于查找操作。为尽量避免树的增高，我们在归并树时，将规模较小的树作为规模较大的树的子树（另一种方法是按树的高度归并，即归并树时，将较矮的树作为较高的树的子树，这里不做讨论）。采用按规模归并的方法需要记录每棵树中的结点总数，一种可行的方法是：利用树的根结点记录一个负数，其绝对值就是树的结点总数。图 7.12 是并查集的合并操作示意图。

查找操作返回包含该元素的树的根结点。例如，在图 7.12（b）中查找 2 和 5，分别返回根结点 0 和 3，此时 2 和 5 属于不同的等价类（不相交集）。再如，在图 7.12（d）中查找 2 和 5，都返回根结点 3，此时 2 和 5 属于同一等价类。

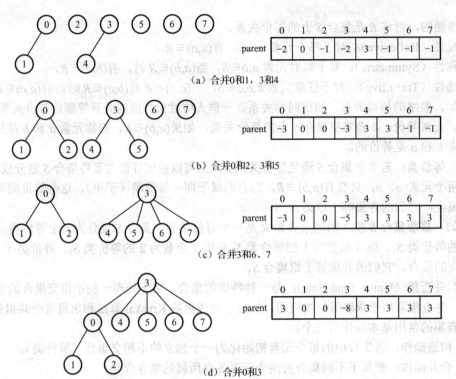

图 7.12 并查集的合并示意图

查找操作所用的时间与从该结点到根结点的路径长度成正比。当树中结点呈单支分布时，查找效率最低；当树中结点最多分布在两层中时，查找效率最高。为了提高查找效率，在执行查找操作时可以进行路径压缩来降低路径上结点的高度。路径压缩实际上就是将被查找结点到根结点的路径上的每个结点的双亲都改为根结点。图 7.13 是带路径压缩的查找操作示意图。

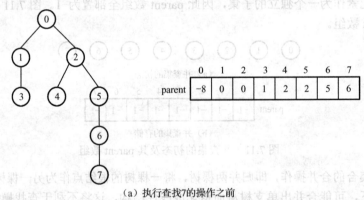

(a) 执行查找7的操作之前

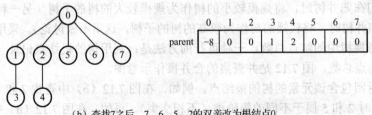

(b) 查找7之后，7、6、5、2的双亲改为根结点0

图 7.13 带路径压缩的查找操作示意图

下面给出并查集的类型定义及运算实现：
```cpp
class unionFindSet {
    int size;
    int *parent;
public:
    unionFindSet(int s) ;
    ~unionFindSet(){ if(parent != NULL) delete [] parent; }
    void merge(int root1, int root2);
    int find(int x);
};
```

[代码 7.23] 构造函数，初始化并查集。
```cpp
unionFindSet::unionFindSet(int n){
    size = n;
    parent = new int [size];
    memset(parent, -1, sizeof(int)*size);    // 所有结点的双亲初始化为-1
}
```

[代码 7.24] 查找结点所属集合并压缩路径，递归调用返回时顺便将路径上结点的双亲置为根结点。
```cpp
int unionFindSet::find(int x){
    if(parent[x] < 0) return x;              // 当parent[x]<0时，x即根结点
    return  parent[x] = find(parent[x]);     // 路径压缩
}
```

[代码 7.25] 根据规模合并两个集合。
```cpp
void unionFindSet::merge(int root1, int root2){
    root1 = find(root1);                     // 查找root1的树根
    root2 = find(root2);                     // 查找root2的树根
    if(root1 == root2) return;               // 属于同一个集合无须合并
    if(parent[root1] > parent[root2]) {      // 负数比较大小，root2规模更大
        parent[root2] += parent[root1];      // root1归并到root2，root2规模增大
        parent[root1] = root2;               // root1的双亲置为root2
    }
    else {
        parent[root1] += parent[root2];
        parent[root2] = root1;
    }
}
```

7.5 算法设计举例

【例 7.1】 二叉树的带权路径长度（WPL）是二叉树中所有叶结点的带权路径长度之和。给定一棵二叉树 T，采用二叉链表存储，结点结构为：(left,weight,right)，其中叶结点的 weight 域用于保存该结点的非负权值。设 root 为指向 T 的根结点的指针，请设计求 T 的 WPL 的算法，要求：

（1）给出算法的基本设计思想。
（2）使用 C 或 C++语言，给出二叉树结点的数据类型定义。

（3）根据设计思想，采用 C 或 C++语言描述算法，关键之处给出注释。

【2014 年全国统一考试】

【题目分析】树的带权路径长度为树中所有叶结点的带权路径长度之和，即 $WPL = \sum_{i=1}^{n} w_i l_i$，其中，$n$ 为叶结点个数，w_i 为第 i 个叶结点的权值，l_i 为根结点到第 i 个叶结点的路径长度。可以使用前序遍历或层次遍历方法求解问题。

（1）基于前序递归遍历二叉树的思想，求带权路径长度的算法描述如下。

递归前序遍历二叉树有以下三种情况：

① 若为空树，则返回带权路径长度为 0。
② 若当前结点为叶结点，则返回根结点到该结点的路径长度与该结点的权值的乘积。
③ 若当前结点为分支结点，则返回其左、右子树的 WPL 之和。

（2）二叉树结点的数据类型定义如下：

```
struct Node {
    Node *left , *right ;                           // 指向左、右孩子的指针
    int weight;                                     // 结点的权值
    Node() : left(NULL), right(NULL) { }            // 无参构造函数
    Node(int value, Node *l = NULL, Node * r =NULL ){
        weight=value; left=l; right=r;
    }
};
```

（3）算法实现如下：

```
class BinaryLinkList{
private:
    struct Node {
        Node *left , *right ;                       // 指向左、右孩子的指针
        int weight;                                 // 结点的权值
        Node(): left(NULL), right(NULL) { }         // 无参构造函数
        Node(int value, Node *l = NULL, Node * r =NULL ){
            weight = value; left = l; right = r;
        }
    };
    Node * root;                                    // 指向根结点的指针
    int wplPreOrder(Node* t,int deep)const;         // 前序遍历求 WPL
public:
    int wplPreOrder(){ return wplPreOrder(root,0); }// 前序遍历求 WPL 的公共接口函数
    ...
};
int BinaryLinkList::wplPreOrder(Node* t,int deep)const{
    if(t == NULL) return 0;                         // ①：空子树 WPL 为 0
    else if((t->left == NULL)&&(t->right == NULL))  // ②：当前结点为叶结点
        return deep * t->weight;                    // 返回叶结点的带权路径长度
    else                                            // ③：当前结点为分支结点
        return wplPreOrder(t->left,deep+1)+wplPreOrder(t->right,deep+1);
                                                    // 递归统计左、右子树的 WPL 之和
}
```

习题

一、选择题

1. 已知一个算术表达式的中缀形式为 A+B*C-D/E，后缀形式为 ABC*+DE/-，其前缀形式为（　　）。
   A．-A+B*C/DE　　B．-A+B*CD/E　　C．-+*ABC/DE　　D．-+A*BC/DE

2. 在哈夫曼树中，任何一个结点的度都是（　　）。
   A．0 或 1　　B．1 或 2　　C．0 或 2　　D．0 或 1 或 2

3. 在下列情况中，可称为二叉树的是（　　）。
   A．每个结点最多有两棵子树的树　　　　B．哈夫曼树
   C．每个结点最多有两棵子树的有序树　　D．每个结点只有一棵右子树
   E．以上答案都不对

4. 根据以权值为{2,5,7,9,12}构造的哈夫曼树所构造的哈夫曼编码中最大的长度为（　　）。
   A．2　　B．3　　C．4　　D．5

5. 在含有 n 个关键字的小根堆（堆顶元素最小）中，关键字最大的记录有可能存储在（　　）位置上。
   A．$\lfloor n/2 \rfloor$　　B．$\lfloor n/2 \rfloor -1$　　C．1　　D．$\lfloor n/2 \rfloor +2$

6. 以下序列不是堆的是（　　）。
   A．100,85,98,77,80,60,82,40,20,10,66
   B．100,98,85,82,80,77,66,60,40,20,10
   C．10,20,40,60,66,77,80,82,85,98,100
   D．100,85,40,77,80,60,66,98,82,10,20

7. 从堆中删除一个元素的时间复杂度为（　　）。
   A．O(1)　　B．O(log2n)　　C．O(n)　　D．O(nlog2n)

8. 有一组数据(15,9,7,8,20,-1,7,4)，用堆的向下筛选方法建立的初始小根堆为（　　）。
   A．-1,4,8,9,20,7,15,7
   B．-1,7,8,15,7,4,8,20,9
   C．-1,4,7,8,20,15,7,9
   D．A、B、C 均不对

二、填空题

1. 有一份电文中共使用 6 个字符：a,b,c,d,e,f，它们的出现频率依次为 2,3,4,7,8,9，试构造一棵哈夫曼树，其加权路径长度 WPL 为_____，字符 c 的编码是_____（答案不唯一）。

2. 设 n_0 为哈夫曼树的叶结点个数，则该哈夫曼树共有_____个结点。

3. 给定一组数据{6,2,7,10,3,12}，以其构造一棵哈夫曼树，则树高为_____，带权路径长度 WPL 的值为_____。

4. 高度为 h 的堆中，最多有_____个元素，最少有_____个元素。

5. 堆一般采用_____结构存储表示。具有 n 个元素的最小堆，其最大值元素的可能位置介于_____和_____之间（根结点位于 1 号单元）。

三、判断题

1. 若从二叉树的任意一个结点出发，到根结点的路径上所经过的结点序列按其关键字有序，则该二叉树一定是哈夫曼树。（　　）

2．一棵哈夫曼树的带权路径长度等于其中所有分支结点的权值之和。（　　）

3．哈夫曼树无左、右子树之分。（　　）

4．哈夫曼树是带权路径长度最短的树，路径上权值较大的结点离根较近。（　　）

5．堆是满二叉树。（　　）

四、应用题

1．已知叶结点权值的集合 $w=\{5,29,7,8,14,23,3,11\}$，请构造哈夫曼树。

2．已知，在一个数据通信系统中使用的字符集是$\{a,b,c,d,e,f,g\}$，其对应的频率分别为15,2, 6,5,20,10,18，根据字符出现频率对其进行编码，使电文总长最短，要求任意非终端结点左孩子的值小于等于右孩子的值，请画出编码对应的哈夫曼树，写出各字符的哈夫曼编码。

3．判断下面的每个结点序列是否表示一个堆，如果不是堆，请把它调整成堆。

（1）100,90,80,60,85,75,20,25,10,70,65,50

（2）100,70,50,20,90,75,60,25,10,85,65,80

4．已知待排序的序列为(503,87,512,61,908,170,897,275,653,462)，试完成下列各题。

（1）根据以上序列建立一个堆（画出第一步和最后堆的结果图），希望先输出最小值。

（2）输出最小值后，如何得到次小值，要求画出相应结果图。

五、算法设计题

1．已知关键字序列$(K_1,K_2,K_3,\cdots,K_{n-1})$是大根堆。

（1）试写出算法将$(K_1,K_2,K_3,\cdots,K_{n-1},K_n)$调整为大根堆。

（2）利用（1）的算法写一个建大根堆的算法。

2．请设计一个算法，将给定的表达式树（二叉树）转换为等价的中缀表达式（通过圆括号反映运算符的计算次序）并输出。如图 7.14 所示的两棵表达式树作为算法的输入，输出的等价中缀表达式分别为(a+b)*(c*(-d))和(a*b)+(-(c-d))。

【2017 年全国统一考试】

【提示】参见代码 7.6。

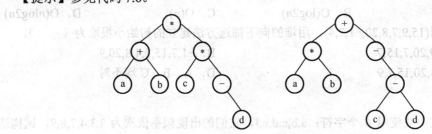

图 7.14　表达式树

第8章 图

图是一种复杂的非线性结构，线性结构和树结构也可以看成简单的图结构。在非空线性表中，除开始结点和终端结点之外，任意结点都有唯一直接前驱和唯一直接后继，是一种"一对一"的线性关系；在树结构中，结点间具有"一对多"的层次关系，除根结点没有双亲外，每个结点只有一个双亲（直接前驱），除叶结点没有孩子外，每个结点都可以有多个孩子（直接后继）。在图结构中，结点之间的关系是任意的，是一种"多对多"的关系，即每个结点可以有零个或多个直接前驱、零个或多个直接后继。本章中介绍图的概念和基本操作、图的存储结构及图的遍历。

本章学习目标：
- 掌握图的概念和术语；
- 熟悉图的邻接矩阵和邻接表存储结构及其构造算法；
- 重点掌握图的深度优先搜索和广度优先搜索的算法。

8.1 图的概念

图结构被用于描述各种复杂的数据关系，在人工智能、管理科学和计算机科学等领域有着广泛的应用。在现实生活中，有很多实际问题也可以用图结构描述，然后利用计算机加工处理，如生产流程、施工计划、路径规划、网络建设等问题。

图的概念和术语说明如下。

（1）图（Graph）：由顶点的非空集合 V 和边或弧的集合 E 组成，表示为 $G=(V,E)$。以后将用 $V(G)$ 和 $E(G)$ 分别表示图 G 的顶点集和边集。若 $E(G)$ 为空，则图 G 只有顶点没有边。如图 8.1 所示，按照图中的边是否有方向，图可分为有向图和无向图，图 8.1（a）是无向图，图 8.1（b）是有向图。

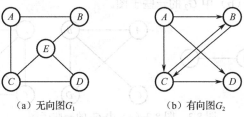

(a) 无向图 G_1 (b) 有向图 G_2

图 8.1 图

（2）无向图（Undirected Graph）：若图中顶点对是无序的，即边是无方向的，边集 $E(G)$ 为无向边的集合，则图 G 称为无向图。

在无向图中，以无序对 (u,v) 表示 u 和 v 之间存在一条无向边。在无向图中，边是对称的，(u,v) 和 (v,u) 表示同一条边。如图 8.1（a）所示无向图 G_1 可表示为：

$G_1=(V,E)$
$V(G_1)=\{A,B,C,D,E\}$
$E(G_1)=\{(A,B),(A,C),(B,E),(C,D),(C,E),(D,E)\}$

（3）有向图（Directed Graph）：若图中顶点对是有序的，即边是有方向的，边集 $E(G)$ 为有向边的集合，则图 G 称为有向图。

在有向图中，一般将边称为弧（arc），以有序对 $<u,v>$ 表示一条从顶点 u 出发到达顶点 v 的弧，其中 u 称为弧尾或起点，v 称为弧头或终点。在有向图中，$<u,v>$ 和 $<v,u>$ 是不一样的。如图 8.1（b）所示有向图 G_2 可表示为：

$$G_2=(V,E)$$
$$V(G_2)=\{A,B,C,D\}$$
$$E(G_2)=\{<A,B>,<A,C>,<A,D>,<B,C>,<C,B>,<C,D>\}$$

注意：本章讨论的图不考虑从自己出发回到自身的弧或边，即：如果 $(u,v)\in E$ 或 $<u,v>\in E$，则要求 $u\neq v$。

（4）无向完全图（Undirected Complete Graph）：在一个无向图中，如果任意两个顶点都有一条边直接相连，则称该图为无向完全图。

具有 n 个顶点的无向图，边数的取值范围是 $[0..n(n-1)/2]$。无向完全图具有 $n(n-1)/2$ 条边。图 8.2（a）中 G_1 是有 4 个顶点 6 条边的无向完全图。

（5）有向完全图（Directed Complete Graph）：在一个有向图中，如果任意一个顶点都有一条弧直接到达其他顶点，则称该图为有向完全图。

具有 n 个顶点的有向图，边数的取值范围是 $[0..n(n-1)]$。有向完全图具有 $n(n-1)$ 条弧。图 8.2（b）中 G_2 是有 4 个顶点 12 条边的有向完全图。

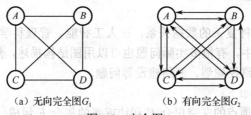

(a) 无向完全图 G_1　　　　(b) 有向完全图 G_2

图 8.2　完全图

（6）子图（Subgraph）：设有两个图 G 和 G'，满足条件 $V(G')$ 是 $V(G)$ 的子集，$V(G')\subseteq V(G)$，且 $E(G')$ 是 $E(G)$ 的子集，$E(G')\subseteq E(G)$，则称 G' 是 G 的子图。例如，图 8.3 是图 8.2（a）中 G_1 的一些子图，图 8.4 是图 8.2（b）中 G_2 的一些子图。

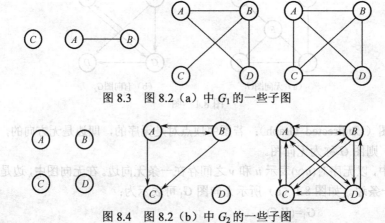

图 8.3　图 8.2（a）中 G_1 的一些子图

图 8.4　图 8.2（b）中 G_2 的一些子图

（7）权值（Weight）：有时，边或者弧上具有与之相关的某种含义的数值，称为权值。

（8）加权图（Weighted Graph）：若图中的边上带有权值，则该图称为加权图，或称为网。

(9) 稀疏图与稠密图：有很少的边或弧（如 $e<n\log n$）的图称为稀疏图，反之称为稠密图。

(10) 度（Degree）：图 G 中，与顶点 v 相关联的边的数目，称为顶点 v 的度。

① 在无向图中，顶点 v 的度是指与该顶点相关联的边的数目，记为 TD(v)。例如，图 8.1（a）的无向图 G_1 中：

TD(A)=2　　　　TD(B)=2　　　　TD(C)=3

② 在有向图中，弧<u,v>和顶点 u，v 相关联，顶点 v 的度分为入度和出度。

出度（Outdegree）：以 v 为起点的弧的数目称为 v 的出度，记为 OD(v)。例如，图 8.1（b）的有向图 G_2 中：

OD(A)=3　　　　OD(B)=1　　　　OD(C)=2

入度（Indegree）：以 v 为终点的弧的数目称为 v 的入度，记为 ID(v)。例如，图 8.1（b）的有向图 G_2 中：

ID(A)=0　　　　ID(B)=2　　　　ID(C)=2

在有向图中，顶点 v 的度是其入度与出度之和：TD(v)=ID(v)+OD(v)。例如，图 8.1（b）的有向图 G_2 中：

顶点 A 的度 TD(A)=OD(A)+ID(A)=3

顶点 B 的度 TD(B)=OD(B)+ID(B)=3

顶点 C 的度 TD(C)=OD(C)+ID(C)=4

一个具有 n 个顶点，e 条边或弧的图，顶点的度之和是边数的 2 倍：

$$e = \frac{1}{2}\sum_{i=1}^{n}\text{TD}(v_i)$$

(11) 路径（Path）：在无向图 G 中，若存在一个从顶点 v_1 到 v_n 的顶点序列 $v_1,v_2,\cdots,v_n$ 且满足 $(v_i,v_{i+1})\in E$（$1\leq i<n$），则称从顶点 v_1 到顶点 v_n 存在一条路径。如果 G 是有向图，则路径也是有向的，顶点序列满足<v_i,v_{i+1}>$\in E$（$1\leq i<n$）。

(12) 路径长度（Path Length）：是指该路径上经过的边或弧的数目。例如，图 8.1（a）的 G_1 中路径(A,B,E,D)的长度是 3；图 8.1（b）的 G_2 中路径(A,B,C)的长度是 2。

对于加权图，路径长度是指该路径中各边权值之和。例如，图 8.5（a）的 G_1 中路径(A,B,E,D)的长度是 13；图 8.5（b）的 G_2 中路径(A,B,C)的长度是 12。

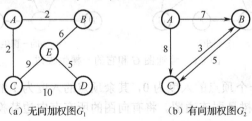

(a) 无向加权图G_1　　　　(b) 有向加权图G_2

图 8.5　加权图

(13) 回路或环（Cycle）：若一条路径上的第一个顶点和最后一个顶点相同，则该路径称为回路或环。

(14) 简单路径：若一条路径上所有顶点均不重复，则该路径称为简单路径。

(15) 简单回路或简单环：除第一个顶点和最后一个顶点之外，其余顶点不重复出现的回路，称为简单回路或简单环。

(16) 连通、连通图和连通分量：在无向图 G 中，若从 u 到 v（$u\neq v$）存在路径，则称 u 到 v 是连通的。若 $V(G)$ 中的每对不同顶点 u 和 v 都连通，则称 G 是连通图。无向图 G 中的极大连通

子图称为图 G 的连通分量。例如，图 8.1（a）的 G_1 是连通图，它有 1 个连通分量是图 G_1 自身；图 8.6 的图 G 是非连通图，有 3 个连通分量。

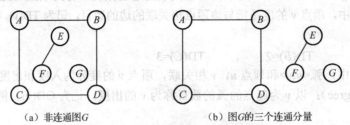

(a) 非连通图 G　　　　　　　(b) 图 G 的三个连通分量

图 8.6　非连通图及其连通分量

（17）强连通图和强连通分量：在有向 G 图中，若对于 $V(G)$ 中的每对不同的顶点 u, v, $u \ne v$，都存在从 u 到 v 及 v 到 u 的路径，则称 G 是强连通图。有向图 G 中极大的强连通子图称为图 G 的强连通分量。例如，图 8.7（a）的图 G_1 不是强连通图，它有 2 个强连通分量；图 8.7（b）的图 G_2 是强连通图，它有 1 个强连通分量是图 G_2 自身。

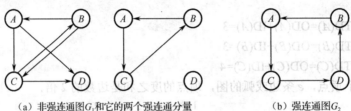

(a) 非强连通图 G_1 和它的两个强连通分量　　　　(b) 强连通图 G_2

图 8.7　非强连通图 G_1 与强连通图 G_2

（18）生成树：是连通图的极小连通子图，它含有图中全部 n 个顶点，但只有足以构成一棵树的 $n-1$ 条边。在生成树中添加一条边之后，必然会形成回路或环。如图 8.8 所示的连通图 G 和它的一棵生成树。图 G 的生成树并不唯一，若增加边 (A,D) 到生成树中，会形成由顶点 A、D、E 组成的环，然后再删除边 (D,E)，将得到另一棵生成树。

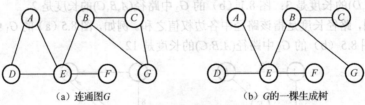

(a) 连通图 G　　　　　　　(b) G 的一棵生成树

图 8.8　连通图 G 和它的一棵生成树

（19）有向树：只有一个顶点的入度为 0，其余顶点的入度为 1 的有向图，称为有向树。有向树是弱连通图。将有向图的所有有向边替换为无向边，所得到的图称为原图的基图。如果一个有向图的基图是连通图，则该有向图是弱连通图。如图 8.9 所示的有向图是有向树。

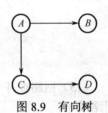

图 8.9　有向树

图的抽象数据类型定义如下：

```
template <class VertexType, class EdgeType>
class graph {
public:
    int numOfVertex() const { return verNum; }               // 返回图的顶点数
    int numOfEdge() const { return edgeNum; }                // 返回图的边数
    virtual void createGraph(const VertexType V[],const EdgeType E[])=0;  // 创建图
    virtual void dfsTraverse()const = 0;                     // 深度优先遍历
```

```
            virtual void bfsTraverse()const = 0;                    // 广度优先遍历
            virtual bool topSort()const=0;                          // 拓扑排序
            virtual void prim(EdgeType noEdge) const=0;             // Prim 算法
            virtual void kruskal() const=0;                         // Kruskal 算法
            virtual void printMst()const=0;                         // 输出最小生成树
            virtual bool searchEdge(int from, int to) const = 0;    // 查找边
            virtual bool insertEdge(int from, int to, EdgeType w) = 0;  // 插入权值为 w 的边
            virtual bool removeEdge(int from, int to) = 0;          // 删除边
            virtual void printGraph()const=0;                       // 输出图
        protected:
            struct mstEdge {                                        // 最小生成树的边结点类型
                int vex1, vex2;
                EdgeType weight;                                    // 边的三元组(始点,终点,权值)
                bool operator<(const  mstEdge &e) const {           // 使用优先级队列需要重载<
                    return weight < e.weight;
                }
            } *TE;                                                  // 最小生成树的边集
            int verNum, edgeNum;                                    // 图的顶点数和边数
            bool *visited;                                          // 访问标志数组
        };
```

自测题 1. 下列关于无向连通图特性的叙述中，正确的是（　　）。

I. 所有顶点的度之和为偶数

II. 边数大于顶点个数减 1

III. 至少有一个顶点的度为 1

A. 只有 I　　　　B. 只有 II　　　　C. I和II　　　　D. I和III

【2009 年全国统一考试】

【参考答案】A

【题目解析】无向连通图的边数大于等于顶点个数减 1。

自测题 2. 若无向图 $G=(V,E)$ 中含 7 个顶点，要保证图 G 在任何情况下都是连通的，则需要的边数最少是（　　）。

A. 6　　　　　　B. 15　　　　　　C. 16　　　　　　D. 21

【2010 年全国统一考试】

【参考答案】C

【题目解析】当其中 6 个顶点构成无向完全图时，再增加一条边与第 7 个顶点相连，则这个含有 7 个顶点的无向图 G 在任何情况下都是连通的。6×(6-1)/2+1=16。

自测题 3. 已知无向图 G 含有 16 条边，其中度为 4 的顶点个数为 3，度为 3 的顶点个数为 4，其他顶点的度均小于 3。图 G 所含的顶点个数至少是（　　）。

A. 10　　　　　B. 11　　　　　C. 13　　　　　D. 15

【2017 年全国统一考试】

【参考答案】B

【题目解析】无向图有 16 条边，因此顶点的度总和是 32。度为 4 的顶点有 3 个，它们的度之和为 12；度为 3 的顶点有 4 个，它们的度之和为 12。剩余的度为 32-12-12=8，而剩余顶点的度均小于 3，为使顶点数最少，现假设剩余顶点的度均为 2，这样还需要至少 4 个顶点。因此，图 G 所含的顶点个数至少是 3(度为 4)+4(度为 3)+4(度为 2)=11 个。

8.2 图的存储结构

图的存储结构除要存储图中各个顶点本身的数据信息外，同时还要存储顶点间的关系，即边的信息。图中任意两个顶点之间都可能存在关系，因此图的结构比较复杂。图的常用存储结构有邻接矩阵、邻接表、十字链表和邻接多重表，下面重点介绍邻接矩阵和邻接表。

8.2.1 邻接矩阵

1. 图的邻接矩阵表示法

设图 $G=(V,E)$ 含有 $n(n \geq 1)$ 个顶点，需要存放 n 个顶点信息及 n^2 个边或弧的信息。图的邻接矩阵（Adjacency Matrix）表示法：用 $n \times n$ 的二维数组（矩阵）来表示顶点间的邻接关系，用一维数组存储图的顶点数据信息。图 G 的邻接矩阵是具有如下性质的 n 阶方阵：

$$A[i][j] = \begin{cases} 1 & (v_i, v_j) \text{或} <v_i, v_j> \in E(G) \\ 0 & \text{反之} \end{cases}$$

（1）无向图的邻接矩阵

如图 8.10 所示为无向图 G_1 及其邻接矩阵示意图。

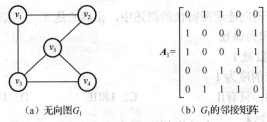

(a) 无向图 G_1 　　(b) G_1 的邻接矩阵

图 8.10　无向图及其邻接矩阵

无向图的邻接矩阵表示法的特点如下。

① 无向图的邻接矩阵一定是对称矩阵，因此，含有 n 个顶点的无向图，可以只存储其下三角或上三角的元素，将其压缩存储到大小为 $n(n-1)/2$ 的空间内。

② 第 i 行（或第 i 列）非零元素个数，表示的是顶点 v_i 的度。

（2）有向图的邻接矩阵

有向图的邻接矩阵不一定对称。用邻接矩阵表示一个具有 n 个顶点的有向图所需存储空间大小为 n^2。如图 8.11 所示为有向图 G_2 及其邻接矩阵示意图。

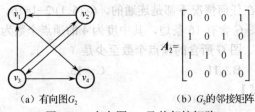

(a) 有向图 G_2 　　(b) G_2 的邻接矩阵

图 8.11　有向图 G_2 及其邻接矩阵

有向图的邻接矩阵表示法的特点如下。

① 有向图的邻接矩阵不一定是对称的。

② 第 i 行非零元素个数，表示的是顶点 v_i 的出度。

③ 第 i 列非零元素个数，表示的是顶点 v_i 的入度。

（3）网的邻接矩阵

若图 G 是带权图（网），则邻接矩阵可以定义为：

$$A[i][j]=\begin{cases} w_{i,j} & (v_i,v_j)\text{或}<v_i,v_j>\in E(G) \\ \infty & \text{反之} \end{cases}$$

其中 $w_{i,j}$ 表示边上的权值。图 8.12 给出了网 G_3 及其邻接矩阵示意图。

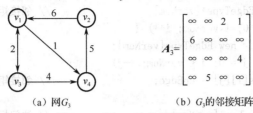

（a）网 G_3 （b）G_3 的邻接矩阵

图 8.12 网 G_3 及其邻接矩阵

2. 邻接矩阵表示法的特点

（1）图的邻接矩阵表示是唯一的。

（2）含有 n 个顶点的图，其邻接矩阵的空间代价都是 $O(n^2)$，与图的顶点数相关，与边数无关。

（3）当邻接矩阵是稀疏矩阵时，可以采用三元组表的形式存储。

3. 图的邻接矩阵表示法的定义与实现

图中的顶点信息和顶点之间关系（边或弧）分别用一维数组 vertexs 和二维数组 edges 存储，其形式描述如下：

```
template <class VertexType, class EdgeType>    // 顶点的数据类型和边（或弧）的类型
class adjMatrix :public graph<VertexType,EdgeType> {
private:
    VertexType  *vertexs;                      // 顶点向量
    EdgeType    **edges;                       // 邻接矩阵
    EdgeType    noEdge;                        // 无边标志
    void  dfs(int start) const;                // 从 start 顶点出发深度优先遍历图
public:
    adjMatrix(int size,EdgeType noEdgeFlag);
    ~adjMatrix();
    void createGraph(const VertexType V[],const EdgeType E[]);
    void printGraph()const;                    // 输出图
    bool searchEdge(int from, int to) const;   // 查找边
    bool insertEdge(int from, int to, EdgeType w);// 插入一条边
    bool removeEdge(int from, int to);         // 删除一条边
    void dfsTraverse() const;                  // 调用私有深度优先遍历图
    void bfsTraverse() const;                  // 广度优先遍历图
    bool topSort() const;                      // 拓扑排序
    void prim(EdgeType noEdge) const;          // Prim 算法求最小生成树
    void kruskal() const;                      // Kruskal 算法求最小生成树
    void printMst()const;                      // 输出最小生成树
    void floyd() const;                        // 求各顶点间最短路径
    void printFloyed(EdgeType **D, int **pre)const;// 输出各顶点间的最短路径
};
```

[代码 8.1] 构造函数。

```cpp
template <class VertexType, class EdgeType>
adjMatrix<VertexType, EdgeType>::adjMatrix(int size, EdgeType noEdgeFlag){
    verNum = size;
    edgeNum = 0;
    noEdge = noEdgeFlag;
    vertexs = new VertexType[verNum];        // 顶点向量
    edges = new EdgeType*[verNum];           // 邻接矩阵
    for (int i = 0; i<verNum; i++) {
        edges[i] = new EdgeType[verNum];
        for (int j = 0; j < verNum; ++j)
            edges[i][j] = noEdge;            // 邻接矩阵置初值
    }
    visited = new bool[verNum];              // 访问标志数组
    TE = new mstEdge[verNum-1];              // 最小生成树的边集
}
```

[代码 8.2] 析构函数。

```cpp
template <class VertexType, class EdgeType>
adjMatrix<VertexType, EdgeType>::~adjMatrix(){
    delete[] vertexs;
    for(int i = 0; i<verNum; i++)
        delete[] edges[i];
    delete[] edges;
    delete[] visited;
    delete[] TE;
}
```

[代码 8.3] 查找图中是否存在从 from 到 to 的权值为 w 的边，其中 from 和 to 是顶点在 vertexs 数组中的下标。

```cpp
template <class VertexType, class EdgeType>
bool adjMatrix<VertexType, EdgeType>::searchEdge(int from, int to) const{
    if (from < 0 || from > verNum - 1 || to < 0 || to > verNum - 1)
        return false;                                    // 下标越界
    if (edges[from][to] == noEdge) return false;         // 不存在该边
    else return true;
}
```

[代码 8.4] 在图中插入从 from 到 to 的边，其中 from 和 to 是顶点在 vertexs 数组中的下标。

算法分析：① 当该边已经存在且权值为 w 时，返回 false。② 当该边不存在时，置该边的权值为 w，边数计数器增大，返回 true。③ 当该边已经存在且权值不等于 w 时，更新边的权值为 w，返回 true。

```cpp
template <class VertexType, class EdgeType>
bool adjMatrix<VertexType, EdgeType>::insertEdge(int from, int to, EdgeType w){
    if (from < 0 || from > verNum - 1 || to < 0 || to > verNum - 1)
        return false;                                    // 下标越界
    if (edges[from][to] == w)
        return false;                                    // 已经存在从 from 到 to 且权值为 w 的边
    if (edges[from][to] == noEdge)                       // 从 from 到 to 原来没有边
```

```
                ++edgeNum;                          // 边数增大
                edges[from][to] = w;                // 置边的权值为w
                return true;
            }
```

[代码 8.5] 删除从 from 到 to 的边,其中 from 和 to 是顶点在 vertexs 数组中的下标。

```
        template <class VertexType, class EdgeType>
        bool adjMatrix<VertexType, EdgeType>::removeEdge(int from, int to){
            if (from < 0 || from > verNum - 1 || to < 0 || to > verNum - 1)
                return false;                       // 下标越界
            if (edges[from][to] == noEdge)          // 该边不存在
                return false;
            edges[from][to] = noEdge;               // 置为无边标志
            --edgeNum;                              // 边数减小
            return true;
        }
```

[代码 8.6] 创建图,其中 V 为顶点数组,E 为经过降维的邻接矩阵。

```
        template <class VertexType, class EdgeType>
        void adjMatrix<VertexType, EdgeType>::createGraph(const VertexType V[],const EdgeType E[]){
            int i,j;
            for (i = 0; i<verNum; i++)
                vertexs[i] = V[i];
            for (i = 0; i<verNum ; i++) {
                for (j = 0; j<verNum ; j++) {
                    if (E[i*verNum + j] > 0)
                        insertEdge(i, j, E[i*verNum + j]);
                }
            }
        }
```

[代码 8.7] 输出图。

```
        template <class VertexType, class EdgeType>
        void adjMatrix<VertexType, EdgeType>::printGraph()const{
            int i,j;
            for (i = 0; i<verNum ; i++) {
                cout<<vertexs[i]<<":";
                for (j = 0; j<verNum ; j++) {
                    cout<<edges[i][j]<<" ";
                }
                cout<<endl;
            }
        }
```

自测题 4. 设图的邻接矩阵 A 如图 8.13 所示。各顶点的度依次是 ( )。

A. 1, 2, 1, 2   B. 2, 2, 1, 1

C. 3, 4, 2, 3   D. 4, 4, 2, 2

$$A = \begin{bmatrix} 0 & 1 & 0 & 1 \\ 0 & 0 & 1 & 1 \\ 0 & 1 & 0 & 0 \\ 1 & 0 & 0 & 0 \end{bmatrix}$$

图 8.13 自测题 4 的图

【2013 年全国统一考试】

【参考答案】C

【题目解析】 有向图（从矩阵不对称推出）各顶点的度是矩阵中此结点对应的行（出度）和列（入度）非零元素之和。

8.2.2 邻接表

8.2.1 节所介绍的用邻接矩阵表示图的方法，所占存储空间只与顶点的个数有关，与边的个数无关，在存储某些稀疏图或无根树时会造成空间的浪费。当图的两个顶点之间存在不止一条边时，用邻接矩阵无法同时表示两个顶点间两条以上的边。

1. 图的邻接表表示法

邻接表（Adjacency List）：这是将图的顶点的顺序存储结构和各顶点的邻接点的链式存储结构相结合的存储方式，类似于树的孩子链表表示法。

边表：在邻接表表示法中，为图中每个顶点建立一个单链表，每个单链表上附设一个头结点。对于无向图，第 i 个链表将图中与顶点 v_i 有邻接关系的所有顶点链接起来，也就是说，第 i 个边表中结点的个数等于顶点 v_i 的度。对于有向图，第 i 个链表链接了以顶点 v_i 为弧尾（起点）的所有弧头（终点）顶点，也就是说，第 i 个边表中结点的个数等于顶点 v_i 的出度。

图的边表结点：如图 8.14（a）所示，邻接点域 to 表示与顶点 v_i 相邻接的顶点在顶点向量中的序号（下标）；指针域 next 指向与顶点 v_i 相邻接的下一个顶点的边表结点。带权图（网）的边表结点如图 8.14（b）所示，增加了数据域 weight 表示边上的权值等信息。

顶点表：每个链表设立一个头结点，头结点有两个域，如图 8.14（c）所示，数据域 vertex 存储顶点 v_i 的数据信息，指针域 firstEdge 则指向顶点 v_i 的第一个邻接点。为便于运算，将各顶点的头结点以顺序存储结构或链式存储结构存储。

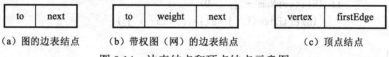

（a）图的边表结点　　（b）带权图（网）的边表结点　　（c）顶点结点

图 8.14　边表结点和顶点结点示意图

图 8.15 给出了无向图 G_1 及其邻接表示意图，第 i 个边表中结点的个数等于顶点 v_i 的度。

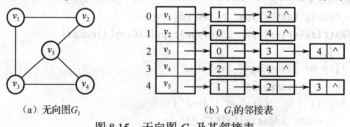

（a）无向图 G_1　　　　　　　　（b）G_1 的邻接表

图 8.15　无向图 G_1 及其邻接表

图 8.16 给出了有向图 G_2 及其邻接表示意图，第 i 个边表中结点的个数等于顶点 v_i 的出度，若要求顶点 v_i 的入度，则需遍历整个邻接表。

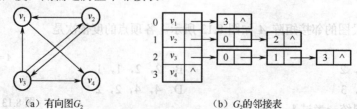

（a）有向图 G_2　　　　　　　　（b）G_2 的邻接表

图 8.16　有向图 G_2 及其邻接表

若问题总是针对入度的,则可以建立一个逆邻接表,即对每个顶点 v_i 建立一个以 v_i 为弧头(终点)的链表。图 8.17 是图 8.16 中有向图 G_2 的逆邻接表。此时顶点 v_i 的入度就为第 i 个链表的结点个数。

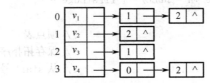

图 8.17　图 8.16 中有向图 G_2 的逆邻接表

图 8.18 给出了带权图(网)G_3 及其邻接表示意图。

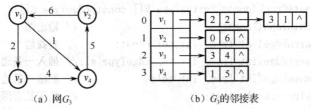

(a) 网 G_3　　　　　　(b) G_3 的邻接表

图 8.18　网 G_3 及其邻接表

2. 邻接表表示法的特点

① 图的邻接表表示不唯一。

② 对于无向图,顶点 v_i 的度为第 i 个链表中的结点个数。

③ 对于有向图,顶点 v_i 的出度为第 i 个链表中的结点个数,若要求顶点 v_i 的入度,则需遍历整个邻接表。

④ 存储含有 n 个顶点 e 条边的无向图,需用 n 个顶点结点和 $2e$ 个边表结点;存储含有 n 个顶点 e 条边的有向图,需用 n 个顶点结点和 e 个边表结点。因此,邻接表的空间代价是 $O(n+e)$。

⑤ 在边稀疏($e \ll \dfrac{n(n-1)}{2}$)的情况下,用邻接表表示图比用邻接矩阵节约存储空间。

⑥ 在邻接表上容易找到任意顶点的第一个邻接点和下一个邻接点,但要判定任意两个顶点(v_i, v_j) 之间是否有边或弧相连,则需要遍历第 i 个或第 j 个链表,在这方面不如邻接矩阵方便。

3. 图的邻接表表示法的定义与实现

一个图的邻接表存储结构可描述如下,其中 edgeNode 为边表结点类型,verNode 为顶点结点类型:

```
template <class VertexType, class EdgeType>
class adjList :public graph<VertexType,EdgeType> {
private:
    struct edgeNode {                          // 边表结点类型
        int to;                                // 边的终点编号(在顶点表中的下标)
        EdgeType weight;                       // 边上的权值
        edgeNode *next;                        // 指向下一个边表结点
        edgeNode(){ }                          // 无参构造函数
        edgeNode(int t, EdgeType w, edgeNode *n = NULL) {
            to = t;    weight = w;   next = n;
        }
    };
```

```cpp
        struct verNode{                            // 顶点结点类型
            VertexType vertex;                     // 顶点信息
            edgeNode *firstEdge;                   // 指向第一个邻接点的指针
            verNode(edgeNode *h = NULL) { firstEdge = h; }
        };
        verNode *verList;                          // 顶点表
        int *topOrder;                             // 保存拓扑序列，用于求关键路径
        void dfs(int start) const;                 // 从 start 号顶点出发深度优先遍历图
    public:
        adjList(int size);
        ~adjList();
        void createGraph(const VertexType V[],const EdgeType E[]);
        void printGraph()const;                    // 输出图
        bool searchEdge(int from, int to) const;   // 查找边
        bool insertEdge(int from, int to, EdgeType w);// 插入一条边
        bool removeEdge(int from, int to);         // 删除一条边
        void dfsTraverse() const;                  // 调用私有深度优先遍历图
        void bfsTraverse() const;                  // 广度优先遍历图
        bool topSort() const;                      // 拓扑排序
        void prim(EdgeType noEdge) const;          // Prim 算法求最小生成树
        void kruskal() const;                      // Kruskal 算法求最小生成树
        void printMst()const;                      // 输出最小生成树
        bool criticalPath()const;                  // 关键路径算法
        bool dijkstra(int start, EdgeType noEdge) const;// 求单源点最短路径
        void printDijPath(int from, int to, int pre[]) const;// 输出源点到其他顶点的
                                                   //            最短路径
    };
```

[代码 8.8] 构造函数。

```cpp
    template <class VertexType, class EdgeType>
    adjList<VertexType, EdgeType>::adjList(int size){
        verNum = size;
        edgeNum = 0;
        verList = new verNode[size];
        visited = new bool[verNum];
        TE = new mstEdge[verNum-1];
        topOrder = new int[verNum];
    }
```

[代码 8.9] 析构函数。

```cpp
    template <class VertexType, class EdgeType>
    adjList<VertexType, EdgeType>::~adjList(){
        int i;
        edgeNode *p;
        for (i = 0; i < verNum; i++) {             // 释放边表
            while ((p = verList[i].firstEdge) != NULL){// 释放第 i 个单链表
                verList[i].firstEdge = p->next;
                delete p;
            }
        }
```

```
            delete[] verList;                              // 释放顶点表
            delete[] visited;
            delete[] TE;
            delete[] topOrder;
        }
```

[代码 8.10] 查找图中是否存在从 from 到 to 的边,其中 from 和 to 是顶点在 verList 数组中的下标。

```
        template <class VertexType, class EdgeType>
        bool adjList<VertexType, EdgeType>::searchEdge(int from, int to) const{
            if (from < 0 || from > verNum - 1 || to < 0 || to > verNum - 1)
                return false;                              // 下标越界
            edgeNode *p = verList[from].firstEdge;
            while (p != NULL && p->to != to)
                p = p->next;
            if (p == NULL) return false;                   // 该边不存在
            else   return true;
        }
```

[代码 8.11] 在图中插入从 from 到 to 的边,其中 from 和 to 是顶点在 verList 数组中的下标。

算法分析:由于每个顶点的(边表)单链表中均无头结点,因此插入边表结点时要对首元结点单独处理。插入边可分为三种情况:① 当该边已经存在且权值为 w 时,返回 false。② 当该边不存在时,置该边的权值为 w,边数计数器增大,返回 true。③ 当该边已经存在且权值不等于 w 时,更新边的权值为 w,返回 true。

```
        template <class VertexType, class EdgeType>
        bool adjList<VertexType, EdgeType>::insertEdge(int from, int to, EdgeType w){
            if (from < 0 || from > verNum - 1 || to < 0 || to > verNum - 1)
                return false;                              // 下标越界
            edgeNode *p = verList[from].firstEdge,*pre,*s;
            while(p!= NULL && p->to<to) {                  // 查找插入位置,单链表按 to 的值有序
                pre = p;  p = p->next;
            }
            if(p!=NULL && p->to == to) {                   // 该边已经存在
                if(p->weight != w)p->weight = w;           // 修改权值
                else return false;
            }
            else {                                         // 该边不存在
                s = new edgeNode(to, w, p);
                if(p == verList[from].firstEdge)           // 插入为首元结点
                    verList[from].firstEdge = s;
                else  pre->next=s;                         // 在链表其他位置上插入结点
                ++edgeNum;                                 // 新增一条边,边数加 1
            }
            return true;
        }
```

[代码 8.12] 删除从 from 到 to 的边,其中 from 和 to 是顶点在 vertexs 数组中的下标。同样要注意,由于每个顶点的单链表中均无头结点,因此删除边表结点时要对首元结点单独处理。

```
        template <class VertexType, class EdgeType>
        bool adjList<VertexType, EdgeType>::removeEdge(int from, int to){
```

```
        if (from < 0 || from > verNum - 1 || to < 0 || to > verNum - 1)
            return false;                                          // 下标越界
        edgeNode *p = verList[from].firstEdge,*pre=NULL;
        while(p!= NULL && p->to < to){                             // 查找边
            pre = p;    p = p->next;
        }
        if((p == NULL)||(p->to > to))                              // 该边不存在
            return false;
        if(p->to == to){                                           // 该边存在
            if(p == verList[from].firstEdge)                       // 该边是边表中的首元结点
                verList[from].firstEdge = p->next;
            else pre->next = p->next;
            delete p;
            --edgeNum;
            return true;
        }
    }
```

[代码 8.13] 创建图，其中 V 为顶点数组，E 为经过降维的邻接矩阵。

```
    template <class VertexType, class EdgeType>
    void adjList<VertexType, EdgeType>::createGraph(const VertexType V[],const EdgeType E[]){
        int i,j;
        for ( i = 0; i < verNum; i++)
            verList[i].vertex = V[i];
        for ( i = 0; i < verNum; i++)
            for ( j = 0; j < verNum; j++) {
                if (E[i*verNum + j] > 0)
                    insertEdge(i, j, E[i*verNum + j]);// insertEdge 插入边按 to 值有序
            }
    }
```

[代码 8.14] 输出图。

```
    template <class VertexType, class EdgeType>
    void adjList<VertexType, EdgeType>::printGraph()const{
        int i;
        for (i = 0; i<verNum ; i++) {
            cout<<verList[i].vertex<<":";
            edgeNode *p = verList[i].firstEdge;
            while (p != NULL){
                cout << verList[p->to].vertex << ' ';
                p = p->next;
            }
            cout<<endl;
        }
    }
```

自测题 5. 用邻接表存储图所用的空间大小（   ）。
A．与图的顶点数和边数都有关　　　　　　B．只与图的边数有关
C．只与图的顶点数有关　　　　　　　　　D．与边数的平方有关
【2004 年北京交通大学】

【参考答案】A

自测题 6. 在有向图的邻接表存储结构中，顶点 v 在链表中出现的次数是(   )。
A．顶点 v 的度   B．顶点 v 的出度
C．顶点 v 的入度   D．依附于顶点 v 的边数

【2006 年北京理工大学】

【参考答案】C

*8.2.3 十字链表

十字链表可以用来存储有向图，它实际上是邻接表和逆邻接表的结合。在十字链表中，每个边结点对应图中的一条有向边（弧），把每条边的边结点分别组织到弧尾（起点）结点的链表和弧头（终点）结点的链表中。

图的边表结点如图 8.19（a）所示，from 和 to 分别表示该边的弧尾顶点和弧头顶点在顶点表中的下标，指针域 hLink 指向以 to 为弧头的下一条边，tLink 指向以 from 为弧尾的下一条边，这样，弧头相同的边在同一链表中，弧尾相同的边也在同一链表中。带权图（网）的边表结点如图 8.19（b）所示，增加数据域 weight 表示边的权值等信息。

顶点结点包含三个域，如图 8.19（c）所示，数据域 vertex 存储顶点 v_i 的数据信息，指针域 firstIn 是入边表头指针，指向以该顶点为弧头的第一个边结点，指针域 firstOut 是出边表头指针，指向以该顶点为弧尾的第一个边结点。为便于运算，将各顶点的头结点以顺序存储结构或链式存储结构存储。

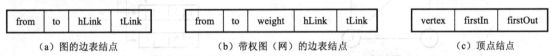

（a）图的边表结点　　　　　（b）带权图（网）的边表结点　　　　　（c）顶点结点

图 8.19　十字链表的边表结点和顶点结点示意图

图 8.20 给出了有向图 G 及其十字链表示意图。

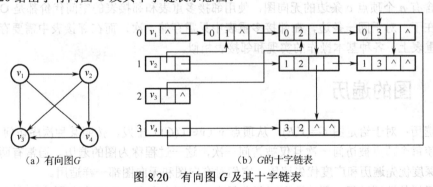

（a）有向图 G　　　　　　　　（b）G 的十字链表

图 8.20　有向图 G 及其十字链表

十字链表是邻接表和逆邻接表的结合体，它既容易查找结点的出度又容易查找结点的入度。遍历横向出边表，可计算结点的出度，即以 v_i 为弧尾（起点）的边表结点的个数是顶点 v_i 的出度；遍历纵向入边表，可计算结点的入度，即以 v_i 为弧头（终点）的边表结点的个数是顶点 v_i 的入度。尽管十字链表的结构较复杂，但是其基本运算的时间复杂度和邻接表相同，十字链表在表示有向图时是一种非常有实用价值的存储结构。

*8.2.4 邻接多重表

邻接多重表是无向图的另一种链式存储结构。在无向图的邻接表表示中，每条边 (v_i,v_j) 会存

储两次，对应两个边表结点，分别出现在第 i 个链表和第 j 个链表中。当我们要删除某条边(v_i,v_j)或者检查该边是否做过遍历时，要分别查找第 i 个链表和第 j 个链表。邻接多重表是对无向图的邻接表的优化。因此，邻接多重表也需要存储顶点信息和边的信息。

图的边表结点如图 8.21（a）所示，iVex 和 jVex 是该边依附的两个顶点在顶点表中的下标，iLink 指向与 iVex 相关联的下一条边，jLink 指向与 jVex 相关联的下一条边。带权图（网）的边表结点如图 8.21（b）所示，增加数据域 weight 表示边上的权值等信息。

顶点结点包含两个域，如图 8.21(c)所示，数据域 vertex 存储顶点数据信息，指针域 firstEdge 指向第一条依附于该顶点的边。

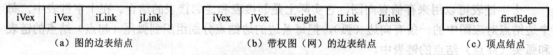

(a) 图的边表结点　　　　(b) 带权图（网）的边表结点　　　　(c) 顶点结点

图 8.21　邻接多重表的边表结点和顶点结点示意图

图 8.22 给出了无向图 G 及其邻接多重表示意图，图 G 有 4 个顶点 5 条边，使用邻接多重表存储图 G 时，需要 4 个顶点结点和 5 个边表结点。

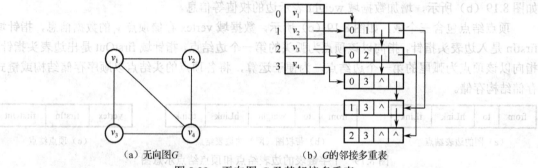

(a) 无向图G　　　　　　　　(b) G的邻接多重表

图 8.22　无向图 G 及其邻接多重表

存储含有 n 个顶点 e 条边的无向图，使用邻接多重表和邻接表的空间代价都是 $O(n+e)$。它们的区别在于，对于同一条边，在邻接多重表中只需存储一次，而在邻接表中需要存储两次。在邻接多重表上，各种基本操作的实现和邻接表相似。

8.3　图的遍历

图的遍历：对于给定图 $G=(V,E)$，从顶点 v（$v\in V(G)$）出发，按照某种次序访问 G 中的所有顶点，使每个顶点被访问一次且仅被访问一次，这一过程称为图的遍历。通常有两种遍历图的方法，深度优先遍历和广度优先遍历，它们对有向图和无向图都一样适用。

相比于树的遍历过程，图的遍历要复杂得多，主要表现在以下两个方面。

（1）图中任意一个顶点都可能和其余顶点相邻接，因此在访问了某个顶点之后，在后面的访问过程中，可能再次返回该顶点，即图中可能存在回路。

（2）对于非连通图，从某个顶点出发，不能到达图中所有顶点。

为避免同一个顶点被多次访问，通常对已经访问过的顶点加标记。对于含有 n 个顶点的图，我们用大小是 n 的访问标志数组 visited 来标志顶点是否被访问过，其初值为 false，表示未访问。在遍历的过程中，当顶点 v_i 被访问时，置 visited[i]=true，表示顶点 v_i 已被访问。

8.3.1 深度优先遍历

深度优先遍历（Depth First Search，DFS）：又称为深度优先搜索，类似于树的前序遍历，尽可能先对纵深方向进行搜索。其遍历过程如下。

（1）首先选定一个未被访问的顶点 v，访问此顶点并加上已访问标志。
（2）然后依次从顶点 v 的未被访问的邻接点出发深度优先遍历图。
（3）重复上述过程直至图中所有和顶点 v 有路径相通的顶点都被访问到。
（4）如果还有顶点未被访问（非连通图），则再选取其他未被访问的顶点，重复以上遍历过程，直到访问完所有顶点为止。

说明：对于连通图，不会进入第（4）步，前 3 步就能够遍历图中所有顶点。

对于图 8.23（a）中的无向图 G，从顶点 A 出发，一种可能的深度优先遍历序列为：

$$A, B, E, G, D, F, C$$

从顶点 A 出发，另一种可能的深度优先遍历序列为：

$$A, C, F, G, E, B, D$$

这是因为，尽管从同一个源点出发，但是，当图采用的存储结构和遍历算法不确定时，其遍历结果可能不唯一。

假定图 8.23（a）中的无向图 G 以邻接表为存储结构，调用 createGraph 算法创建邻接表，由于 insertEdge 算法在插入边表结点时按 to 值有序，因此，建成的邻接表如图 8.23（b）所示。

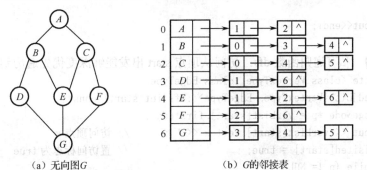

（a）无向图 G　　　　　　（b）G 的邻接表

图 8.23　无向图 G 及其邻接表

如图 8.23（b）所示，顶点表中的下标 0～6，也就是顶点 A～G 的编号，从顶点 A（编号为 0 的顶点）出发开始深度优先遍历，过程如下。

首先，访问 0 号顶点 A 并置 visited[0] = true。

查看 0 号链表，发现 0 号顶点的第一个未被访问的邻接点为 1 号顶点，访问 1 号顶点 B 并置 visited[1] = true，从 1 号顶点出发点继续深度优先遍历。

查看 1 号链表，发现 1 号顶点的第一个未被访问的邻接点为 3 号顶点，访问 3 号顶点 D 并置 visited[3] = true，从 3 号顶点出发点继续深度优先遍历。

查看 3 号链表，发现 3 号顶点的第一个未被访问的邻接点为 6 号顶点，访问 6 号顶点 G 并置 visited[6] = true，从 6 号顶点出发点继续深度优先遍历。

查看 6 号链表，发现 6 号顶点的第一个未被访问的邻接点为 4 号顶点，访问 4 号顶点 E 并置 visited[4] = true，从 4 号顶点出发点继续深度优先遍历。

查看 4 号链表，发现 4 号顶点的第一个未被访问的邻接点为 2 号顶点，访问 2 号顶点 C 并置 visited[2] = true，从 2 号顶点出发点继续深度优先遍历。

查看 2 号链表，发现 2 号顶点的第一个未被访问的邻接点为 5 号顶点，访问 5 号顶点 F 并置 visited[5] = true,从 5 号顶点出发点继续深度优先遍历。

查看 5 号链表,发现 5 号顶点的邻接点均被访问过;于是回溯到 2 号顶点,发现 2 号顶点的邻接点均被访问过;于是回溯到 4 号顶点,发现 4 号顶点的邻接点均被访问过;继续回溯,一直到 0 号顶点,0 号顶点的邻接点也均被访问过,遍历结束。

因此,对于图 8.23(a)所示的无向图 G,当确定其存储结构是如图 8.23(b)所示的邻接表时,利用代码 8.15 和代码 8.16 的深度优先遍历算法得到的遍历序列是:

$$A, B, D, G, E, C, F$$

基于邻接表的深度优先遍历算法如下。

[代码 8.15] 深度优先遍历图的公共接口函数。

```cpp
template <class VertexType, class EdgeType>
void adjList<VertexType, EdgeType>::dfsTraverse() const{
    int i,count=0;                          // count 用于统计无向图连通分量的个数
    for (i = 0; i < verNum; i++)
        visited[i] = false;                 // 置访问标志为 false
    for (i = 0; i < verNum; i++) {
        if ( !visited[i] ){                 // 选取一个未访问过的结点调用 dfs
            dfs(i);                         // 若该图是连通图则只调用 dfs 一次
            count++;
        }
    }
    cout<<endl;
}
```

[代码 8.16] 私有递归函数 dfs:访问从顶点 start 出发能够深度优先遍历到的所有顶点。

```cpp
template <class VertexType, class EdgeType>
void adjList<VertexType, EdgeType>::dfs(int start) const{
    edgeNode *p = verList[start].firstEdge;
    cout << verList[start].vertex << ' ';   // 访问顶点 v
    visited[start] = true;                  // 置访问标志为 true
    while (p != NULL){
        if (visited[p->to] == false)        // 选取顶点 start 的未被访问的邻接点
            dfs(p->to);                     // 从 p->to 出发继续深度优先遍历图
        p = p->next;
    }
}
```

设图 G 有 n 个顶点,e 条边,深度优先遍历算法将对图中所有的顶点和边进行访问,因此它的时间代价和顶点数 n 及边数 e 是相关的,算法的时间复杂度为 $O(n+e)$。如果以邻接矩阵作为图的存储结构,则算法的时间复杂度为 $O(n^2)$。

基于邻接矩阵的深度优先遍历算法如下。

由于深度优先遍历图的公共接口函数 dfsTraverse 与邻接表的 dfsTraverse 代码实现一致,因此不再赘述。

[代码 8.17] 私有递归函数 dfs:访问从顶点 start 出发能够深度优先遍历到的所有顶点。

```cpp
template <class VertexType, class EdgeType>
void adjMatrix<VertexType, EdgeType>::dfs(int start) const{
    int i;
    cout << vertexs[start] << ' ';          // 访问顶点 v
```

```
            visited[start] = true;                        // 置访问标志为 true
            for (i = 0; i < verNum; i++){                 // 选取顶点 start 的未被访问的邻接点
                if (edges[start][i] != noEdge && visited[i] == false)
                    dfs(i);                               // 从 i 出发继续深度优先遍历图
            }
        }
```

自测题 7．设有向图 $G=(V,E)$，顶点集 $V=\{V_0,V_1,V_2,V_3\}$，边集 $E=\{<V_0,V_1>,<V_0,V_2>,<V_0,V_3>,<V_1,V_3>\}$，若从顶点 V_0 开始对图进行深度优先遍历，则可能得到的不同遍历序列个数是（   ）。

A．2　　　　　　B．3　　　　　　C．4　　　　　　D．5

【2015 年全国统一考试】

【参考答案】D

自测题 8．下列选项中，不是图 8.24 的深度优先搜索序列的是（   ）。

A．V_1,V_5,V_4,V_3,V_2

B．V_1,V_3,V_2,V_5,V_4

C．V_1,V_2,V_5,V_4,V_3

D．V_1,V_2,V_3,V_4,V_5

【2016 年全国统一考试】

【参考答案】D

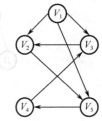

图 8.24　自测题 8 的图

8.3.2　广度优先遍历

广度优先遍历（Breadth First Search，BFS）：又称为广度优先搜索，类似于树的层次遍历，图的广度优先遍历的过程如下。

（1）首先选定一个未被访问的顶点 v，访问此顶点并加上已访问标志。

（2）依次访问与顶点 v 邻接的未被访问的全部邻接点，然后从这些访问过的邻接点出发依次访问它们各自的未被访问的邻接点，并使"先被访问的顶点的邻接点"先于"后被访问的顶点的邻接点"被访问。

（3）重复上述过程，直至图中所有与顶点 v 有路径相连的顶点都被访问到。

（4）若图中还有其他顶点未访问到，则任选其中一个作为源点，继续进行广度优先搜索，直到访问完所有顶点为止。

那么，怎样才能实现步骤（2）所指定的结点访问顺序呢？除需要设置访问标志数组，用于区分顶点是否已经被访问过外，还需要借助队列存放顶点的邻接点。此时广度优先遍历算法可描述如下。

（1）初始化一个队列。

（2）遍历从某个未被访问过的顶点开始，访问这个顶点并加上已访问标志，然后将该顶点入队。

（3）在队列不空情况下，反复进行如下操作：队头元素出队，访问该元素的所有未被访问的邻接点并加上已访问标志，然后将这些邻接点依次入队，这一操作一直进行到队列为空为止。

（4）如果图中还有未被访问的顶点，说明图不是连通图，则再选择任意一个未被访问过的顶点，重复上述过程，直至所有顶点都被访问到为止。

例如，图 8.23（a）中的无向图 G，从顶点 A 出发，一种可能的广度优先遍历序列为：

$$A, B, C, D, E, F, G$$

从顶点 A 出发，另一种可能的广度优先遍历序列为：

$$A, C, B, F, E, D, G$$

这是因为，尽管从同一个源点出发，但是当图采用的存储结构和遍历算法不确定时，其遍历结果可能不唯一。

对于图 8.23（a）所示的无向图 G，当确定其存储结构是如图 8.23（b）所示的邻接表时，利用代码 8.18 的广度优先遍历算法得到的遍历序列是：

$$A, B, C, D, E, F, G$$

图 8.25（b）描述了无向图 G 在广度优先遍历过程中，队列中元素的变化。对于图中每个未被访问过的顶点，先访问它并加上已访问标志，然后才将该顶点入队，因此，每个顶点进队列一次且仅一次。

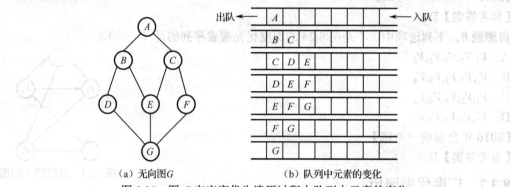

（a）无向图 G （b）队列中元素的变化

图 8.25 图 G 在广度优先遍历过程中队列中元素的变化

基于邻接表的广度优先遍历算法如下。

[代码 8.18]

```cpp
template <class VertexType, class EdgeType>
void adjList<VertexType, EdgeType>::bfsTraverse()const{
    int v,i,count=0;                                      // count 可统计连通分量个数
    queue<int> q;
    edgeNode *p;
    for (i = 0; i < verNum; i++) visited[i] = false;      // 置访问标志为 false
    for (i = 0; i < verNum; i++) {
        if (visited[i] == true) continue;
        cout << verList[i].vertex << ' ';                 // 访问顶点 i
        visited[i] = true;                                // 置访问标志为 true
        q.push(i);    count++;                            // 顶点 i 入队
        while (!q.empty()) {
            v = q.front(); q.pop();                       // 顶点 v 出队
            p = verList[v].firstEdge;
            while (p != NULL){                            // 查找顶点 v 未被访问的邻接点
                if (visited[p->to] == false){
                    cout << verList[p->to].vertex << ' '; // 访问顶点 p->to
                    visited[p->to] = true;                // 置访问标志为 true
                    q.push(p->to);                        // 顶点 p->to 入队
                }
                p = p->next;
            }
        }
    }
```

```
            }
            cout<< endl;
        }
```
基于邻接矩阵的广度优先遍历算法如下。
[代码 8.19]
```
    template <class VertexType, class EdgeType>
    void adjMatrix<VertexType, EdgeType>::bfsTraverse()const{
        int v,i,j,count=0;                              // count 可统计连通分量个数
        queue<int> Q;
        for (i = 0; i < verNum; i++) visited[i] = false;    // 置访问标志为 false
        for (i = 0; i < verNum; i++) {
            if (visited[i] == true) continue;
            cout << vertexs[i]<< ' ';                   // 访问顶点 i
            visited[i] = true;                          // 置访问标志为 true
            Q.push(i);count++;
            while (!Q.empty()) {
                v = Q.front();  Q.pop();                // 顶点 v 出队
                if (visited[v] == false) {
                    for (j = 0; j < verNum; ++j) {      // 查找顶点 v 未被访问的邻接点
                        if (edges[v][j] != noEdge && visited[j] == false){
                            cout << vertexs[j]<< ' ';   // 访问顶点 j
                            visited[j] = true;          // 置访问标志为 true
                            Q.push(j);
                        }
                    }
                }
            }
        }
        cout <<endl;
    }
```

设图 G 有 n 个顶点，e 条边，在广度优先遍历算法中，每个顶点进队列一次且仅一次，同时，每次要遍历每个顶点对应的链表中所有边表结点一次，因此若采用邻接表作为存储结构，广度优先遍历的时间复杂度为 $O(n+e)$。若图采用邻接矩阵作为存储结构，则同深度优先遍历一样，时间复杂度为 $O(n^2)$。

必须说明，无论是深度优先遍历还是广度优先遍历，在没给出具体的存储结构和遍历算法前，其遍历序列一般是不唯一的，因为顶点的邻接点的顺序是不确定的。

自测题 9. 对有 n 个顶点、e 条边且使用邻接表存储的有向图进行广度优先遍历，其算法时间复杂度是（   ）。

A. $O(n)$　　　　　B. $O(e)$　　　　　C. $O(n+e)$　　　　　D. $O(n×e)$

【2012 年全国统一考试】

【参考答案】C

【题目解析】深度优先遍历和广度优先遍历访问到图中的每个顶点和每一条边。

自测题 10. 若对如图 8.26 所示无向图进行遍历，则下列选项中，不是广度优先遍历序列的是（   ）。

A. *h,c,a,b,d,e,g,f*
B. *e,a,f,g,b,h,c,d*
C. *d,b,c,a,h,e,f,g*
D. *a,b,c,d,h,e,f,g*

【2015 年全国统一考试】

【参考答案】D

【题目解析】D 选项是深度优先遍历不是广度优先遍历的顺序。

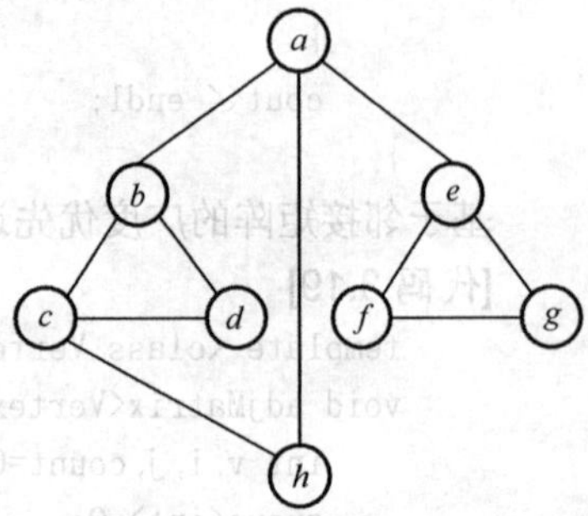

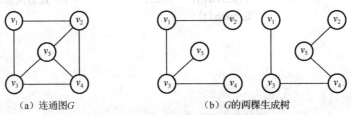

图 8.26 自测题 10 的图

8.3.3 图的连通分量和生成树

图的连通性问题实际上是图的遍历的一种应用，我们可以利用图的遍历算法求图的连通分量及连通分量的个数，请读者参阅 dfsTraverse 和 bfsTraverse 的代码，计数器 count 用于统计图的连通分量的个数。

1. 生成树

8.1 节介绍过生成树的概念，一个连通图的生成树是一个极小连通子图，它含有图中全部 n 个顶点，但只有足以构成一棵树的 $n-1$ 条边。在生成树中添加一条边之后，必然会形成回路或环。一般来说，一个连通图的生成树并不是唯一的，除非原图本身就是一棵树。

如图 8.27 所示为连通图 G 和它的两棵生成树。增加一条边(v_2,v_4)到这两棵生成树中，都会形成环。

(a) 连通图 G (b) G 的两棵生成树

图 8.27 连通图 G 和它的两棵生成树

若无向图 G 是连通图，对其遍历时可以从图中任意顶点出发，进行深度优先遍历（DFS）或广度优先遍历（BFS），就能访问到图中所有的顶点。在遍历过程中，如果将每次前进途中路过的结点和边记录下来，就得到一个子图，该子图是以源点为根的生成树。

采用 DFS 算法遍历图所得到的生成树称为深度优先生成树；采用 BFS 算法遍历图所得到的生成树称为广度优先生成树。如图 8.28（a）所示的连通图 G，若其深度优先遍历序列是：A, B, D, G, E, C, F，则其深度优先生成树如图 8.28（b）所示；若其广度优先遍历序列是：A, B, C, D, E, F, G，则其广度优先生成树如图 8.28（c）所示。

一个连通图的生成树可能不唯一，从不同的源点出发，采用不同的遍历算法及存储结构的差异等因素，都会导致得到的生成树不尽相同。

2. 生成森林

若无向图 G 是非连通图，则从图中某个顶点出发遍历图，不能访问到该图的所有顶点，而需要依次对图中的每个连通分量进行深度优先遍历（DFS）或广度优先遍历（BFS），即需从多个顶点出发进行 DFS 或 BFS。在遍历过程中，如果将每次前进途中路过的结点和边记录下来，将会得到多棵树，从而构成森林。采用 DFS 算法遍历图所得到的森林称为深度优先生成森林；采用 BFS 算法遍历图所得到的森林称为广度优先生成森林。

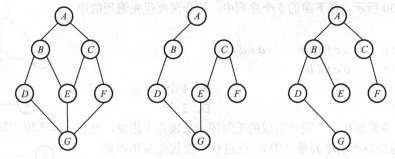

(a) 连通图G　　　　(b) G的一棵深度优先生成树　　　(c) G的一棵广度优先生成树

图 8.28　连通图 G 和它的两棵生成树

例如，图 8.29（a）中非连通图 G 含有两个连通分量，假定采用邻接表表示，深度优先遍历时需要调用两次 DFS 算法（分别从 A、E 出发），若得到的深度优先遍历序列为：A, B, D, C 和 E, F, G，则其生成森林如图 8.29（b）所示。

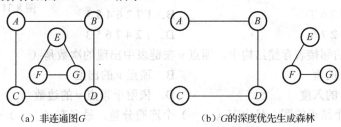

(a) 非连通图G　　　　　　　　　(b) G的深度优先生成森林

图 8.29　非连通图 G 及其深度优先生成森林

习题

一、选择题

1. 在一个无向图中，所有顶点的度之和等于所有边数（　　）倍，在一个有向图中，所有顶点的入度之和等于所有顶点出度之和的（　　）倍。

　　A. 1/2　　　　　　B. 2　　　　　　C. 1　　　　　　D. 4

2. 图的 BFS 生成树的树高比 DFS 生成树的树高（　　）。

　　A. 小或相等　　　B. 小　　　　　C. 大或相等　　　D. 大

3. 下列说法不正确的是（　　）。

　　A. 图的遍历是从给定的源点出发每个顶点仅被访问一次

　　B. 遍历的基本方法有两种：深度遍历和广度遍历

　　C. 图的深度遍历不适用于有向图

　　D. 图的深度遍历是一个递归过程

4. 无向图 G=(V, E)，其中：V={a,b,c,d,e,f}，E={(a,b), (a,e), (a,c), (b,e), (c,f), (f,d), (e,d)}，对该图进行深度优先遍历，得到的顶点序列正确的是（　　）。

　　A. a,b,e,c,d,f　　　　　　　　　B. a,c,f,e,b,d

　　C. a,e,b,c,f,d　　　　　　　　　D. a,e,d,f,c,b

5. 如图 8.30 所示，在下面的 5 个序列中，符合深度优先遍历的序列有多少？（　　）

　　　　a e b d f c　　　　a c f d e b　　　　a e d f c b
　　　　a e f d c b　　　　a e f d b c

　　A. 5 个　　　　　　　　　　　　　B. 4 个
　　C. 3 个　　　　　　　　　　　　　D. 2 个

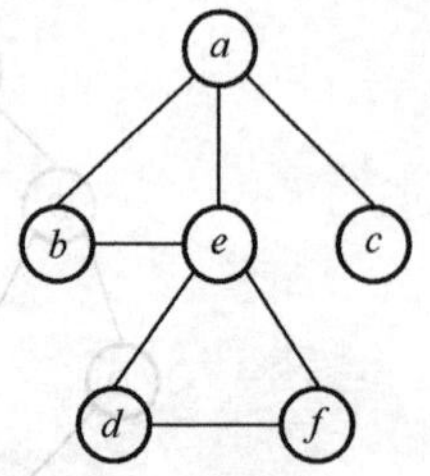

图 8.30　选择题 5 的图

6. 图 8.31 中给出由 7 个顶点组成的无向图。从顶点 1 出发，对它进行深度优先遍历得到的序列是（①），而进行广度优先遍历得到的顶点序列是（②）。

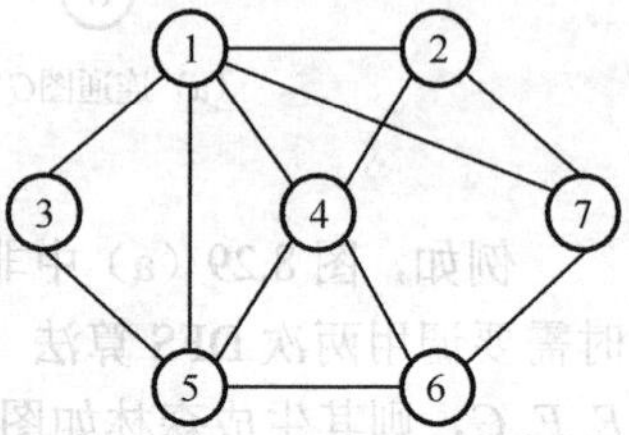

①
　　A. 1 3 5 4 2 6 7　　　　　　　　B. 1 3 4 7 6 5 2
　　C. 1 5 3 4 2 7 6　　　　　　　　D. 1 2 4 7 6 5 3

②
　　A. 1 5 3 4 2 6 7　　　　　　　　B. 1 7 2 6 4 5 3
　　C. 1 3 5 4 2 7 6　　　　　　　　D. 1 2 4 7 6 5 3

图 8.31　选择题 6 的图

7. 在有向图的邻接表存储结构中，顶点 v 在链表中出现的次数是（　　）。
　　A. 顶点 v 的度　　　　　　　　　B. 顶点 v 的出度
　　C. 顶点 v 的入度　　　　　　　　D. 依附于顶点 v 的边数

8. 一个有 n 个结点的图，最少有（　　）个连通分量，最多有（　　）个连通分量。
　　A. 0　　　　B. 1　　　　C. n−1　　　　D. n

9. 一个 n 个顶点的连通无向图，其边的个数至少为（　　）；要连通具有 n 个顶点的有向图，至少需要（　　）条边。
　　A. n−1　　　　B. n　　　　C. n+1　　　　D. nlogn；

10. n 个结点的完全有向图含有边的数目（　　）。
　　A. n×n　　　　B. n×(n+1)　　　　C. n/2　　　　D. n×(n−1)

二、填空题

1. 若用 n 表示图中顶点数目，则有_____条边的无向图称为完全图。

2. G 是一个非连通无向图，共有 28 条边，则该图至少有_____个顶点。

3. 在有 n 个顶点的有向图中，每个顶点的度最大可达_____。

4. 在有 n 个顶点的有向图中，若要使任意两点间可以互相到达，则至少需要_____条弧。

5. 已知一个无向图 G=(V,E)，其中 V={a,b,c,d,e}，E={(a,b),(a,d),(a,c),(d,c),(b,e)} 现用某一种图遍历方法从顶点 a 开始遍历图，得到的序列为 a b e c d，则采用的是_____遍历方法。

6. 一个无向图 G(V,E)，其中 V(G)={1,2,3,4,5,6,7}，E(G)={(1,2),(1,3),(2,4),(2,5),(3,6),(3,7),(6,7),(5,1)}，对该图从顶点 3 开始进行遍历，去掉遍历中未走过的边，得一个生成树 G′(V,E′)，V(G′)=V(G)，E(G′)={(1,3),(3,6),(7,3),(1,2),(1,5),(2,4)}，则采用的遍历方法是_____。

三、判断题

1. n 个结点的无向图，若不允许结点到自身的边，也不允许结点到结点的多重边，且边的总数为 n(n−1)/2，则该无向图一定是连通图。（　　）

2. 若有向图不存在回路，即使不用访问标志，同一结点也不会被访问两次。（　　）

3. 有 n−1 条边的图肯定都是生成树。（　　）

4．无向图的邻接矩阵一定是对称矩阵，有向图的邻接矩阵一定是非对称矩阵。（　　）

5．用邻接矩阵法存储一个图所需的存储单元数目与图的边数有关。（　　）

6．对一个无向图进行深度优先搜索时，得到的深度优先搜索序列是唯一的。（　　）

四、应用题

1．（1）如果图 G1 是一个具有 n 个顶点的连通无向图，那么图 G1 最多有多少条边？最少有多少条边？

（2）如果图 G2 是一个具有 n 个顶点的强连通有向图，那么图 G2 最多有多少条边？最少有多少条边？

2．对一个图进行遍历可以得到不同的遍历序列，那么导致得到的遍历序列不唯一的因素有哪些？

3．无向图 $G=(V,E)$，其中：$V=\{a,b,c,d,e,f\}$，$E=\{(a,b),(a,e),(a,c),(b,e),(c,f),(f,d),(e,d)\}$，写出对该图从顶点 a 出发进行深度优先遍历可能得到的全部顶点序列。

4．设 $G=(V,E)$ 以邻接表存储，如图 8.32 所示，完成下列操作。

（1）求图 G 的邻接矩阵。

（2）给出从顶点 1 开始的深度优先遍历序列和广度优先遍历序列。

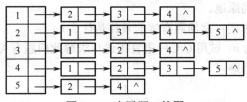

图 8.32　应用题 4 的图

5．已知无向图如图 8.33 所示，完成下列操作。

（1）画出它的邻接表。

（2）给出从顶点 V_1 开始的深度优先遍历序列和广度优先遍历序列。

（3）根据深度优先遍历序列和广度优先遍历序列画出图 G 的生成树或生成森林。

6．已知图 G 的邻接矩阵 A 如图 8.34 所示，完成下列操作。

（1）画出图 G。

（2）求图 G 从下标为 0 的顶点开始的深度优先和广度优先遍历序列。

（3）根据深度优先和广度优先遍历序列画出图 G 的生成树或生成森林。

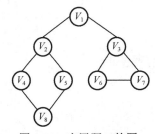

$$A=\begin{bmatrix} 0 & 1 & 1 & 1 & 0 \\ 0 & 0 & 0 & 0 & 0 \\ 0 & 0 & 0 & 1 & 0 \\ 0 & 1 & 0 & 0 & 0 \\ 0 & 1 & 1 & 0 & 0 \end{bmatrix}$$

图 8.33　应用题 5 的图　　　　图 8.34　应用题 6 的图

7．某田径赛中各选手的参赛项目表如下：

姓名	参赛项		
ZHAO	A	B	E
QIAN	C	D	

SHUN		C	E	F
LI	D	F	A	
ZHOU	B	F		

设项目 $A,B,\cdots,F$ 各表示一个数据元素,若两个项目不能同时举行,则将其连线(约束条件)。

(1)根据此表及约束条件画出相应的图状结构模型,并画出此图的邻接表结构。

(2)写出从 A 出发按"广度优先搜索"算法遍历此图的序列。

五、算法设计题

1. 设有向图用邻接表表示,图有 n 个顶点,编号为 $0 \sim n-1$,试写一个算法求编号为 $k(0 \leq k<n)$ 的顶点的入度。

2. 在有向图 $G=\{V,E\}$ 中,如果 $r \in V$ 到 G 中的每个顶点都有路径可达,则称顶点 r 为 G 的根结点。编写一个算法判断有向图 G 是否有根,若有,则打印出所有根结点的值。

3. 以邻接表为存储结构,写出图的深度优先搜索 DFS 算法的非递归实现。

4. 给出求无向图的连通分量个数的算法。

5. 写出从图的邻接表表示转换成邻接矩阵表示的算法。

6. 设在 4 地 (A, B, C, D) 之间架设有 6 座桥,如图 8.35 所示,要求从某地出发,经过每座桥恰巧一次,最后仍回到原地。

(1)根据图 8.35,试说明:此问题有解的条件是什么?

(2)设图中的顶点数为 n,试用 C/C++ 语言描述与求解此问题有关的数据结构并编写一个算法,找出满足要求的一条回路。

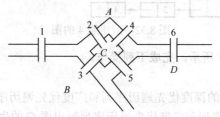

图 8.35 求回路

第 9 章 图 的 应 用

第 8 章介绍了图的基本概念和性质，重点讨论了图的存储结构和遍历运算。本章重点介绍最小生成树、最短路径、拓扑排序等内容，简单介绍关键路径算法，这些内容都属于图结构的应用。

本章学习目标：
- 掌握利用 Prim 算法和 Kruskal 算法构造最小生成树的方法；
- 掌握拓扑排序的概念和拓扑序列的求解方法；
- 理解关键路径的概念；
- 掌握利用 Dijkstra 算法求解单源点最短路径的方法；
- 掌握利用 Floyd 算法求解每对顶点间的最短路径的方法。

9.1 最小生成树

9.1.1 最小生成树的概念

（1）最小生成树（Minimum Spanning Tree，MST）：在加权连通图（连通网）的所有生成树中，各边权值之和最小的生成树，称为最小生成树。要注意：① 该定义是在无向连通图的基础上的。② 最小生成树可能不唯一，但是其权值之和是唯一的。

最小生成树在现实生活中有着广泛的应用，例如在 n 个城市之间建立一个通信网络，使得任意两个城市之间都可以通信，而且要求铺设线路的花费最小。我们可以将每个城市看作一个顶点，边上的权值表示为两个城市之间铺设线路的花费，问题是具有 n 个顶点的连通图最多有 $n(n-1)/2$ 条边，如何选择 $n-1$ 条边才能使铺设线路的花费最小呢？此时问题转化成如何在含有 n 个顶点的连通网中寻找最小生成树的问题。

求解最小生成树的常用算法有 Prim 算法和 Kruskal 算法，它们都属于贪心算法，都利用了最小生成树的 MST 性质。

（2）MST 性质：假设 $G=(V,E)$ 是一个加权连通图，U 是顶点集 V 的一个非空子集。若(u,v)是一条具有最小权值的边，其中 $u \in U$，$v \in V-U$，则必存在一棵包含边(u,v)的最小生成树。

这个性质可以用反证法证明：假设加权连通图 G 中任何一棵最小生成树都不包含边(u,v)，将边(u,v)加入 G 的一棵最小生成树 T 中。根据生成树的定义，此时 T 中必存在一个包含(u,v)的回路，且此回路中必存在一条不同于(u,v)的边(u',v')，如图 9.1 所示。其中 $u' \in U$，$v' \in V-U$，且 u 与 u' 之间，v 与 v' 之间均有路径相连，(u',v')的权值一定大于或等于(u,v)的权值，删除(u',v')则可消除回路而得到另一棵生成树 T'，新生成树 T' 的权值小于等于 T 的权值，所以 T'是一棵包含边(u,v)的最小生成树。

显然这个结论与原假设矛盾，从而使 MST 性质得以证明。

（3）最小生成树边集的存储表示。为了存储一棵最小生成树的边集，在图的抽象数据类型 graph 中定义了最小生成树的边结点类型 mstEdge，该类型包含三个域，如图 9.2 所示：vex1 为一条带权边上关联的一个顶点的编号；vex2 为该边上关联的另一个顶点的编号；weight 为边的权值。在邻接矩阵和邻接表的构造函数中申请了 mstEdge 类型的数组 TE，用以存储最小生成树的边集。

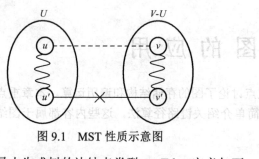

图 9.1　MST 性质示意图　　　　　图 9.2　最小生成树的边结点示意图

最小生成树的边结点类型 mstEdge 定义如下：
```
struct mstEdge {                                    // 最小生成树的边结点类型
    int vex1, vex2;
    EdgeType weight;                                // 边的三元组(始点，终点，权值)
    bool operator<(const  mstEdge &e) const {       // 使用优先级队列需要重载<
        return weight < e.weight;
    }
};
```

9.1.2　Prim 算法

　　Prim 算法是一种基于顶点的贪心算法，从起始顶点出发，每次迭代选择当前可用的最小权值边，然后把边上依附的其他顶点加入最小生成树。Prim 算法可以称为"加点法"，比较适合稠密图。算法描述如下。

　　设 $G=(V,E)$ 是一个加权连通图，$T=(U,TE)$ 是 G 的一棵最小生成树。

　　（1）最小生成树 T 的初始状态为 $U=\{u_0\}(u_0 \in V)$，$TE=\{\}$，此时图中只有一个起始顶点，边集为空。

　　（2）在所有 $u \in U$，$v \in V-U$ 的边中找一条代价最小的边(u,v)，把边(u,v)并入生成树的边集 TE 中，同时 v 并入生成树的顶点集 U 中。

　　（3）重复执行步骤（2），直至 $U=V$ 为止。此时，TE 中必有 $n-1$ 条边，$T=(U,TE)$ 为 G 的最小生成树。

　　图 9.3 给出了从 $U=\{A\}$，$TE=\{\}$ 开始，利用 Prim 算法构造一棵最小生成树的过程，当存在多条从 U 中顶点到 $V-U$ 中同一顶点的边时，只列举权值小者。

　　算法的关键是如何找到连接顶点集 U 和顶点集 $V-U$ 的最小代价边。为实现这一目的，除需要访问标志数组 visited 外（用以区分顶点是否已经被访问过），还需要设置一个辅助数组 D，用于记录从 U 到 $V-U$ 具有最小代价的边。对于 $V-U$ 集合中的每个顶点 v_i，在辅助数组 D 中对应一个分量 $D[i]$，它包括两个域：lowCost 为 U 集合中的顶点到顶点 v_i 的边上的最小权值；adjVex 表示 U 集合中编号为 adjVex 的顶点与编号为 i 的顶点（即 v_i）之间的边上的权值是 lowCost。

　　图 9.3 给出了构造图的一棵最小生成树的过程。在构造过程中辅助数组的变化如表 9.1 所示。初始状态时，由于 $U=\{A\}$，因此到 $V-U$ 中各顶点的最小边必在依附于顶点 A 的各条边中，在这些边中找到一条代价最小的边$(A,B,10)$，将该边上关联的顶点转换为编号形式即$(0,1,10)$，然后存入 TE 中，同时将 B 并入集合 $U=\{A,B\}$ 中。然后修改辅助数组的值，首先将 $D[1].lowCost$ 改为 noEdge，visited[1]改为 true，表示顶点 B 已并入 U 集合中。由于边$(B,C,8)$上的权值小于 $D[2].lowCost$，因此更新 $D[2].lowCost$ 为 8，$D[2].adjVex$ 为 1，同理，由于边$(B,F,8)$上的权值小于 $D[5].lowCost$，因此更新 $D[5].lowCost$ 为 8，$D[5].adjVex$ 为 1。

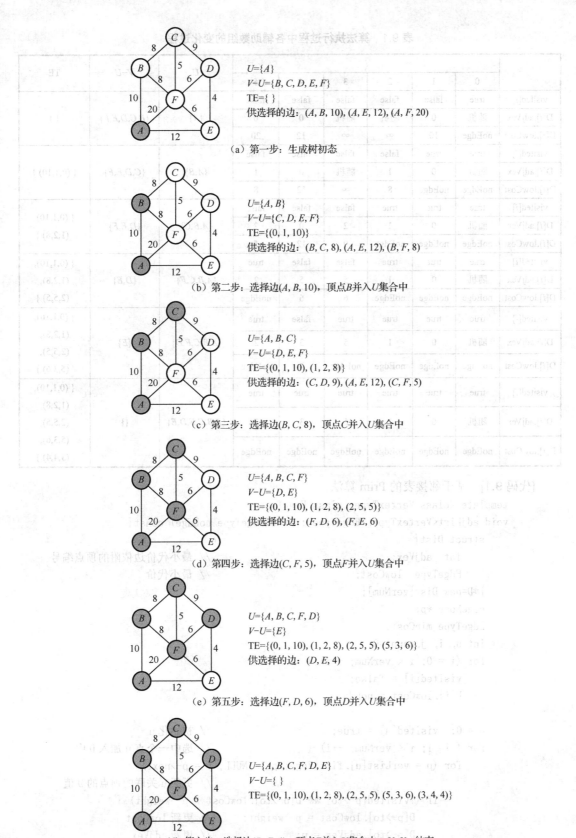

图 9.3 利用 Prim 算法构造最小生成树的过程

表 9.1 算法执行过程中各辅助数组的变化过程

	i						U	V-U	TE
	0	1	2	3	4	5			
visited[*i*]	true	false	false	false	false	false	{A}	{B,C,D,E,F}	{ }
D[*i*].adjVex	随机	0	随机	随机	0	0			
D[*i*].lowCost	noEdge	10	∞	∞	12	20			
visited[*i*]	true	true	false	false	false	false	{A,B}	{C,D,E,F}	{ (0,1,10) }
D[*i*].adjVex	随机	0	1	随机	0	1			
D[*i*].lowCost	noEdge	noEdge	8	∞	12	8			
visited[*i*]	true	true	true	false	false	false	{A,B,C}	{D,E,F}	{ (0,1,10), (1,2,8) }
D[*i*].adjVex	随机	0	1	2	0	2			
D[*i*].lowCost	noEdge	noEdge	noEdge	9	12	5			
visited[*i*]	true	true	true	false	false	true	{A,B,C,F}	{D,E}	{ (0,1,10), (1,2,8), (2,5,5) }
D[*i*].adjVex	随机	0	1	5	5	2			
D[*i*].lowCost	noEdge	noEdge	noEdge	6	6	noEdge			
visited[*i*]	true	true	true	true	false	true	{A,B,C,F,D}	{E}	{ (0,1,10), (1,2,8), (2,5,5), (5,3,6) }
D[*i*].adjVex	随机	0	1	5	3	2			
D[*i*].lowCost	noEdge	noEdge	noEdge	noEdge	4	noEdge			
visited[*i*]	true	true	true	true	true	true	{A,B,C,F,D,E}	{}	{ (0,1,10), (1,2,8), (2,5,5), (5,3,6), (3,4,4) }
D[*i*].adjVex	随机	0	1	5	3	2			
D[*i*].lowCost	noEdge	noEdge	noEdge	noEdge	noEdge	noEdge			

[代码 9.1] 基于邻接表的 Prim 算法。

```cpp
template <class VertexType, class EdgeType>
void adjList<VertexType, EdgeType>::prim(EdgeType noEdge) const{
    struct Dist{
        int    adjVex;                              // 最小代价边依附的顶点编号
        EdgeType  lowCost;                          // 最小代价
    }*D=new Dist[verNum];
    edgeNode *p;
    EdgeType minCost;
    int u, i, j,count=0;
    for (i = 0; i < verNum; ++i) {
        visited[i] = false;
        D[i].lowCost = noEdge;
    }
    u = 0;  visited[u] = true;                      // 初始化 u
    for ( i= 1; i < verNum; ++i) {                  // 选中一个点 u 加入 D 中
        for (p = verList[u].firstEdge; p != NULL; p = p->next)
                                                    // 更新 u 关联的顶点的 D 值
            if (!visited[p->to] && D[p->to].lowCost > p->weight) {
                D[p->to].lowCost = p->weight;       // 更新 lowCost
                D[p->to].adjVex = u;                // 更新 adjVex
```

```
            }
            minCost = noEdge;
            for (j = 0; j < verNum; ++j)              // 在 V-U 中找 lowCost 最小顶点 u
                if (D[j].lowCost < minCost) {
                    minCost = D[j].lowCost;  u = j;
                }
            TE[count].vex1 = D[u].adjVex;             // 保存最小生成树的一条边
            TE[count].vex2 = u;
            TE[count++].weight = D[u].lowCost;
            D[u].lowCost = noEdge;                    // 顶点 u 已并入 D 中
            visited[u] = true;
        }
        delete [] D;
    }
```

[代码 9.2] 基于邻接矩阵的 Prim 算法。

```
    template <class VertexType, class EdgeType>
    void adjMatrix<VertexType, EdgeType>::prim(EdgeType noEdge) const{
        struct Dist{
            int     adjVex;                           // 最小代价边依附的顶点编号
            EdgeType lowCost;                         // 最小代价
        } *D=new Dist[verNum];
        EdgeType minCost;
        int u, i, j, count=0;
        for (i = 0; i < verNum; ++i) {
            visited[i] = false;  D[i].lowCost = noEdge;
        }
        u = 0;  visited[u] = true;
        for ( i= 1; i < verNum; ++i) {                // 选中一个点 u 加入 D 中
            for ( j= 0; j < verNum; ++j)              // 更新 u 关联的顶点的 D 值
                if (!visited[j] && edges[u][j] != noEdge) {
                    if(edges[u][j] < D[j].lowCost){
                        D[j].lowCost = edges[u][j];   // 更新 lowCost
                        D[j].adjVex = u;              // 更新 adjVex
                    }
                }
            minCost = noEdge;
            for (j = 0; j < verNum; ++j)              // 在 V-U 中找 lowCost 最小顶点 u
                if (D[j].lowCost < minCost) {
                    minCost = D[j].lowCost; u = j;
                }
            TE[count].vex1 = D[u].adjVex;             // 保存最小生成树的一条边
            TE[count].vex2 = u;
            TE[count++].weight = D[u].lowCost;
            D[u].lowCost = noEdge;                    // 顶点 u 已并入 D 中
            visited[u] = true;
        }
```

```
delete [] D;
}
```

假设连通网中有 n 个顶点，Prim 算法的主体是一个嵌套循环，外层循环执行 n 次（包括循环条件失败的一次），两个内层循环最多分别执行 $n+1$ 次。因此，Prim 算法的时间复杂度为 $O(n^2)$。

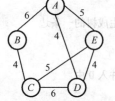

图 9.4　自测题 1 的图 G

自测题 1. 使用 Prim 算法求带权连通图的最小(代价)生成树(MST)。请回答下列问题。

（1）图 G 如图 9.4 所示，从顶点 A 开始求 G 的 MST，依次给出按算法选出的边。

（2）图 G 的 MST 是唯一的吗？

（3）对任意的带权连通图，满足什么条件时，其 MST 是唯一的？

【2017 年全国统一考试】

【参考答案】

（1）依次选出的边为：(A,D)，(D,E)，(E,C)，(C,B)。

（2）图 G 的 MST 是唯一的。

（3）当带权连通图的任意一个环中所包含的边的权值均不相同时，其 MST 是唯一的。

9.1.3　Kruskal 算法

Kruskal 算法是一种基于边的贪心算法，初始时生成树包含所有顶点，边集为空，每次迭代选择当前可用的最小权值边，且该边加入生成树的边集中不会产生环，直到图中所有顶点都能连通。Kruskal 算法可以称为"加边法"，比较适合稀疏图。算法描述如下。

设 $G=(V,E)$ 是一个加权连通图，$T=(U,TE)$ 是 G 的一棵最小生成树。

（1）最小生成树 T 的初始状态为 $U=V$，TE={}，此时 T 中具有图 G 中的所有顶点，边集为空，所以每个顶点自成一个连通分量。

（2）在 E 中选择代价最小的边，若该边依附的顶点落在 T 中不同的连通分量上，则将此边加入 TE 中，否则舍去此边而选择下一条代价最小的边。

（3）重复执行步骤（2），直到 T 中所有顶点都在同一连通分量上为止，此时就得到图 G 的一棵最小生成树。

对如图 9.3 所示的加权连通图，应用 Kruskal 算法构造一棵最小生成树的过程如图 9.5 所示。

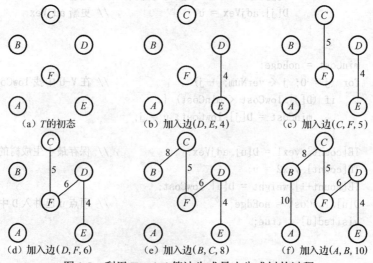

图 9.5　利用 Kruskal 算法生成最小生成树的过程

首先选择代价最小的边(*D*,*E*,4)，将边上关联的顶点信息转换为编号，即(3,4,4)加入 TE 中。

再从剩余边中选择代价最小的边(*C*,*F*,5)，即(2,5,5)加入 TE 中。

继续从剩余边中选择代价最小的边，此时可选(*D*,*F*,6)也可选(*E*,*F*,6)，假定先选(*D*,*F*,6)，即(3,5,6)加入 TE 中。

继续从剩余边中选代价最小的边(*E*,*F*,6)，但由于(*E*,*F*,6)加入 *T* 中后，会使 *T* 中出现环，故不可取。

继续从剩余边中选择代价最小的边，此时可选(*B*,*C*,8)也可选(*B*,*F*,8)，假定先选(*B*,*C*,8)，即(1,2,8)加入 TE 中。

继续从剩余边中选代价最小的边(*B*,*F*,8)，但由于(*B*,*F*,8)加入 *T* 中后，会使 *T* 中出现环，故不可取。

继续从剩余边中选代价最小的边(*C*,*D*,9)，但由于(*C*,*D*,9)加入 *T* 中后，也会使 *T* 中出现环，同样不可取。

继续从剩余边中选代价最小的边(*A*,*B*,10)即(1,2,8)加到 TE 中，此时所有顶点都在同一连通分量上，得到图 *G* 的一棵最小生成树 *T*。

算法的关键是如何找到最小代价边，以及如何判断该边的加入会不会形成环。

为了方便快捷地找到最小代价边，将图中所有边按照权值放入一个最小优先级队列中，权值越小的边，其优先级越高，将会优先出队列。因此对于包含 *e* 条边的图，采用自上向下的建堆方法，生成优先级队列的时间代价是 O(*eloge*)，而每次选择最小代价边仅需 O(*loge*)的时间。

为了判断加入一条边后会不会形成环，可以将各连通分量上的顶点作为并查集的一个子集，对最小代价边的两个顶点分别执行 find 操作，如果返回值相同，则表示两个顶点属于同一连通分量，加入这条边会形成环，否则将这条边加入 TE 中，添加边之后还要执行 merge 操作，合并两个顶点所属的连通分量。

[代码 9.3] 基于邻接表的 Kruskal 算法。

```
template <class VertexType, class EdgeType>
void adjList<VertexType, EdgeType>::kruskal( ) const{
    int count = 0;
    mstEdge e;
    edgeNode *p;
    unionFindSet S(verNum);                       // 并查集 S
    priorityQueue<mstEdge> Q;                     // 优先级队列 Q
    for (int i = 0; i < verNum; ++i) {            // 用图中的边生成优先级队列
        for (p = verList[i].firstEdge; p != NULL; p = p->next)
            if (i < p->to) {                      // 防止重复入队
                e.vex1 = i;  e.vex2 = p->to;  e.weight = p->weight;
                Q.enQueue(e);                     // 边 e 入队
            }
    }
    while( count <verNum- 1 ) {                   // 选出 verNum-1 条边
        e = Q.deQueue();                          // 从优先级队列中出队一条边
        int u = S.find(e.vex1);                   // 查找顶点 vex1 所属子集
        int v = S.find(e.vex2);                   // 查找顶点 vex2 所属子集
        if( u != v ) {                            // 边上的两个顶点不属于同一连通分量
            S.merge( u, v );                      // 合并 u、v 所属子集（连通分量）
            TE[count++] = e;                      // 保存最小生成树中的一条边
```

```
    }
}
```

[代码 9.4] 基于邻接矩阵的 Kruskal 算法。
```
template <class VertexType, class EdgeType>
void adjMatrix<VertexType, EdgeType>::kruskal( ) const{
    mstEdge e;
    int count = 0;
    unionFindSet S( verNum );
    priorityQueue< mstEdge > Q;
    for (int i = 0; i < verNum; ++i) {              // 用图中的边生成优先级队列
        for (int j = i+1; j< verNum; j++)           // 从 j = i+1 开始，防止重复入队
            if (edges[i][j] != noEdge) {
                e.vex1 = i;  e.vex2 = j;  e.weight = edges[i][j];
                Q.enQueue(e);
            }
    }
    while( count <verNum- 1 ){                      // 选出 verNum-1 条边
        e = Q.deQueue();                            // 从优先级队列出队一条边
        int u = S.find(e.vex1);                     // 查找顶点 vex1 所属子集
        int v = S.find(e.vex2);                     // 查找顶点 vex2 所属子集
        if( u != v ) {                              // 边上的两个顶点不属于同一连通分量
            S.merge( u, v );                        // 合并 u、v 所属子集（连通分量）
            TE[count++] = e;                        // 保存最小生成树中的一条边
        }
    }
}
```

对于包含 e 条边的图，Kruskal 算法的时间复杂度为 $O(eloge)$。相对于 Prim 算法而言，Kruskal 算法的时间复杂度主要取决于边数，更适合求稀疏网的最小生成树。

自测题 2．下列关于最小生成树的叙述中，正确的是（　　）。
I．最小生成树的代价唯一
II．所有权值最小的边一定会出现在所有的最小生成树中
III．使用 Prim 算法从不同顶点开始得到的最小生成树一定相同
IV．使用 Prim 算法和 Kruskal 算法得到的最小生成树总不相同
A．仅I　　　　　　B．仅II　　　　　　C．仅I、III　　　　　　D．仅II、III
【2012 年全国统一考试】
【参考答案】A

自测题 3．求下面带权图的最小（代价）生成树时，可能是 Kruskal 算法第二次选中但不是 Prim 算法（从 V_4 开始）第 2 次选中的边是（　　）。
A．(V_1,V_3)
B．(V_1,V_4)
C．(V_2,V_3)
D．(V_3,V_4)

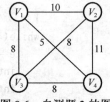

图 9.6　自测题 3 的图

【2013 年全国统一考试】
【参考答案】C

9.2 有向无环图及其应用

有向无环图（Directed Acyclic Graph，简称 DAG）：是没有回路（环）的有向图。DAG 主要用来研究工程项目的工序和时间进度问题。一个工程可以分成若干个称为活动的子工程，而这些子工程之间通常受某些条件的约束，例如，其中某些子工程必须在另一些子工程完成之后才能开始。对于整个工程和系统，人们关心的是两个方面的问题：一是工程能否顺利完成；二是估算整个工程完成所必需的最短时间，影响工程的关键活动是什么。这两个问题对应于有向图的拓扑排序和关键路径的问题，下面首先介绍拓扑排序。

9.2.1 拓扑排序

1. 基本概念

（1）AOV 网络：在有向图中，用顶点表示活动或任务，弧表示活动或任务间的优先关系，此有向图称为用顶点表示活动（Activity On Vertex）的网络，简称 AOV 网络。通常，这样的有向图可用来表示工程施工图、生产产品的流程图或数据流图等。

（2）拓扑序列（Topological Order）：在有向无环图中，若存在顶点 V_i 到顶点 V_j 的路径，那么在序列中顶点 V_i 排在顶点 V_j 的前面，称此序列为拓扑序列。

（3）拓扑排序（Topological Sort）：将有向无环图的顶点按照它们之间的优先关系排成一个拓扑序列的操作称为拓扑排序。

拓扑排序可以解决先决条件问题，当任务的流程可以用有向无环图来描述时，图中每条有向边表示两个任务间的优先关系，我们按任务间的优先关系生成拓扑序列，用该序列组织任务可以使任务顺利完成。

例如，计算机系的教学计划如表 9.2 所示。其中有些课程是基础课程，不需要先修课程就可以直接学习，例如，计算机导论和高等数学。而有些课程必须在修完先修课程后才能开始学习，例如，在学习数据结构之前，需要先学程序设计和离散数学，也就是说，先修课程是开始某些课程的先决条件，由此产生了课程间的优先关系。表 9.2 的教学计划表可以用图 9.7 表示，图中顶点表示课程，有向边表示课程间的优先关系。

表 9.2 计算机系教学计划表

课程编号	课程名称	先修课程
V_1	计算机导论	无
V_2	高等数学	无
V_3	程序设计	V_1、V_2
V_4	离散数学	V_2、V_3
V_5	数据结构	V_3、V_4
V_6	编译原理	V_4、V_5
V_7	数字逻辑	V_2、V_4
V_8	组成原理	V_7
V_9	操作系统	V_5、V_6、V_8

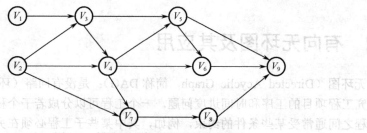

图 9.7 描述课程优先关系的有向图

在一个有向无环图 $G=\{V,E\}$ 中，当且仅当顶点 V_i 到顶点 V_j 存在一条路径时，称顶点 V_i 是顶点 V_j 的前驱，顶点 V_j 是顶点 V_i 的后继。类似地，当 $<V_i,V_j>\in E(G)$ 时，称 V_i 是 V_j 的直接前驱，V_j 是 V_i 的直接后继。有向无环图中的优先关系是传递的。例如图 9.7 中，V_1 是 V_3 的前驱，V_3 是 V_4、V_5 的前驱，则 V_1 也是 V_4、V_5 等的前驱。

当有向图中存在环时无法拓扑排序，这是因为，若顶点 V_i 和 V_j 在一个环里，那么就有一条从 V_i 到 V_j 的路径，也存在一条从 V_j 到 V_i 的路径，顶点 V_i 和 V_j 互为先决条件，无法确定 V_i 和 V_j 的先后次序。例如有三个正整数，它们之间的关系是：x 比 y 大，y 比 z 大，z 比 x 大，那么将无法对 x、y、z 进行排序。

因此，在规划一个工程时，我们首先构造它的 AOV 网络，然后对该 AOV 网络进行拓扑排序，如果拓扑排序成功了，也就是说，这个 AOV 网络的所有顶点都在它的拓扑序列中，则该 AOV 网络不存在有向环，该工程是可行的；若无法得到所有顶点的拓扑序列，那么该 AOV 网络存在有向环，工程是不可行的。

一个 AOV 网络可能存在多个拓扑序列，任何合理的排序都是可行的。如图 9.7 所示的 AOV 网络的两个合理的拓扑序列是：

$$V_1,V_2,V_3,V_4,V_5,V_6,V_7,V_8,V_9$$
$$V_2,V_1,V_3,V_4,V_7,V_8,V_5,V_6,V_9$$

2. 拓扑排序的步骤

对有向图拓扑排序的步骤如下。

① 在有向图中任选一个入度为 0 的顶点（即没有前驱的顶点）并输出它。
② 删除该顶点及该顶点的所有出边，将其邻接点的入度减 1。

重复上述步骤，最后结果可能有两种情况。

① 当输出了有向图的全部顶点时，拓扑排序成功，得到该图的拓扑序列。
② 当图中还有顶点没有输出时，拓扑排序失败，说明该图中含有环，剩余顶点的入度均不为 0。

3. 拓扑排序算法

拓扑排序算法的关键是如何找到入度为 0 的顶点，以及如何实现删除该顶点的所有出边。为了存储各顶点的入度，我们设置了一个整型数组 inDegree，数组元素表示的各顶点的入度随图中边数的减少而减少。从逻辑上删除某个顶点及该顶点的所有出边的操作，可通过对该顶点的后继（邻接点）的入度减 1 来实现。此外，为了便于查找入度为 0 的顶点，另设一个存储空间暂存入度为 0 的顶点（一般用栈或队列实现，区别是排序结果可能不同），这样做的好处是，在查找入度为 0 的顶点时，不需要每次都遍历 inDegree 数组。拓扑排序算法可描述如下。

① 计算每个顶点的入度，存入 inDegree 数组中，然后遍历 inDegree 数组，将所有入度为 0 的顶点入队。

② 若队列非空,从队首出队一个入度为 0 的顶点并输出它,将以该顶点为尾的所有邻接点的入度减 1,若此时某个邻接点的入度为 0,则将其入队。

③ 重复执行步骤②,直到队列为空为止。此时,若所有顶点均已输出,则拓扑排序成功,返回 true;否则,还有顶点未输出,表示图中有环,拓扑排序失败,返回 false。

基于邻接表的拓扑排序算法如下。

[代码 9.5]

```
template <class VertexType, class EdgeType>
bool adjList<VertexType, EdgeType>::topSort()const{
    queue<int> q;
    edgeNode *p;
    int i,curNode,count=0, *inDegree = new int[verNum];
    for ( i = 0; i < verNum; i++) inDegree[i] = 0;
    for ( i = 0; i < verNum; i++){              // 遍历边表,求顶点入度
        for (p = verList[i].firstEdge; p != NULL; p = p->next)
            ++inDegree[p->to];
    }
    for (i = 0; i < verNum; i++)
        if (inDegree[i] == 0) q.push(i);        // 入度为 0 的顶点入队列
    while( !q.empty( ) ){
        curNode = q.front( );   q.pop( );       // 出队一个入度为 0 的顶点
        cout << verList[curNode].vertex << ' '; // 输出该顶点
        // topOrder[count] = curNode;           // 语句①保存拓扑序列,用于求关键路径
        count++;                                // 计数器+1
        for (p = verList[curNode].firstEdge; p != NULL; p = p->next)
            if( --inDegree[p->to] == 0 )        // 邻接点入度减 1
                q.push( p->to );                // 入度为 0 的顶点入队列
    }
    cout << endl;
    if( count == verNum ) return true;          // 输出全部顶点,拓扑排序成功
    return false;                               // 该有向图有环,拓扑排序失败
}
```

基于邻接矩阵的拓扑排序算法如下。

[代码 9.6]

```
template <class VertexType, class EdgeType>
bool adjMatrix<VertexType, EdgeType>::topSort() const{
    queue<int> Q;
    int i,j,curNode,count=0, *inDegree = new int[verNum];
    for ( i = 0; i < verNum; i++ )  inDegree[i] = 0;
    for ( i = 0; i < verNum; i++ )
        for ( j = 0; j < verNum; j++)            // 遍历邻接矩阵,求顶点入度
            if (edges[i][j] != noEdge)  ++inDegree[j];
    for (i = 0; i < verNum; i++)
        if (inDegree[i] == 0) Q.push(i);
    while( !Q.empty( ) ){
        curNode = Q.front();  Q.pop();           // 出队一个入度为 0 的顶点
        cout << vertexs[curNode]<< ' ';          // 输出该顶点
        count++;                                 // 计数器+1
```

```
            for (j = 0; j < verNum; ++j){              // 邻接点入度减 1
                if (edges[curNode][j] != noEdge)
                    if( --inDegree[j] == 0 )  Q.push(j);// 入度为 0 的顶点入队列
            }
        }
        cout << endl;
        if( count == verNum ) return true;              // 输出全部顶点，拓扑排序成功
        return false;                                   // 该有向图有环，拓扑排序失败
    }
```

拓扑排序过程中需要遍历图的每个顶点及每条边，对于一个含 n 个顶点和 e 条边的有向图，基于邻接表的拓扑排序算法的时间复杂度为 $O(n+e)$，基于邻接矩阵的拓扑排序算法的时间复杂度为 $O(n^2)$。

按照上述算法对图 9.7 的有向图进行拓扑排序的过程如图 9.8 所示，最终得到的一个拓扑序列为：$V_1, V_2, V_3, V_4, V_5, V_7, V_6, V_8, V_9$。请读者思考，若将上述算法中的队列改成栈是否可行？拓扑排序后得到的拓扑序列是什么？

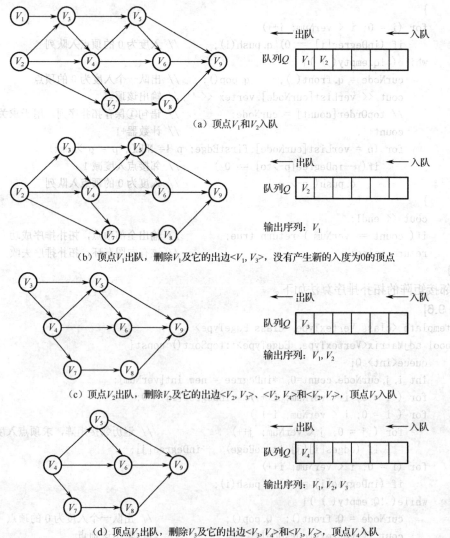

图 9.8 按照上述算法对图 9.7 的有向图进行拓扑排序的过程

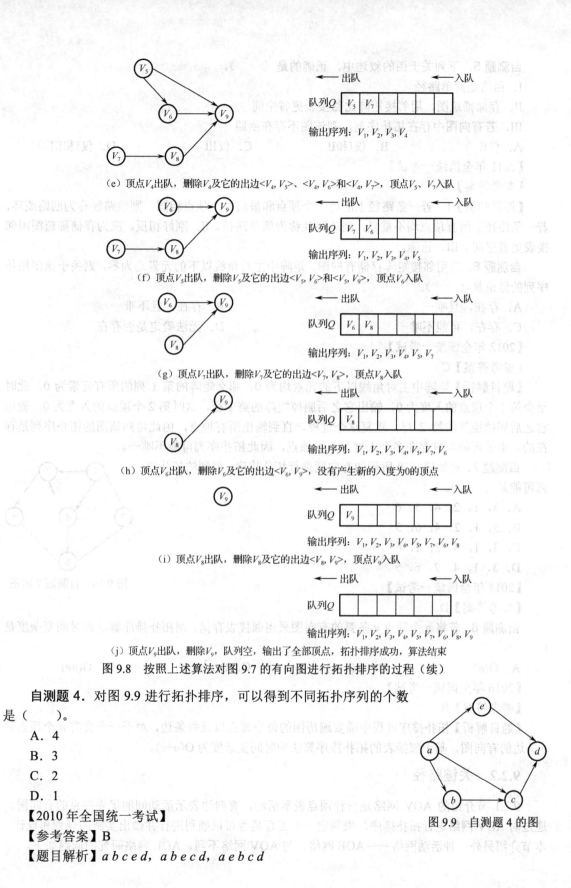

(e) 顶点V_4出队，删除V_4及它的出边$<V_4,V_5>$、$<V_4,V_6>$和$<V_4,V_7>$，顶点V_5、V_7入队

(f) 顶点V_5出队，删除V_5及它的出边$<V_5,V_6>$和$<V_5,V_9>$，顶点V_6入队

(g) 顶点V_7出队，删除V_7及它的出边$<V_7,V_8>$，顶点V_8入队

(h) 顶点V_6出队，删除V_6及它的出边$<V_6,V_9>$，没有产生新的入度为0的顶点

(i) 顶点V_8出队，删除V_8及它的出边$<V_8,V_9>$，顶点V_9入队

(j) 顶点V_9出队，删除V_9，队列空，输出了全部顶点，拓扑排序成功，算法结束

图 9.8 按照上述算法对图 9.7 的有向图进行拓扑排序的过程（续）

自测题 4. 对图 9.9 进行拓扑排序，可以得到不同拓扑序列的个数是（　　）。

A. 4
B. 3
C. 2
D. 1

【2010 年全国统一考试】
【参考答案】B
【题目解析】$abced, abecd, aebcd$

图 9.9 自测题 4 的图

自测题 5. 下列关于图的叙述中，正确的是（　　）。
I. 回路是简单路径
II. 存储稀疏图，用邻接矩阵比邻接表更省空间
III. 若有向图中存在拓扑序列，则该图不存在回路

A．仅II　　　　　B．仅I和II　　　　　C．仅III　　　　　D．仅I和III

【2011 年全国统一考试】

【参考答案】C

【题目解析】I. 若一条路径上的第一个顶点和最后一个顶点相同，则该路径称为回路或环。若一条路径上所有顶点均不重复，则该路径称为简单路径。II. 刚好相反，应为存储稀疏图用邻接表更省空间。III. 正确。

自测题 6. 若用邻接矩阵存储有向图，矩阵中主对角线以下的元素均为零，则关于该图拓扑序列的结论是（　　）。

A．存在，且唯一　　　　　　　　　　　　B．存在，且不唯一
C．存在，可能不唯一　　　　　　　　　　D．无法确定是否存在

【2012 年全国统一考试】

【参考答案】C

【题目解析】矩阵中主对角线以下的元素均为 0，那么矩阵的第 1 列的所有元素为 0，此时至少第 1 个顶点的入度为 0，输出它之后删掉矩阵的第 1 行，这时第 2 个顶点的入度为 0，输出它之后删掉矩阵的第 2 行，重复这个过程，直到输出所有顶点，由此可知该图的拓扑序列是存在的。由于可能同时存在多个入度为 0 的顶点，因此拓扑序列可能不唯一。

自测题 7. 对如图 9.10 所示的有向图进行拓扑排序，得到的拓扑序列可能是（　　）。

A．3，1，2，4，5，6
B．3，1，2，4，6，5
C．3，1，4，2，5，6
D．3，1，4，2，6，5

【2014 年全国统一考试】

【参考答案】D

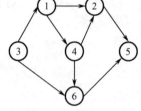

图 9.10　自测题 7 的图

自测题 8. 若将 n 个顶点 e 条弧的有向图采用邻接表存储，则拓扑排序算法的时间复杂度是（　　）。

A．O(n)　　　　　B．O($n+e$)　　　　　C．O(n^2)　　　　　D．O(ne)

【2016 年全国统一考试】

【参考答案】B

【题目解析】拓扑排序过程中需要遍历图的每个顶点以及每条边，对于一个含有 n 个顶点和 e 条边的有向图，基于邻接表的拓扑排序算法的时间复杂度为 O($n+e$)。

9.2.2 关键路径

9.2.1 节介绍的 AOV 网络是一种顶点表示活动，有向边表示活动间的优先关系的有向图。通过对 AOV 网络进行拓扑排序，来判定一个工程是否可以顺利进行并做出实施的规划和设计。本节介绍另外一种活动网络——AOE 网络。与 AOV 网络不同，AOE 网络研究的问题如下。

① 完成整个工程的最短工期是多长？
② 哪些活动是影响工程进度的关键？

1. 基本概念和术语

（1）AOE（Activity On Edge）网络：是一个带权的有向无环图，顶点表示事件，有向边表示活动，边上的权值表示活动持续的时间。AOE 网络可以用来估算工程的完成时间。

在 AOE 网络中，依附于顶点的有向边表示活动，顶点表示事件（即活动状态的转换）。具体来说，只有在进入某个顶点的各活动都结束时，该顶点所代表的事件才能发生，以该顶点为出边的活动可以开始。

如图 9.11 所示的 AOE 网络代表一个工程包括 12 个活动 $a_0, a_1, \cdots, a_{11}$，边上的权值表示完成那些活动所需的时间，例如，完成 a_0 需要 9（天）的时间，完成 a_1 需要 6（天）的时间。

如图 9.11 所示的 AOE 网络代表的工程包括 9 个事件 $V_0, V_1, \cdots, V_8$。每个事件表示在它前面的活动完成后，在它后面的活动才可以开始。例如，事件 V_3 表示活动 a_3、a_1 和 a_4 完成后，活动 a_6 和 a_7 可以开始。

（2）源点和汇点：由于一个工程只有一个开始顶点和一个结束顶点，因此在 AOE 网络中，只有一个入度为零的顶点，该顶点表示工程的开始，称为源点，例如图 9.11 中的事件 V_0。只有一个出度为零的顶点表示工程的结束，称为汇点，例如图 9.11 中的事件 V_8。

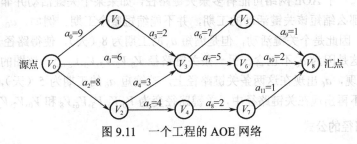

图 9.11 一个工程的 AOE 网络

（3）关键路径（Critical Path）：在 AOE 网络中从源点到汇点权值之和最长的路径称为关键路径。由于一个 AOE 网络的某些活动能够并行地执行，因此可能存在多条关键路径。如图 9.11 所示的 AOE 网络中，最长路径的长度是 19，V_0, V_1, V_3, V_5, V_8 就是一条关键路径，这条路径的长度为 9+2+7+1=19，V_0, V_2, V_3, V_5, V_8 也是一条关键路径，其长度也是 19。

（4）事件（顶点）v_i 的最早开始时间 eVetex(i)：从源点到顶点 V_i 的最长路径的长度，它决定了以顶点 V_i 为出边的活动的最早开始时间。

（5）活动（弧）a_k 的最早开始时间 eArc(k)：若活动 a_k 对应的边是 $<V_i,V_j>$，那么 eArc(k)= eVetex(i)，即活动 a_k 的最早开始时间等于事件 V_i 的最早开始时间。

例如，在图 9.11 中，以事件 V_3 为弧尾的活动是 a_6 和 a_7，它们最早可以什么时候开始呢？只有当从事件 V_0 到 V_3 的各条路径上的所有活动都完成了，活动 a_6 和 a_7 才能开始。从事件 V_0 到 V_3 有三条路径：

V_0, V_1, V_3 的路径长度为 9+2=11；

V_0, V_3 的路径长度为 6；

V_0, V_2, V_3 的路径长度为 8+3=11。

因此 a_6 和 a_7 最早开始的时间为：eArc(6)=eArc(7)=eVetex(3)=max(11,6,11)=11。

（6）事件（顶点）V_i 的最迟开始时间 lVetex(i)：在不推迟工程工期的前提下，事件 V_i 允许的最晚发生时间等于 eVetex(n-1)减去从 V_i 到 V_{n-1} 的最长路径长度。

（7）活动（弧）a_k 的最迟开始时间 lArc(k)：若活动 a_k 对应的边是 $<V_i,V_j>$，边上的权值为

weight(i,j),那么 lArc(k) = lVetex(j)−weight(i,j),即活动 a_k 的最迟开始时间等于事件 V_j 的最迟开始时间减去活动 a_k 的持续时间。

例如,在图 9.11 中,以事件 V_3 为弧头的活动是 a_3、a_1 和 a_4,它们最迟可以什么时候开始呢?事件 V_8 的最早开始时间 eVetex(8)=19,从 V_3 到 V_8 有两条路径:

V_3,V_5,V_8 的路径长度为 7+1=8;

V_3,V_6,V_8 的路径长度为 5+2=7。

因此:

事件 V_3 的最迟开始时间为 lVetex(3)=eVetex(8)−max(8,7)=19−8=11;

活动 a_3 的最迟开始时间为 lArc(3)=lVetex(3)−weight(1,3)=9;

活动 a_1 的最迟开始时间为 lArc(1)=lVetex(3)−weight(0,3)=5;

活动 a_4 的最迟开始时间为 lArc(4)=lVetex(3)−weight(2,3)=8。

活动的最迟开始时间 lArc(k)和活动的最早开始时间 eArc(k)两者之差 lArc(k)−eArc(k)表示活动 a_k 完成的时间余量,即在保证整个工程按期完成的情况下,活动 a_k 可以延缓的时间。

(8)关键活动(Critical Activity):满足 eArc(k)=lArc(k)的活动称为关键活动。关键活动不能拖延,要按时完成,否则会影响工期。

关键路径上的所有活动都是关键活动,缩短关键活动的工期有可能加快整个工程的进度。但需要注意的是,一个 AOE 网络可能有多条关键路径,如果某个关键活动并非在该图的所有关键路径上出现,那么缩短该关键活动的工期,并不能缩短整个工期。例如,a_0 出现在关键路径 V_0,V_1,V_3,V_5,V_8 上,因此是个关键活动,但是缩短 a_0 的工期为 8(天),使得路径长度变为 18,并没有缩短工期,这是因为 a_0 不包含在另一条关键路径 V_0,V_2,V_3,V_5,V_8 上,该图的关键路径长度依然是 19。观察发现,a_6 出现在这两条关键路径上,若缩短 a_6 的工期为 5(天),则整个工程 18 天即可完成,a_6 不再出现在关键路径中,关键路径变为 V_0,V_1,V_3,V_6,V_8 和 V_0,V_2,V_3,V_6,V_8。

2. 求关键路径的公式

由前面的分析可知,识别关键活动就是要查找 eArc(k)=lArc(k)的活动。为了求得 AOE 网络中活动的 eArc(k)和 lArc(k),首先应求得事件的最早发生时间 eVetex(i)和最迟发生时间 lVetex(i)。求顶点的发生时间时要注意:顶点上可能存在多条以它为弧头的入边和多条以它为弧尾的出边,如图 9.12 所示。

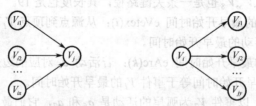

(a)可能存在多个以 V_j 为弧头的入边 (b)可能存在多个以 V_i 为弧尾的出边

图 9.12 顶点的出边和入边示意图

若 AOE 网络中有 n 个事件 e 个活动,活动 a_k 对应的边是 $<V_i,V_j>$,其权值记为 weight(i,j),则有如下公式。

从源点到汇点,按拓扑序列的顺序计算事件(顶点)的最早开始时间为:

$$\begin{cases} \text{eVetex}(0) = 0 \\ \text{eVetex}(j) = \max(\text{eVetex}(i) + \text{weight}(i,j)) \quad 0 < j < n \end{cases} \quad (9\text{-}1)$$

从汇点到源点,按拓扑序列的逆序计算事件(顶点)的最迟开始时间为:

$$\begin{cases} \text{lVetex}(n-1) = \text{eVetex}(n-1) \\ \text{lVetex}(i) = \min(\text{lVetex}(j) - \text{weight}(i,j)) \quad 0 \leq i < n-1 \end{cases} \quad (9\text{-}2)$$

根据已经求得的事件的最早和最晚时间，可计算活动的最早和最晚时间为：

$$\begin{cases} \text{eArc}(k) = \text{eVetex}(i) \\ \text{lArc}(k) = \text{lVetex}(j) - \text{weight}(i,j) \quad 0 \leq k < e \end{cases} \quad (9\text{-}3)$$

式（9-1）和式（9-2）必须在拓扑有序的前提下进行。也就是说，eVetex(j)必须在求得 V_j 的所有前驱的最早发生时间之后才能确定，lVetex(j)必须在求得 V_j 的所有后继的最迟发生时间之后才能确定。因此，关键路径是在拓扑排序的基础上计算的。

如图 9.11 所示的 AOE 网络，对事件的最早开始时间 eVetex 和最迟开始时间 lVetex 的计算如表 9.3 所示。

表 9.3 事件的最早开始时间 eVetex 和最迟开始时间 lVetex

事件的最早开始时间	事件的最迟开始时间
eVetex(0)=0	lVetex (8)= eVetex(8)=19
eVetex(1)=9	lVetex (7)= lVetex (8)−1=18
eVetex(2)=8	lVetex (6)= lVetex (8)−2=17
eVetex(3)=11	lVetex (5)= lVetex (8)−1=18
eVetex(4)=12	lVetex (4)= lVetex (7)−2=16
eVetex(5)=18	lVetex (3)=min{ lVetex (5)−7，lVetex (6)−5}=11
eVetex(6)=16	lVetex (2)=min{ lVetex (3)−3，lVetex (4)−4}=8
eVetex(7)=14	lVetex (1)= lVetex (3)−2=9
eVetex(8)=19	lVetex (0)=min{ lVetex (1)−9，lVetex (2)−8，lVetex (3)−6}=0

在求得 eVetex 和 lVetex 之后，便可用式（9-3）计算活动的最早开始时间 eArc 和最迟开始时间 lArc，具体的计算如表 9.4 所示。

表 9.4 活动的最早开始时间 eArc 和最迟开始时间 lArc

活动的最早开始时间	活动的最迟开始时间	活动对应的带权弧	关键活动
eArc(0)=eVetex(0)=0	lArc(0)= lVetex(1)−9=0	$<V_0,V_1,9>$	√
eArc(1)=eVetex(0)=0	lArc(1)= lVetex(3)−6=5	$<V_0,V_3,6>$	
eArc(2)=eVetex(0)=0	lArc(2)= lVetex(2)−8=0	$<V_0,V_2,8>$	√
eArc(3)=eVetex(1)=9	lArc(3)= lVetex(3)−2=9	$<V_1,V_3,2>$	√
eArc(4)=eVetex(2)=8	lArc(4)= lVetex(3)−3=8	$<V_2,V_3,3>$	√
eArc(5)=eVetex(2)=8	lArc(5)= lVetex(4)−4=12	$<V_2,V_4,4>$	
eArc(6)=eVetex(3)=11	lArc(6)= lVetex(5)−7=11	$<V_3,V_5,7>$	√
eArc(7)=eVetex(3)=11	lArc(7)= lVetex(6)−5=12	$<V_3,V_6,5>$	
eArc(8)=eVetex(4)=12	lArc(8)= lVetex(7)−2=16	$<V_4,V_7,2>$	
eArc(9)=eVetex(5)=18	lArc(9)= lVetex(8)−1=18	$<V_5,V_8,1>$	√
eArc(10)=eVetex(6)=16	lArc(10)= lVetex(8)−2=17	$<V_6,V_8,2>$	
eArc(11)=eVetex(7)=14	lArc(11)= lVetex(8)−1=18	$<V_7,V_8,1>$	

由表 9.4 可知，关键活动是 $a_0, a_2, a_3, a_4, a_6, a_9$，从图 9.11 的 AOE 网络中，删去所有非关键活动，则得到图 9.13 的有向图。在这个图中，从源点 V_0 到汇点 V_8 有两条关键路径。

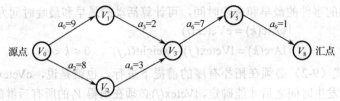

图 9.13 工程的关键路径

3. 求关键路径的算法

AOE 网络中有 n 个事件，e 个活动，源点为 V_0，汇点为 V_{n-1}，数组 eVetex 和 lVetex 用于保存事件的最早开始时间和最迟开始时间，求关键路径的算法描述如下。

① 对 AOE 网络进行拓扑排序，并用一个数组 topOrder 记录拓扑序列，若拓扑排序失败，则说明网中存在环，算法终止。

② 从源点 V_0 出发，令 eVetex[0]=0，按拓扑序列求其余各顶点的最早开始时间 eVetex[i]（$1 \leq i \leq n-1$）。

③ 从汇点 V_{n-1} 出发，令 lVetex[n-1]=eVetex[n-1]，按逆拓扑序列求其余各顶点的最迟开始时间 lVetex[i]（$0 \leq i \leq n-2$）。

④ 根据各顶点的 eVetex 和 lVetex 值，求每条弧 a_k 的最早开始时间 eArc[k]和最迟开始时间 lArc[k]。若 eArc[k]=lArc[k]，则 a_k 为关键活动输出它。

基于邻接表的关键路径算法的实现如下。

说明：由于求关键路径需要使用 AOE 网络的拓扑序列，因此，我们首先修改基于邻接表的拓扑排序代码 9.5，增加语句 "topOrder[count] = curNode;"，去掉语句①前的注释即可。其中 topOrder 是大小为 verNum 的整型数组，用于保存拓扑序列。

[代码 9.7]

```
template <class VertexType, class EdgeType>
bool adjList<VertexType, EdgeType>::criticalPath( ) const {
    if(topSort() == false) return false;
    EdgeType *eVetex = new EdgeType[verNum];    // 顶点的最早开始时间数组
    EdgeType *lVetex = new EdgeType[verNum];    // 顶点的最晚开始时间数组
    EdgeType eArc;                              // 活动的最早开始时间
    EdgeType lArc;                              // 活动的最晚开始时间
    int i, k=0;
    edgeNode *p;
    for(i=0; i<verNum; ++i)  eVetex[i] = 0;     // eVetex 初始化为 0
    for(i=0; i<verNum; ++i) {
        int curNode = topOrder[i];              // 按拓扑序列计算 eVetex
        for (p = verList[curNode].firstEdge; p != NULL; p = p->next) {
            if( eVetex[p->to] < eVetex[curNode] + p->weight )
                eVetex[p->to] = eVetex[curNode] + p->weight;
        }
    }
    for(i=0; i<verNum; ++i)
        lVetex[i] = eVetex[verNum-1];           // lVetex 初始化为汇点的最早开始时间
```

```
        for(i=verNum-2; i>=0; --i){              // 除去汇点,从 verNum-2 开始计算
            int curNode = topOrder[i];           // 按逆拓扑序列计算 lVetex
            for (p = verList[curNode].firstEdge; p != NULL; p = p->next){
                if(lVetex[curNode] > lVetex[p->to] - p->weight)
                    lVetex[curNode] = lVetex[p->to] - p->weight;
            }
        }
        for(i=0; i<verNum; ++i)                  // 求每个活动的 eArc 和 lArc
            for(p = verList[i].firstEdge; p != NULL; p = p->next){
                eArc = eVetex[i];
                lArc = lVetex[p->to] - p->weight;
                char tag=(eArc==lArc)?'*':' ';   // 关键活动标志
                cout<<"arc" << k++ << ":\t"      // 输出活动
                    << "<" << i << "," << p->to << ","<< p->weight << ">"
                    << "\t" << eArc << " " << lArc << tag << endl;
            }
        delete []eVetex;
        delete []lVetex;
        return true;
    }
```

求关键路径算法与拓扑排序算法类似,都需要遍历图的每个顶点及每条边。对于一个含 n 个顶点和 e 条边的有向图,基于邻接表的关键路径算法的时间复杂度为 $O(n+e)$,基于邻接矩阵的关键路径算法的时间复杂度为 $O(n^2)$。请读者自行实现基于邻接矩阵的关键路径算法。

自测题 9. 下列 AOE 网表示一项包含 8 个活动的工程,如图 9.14 所示。通过同时加快若干活动的进度可以缩短整个工程的工期。下列选项中,加快其进度就可以缩短工程工期的是( )。

A. c 和 e

B. d 和 e

C. f 和 d

D. f 和 h

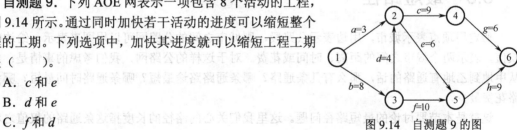

图 9.14 自测题 9 的图

【2016 年全国统一考试】

【参考答案】C

【题目解析】图中共有三条关键路径:b,f,h,b,d,e,h,b,d,c,g。加快 f 的进度,可以缩短关键路径 b,f,h 的工期;加快 d 的进度,可以缩短关键路径 b,d,e,h 和 b,d,c,g 的工期。因此,加快 f 和 d 的进度,使三个关键路径上的活动时间同时减少,可以缩短工期。

自测题 10. 已知有 6 个顶点(顶点编号为 0~5)的有向带权图 G,其邻接矩阵 A 为上三角矩阵,按行为主序(行优先)保存在如下的一维数组中:

4	6	∞	∞	∞	5	∞	∞	∞	4	3	∞	∞	3	3

要求:

(1)写出图 G 的邻接矩阵 A。

(2)画出有向带权图 G。

(3)求图 G 的关键路径,并计算该关键路径的长度。

【2011年全国统一考试】
【参考答案】

图 G 的邻接矩阵 A，以及根据邻接矩阵画出的有向带权图 G，如图 9.15 所示。

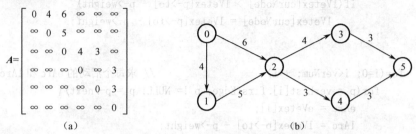

图 9.15 自测题 10（1）和（2）的参考答案

从源点到汇点权值之和最长的路径称为关键路径。求得关键路径为：0,1,2,3,5，如图 9.16 所示粗线所标记的 4 个关键活动组成图 G 的关键路径，路径长度为：4+5+4+3=16。

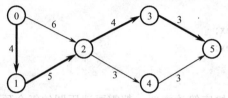

图 9.16 自测题 10（3）的参考答案

9.3 最短路径

假定用顶点表示城市，用边表示公路段，则城市之间的公路网可以用图来表示。给边赋予权值，表示两个城市之间的距离、时间或花费。对于这样的公路网，我们考虑的事情是：如果从甲地到乙地有通路的话，那么有几条通路？哪条通路路途最短？哪条通路时间最短？哪条通路花费最少？

这就是本节要讨论的最短路径问题。这里我们关心的路径的长度指这条通路的权值之和，而非边的数目，因为前者更具有实际意义。以边的数目作为最短路径的问题也可以是问题之一，本书对这种无权最短路径问题不做讨论。实际的交通路线通常是有向的，因此我们将讨论带权的有向图（网）。除非特别说明，否则所有的权均为正值。为方便描述，称路径的开始顶点为源点，路径的最后一个顶点为终点。下面将分别讨论两种常见的最短路径问题。

9.3.1 单源点最短路径

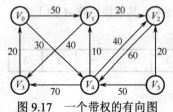

图 9.17 一个带权的有向图

本节将讨论单源点最短路径（Single Source Shortest Paths）问题。在一个带权有向图 $G=(V,E)$ 中，每条边上的权值都是非负实数，给定顶点 $s \in V$ 充当源点，计算从源点 s 到其他各顶点的最短路径。如图 9.17 所示的带权有向图，源点 V_0 到其他各顶点的最短路径及其长度如表 9.5 所示。

· 236 ·

表 9.5 图 9.17 的单源点最短路径

源 点	终 点	最 短 路 径	长 度
V_0	V_4	V_0,V_4	30
V_0	V_1	V_0,V_4,V_1	40
V_0	V_2	V_0,V_4,V_1,V_2	60
V_0	V_3	V_0,V_4,V_1,V_3	80
V_0	V_5		∞

解决单源最短路径问题的一个常用算法是 Dijkstra 算法，它是由 E.W.Dijkstra 提出的一种按路径长度递增的次序产生到各顶点最短路径的贪心算法。

在一个带非负权值的有向图 $G=(V,E)$ 中，把顶点集 V 分成两组。

S：已求出最短路径的顶点的集合，初始时集合 S 中只有源点 s。

$V-S$：尚未确定最短路径的顶点集合，将 $V-S$ 中顶点按最短路径递增的次序加入 S 中。

算法的关键是如何找到从源点 s 到 $V-S$ 中顶点的当前最短路径，以及如何记录最短路径上的顶点。

为了区分顶点是否属于 S 集合，我们使用访问标志数组 visited，初始时 visited 数组中的元素全部置为 false，当找到从源点 s 到顶点 $V_i \in V-S$ 的最短路径时，visited[i]置为 true，表示该顶点加入 S 集合中。

为了记录从源点 s 到每个顶点的当前最短路径的长度，引入数组 D，对于顶点 $V_i \in V-S$，D[i]表示从源点 s 开始，经过 S 中的顶点到达 V_i 的当前最短路径的长度。对于 $V-S$ 中的顶点，当前最短路径并不一定是最终的最短路径；而对于 S 中的顶点，当前最短路径一定是最终的最短路径。

为了记录最短路径上的顶点，引入整型数组 pre，数组元素 pre[i]记录从源点 s 到顶点 V_i 的最短路径上的、位于顶点 V_i 前面的顶点（V_i 的直接前驱）的序号。例如图 9.17 的有向图中，从顶点 V_0 到 V_2 的最短路径为 V_0,V_4,V_1,V_2，则 pre[0]=0，pre[1]=4，pre[2]=1，pre[4]=0，这样就可以通过 pre 数组逆向推导出最短路径。

Dijkstra 算法步骤可描述如下。

① 初始化 D、pre 和 visited 数组，D[i]置为无穷大∞，pre[i]置为-1，visited[i]置为 false。源点（假设编号为 0）到自身的距离 D[0]置为 0，源点的前驱 pre[0]置为 0。

② 从尚未确定最短路径长度的集合 $V-S$ 中取出一个最短路径长度最小的顶点 V_k，将 V_k 加入集合 S 中，置 visited[k]为 true。

③ 修改数组 D 中由源点 s 经过 V_k 可达的最短路径长度。若加进 V_k 作为中间顶点，使得源点 s 到 $V_i \in V-S$ 的最短路径长度变短，则修改 D[i]和 pre[i]，即：当 D[i]>D[k]+weight(v_k,v_i)时，置 D[i]=D[k]+weight(V_k,V_i)，pre[i]=k。

④ 重复步骤②、③，直到 $V=S$，算法结束。数组 D 记录了从源点 s 到图中其他顶点的最短路径长度。

对于图 9.17 利用 Dijkstra 算法，求得从 V_0 到其余各顶点的最短路径，以及迭代过程中 D、pre 和 visited 数组的变化，如表 9.6 所示。

表 9.6 最短路径求解过程

迭代	D[0] pre[0] visited[0]	D[1] pre[1] visited[1]	D[2] pre[2] visited[2]	D[3] pre[3] visited[3]	D[4] pre[4] visited[4]	D[5] pre[5] visited[5]	选择顶点	集合 S
初值	0, 0, F	∞, -1, F	∞, -1, F	∞, -1, F	∞, -1, F	∞, -1, F	0	$\{V_0\}$
1	0, 0, T	50, 0, F	∞, -1, F	∞, -1, F	30, 0, F	∞, -1, F	4	$\{V_0, V_4\}$
2	0, 0, T	40, 4, F	70, 4, F	100, 4, F	30, 0, T	∞, -1, F	1	$\{V_0, V_4, V_1\}$
3	0, 0, T	40, 4, T	60, 1, F	80, 1, F	30, 0, T	∞, -1, F	2	$\{V_0, V_4, V_1, V_2\}$
4	0, 0, T	40, 4, T	60, 1, T	80, 1, F	30, 0, T	∞, -1, F	3	$\{V_0, V_4, V_1, V_2, V_3\}$
5	0, 0, T	40, 4, T	60, 1, T	80, 1, T	30, 0, T	∞, -1, F		$\{V_0, V_4, V_1, V_2, V_3\}$

注：true 简写为 T，false 简写为 F。

下面给出基于邻接表的 Dijkstra 算法。

[代码 9.8] Dijkstra 算法，求从源点 start 到其他顶点的最短路径。

```cpp
template <class VertexType, class EdgeType>
bool adjList<VertexType, EdgeType>::dijkstra(int start, EdgeType noEdge) const{
    if (start < 0 || start > verNum - 1 )      // 源点下标越界
        return false;
    EdgeType *D = new EdgeType[verNum];        // 记录到各顶点的最短路径的长度
    int *pre = new int[verNum];                // 记录最短路径上最后一个前驱
    edgeNode *p;
    EdgeType min;
    int i, j, k;
    for (i = 0; i< verNum; ++i) {              // 初始化
        visited[i] = false;  D[i] = noEdge;  pre[i]=-1;
    }
    D[start] = 0;  pre[start] = start;         // 源点 start 到自身的路径长度置为 0
    min = D[start];  k = start;
    for (i = 1; i < verNum; ++i) {
        visited[k] = true;
        // k 并入 S 集合中，从 start 出发可经过 k，刷新 start 到 k 的邻接点的最短路径长度
        for (p = verList[k].firstEdge; p != NULL; p = p->next)
            if (!visited[p->to] && D[p->to] > min + p->weight) {
                D[p->to] = min + p->weight;
                pre[p->to] = k;
            }
        min = noEdge;  k = start;
        // 获取从 start 出发能够到达的路径长度最短且未被访问过的顶点 s
        for (j = 0; j < verNum; ++j)
            if (!visited[j] && D[j] < min) {
                k = j;
                min = D[k];
            }
        if(k != start){
            printDijPath(start, k, pre);       // 输出 start 到 k 的最短路径
```

```
            cout<<" : "<<D[k] << endl;
        }
    }
    delete []D;
    delete []pre;
    return true;
}
```

[代码 9.9] 输出从源点 from 到 to 的最短路径上的顶点序列。

```
template <class VertexType, class EdgeType>
void adjList<VertexType, EdgeType>::printDijPath(int from, int to, int pre[]) const{
    if (from == to) {                                    // 递归出口，遇到源点
        cout << verList[from].vertex ;
        return;
    }
    printDijPath(from, pre[to], pre);                    // 递归调用，先输出前驱
    cout << "->" << verList[to].vertex ;
}
```

对于一个含有 n 个顶点和 e 条边的有向图，基于邻接表的 Dijkstra 算法中第一个循环用于初始化数组，时间复杂度为 $O(n)$；第二个循环用于更新 $V-S$ 中的顶点的当前最短距离和寻找路径长度最短且未被访问过的顶点，时间复杂度为 $O(e+n^2)$，因此总的时间复杂度为 $O(n^2)$。基于邻接矩阵的 Dijkstra 算法的时间复杂度也是 $O(n^2)$。请读者自行实现基于邻接矩阵的 Dijkstra 算法。

自测题 11. 有向带权图，如图 9.18 所示，若采用迪杰斯特拉（Dijkstra）算法求从源点 a 到其他各顶点的最短路径，则得到的第一条最短路径的目标顶点是 b，第二条最短路径的目标顶点是 c，后续得到的其余各最短路径的目标顶点依次是（　　）。

A. d,e,f
B. e,d,f
C. f,d,e
D. f,e,d

【2012 年全国统一考试】

图 9.18　自测题 11 的图

【参考答案】C

自测题 12. 使用迪杰斯特拉（Dijkstra）算法求图 9.19 中从顶点 1 到其他各点的最短路径，依次得到的各最短路径的目标顶点是（　　）。

A. 5,2,3,4,6
B. 5,2,3,6,4
C. 5,2,4,3,6
D. 5,2,6,3,4

【2016 年全国统一考试】

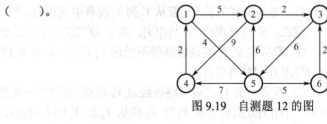

图 9.19　自测题 12 的图

【参考答案】B

自测题 13. 带权图（权值非负，表示边连接的两顶点间的距离）的最短路径问题是找出从初始顶点到目标顶点之间的一条最短路径，假设从初始顶点到目标顶点之间存在路径，现有一种解决该问题的方法：

① 设最短路径初始时仅包含初始顶点，令当前顶点 u 为初始顶点。
② 选择离 u 最近且尚未在最短路径中的一个顶点 v，加入最短路径中，修改当前顶点 $u=v$。

③ 重复步骤②，直到 u 是目标顶点时为止。

请问上述方法能否求得最短路径？若该方法可行，请证明之；否则，请举例说明。

【2009 年全国统一考试】

【参考答案】上述方法不一定能求得最短路径，离顶点 u 最近未必离初始顶点最近。例如图 9.19 的带权图，从顶点 1 到顶点 3 的最短路径应为：1,2,3，路径长度为 7；而用上述方法求得的最短路径是：1,5,6,3，路径长度为 11。详细证明请参照 Dijkstra 算法。

9.3.2 每对顶点之间的最短路径

本节将讨论每对顶点之间的最短路径（all pairs shortest paths）问题。在一个带权有向图 $G=(V, E)$ 中，不存在负权回路，找出从任意顶点 $v_i \in V$ 到顶点 $v_j \in V$ 的最短路径。

求每对顶点间的最短路径，若每条边上的权值都是非负实数，可以每次以一个顶点为源点，重复执行 Dijkstra 算法 n 次，这样就可以求得所有的顶点对之间的最短路径，其时间复杂度为 $O(n^3)$。

下面介绍的是由 Floyd 提出的另一个算法，其时间复杂度仍是 $O(n^3)$，但形式上要简单些。Floyd 算法需要采用带权的邻接矩阵存储图。为了理解 Floyd 算法的基本思想，先从直观上进行分析，从任意顶点 V_i 到任意顶点 V_j 的最短路径有两种情况。

一种情况是，从 V_i 直接到 V_j 的距离就是最短路径。

另一种情况是，从 V_i 经过若干个顶点到 V_j 的距离是最短路径。

为了求解这个问题，对于有 n 个顶点的图，首先定义两个 n 阶方阵 **D** 和 **pre**，矩阵元素 $D[i][j]$ 表示顶点 V_i 到顶点 V_j 的当前最短距离，矩阵元素 $pre[i][j]$ 表示顶点 V_i 到顶点 V_j 的当前最短路径上位于顶点 V_j 前面的顶点（V_j 的直接前驱）的序号。

Floyd 算法步骤如下。

① 初始化 **D** 矩阵和 **pre** 矩阵，若 V_i 到 V_j 没有弧，则 $D[i][j]=\infty$，$pre[i][j]=-1$；若 $i=j$，则 $D[i][j]=0$，$pre[i][j]=i$；若 V_i 到 V_j 存在弧，则 $D[i][j] = weight(V_i, V_j)$，$pre[i][j] = i$。

② 对于每一个顶点 V_k，若 $D[i][k] + D[k][j] < D[i][j]$ 成立，表明从 V_i 经过 V_k 再到 V_j 的路径比原来 V_i 到 V_j 的路径短，则置 $D[i][j] = D[i][k] + D[k][j]$，$pre[i][j] = pre[k][j]$。

③ 将图中 n 个顶点依次加入每对顶点之间进行探测，也就是对矩阵 **D** 和矩阵 **pre** 进行 n 次更新，最终矩阵 **D** 中记录的便是每对顶点之间的最短路径的长度。

我们用 $D^{(-1)}$ 表示矩阵 **D** 的初态，用 $D^{(0)}, D^{(1)}, \cdots, D^{(n-1)}$ 表示依次探测顶点 $V_0, V_1, \cdots, V_{n-1}$ 后矩阵 **D** 的状态。其中，$D^{(k)}[i][j]$ 表示从 V_i 到 V_j 中间顶点序号不大于 k 的最短路径的长度。$D^{(n-1)}[i][j]$ 表示 V_i 到 V_j 的最短路径的长度。若从 V_i 到 V_j 没有中间顶点，即 $D^{(-1)}[i][j]$，则它恰好等于 $weight(V_i, V_j)$。

现在，假定已求出 $D^{(k-1)}[i][j]$，对于 $D^{(k)}[i][j]$ 可根据如下两种不同情况求得。

① 若从 V_i 到 V_j 的最短路径不经过 V_k 顶点，则从 V_i 到 V_j 的最短路径的长度就是 $D^{(k-1)}[i][j]$，即 $D^{(k)}[i][j] = D^{(k-1)}[i][j]$。

② 若从 V_i 到 V_j 的最短路径经过 V_k 顶点，则这样一条路径由两条路径所组成，由于 $D^{(k-1)}[i][k]$ 和 $D^{(k-1)}[k][j]$ 分别表示从 V_i 到 V_k 和从 V_k 到 V_j 的中间点序号不大于 $k-1$ 的最短路径的长度，则 $D^{(k-1)}[i][k]+D^{(k-1)}[k][j]$ 必为从 V_i 到 V_j 中间点序号不大于 k 的最短路径的长度，因此有如下公式：

$$\begin{cases} D^{(-1)}[i][j] = weight[i][j] \\ D^{(k)}[i][j] = \min\{D^{(k-1)}[i][j], D^{(k-1)}[i][k]+D^{(k-1)}[k][j]\} \quad 1 \leq k < n \end{cases} \quad (9\text{-}4)$$

对于如图 9.20 所示的带权有向图，利用 Floyd 算法，求得的每对顶点之间的最短路径，以及迭代过程中 **D** 矩阵和 **pre** 矩阵的变化，如图 9.21 所示。

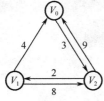

$$D^{(-1)} = \begin{bmatrix} 0 & \infty & 3 \\ 4 & 0 & 8 \\ 9 & 2 & 0 \end{bmatrix} \quad \mathbf{pre}^{(-1)} = \begin{bmatrix} -1 & -1 & 0 \\ 1 & -1 & 1 \\ 2 & 2 & -1 \end{bmatrix}$$

(a) 带权有向图 G　　　　　　　(b) D 矩阵和 pre 矩阵的初态

图 9.20　有向图 G 及矩阵的初态

观察图 9.21 不难发现，当探测顶点 V_i 作为中间点时，矩阵 **D** 和 **pre** 的对角线及 V_i 所在的行和列的元素是不会发生变化的。

$$D^{(0)} = \begin{bmatrix} 0 & \infty & 3 \\ 4 & 0 & 7 \\ 9 & 2 & 0 \end{bmatrix} \quad \mathbf{pre}^{(0)} = \begin{bmatrix} -1 & -1 & 0 \\ 1 & -1 & 0 \\ 2 & 2 & -1 \end{bmatrix}$$

（a）探测 V_0 作为中间点，当 $D[i][0] + D[0][j] < D[i][j]$ 时，更新矩阵元素

$$D^{(1)} = \begin{bmatrix} 0 & \infty & 3 \\ 4 & 0 & 7 \\ 6 & 2 & 0 \end{bmatrix} \quad \mathbf{pre}^{(1)} = \begin{bmatrix} -1 & -1 & 0 \\ 1 & -1 & 0 \\ 1 & 2 & -1 \end{bmatrix}$$

（b）探测 V_1 作为中间点，当 $D[i][1] + D[1][j] < D[i][j]$ 时，更新矩阵元素

$$D^{(2)} = \begin{bmatrix} 0 & 5 & 3 \\ 4 & 0 & 7 \\ 6 & 2 & 0 \end{bmatrix} \quad \mathbf{pre}^{(2)} = \begin{bmatrix} -1 & 2 & 0 \\ 1 & -1 & 0 \\ 1 & 2 & -1 \end{bmatrix}$$

（c）探测 V_2 作为中间点，当 $D[i][2] + D[2][j] < D[i][j]$ 时，更新矩阵元素

图 9.21　Floyd 算法迭代过程中 **D** 矩阵和 **pre** 矩阵的变化

下面给出基于邻接矩阵的 Floyd 算法。

[代码 9.10]　求各顶点之间的最短路径

```
template <class VertexType, class EdgeType>
void adjMatrix<VertexType, EdgeType>::floyd() const{
    EdgeType **D = new EdgeType*[verNum];
    int **pre = new int*[verNum];
    int i, j, k;
    for (i = 0; i < verNum; ++i) {
        D[i] = new EdgeType[verNum];
        pre[i] = new int[verNum];
        for (j = 0; j < verNum; ++j) {
            D[i][j] = ( i == j )? 0 : edges[i][j] ;
            pre[i][j] = (edges[i][j] == noEdge) ? -1 : i;
        }
    }
    for (k = 0; k < verNum; ++k)
        for (i = 0; i < verNum; ++i)
            for (j = 0; j < verNum; ++j)
                if (D[i][k] != noEdge && D[k][j]!= noEdge && D[i][k] +
                            D[k][j] < D[i][j]){
                    D[i][j] = D[i][k] + D[k][j];
                    pre[i][j] = pre[k][j];
                }
```

```
        printFloyd(D, pre);
        for (i = 0; i < verNum; ++i) {
            delete []D[i];
            delete []pre[i];
        }
        delete []D;
        delete []pre;
    }
```

[代码 9.11] 输出各顶点之间的最短路径。
```
    template <class VertexType, class EdgeType>
    void adjMatrix<VertexType, EdgeType>:: printFloyd(EdgeType **D, int **pre) const{
        int i, j, k;
        cout << "shortest path: \n";
        for (i = 0; i < verNum; ++i) {
            for (j = 0; j < verNum; ++j)
                cout << D[i][j] << '\t';
            cout << endl;
        }
        cout << "precursor of vertex: \n";
        for (i = 0; i < verNum; ++i) {
            for (j = 0; j < verNum; ++j)
                cout << pre[i][j] << '\t';
            cout << endl;
        }
    }
```

自测题 14. 已知有 5 个顶点的图 G 如图 9.22 所示，请回答下列问题。

（1）写出图 G 的邻接矩阵 A（行、列下标从 0 开始）。
（2）求 A^2，矩阵 A^2 中位于 0 行 3 列元素值的含义是什么？
（3）若已知具有 $n(n≥2)$ 个顶点的邻接矩阵为 B，则 $B^m(2≤m≤n)$ 非零元素的含义是什么？

【2015 年全国统一考试】

【参考答案】

图 G 的邻接矩阵 A 及 A^2 如图 9.23 所示。

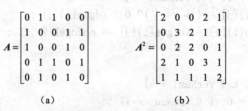

$$A=\begin{bmatrix} 0 & 1 & 1 & 0 & 0 \\ 1 & 0 & 0 & 1 & 1 \\ 1 & 0 & 0 & 1 & 0 \\ 0 & 1 & 1 & 0 & 1 \\ 0 & 1 & 0 & 1 & 0 \end{bmatrix} \qquad A^2=\begin{bmatrix} 2 & 0 & 0 & 2 & 1 \\ 0 & 3 & 2 & 1 & 1 \\ 0 & 2 & 2 & 0 & 1 \\ 2 & 1 & 0 & 3 & 1 \\ 1 & 1 & 1 & 1 & 2 \end{bmatrix}$$

(a)   (b)

图 9.23 自测题 14 的参考答案

矩阵 A^2 中位于 0 行 3 列元素值的含义分析如下。

非带权图的邻接矩阵 A 中的元素值为 1 或 0，表示顶点间是否有边。若 $A[0][k]×A[k][3]=1$，则表示 $A[0][k]=1$，$A[k][3]=1$，即 0 号顶点经过 k 号顶点能到达 3 号顶点；反之，若 $A[0][k]×A[k][3]=0$，则表示 0 号顶点经过 k 号顶点不能到达 3 号顶点。

计算矩阵乘方 A^2 时，元素

$A^2[0][3]$
$=A[0][0]\times A[0][3]+A[0][1]\times A[1][3]+A[0][2]\times A[2][3]+A[0][3]\times A[3][3]+A[0][4]\times A[4][3]$
$=0\times 0+1\times 1+1\times 1+0\times 0+0\times 1=2$

其中：

$A[0][1]\times A[1][3]=1$，表示 0 号顶点经过 1 号顶点能到达 3 号顶点；

$A[0][2]\times A[2][3]=1$，表示 0 号顶点经过 2 号顶点能到达 3 号顶点。

综上所述，矩阵 A^2 中位于 0 行 3 列元素值的含义是：从 0 号顶点出发经过一个顶点之后到达 3 号顶点，有 2 条路径，分别是 0,2,3 和 0,1,3。

因此，矩阵 A^2 中元素表示两个顶点之间长度为 2 的路径的数量。

（3）类似的，已知具有 $n(n\geq 2)$ 个顶点的邻接矩阵为 B，则 $B^m(2\leq m\leq n)$ 的非零元素表示两个顶点之间长度为 m 的路径的数量，即 $B[i][j]$ 的含义是：从编号为 i 的顶点出发，经过 $m-1$ 个顶点到达编号为 j 的顶点，共有 $B[i][j]$ 条路径。

习题

一、选择题

1. 下列哪一种图的邻接矩阵是对称矩阵？（   ）
   A．有向图　　　B．无向图　　　C．AOV 网　　　D．AOE 网
2. 若一个有向图具有拓扑排序序列，那么它的邻接矩阵必定为（   ）。
   A．对称矩阵　　B．稀疏矩阵　　C．三角矩阵　　D．一般矩阵
3. 判断一个有向图是否有环（回路）除拓扑排序方法外，还可以用（   ）。
   A．深度优先遍历　　　　　　　　B．广度优先遍历
   C．求最短路径　　　　　　　　　D．求关键路径
4. 在图采用邻接表存储时，求最小生成树的 Prim 算法的时间复杂度为（   ）。
   A．$O(n)$　　　B．$O(n+e)$　　C．$O(n^2)$　　　D．$O(n^3)$
5. 以下不正确的是（   ）。

（1）求从指定源点到其余各顶点的 Dijkstra 最短路径算法中弧上权值不能为负的原因是，在实际应用中无意义。

（2）利用 Dijkstra 算法求每一对不同顶点之间的最短路径的时间是 $O(n^3)$（图用邻接矩阵表示）。

（3）Floyd 求每对不同顶点对的算法中允许弧上的权值为负，但不能有权值和为负的回路。

   A．（1），（2），（3）　　　　　　B．（1）
   C．（1），（3）　　　　　　　　　D．（2），（3）
6. 当各边上的权值（   ）时，BFS 算法可用来解决单源最短路径问题。
   A．均相等　　　B．均互不相等　　C．不一定相等
7. 已知有向图 $G=(V,E)$，其中 $V=\{V1,V2,V3,V4,V5,V6,V7\}$，$E=\{<V1,V2>,<V1,V3>,<V1,V4>,<V2,V5>,<V3,V5>,<V3,V6>,<V4,V6>,<V5,V7>,<V6,V7>\}$，$G$ 的拓扑序列是（   ）。
   A．$V1,V3,V4,V6,V2,V5,V7$　　　B．$V1,V3,V2,V6,V4,V5,V7$
   C．$V1,V3,V4,V5,V2,V6,V7$　　　D．$V1,V2,V5,V3,V4,V6,V7$

8. 在有向图 G 的拓扑序列中，若顶点 v_i 在顶点 v_j 之前，则下列情形不可能出现的是（　　）。
   A. G 中有弧 $<v_i, v_j>$　　　　　B. G 中有一条从 v_i 到 v_j 的路径
   C. G 中没有弧 $<v_i, v_j>$　　　　D. G 中有一条从 v_j 到 v_i 的路径
9. 下列关于 AOE 网络的叙述中，不正确的是（　　）。
   A. 关键活动不按期完成就会影响整个工程的完成时间
   B. 任何一个关键活动提前完成，那么整个工程将会提前完成
   C. 所有的关键活动提前完成，那么整个工程将会提前完成
   D. 某些关键活动若提前完成，那么整个工程将会提前完成

二、填空题

1. 对于一个具有 n 个顶点和 e 条边的连通图，其生成树中的顶点数和边数分别为_____和_____。
2. Prim 算法和 Kruskal 算法的时间复杂度分别为_____和_____。Prim 算法适用于求_____的网的最小生成树；Kruskal 算法适用于求_____的网的最小生成树。
3. Dijkstra 最短路径算法从源点到其余各顶点的最短路径的路径长度按_____次序依次产生，当弧上的权值为_____数时，该算法不能正确产生最短路径。Dijkstra 算法的时间复杂度为_____。
4. 在 AOE 网络中，从源点到汇点路径上各活动时间总和最长的路径称为_____。

三、判断题

1. 连通图上各边权值均不相同，则该图的最小生成树是唯一的。（　　）
2. 在 AOE 网络中，关键路径上活动的时间延长多少，整个工程的时间也就随之延长多少。（　　）
3. 有环图也能进行拓扑排序。（　　）
4. Dijkstra 算法可解决存在负权值但无回路的有向图的单源点最短路径问题。（　　）

四、应用题

1. 如图 9.24 所示一个地区的通信网，边表示城市间的通信线路，边上的权表示架设线路花费的代价，如何选择能沟通每个城市且总代价最省的 $n-1$ 条线路，画出所有的可能（最小生成树）。

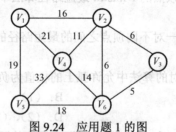

图 9.24　应用题 1 的图

2. 已知一个图的顶点集 V 和边集 E 分别为：
V={0,1,2,3,4,5,6,7}
E={<0,2>, <1,3>, <1,4>, <2,4>, <2,5>, <3,6>, <3,7>, <4,7>, <4,8>, <5,7>, <6,7>, <7,8>}
若存储它采用邻接表，并且每个顶点邻接表中的边结点都是按照顶点序号从小到大的次序链接的，则按前面介绍的拓扑排序算法，写出得到的拓扑序列。

3. 求出图 9.25 中顶点 1 到其余各顶点的最短路径。

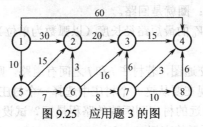

图 9.25 应用题 3 的图

4. 已知有 6 个城市为：北京（Pe）、纽约（N）、巴黎（Pa）、伦敦（L）、东京（T）、墨西哥（M），下表给定了这 6 个城市之间的交通里程。

6 个城市交通里程表（单位：百公里）

	PE	N	PA	L	T	M
PE		109	82	81	21	124
N	109		58	55	108	32
PA	82	58		3	97	92
L	81	55	3		95	89
T	21	108	97	95		113
M	124	32	92	89	113	

（1）画出这 6 个城市的交通网络图。
（2）画出该图的邻接表表示法。
（3）画出该图的最小（代价）生成树。

5. 已知一个有向网的邻接矩阵如图 9.26 所示，如需在其中一个顶点处建立娱乐中心，要求该顶点距其他各顶点的最长往返路程最短，在相同条件下总的往返路程越短越好，问娱乐中心应选址何处？给出解题过程。

$$\begin{matrix} V1 \\ V2 \\ V3 \\ V4 \\ V5 \\ V6 \end{matrix} \begin{bmatrix} 0 & 2 & \infty & \infty & \infty & 3 \\ \infty & 0 & 3 & 2 & \infty & \infty \\ 4 & \infty & 0 & \infty & 4 & \infty \\ 1 & \infty & \infty & 0 & 1 & \infty \\ \infty & 1 & \infty & \infty & 0 & 3 \\ \infty & \infty & 2 & 5 & \infty & 0 \end{bmatrix}$$

图 9.26 应用题 5 的图

6. 已知图 G 如图 9.27 所示。
（1）写出图 G 的邻接矩阵。
（2）写出全部拓扑排序。
（3）以 V_1 为源点，以 V_8 为终点，给出所有事件允许发生的最早时间和最晚时间，并给出关键路径。
（4）求 V_1 结点到各点的最短距离。

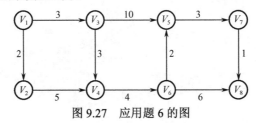

图 9.27 应用题 6 的图

五、算法设计题

1. "破圈法"就是任取一圈，去掉圈上权值最大的边，反复执行这一步骤，直到没有圈为止。请给出用"破圈法"求解给定的带权连通无向图的一棵最小代价生成树的详细算法,并用程序实现你所给出的算法。注:圈就是回路。

2. 设计算法求距离顶点 V_0 的最短路径长度(以弧数为单位)为 K 的所有顶点,要求尽可能节省时间。

3. 给定 n 个村庄之间的交通图,若村庄 i 和 j 之间有道路,则将顶点 i 和 j 用边连接,边上的 W_{ij} 表示这条道路的长度,现在要从这 n 个村庄中选择一个村庄建一所医院,问这所医院应建在哪个村庄,才能使离医院最远的村庄到医院的路程最短?试设计一个解答上述问题的算法,并应用该算法解答如图 9.28 所示的实例($n=6$)。

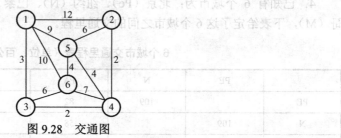

图 9.28 交通图

4. 对于一个使用邻接表存储的有向图 G,可以利用深度优先遍历方法,对该图中的所有顶点进行拓扑排序。其基本思想是:在遍历过程中,每访问一个顶点,就将其邻接到的顶点的入度减1,并对其未访问的、入度为0的邻接到的顶点进行递归。

(1)给出完成上述功能的图的邻接表定义(结构)。
(2)定义在算法中使用的全局辅助数组。
(3)写出在遍历图的同时进行拓扑排序的算法。

第 10 章 集合与查找

集合是基本的数据结构之一。集合中的数据元素除属于同一个集合之外，没有任何逻辑关系。集合上的运算主要有：查找某个元素是否存在，将集合中的元素按照它的某个唯一标识排序。集合有多种组织形式，例如，集合可以用线性表、搜索树和散列表表示。本章首先介绍集合与查找的基本概念，然后讨论与集合相关的查找方法和简单的性能分析方法，包括适用于静态查找表的顺序查找和折半查找，以及适用于动态查找表的二叉查找树、AVL 树和 B 树等。第 11 章介绍专用于集合的存储和检索的数据结构——散列表；第 12 章介绍常用的排序方法。

本章学习目标：
- 掌握顺序查找和折半查找算法及其性能分析方法；
- 掌握二叉查找树的构造、查找、插入、删除等算法及其性能分析方法；
- 掌握平衡二叉树的概念及调整平衡的方法；
- 了解 B 树、B+树、字典树的概念。

10.1 基本概念

（1）关键字（Key）：在数据结构中，把查找的对象（即相同类型的元素的整体）看作集合。集合中的每个元素都有若干属性，用它可以标识一个元素。若某个属性可以唯一标识一个元素，这个属性就称为主关键字（Primary Key）。其他的属性则称为次关键字（Secondary Key）。主关键字可用于标识或识别一个元素。

（2）查找（Searching）：是指在集合中确定是否存在关键字等于某个给定值或满足某种特定条件的元素。如果存在，则查找成功，否则查找不成功。若按主关键字查找，则查找的结果是唯一的；若按次关键字查找，则结果可能不唯一。例如，在图书馆查找书目时，若按书号查找，则可以找到唯一的一本图书，但如果按书名、作者、出版社查找，则结果可能是一批图书。

一般来说，各种数据结构都会涉及查找操作，例如前几章介绍的顺序表、树等。在这些数据结构中，查找并没有作为主要操作考虑，但是在某些应用中，查找操作是最主要的操作，为了提高查找的效率，需要专门为查找操作设置数据结构，这种面向查找操作的数据结构称为查找表。

（3）查找表（Search Table）：由同一类型的元素构成的集合，集合中的元素之间没有任何逻辑关系。对查找表的常见操作有：
① 查找符合条件的元素是否在查找表中。
② 查找某个元素的属性。
③ 在查找表中插入一个元素。
④ 从查找表中删除某个元素。

查找方法和查找表的结构是互相作用、互相制约的。查找方法的选择要依据查找表的组织结构，在某种组织结构上使用不同的查找方法，效率是不同的。为提高查找的效率，我们常常要给查找表一些特殊的组织方式。一般有三种组织查找表的方法：静态查找表、动态查找表和散列表。

（4）静态查找表（Static Search Table）：只对查找表做前两种"查找"操作。静态查找表在整个程序的运行期间结构不会变化。在本章中，静态查找表上的查找方法主要介绍顺序查找、折半查找和分块查找。

（5）动态查找表（Dynamic Search Table）：若在查找过程中允许插入查找表中不存在的元素，或者从查找表中删除已存在的某个元素，则此类查找表即为动态查找表。动态查找表上的查找方法主要介绍二叉查找树及平衡二叉树。

（6）平均查找长度（Average Search Length）：由于查找表上的基本运算是将元素的关键字和给定值进行比较，因此，衡量查找算法性能的主要依据是，关键字和给定值比较的次数的平均值。我们将关键字和给定值进行比较的次数的期望值称为查找算法的平均查找长度。对于长度为 n 的查找表，查找成功时的平均查找长度为：

$$\text{ASL}_{succ} = \sum_{i=1}^{n} p_i c_i \quad 并且 \sum_{i=1}^{n} p_i = 1 \tag{10-1}$$

其中，n 为查找表中的元素的个数，p_i 为查找第 i 个元素的概率，c_i 为查找第 i 个元素所需进行的与关键字比较的次数。显然，c_i 取决于算法，p_i 取决于实际应用。一般假设查找不同关键字的概率相等，此时 $p_i=1/n(1 \leq i \leq n)$，查找成功时的平均查找长度为：

$$\text{ASL}_{succ} = \frac{1}{n} \sum_{i=1}^{n} c_i \tag{10-2}$$

在大多数情况下，我们只分析查找成功的平均查找长度。如果查找不成功的情况不能忽略，平均查找长度应该是查找成功的平均查找长度加上查找不成功的平均查找长度，假设查找成功与不成功的概率相等，则平均查找长度为：

$$\text{ASL} = \frac{1}{2}\text{ASL}_{succ} + \frac{1}{2}\text{ASL}_{un} \tag{10-3}$$

通常，平均查找长度越小，算法的时间效率越高。但是在实际应用中，还要综合考虑查找表本身的特性及算法所需要的存储量和算法的复杂性等因素。

10.2 静态查找表上的查找

我们知道，集合中的元素间不存在逻辑关系，元素间的关系只是处于同一集合中的松散关系。为了查找方便，需要在元素间人为地加上一些关系，以按某种规则进行查找，即以另一种数据结构来表示查找表，例如，线性表、搜索树和散列表等都可以表示查找表。本节将讨论查找表的线性表表示。

10.2.1 顺序查找

顺序查找（Sequential Search）：是常用的一种查找方法，当查找表中的元素无序时，只能做顺序查找。这种方法既适用于顺序存储结构，又适用于链式存储结构。下面只介绍以顺序表作为存储结构的顺序查找方法。

顺序查找方法：对于给定的关键字 k，从顺序表的一端开始顺序扫描表中元素，依次与元素的关键字域相比较，如果某个元素的关键字等于 k，则查找成功，否则查找失败。此查找过程可以用代码 10.1 描述，RecType 为查找表的元素类型。若 RecType 不是基本类型，则需要为它重载等于 "=="、不等于 "!=" 和小于 "<" 等关系运算符。

[代码 10.1] 顺序查找，在无序表 set[1..n] 中查找关键字为 k 的元素。

```
template <class RecType>
int seqSearch(vector<RecType> &set, const RecType &k) {// 使用 STL 的 vector 向量容器
    int i;
    set[0] = k;                                     // 监视哨置为 k
    for(i = set.size() - 1; k != set[i]; --i);      // 从表尾向前查找
    return i;                                       // 成功返回元素位置，失败返回 0
}
```

这个算法在一开始就将数组 set 的第一个可用空间置为待查找的关键字 k，起到监视哨的作用。查找时，从后向前进行比较，最多比较到下标 0 位置处，一定会找到一个关键字等于 k 的元素，省去循环中下标越界的判定。若查找成功则返回该元素的下标，若查找失败则返回 0，因此统一返回 i 即可，达到算法统一。监视哨也可以设置在大下标端。

当查找表中的元素有序时，可以进一步修改上述查找方法提高查找效率。假设有序表是按递增顺序排列的，查找过程可以用代码 10.2 描述。为减少查找失败时的比较次数，循环条件改为 k < set[i]，在退出循环后，增加了 if 语句判断是否找到关键字等于 k 的元素。

[代码 10.2] 有序表的顺序查找，在有序表 set[1..n] 中查找关键字为 k 的元素。

```
template <class RecType>
int sortedSeqSearch(vector<RecType> &set, const RecType &k) {// 使用 STL 的 vector
    int i;
    set[0] = k;                                     // 监视哨置为 k
    for(i = set.size() - 1; k < set[i]; --i);       // 从表尾向前查找
    if(k == set[i])return i;                        // 返回元素位置
    return 0;                                       // 失败返回 0
}
```

下面分析顺序查找的性能。

对于含有 n 个元素的查找表，c_i 取决于所查记录在表中的位置，有 $c_i = n-i+1$。查找成功时的平均查找长度为：

$$ASL_{succ} = \sum_{i=1}^{n} p_i c_i = np_1 + (n-1)p_2 + \cdots + 2p_{n-1} + p_n \qquad (10\text{-}4)$$

假设每个元素的查找概率相等，即 $p_i = 1/n$，则平均查找长度为：

$$ASL_{succ} = \sum_{i=1}^{n} p_i c_i = \frac{1}{n}\sum_{i=1}^{n}(n-i+1) = \frac{n+1}{2} \qquad (10\text{-}5)$$

顺序查找的最多比较次数与顺序表的表长相同，平均比较次数约为表长的一半。当查找不成功时，与给定值进行比较的次数为 $n+1$。假设查找成功和不成功时的可能性相同，每个元素的查找概率相等，则顺序查找的平均查找长度为：

$$ASL = \frac{1}{2n}\sum_{i=1}^{n}(n-i+1) + \frac{1}{2}(n+1) = \frac{3}{4}(n+1) \qquad (10\text{-}6)$$

在一般情况下，人们难以预先知道每个元素的查找概率，而且查找概率也不一定相等。例如在文字录入系统中，常用词的查找概率必然高于一般词的查找概率。若预先知道每个词的查找概率，则可按查找概率由小到大依次排列（假定按代码 10.1 的方法，从后向前查找），以提高查找的效率。若预先不知道每个词的查找概率，则可对查找序列进行动态调整，即在查找过程中改变元素的位置。我们可以在每个元素中附设一个访问频度域，并使顺序表中的元素始终保持按访问频度从小到大依次排列，使得查找概率大的元素在查找的过程中不断地往后移动，以便在以后的查找中减少比较的次数。

对于线性链表的实现，还可以采用"移至前端"的方法：每当找到一个元素，就把它放到

线性链表的最前端,而把其他元素后退一个位置。移至前端方法对访问频率的局部变化能够很好地给出响应,这表现为,如果一个元素在一段时间内被频繁访问,这时它就会靠近链表的前边。在一些中文输入法中,就应用了这些链表调整技术,把当前常用的字和词调整到前端,极大地提高了用户录入汉字的速度。

顺序查找的缺点是平均查找长度较大,特别是当 n 很大时,查找效率低,时间复杂度为 $O(n)$。它的优点是算法简单且适用面广,对表的结构无任何要求,无论元素是否按关键字有序,均可应用,而且上述所有讨论对线性链表也同样适用。

10.2.2 折半查找

折半查找(Half-interval Search):又称二分查找(Binary Search),是一种效率较高的查找方法。折半查找要求查找表有序,即表中元素按关键字有序,而且必须是顺序存储的。

折半查找的思想是:首先,将给定的关键字 k 与有序表的中间位置上的元素进行比较,若相等,则查找成功;否则,中间元素将有序表分成两个部分,前一部分的元素均小于中间元素,而后一部分的元素则均大于中间元素。因此,k 与中间元素比较后,若 k 小于中间元素,则应在前一部分中查找,否则在后一部分中查找。重复上述过程,直至查找成功或失败。

假设有 9 个元素的有序表(10,12,15,19,25,32,45,60,80)存储于顺序表 set 中,现要查找关键字为 60 和 18 的元素。假设指针 low 和 high 分别指示待查元素的下界和上界,mid=$\lfloor$(low+high)/2$\rfloor$ 指示中间的位置。

【例 10.1】 查找关键字 60 的过程。

初始时,置指针 low = 1 指向第一个元素,high = 9 指向最后一个元素,mid=$\lfloor$(1+9)/2$\rfloor$=5 指向中间元素。

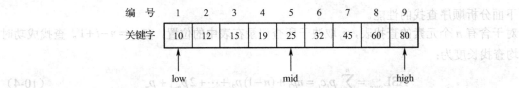

因为 60>25,即 60>set[mid],说明待查找元素若存在,则必在[mid+1,high]之间,所以重新置 low 的值为 mid+1=6,并求得新的 mid=$\lfloor$(6+9)/2$\rfloor$=7。

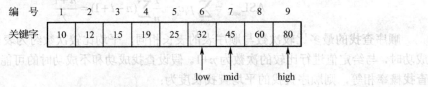

因为 60>45,即 60>set[mid],说明待查找元素若存在,则必在[mid+1,high]之间,所以重新置 low 的值为 mid+1=8,并求得新的 mid=$\lfloor$(8+9)/2$\rfloor$=8。

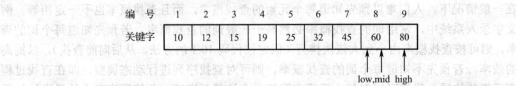

因为 60=60,即 60=set[mid],说明查找成功,所查元素在表中的序号等于 mid 的值。

【例 10.2】 查找关键字 18 的过程。

初始时,置 low=1,high=9,mid=$\lfloor$(1+9)/2$\rfloor$=5。

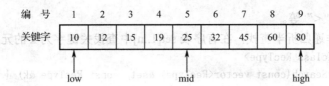

因为 18<25，即 18<set[mid]，说明待查找元素若存在，则必在[low,mid-1]之间，所以重新置 high 的值为 mid-1=4，并求得新的 mid=⌊(1+4)/2⌋=2。

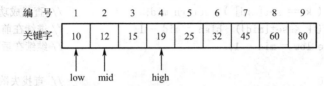

因为 18>12，即 18>set[mid]，说明待查找元素若存在，则必在[mid+1,high]之间，所以重新置 low 的值为 mid+1=3，并求得新的 mid=⌊(3+4)/2⌋=3。

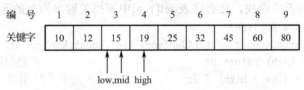

因为 18>15，即 18>set[mid]，说明待查找元素若存在，则必在[mid+1,high]之间，所以重新置 low 的值为 mid+1=4，并求得新的 mid=⌊(4+4)/2⌋=4。

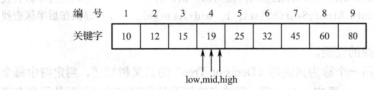

因为 18<19，即 18<set[mid]，说明待查找元素若存在，则必在[low,mid-1]之间，所以重新置 high 的值为 mid-1=3，此时有 low>high，查找范围为空，18 不在有序表中，查找失败。

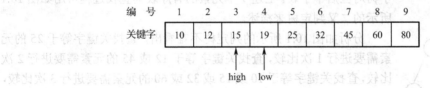

折半查找的步骤可描述如下。
（1）置查找范围初值，low = 1，high = n。
（2）计算中间项，mid =(low + high) / 2。
（3）将待查找关键字 k 与中间项的关键字比较，会有以下三种情况。
① 若相等，查找成功，返回中间项的下标 mid。
② 若 k 小于中间项关键字，则 low 指针不变，high 指针更新为 mid-1。
③ 若 k 大于中间项关键字，则 high 指针不变，low 指针更新为 mid+1。
（4）重复步骤（2）、（3）直到查找成功，返回 mid 的值；或查找失败，查找范围为空（low > high），返回 0。

上述折半查找过程的非递归算法可用代码 10.3 描述，使用 STL 的 vector 向量容器存储有序查找表，RecType 为查找表的元素类型。若 RecType 不是基本类型，则需要为它重载关系运算符等于"=="和小于"<"等。

[代码 10.3] 非递归折半查找,在有序表 set[1..n]中查找关键字为 k 的元素。

```cpp
template <class RecType>
int binarySearch(const vector<RecType> &set, const RecType &k) {
    int low = 1,  high = set.size() - 1, mid;
    while (low <= high ) {                         // 查找范围不为空
        mid = (low + high) / 2;                    // 计算中间位置
        if ( k == set[mid] ) return mid;           // 查找成功
        if ( k < set[mid]) high = mid - 1;         // 继续在前半区查找,修改 high
        else low = mid + 1;                        // 继续在后半区查找,修改 low
    }
    return 0;                                      // 查找失败
}
```

上述折半查找过程递归算法可用代码 10.4 描述。

[代码 10.4] 递归折半查找,在有序表 set[1..n]中查找关键字为 k 的元素。

```cpp
template <class RecType>
int binarySearch2(const vector<RecType> &set,const RecType &k, int low, int high){
    if(low > high) return 0;                              // 递归出口 1,查找失败
    int mid = (low + high) / 2;                           // 计算中间位置
    if(k == set[mid]) return mid;                         // 递归出口 2,查找成功
    else if(k < set[mid])
        return binarySearch2(set, k, low, mid-1);         // 递归在前半区查找
    else return binarySearch2(set, k, mid+1, high);       // 递归在后半区查找
}
```

下面分析折半查找的性能。

折半查找过程可用一个称为判定树(Decision Tree)的二叉树描述,判定树中每个结点对应表中一个元素,但结点的值不是关键字的值,而是元素在表中的位置(编号)。根结点对应当前区间的中间元素,左子树对应前半子表,右子树对应后半子表。上述 9 个元素的有序表的查找过程可用如图 10.1 所示的二叉判定树来描述。

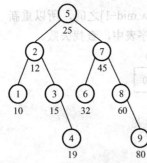

图 10.1 折半查找的判定树

分析如图 10.1 所示的判定树不难看出,查找关键字等于 25 的元素需要进行 1 次比较,查找关键字等于 12 或 45 的元素需要进行 2 次比较,查找关键字等于 10 或 15 或 32 或 60 的元素需要进行 3 次比较,查找关键字等于 19 或 80 的元素需要进行 4 次比较。假设查找每个元素的概率相等,则查找成功时的平均查找长度为:

$$ASL_{succ} = \frac{1}{9}(1 \times 1 + 2 \times 2 + 4 \times 3 + 2 \times 4) = \frac{25}{9}$$

为了便于分析查找失败的情况,为判定树上的所有结点的空指针域上加一个方形的外部结点,实际这些结点并不存在,指向结点的指针为空。带外部结点的判定树如图 10.2 所示。方形结点 "-①" 的含义为:待查找的关键字的值小于结点①的值 10,需要进行 3 次比较才能发现查找失败。方形结点 "③-④" 的含义为:待查找的关键字的值介于结点③的值 15 和结点④的值 19 之间,需要进行 4 次比较才能发现查找失败。对于 9 个元素的有序表,其带外部结点的判定树上有 10 个外部结点,假设在每个外部结点查找失败的概率相等,则查找失败时的平均查找长度为:

$$ASL_{un} = \frac{1}{10}(6\times 3 + 4\times 4) = \frac{34}{10}$$

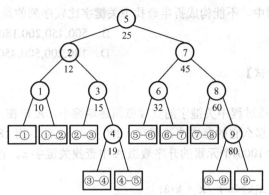

图 10.2 带外部结点的判定树

下面分析一般情况。

如图 10.2 所示,查找 60 走了一条从根结点⑤到结点⑧(关键字等于 60)的路径⑤,⑦,⑧。显然,查找成功的过程对应于判定树中从根结点到与该元素对应的结点的路径,而所做比较的次数恰为该结点在判定树上的层次数。因此,折半查找成功时,与关键字的比较次数最多不超过判定树的深度。由于判定树的叶结点所在层次之差最多为 1,故 n 个结点的判定树的深度与 n 个结点的完全二叉树的深度相等,均为 $\lceil \log(n+1) \rceil$。因此,折半查找成功时,与关键字的比较次数最多不超过 $\lceil \log(n+1) \rceil$。

如图 10.2 所示,查找 18 走了一条从根结点到外部结点的路径⑤,②,③,④,③-④,在此过程中 18 分别与 25、12、15 和 19 进行 4 次比较。显然,折半查找不成功的过程就是走了一条从根结点到外部结点的路径,和给定的关键字的比较次数等于该路径上的内部结点的个数。因此,折半查找不成功时和给定关键字的比较次数最多也不超过判定树的深度 $\lceil \log(n+1) \rceil$。

那么,折半查找的平均查找长度是多少呢?

为便于讨论,假定表的长度 $n = 2^h - 1$,则相应判定树必为深度是 h 的满二叉树,$h = \log(n+1)$。其中,深度为 1 的结点有 1 个,深度为 2 的结点有 2 个,深度为 3 的结点有 4 个,……,深度为 h 的结点有 2^{h-1} 个。假设每个元素的查找概率相等为 $1/n$,则折半查找成功时的平均查找长度为:

$$ASL_{succ} = \sum_{i=1}^{n} p_i c_i = \frac{1}{n}\sum_{j=1}^{h} j \times 2^{j-1} = \frac{n+1}{n}\log(n+1) - 1 \quad (10\text{-}7)$$

当 n 较大时,可有下列近似结果:

$$ASL_{succ} \approx \log(n+1) - 1 \quad (10\text{-}8)$$

折半查找的优点是比较次数少,当 n 较大时平均查找长度约为 $\log(n+1)-1$,查找速度快,平均性能好,时间复杂度为 $O(\log n)$;其缺点是要求待查找表为有序表。因此,折半查找方法适用于不经常变动而查找频繁的有序表。

自测题 1. 已知一个长度为 16 的顺序表 L,其元素按关键字有序排列,若采用折半查找法查找一个不存在的元素,则比较次数最多的是(   )。

A. 4   B. 5   C. 6   D. 7

【2010 年全国统一考试】

【参考答案】B

【题目解析】关键字的比较次数最多为 $\lceil \log(n+1) \rceil$ 等于判定树的深度，含 16 个结点的判定树的深度是 5。

自测题 2． 下列选项中，不能构成折半查找中关键字比较序列的是（　　）。

A．500,200,450,180　　　　　　　　　B．500,450,200,180

C．180,500,200,450　　　　　　　　　D．180,200,500,450

【2015 年全国统一考试】

【参考答案】A

【题目解析】折半查找过程中关键字的查找范围逐渐缩小。A 错在：经过前 3 个数字之后，第 4 个数字若小于 450，那么它的范围应该落在（200,450）之间，而 180 很显然不在此区间内。

自测题 3． 在有 n(n>1000) 个元素的升序数组 A 中查找关键字 x。查找算法的伪代码如下：

```
k = 0;
while ( k<n 且 A[k]<x )   k = k+3;
if ( k<n 且 A[k]==x )  查找成功；
else if ( k-1<n 且 A[k-1]==x ) 查找成功；
    else if ( k-2<n 且 A[k-2]==x ) 查找成功；
        else 查找失败；
```

本算法与二分查找（折半查找）算法相比，有可能具有更少比较次数的情形是（　　）。

A．当 x 不在数组中时　　　　　　　　B．当 x 接近数组开头处时

C．当 x 接近数组结尾处时　　　　　　D．当 x 位于数组中间位置时

【2016 年全国统一考试】

【参考答案】B

【题目解析】观察伪代码发现，该算法从低下标端开始，进行步长为 3 的顺序查找。当 x 接近数组开头处时迭代步数较少。

自测题 4． 下列二叉树中，可能成为折半查找判定树（不含外部结点）的是（　　）。

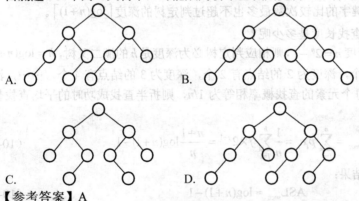

【参考答案】A

【题目解析】按中序序列遍历每棵二叉树并填写从 1 到 n 的编号，其中 n 为该二叉树的结点总数。然后分析各判定树中，计算中间项的公式在每个分支结点处是否一致。B、C、D 选项均有冲突之处。A 选项每个结点都符合 mid=$\lceil$(low+high)/2$\rceil$，注意此处为向上取整。

10.2.3　分块查找

分块查找（Blocking Search）：也称索引顺序查找，它是顺序查找方法的改进，其目的是通过缩小查找范围来改进顺序查找的性能。它把整个有序表分成若干块 $B_1, B_2, \cdots, B_n$，并要求当 $i<j$ 时，B_i 中的元素关键字都小于 B_j 中元素的关键字，块内的元素可以是有序存储的，也可以是无

序的，但块之间必须是有序的。元素的这种排列方式称为元素的按块有序。

分块之后，另需建一个索引表。每个块在索引表中有一项，称为索引项。索引项中包括两个域，一个域用于存放块中元素关键字的最大值，另一个域用于存放块的第一个元素在索引表中的位置。还可以给索引表增加一个域，用来存储块中元素个数，因为每块可能不满。索引表按索引项递增有序存储。查找表及索引表的组织如图10.3所示。查找表中包含15个元素，可分成三个子表(10,8,19,22,3)，(49,36,27,38,45)，(56,72,63,77,80)，在索引表中为每个子表建立了其对应的索引项。

图10.3 查找表及索引表

分块查找的基本过程分以下两步。

① 首先在索引表内查找，将待查关键字 k 与索引表中的关键字进行比较，以确定待查元素所在的块，可以采用顺序查找或折半查找。

② 然后在块内查找，如果块内是有序的，则采用折半查找；如果块内是无序的，则采用顺序查找。

例如，在上述索引顺序表中查找 38。首先，将 38 与索引表中的关键字进行比较，因为 22<38<49，所以若 38 在查找表中，则应在第二个块中，进一步在第二个块中顺序查找，最后查找到第二个块中第 4 个元素与其相等。

分块查找的平均查找长度由两部分构成，即：查找索引表时的平均查找长度 L_b，以及在相应块内进行顺序查找的平均查找长度 L_w。公式如下：

$$\text{ASL}_{bs} = L_b + L_w \tag{10-9}$$

假定将长度为 n 的表分成 b 块，且每块含 s 个元素，则 $b=\lceil n/s \rceil$。又假定表中每个元素的查找概率相等，则每个索引项的查找概率为 $1/b$，块中每个元素的查找概率为 $1/s$。若用顺序查找法确定待查元素所在的块，则有：

$$\text{ASL}_{bs} = L_b + L_w = \frac{1}{b}\sum_{j=1}^{b}j + \frac{1}{s}\sum_{i=1}^{s}i = \frac{b+1}{2} + \frac{s+1}{2} = \frac{1}{2}\left(\frac{n}{s}+s\right)+1 \tag{10-10}$$

可见，这时的平均检索长度不仅和表长 n 有关，也和每块中的元素个数 s 有关，而且在给定 n 的前提下，s 是可以选择的。当 s 取 $\sqrt{n}$ 时，ASL_{bs} 取最小值 $\sqrt{n}+1$。这个值比顺序查找有了很大改进，但远不及折半查找。

若用折半查找法确定待查元素所在的块，则有：

$$\text{ASL}_{bs} \approx \log\left(\frac{n}{s}+1\right)+\frac{s}{2} \tag{10-11}$$

上述介绍的顺序查找、折半查找和分块查找三种方法中，折半查找的效率最高，但折半查找要求查找表中的元素按关键字有序，而且必须是顺序存储的。顺序查找对有序表和无序表均适用，但顺序查找的平均查找长度较大，效率较低。分块查找要求查找表中元素在块与块之间按关键字有序，其主要代价是增加一个辅助的索引表的空间开销和将初始表分块有序的时间开销。

10.3 动态查找表上的查找

从 10.2 节的讨论可知，当用顺序表作为表的组织形式时，折半查找效率较高，但由于折半查找要求表中元素有序，因此当表的插入和删除操作频繁时，为保持有序性，势必要移动表中很多元素，这种由移动元素引起的额外开销，就会抵消折半查找的优点，因此折半查找更适用于静态查找表。若要在动态查找表上进行高效率的查找，可采用本节介绍的查找树。

10.3.1 二叉查找树

1. 二叉查找树的定义

二叉查找树（Binary Search Tree）又称二叉排序树（Binary Sort Tree），其或者是一棵空二叉树，或者是一棵具有下列性质的二叉树：若其左子树非空，则左子树上所有结点的值均小于根结点的值；若其右子树非空，则其右子树上所有结点的值均大于根结点的值；其左、右子树均是如上定义的二叉查找树。

二叉查找树是递归定义的，一般理解是：二叉查找树中的任意一个结点，其值为 k，只要该结点有左孩子，则左孩子的值必小于 k，只要有右孩子，则右孩子的值必大于 k。

由二叉查找树的定义可以得出一个重要性质：中序遍历一棵二叉查找树时可以得到一个结点值递增的有序序列。如图 10.4 所示的二叉树就是二叉查找树，若中序遍历图 10.4（a），则可得到一个结点值递增有序序列为：10,12,15,19,25,32,45,60,80。若中序遍历图 10.4（b），则可得到一个结点值递增有序序列为：10,12,15,19,25,32。

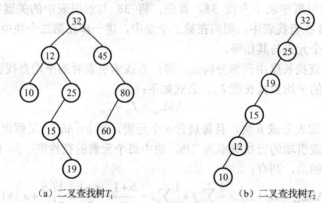

（a）二叉查找树T_1　　　　　　（b）二叉查找树T_2

图 10.4　二叉查找树示意图

二叉查找树一般用二叉链表来存储，其类型定义如下：

```
template <class T>
class BinarySearchTree{
private:
    struct Node{
        T data;                                  // 关键字域
        Node *left, *right;                      // 左、右孩子指针
        Node(const T & value, Node *lt=NULL, Node *rt=NULL){
            data = value, left = lt, right = rt;
        }
    };
```

```cpp
        Node *root;                                          // 指向根结点的指针
    public:
        BinarySearchTree(Node *t = NULL) { root = t; }
        ~BinarySearchTree(){if(root) clear(root); root = NULL;}
        void inOrderTraverse() const;                        // 中序遍历的公有接口
        bool search(const T & k) const;                      // 递归查找的公有接口
        void insert(const T & k);                            // 递归插入的公有接口
        void remove(const T & k);                            // 递归删除的公有接口
        bool nonRecursiveSearch(const T &k) const;           // 非递归查找的公有接口
        void nonRecursiveInsert(const T & k);                // 非递归插入的公有接口
        void nonRecursiveRemove(const T & k);                // 非递归删除的公有接口
    private:
        void clear( Node *t );
        void inOrder(Node *t) const;                         // 递归,中序遍历输出有序序列
        bool search(const T & k, Node *t) const;             // 递归,查找值为 k 的结点
        void insert(const T & k, Node * & t);                // 递归,插入值为 k 的结点
        void remove(const T & k, Node * & t);                // 递归,删除值为 k 的结点
        bool nonRecursiveSearch(const T & k, Node *t)const;  // 非递归,查找值为 k 的结点
        void nonRecursiveInsert(const T & k, Node *&t);      // 非递归,插入值为 k 的结点
        void nonRecursiveRemove(const T & k, Node *&t);      // 非递归,删除值为 k 的结点
        void visit(Node *t)const{ cout << t->data << ' ';}
    };
```

2．二叉查找树的查找

二叉查找树常用于查找数据,这个过程从根结点开始,沿着一条简单路径一直向下,直到找到数据或者遇到 NULL 值。二叉查找树的查找过程如下。

将待查找的关键字和二叉查找树的根结点的关键字进行比较:

① 若待查找的关键字等于根结点的关键字,则查找成功。
② 若待查找的关键字小于根结点的关键字,则在左子树中查找。
③ 若待查找的关键字大于根结点的关键字,则在右子树中查找。
④ 若直到叶结点仍没有找到,则查找失败。

例如,在图 10.4(a)中查找 60,从根结点开始比较,因为 60>32,所以到根结点的右子树中找,右子树的根结点的值为 45,因为 60>45,所以再到结点 45 的右子树中查找,结点 45 的右子树的根结点的值为 80,因为 60<80,所以到结点 80 的左子树中查找,发现 80 的左子树的根结点的值为 60,查找成功。

在图 10.4(a)中查找 5 也是从根结点开始的,因为 5<32,所以到根结点的左子树中查找,左子树的根结点的值为 12,因为 5<12,所以到结点 12 的左子树中查找,结点 12 的左子树的根结点的值为 10,因为 5<10,所以到 10 的左子树中查找,遇到了空指针,查找失败。

二叉查找树的递归查找算法如下。

[代码 10.5] 递归查找:在根指针 t 所指二叉查找树中查找关键字等于 k 的元素,若查找成功,则返回 true,否则返回 false。

```cpp
    template <class T>
    bool BinarySearchTree<T>::search(const T & k, Node *t) const{
        if (t == NULL) return false;                          // 递归出口 1,查找失败
        else if (k < t->data)    return search(k, t->left);   // 继续在左子树中查找
        else if (t->data < k)    return search(k, t->right);  // 继续在右子树中查找
```

```
            else return true;                              // 递归出口2，查找成功
    }
```

[代码 10.6] 递归查找的公有接口函数，参数为被查找关键字 k。
```
    template <class T>
    bool BinarySearchTree<T>::search(const T &k) const{
        return search(k, root);
    }
```

二叉查找树的非递归查找算法如下。

[代码 10.7] 非递归查找：在根指针 t 所指二叉查找树中非递归查找关键字等于 k 的元素，若查找成功，则返回 true，否则返回 false。
```
    template <class T>
    bool BinarySearchTree<T>::nonRecursiveSearch(const T & k, Node *t)const{
        while (t){
            if (k<t->data) t = t->left;                    // 继续在左子树中查找
            else if (k>t->data) t = t->right;              // 继续在右子树中查找
            else return true;                              // 查找成功
        }
        return false;
    }
```

[代码 10.8] 非递归查找的公有接口函数，参数为被查找关键字 k。若查找成功，则返回指向该元素结点的指针，否则返回空指针。
```
    template <class T>
    bool BinarySearchTree<T>::nonRecursiveSearch(const T &k) const{
        return nonRecursiveSearch(k, root);
    }
```

二叉查找树的查找性能分析如下。

二叉查找树的查找过程，实际上是走了一条从根结点到关键字等于 k 的元素所在结点的路径，所需要的比较次数为结点所在的层次数。因此，查找成功时，关键字的比较次数不超过树的高度。但是含有 n 个结点的二叉查找树不是唯一的，从而树的高度也不相同。例如，图 10.5（a）和图 10.5（b）是由相同的关键字组成的二叉查找树，但由于结点输入的顺序不同而得到两棵不同的二叉查找树，一棵树的高度为3，而另一棵树的高度为6。在图 10.5（a）中查找 13 需做 3 次比较，而在图 10.5（b）中查找 13 则需做 6 次比较。

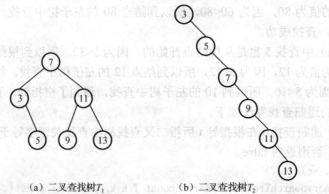

(a) 二叉查找树 T_1　　　(b) 二叉查找树 T_2
图 10.5　结点相同但输入顺序不同的两棵二叉查找树

如图 10.5（a）所示的二叉查找树查找成功时的平均查找长度为：

$$\text{ASL}_{\text{succ}} = \frac{1}{6}(1\times1 + 2\times2 + 3\times3) = \frac{14}{6} \approx 2.33$$

如图 10.5（b）所示的二叉查找树查找成功时的平均查找长度为：

$$\text{ASL}_{\text{succ}} = \frac{1}{6}(1\times1 + 1\times2 + 1\times3 + 1\times4 + 1\times5 + 1\times6) = \frac{21}{6} = 3.5$$

由此可见，采用二叉查找树进行查找的效率与二叉树的形态有关。最好的情况是，二叉查找树的深度与 n 个元素的二叉判定树高度相同，叶结点分布在二叉树的最后两层，此时树的深度为$\lceil \log(n+1) \rceil$；最差的情况是，二叉查找树是通过有序的结点依次插入生成的，此时的二叉查找树蜕化为一个深度为 n 的单支二叉树，它的平均查找长度与顺序查找相同，也是 $(n+1)/2$。若考虑把 n 个结点按各种可能的次序插入二叉查找树中，则有 $n!$ 棵二叉查找树（其中有的形态相同），可以证明，这些二叉查找树的平均查找长度正比于 $\log n$。

就平均性能而言，采用二叉查找树进行查找和折半查找相差不大，但二叉查找树的插入和删除结点操作十分方便，无须移动大量的元素。因此，对于需要经常进行插入、删除和查找运算的表，采用二叉查找树比较好。

3. 二叉查找树中结点的插入

已知一个关键字为 k 的结点，若将其插入二叉查找树中，则需要保证插入后二叉查找树的性质不变。新插入的结点一定是一个新添加的叶结点，并且是查找不成功时查找路径上访问的最后一个结点的左孩子或右孩子。在二叉查找树中插入值为 k 的结点的过程可描述如下。

（1）若二叉查找树是空树，则值为 k 的新结点作为二叉查找树的根。
（2）若二叉查找树非空，则将 k 与二叉查找树根结点的关键字进行比较：
① 如果 k 的值等于根结点的关键字，则无须插入，直接返回；
② 如果 k 的值小于根结点的关键字，则将 k 插入左子树；
③ 如果 k 的值大于根结点的关键字，则将 k 插入右子树。
二叉查找树的递归插入算法如下。

[代码 10.9] 递归插入：若二叉查找树中没有关键字 k，则插入，否则直接返回。

```
template <class T>
void BinarySearchTree<T>::insert(const T & k, Node *&t){
    if (t == NULL) t = new Node(k, NULL, NULL);           // 原来没有关键字为 k 的元素
    else if (k < t->data)  insert(k, t->left);            // 在左子树查找插入位置
    else if (t->data < k)  insert(k, t->right);           // 在右子树查找插入位置
}
```

[代码 10.10] 递归插入的公有接口函数，参数为要插入的关键字 k。

```
template <class T>
void BinarySearchTree<T>::insert(const T & k){
    insert(k, root);
}
```

二叉查找树的非递归插入算法如下。

[代码 10.11] 非递归插入：若二叉查找树中没有关键字 k，则插入，否则直接返回。

```
template <class T>
void BinarySearchTree<T>::nonRecursiveInsert(const T & k, Node *&t){
    Node * p = t         ;                                // 工作指针 p 用于查找插入位置
    Node * f = NULL;                                      // f 为 p 的双亲
    while (p){                                            // 查找插入位置
```

```
        if (p->data == k) return;          // 已有k，无须插入，直接返回
        f = p;                               // f 保存当前查找的结点
        p = (k<p->data) ? p->left : p->right; // p 指针向下一层移动
    }
    p = new Node(k, NULL, NULL);             // p 指向值为k的新结点
    if (t == NULL) t = p;                    // 原来是空树
    else if (k<f->data)  f->left = p;        // p 作为双亲的左孩子
    else f->right = p;                       // p 作为双亲的右孩子
}
```

[代码 10.12] 非递归插入的公有接口函数，参数为要插入的关键字 k。

```
template <class T>
void BinarySearchTree<T>::nonRecursiveInsert(const T & k){
    nonRecursiveInsert(k, root);
}
```

二叉查找树的生成可以借助插入运算，从空的二叉查找树开始，输入一个元素，就调用一次插入算法，将其插入当前生成的二叉查找树中。设关键字序列为（32,12,10,45,80,25,15），则二叉查找树的构造过程如图 10.6 所示。

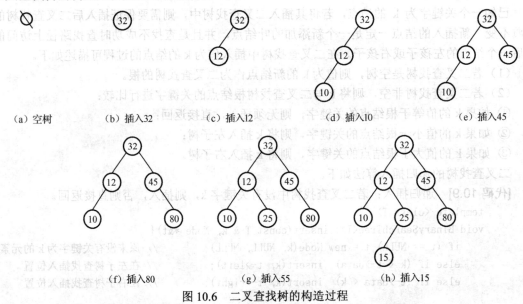

图 10.6 二叉查找树的构造过程

4．二叉查找树中结点的删除

从二叉查找树中删除一个结点，不能把以该结点为根的子树都删除，只能删除该结点，并且还应保证删除后所得的二叉树仍然满足二叉查找树的性质。也就是说，在二叉查找树中删除一个结点相当于删除有序序列中的一个元素。删除结点后保持二叉树为二叉查找树的方法很多，这里我们仅介绍一种方法。这种方法能使删除结点后的二叉查找树的高度不大于原二叉查找树的高度，从而不使查找效率降低。从二叉查找树中删除结点的过程如下。

删除操作首先要进行查找，确定被删除结点是否在二叉查找树中。若二叉查找树是空树，则不做任何操作，直接返回。若被删除结点小于根结点，则在左子树中删除。若被删除结点大于根结点，则在右子树中删除。若被删除结点等于根结点，此时找到了要删除的结点，则分以下三种情况讨论。

① 若要删除的是叶结点，则直接删除，并将其双亲的相应指针域置为空，如图 10.7（b）所示。

② 若要删除的结点只有一个孩子，则用此孩子取代被删结点的位置，即将其双亲的指针指向被删结点的孩子，然后删除待删结点，如图 10.7（c）所示。

③ 若要删除的结点有左、右两棵子树，则选择右子树的最小结点（或者左子树的最大结点），将该结点的数据域赋值给要删除结点的数据域，如图 10.8（b）所示，然后删除右子树的最小结点（或者左子树的最大结点），如图 10.8（c）所示。

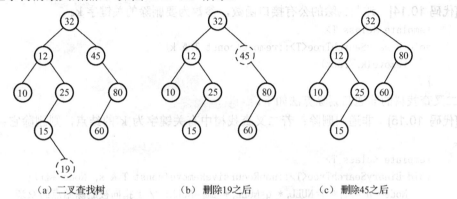

图 10.7　二叉查找树删除示意图

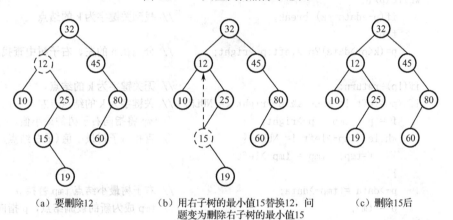

图 10.8　二叉查找树删除示意图

二叉查找树的递归删除算法如下。

[代码 10.13] 递归删除：若二叉查找树中有关键字为 k 的结点，则删除它；否则直接退出。

```
template <class T>
void BinarySearchTree<T>::remove(const T & k, Node * & t){
    if (t == NULL)   return;                              // 递归出口1，没找到值为k的结点
    if (k < t->data)     remove(k, t->left);              // 继续在左子树中查找k
    else if (k > t->data)    remove(k, t->right);         // 继续在右子树中查找k
    else if (t->left != NULL && t->right != NULL){        // 递归出口2
                                                          // 值为k的结点有左、右孩子
        Node *temp = t->left;
        while (temp-> right!= NULL)
            temp = temp-> right;                          // temp 为左子树最右结点（左子树最大值）
        t->data = temp->data;                             // 用 temp 替换 t
```

```
                remove(t->data, t-> left);    // 继续在左子树中删除 temp
            }
            else {                              // 递归出口 3，只有一个孩子或没有孩子
                Node *temp = t;
                t = (t->left != NULL) ? t->left : t->right;
                delete temp;
            }
        }
```

[代码 10.14] 递归删除的公有接口函数，参数为要删除的关键字 k。

```
        template <class T>
        void BinarySearchTree<T>::remove(const T & k){
            remove(k, root);
        }
```

二叉查找树的非递归删除算法如下。

[代码 10.15] 非递归删除：若二叉查找树中有关键字为 k 的结点，则删除它；否则直接退出。

```
        template <class T>
        void BinarySearchTree<T>::nonRecursiveRemove(const T & k, Node *&t){
            Node* p = t,* f=NULL,* q=NULL,* tmp=NULL;  // f 指向被删除结点的双亲
            while(p) {
                if(p->data==k) break;                // 找到关键字为 k 的结点
                f=p;
                p=(k<p->data)?p->left:p->right;      // 分别在 p 的左、右子树中查找
            }
            if(!p) return;                            // 无关键字为 k 的结点
            if (p->left != NULL && p->right != NULL) {// 关键字为 k 的结点有左、右孩子
                f = p;  tmp = p->right;              // tmp 将指向右子树的最小值, f 是其双亲
                while (tmp->left != NULL){           // 查找右子树最小值(最左结点)
                    f=tmp;  tmp = tmp->left;
                }
                p->data = tmp->data;                 // 右子树最小结点 tmp 替换 p
                p = tmp;                             // tmp 成为新的被删结点，p 指向 tmp
            }
            if(!(p->left!=NULL && p->right!=NULL )){ // p 只有一个孩子或 p 是叶结点
                q = (p->left != NULL) ? p->left : p->right;// q 指向 p 唯一的孩子或者 NULL
                if(p == t)t = q;                     // 被删结点是根结点
                else if(f->left == p) f->left = q;   // q 替换 p 作为 f 的左孩子
                else f->right = q;                   // q 替换 p 作为 f 的右孩子
            }
            delete p;
        }
```

[代码 10.16] 非递归删除的公有接口函数，参数为要删除的关键字 k。

```
        template <class T>
        void BinarySearchTree<T>::nonRecursiveRemove(const T & k){
            nonRecursiveRemove(k, root);
        }
```

5. 二叉查找树性能分析

二叉查找树中的插入和删除运算是基于查找运算的。最好的情况是，二叉查找树的形态和折半查找的判定树相同，此时平均查找长度和 log$n$ 成正比，各算法的最好时间复杂度为 O(log$n$)。最坏情况是，当构造二叉查找树的关键字序列有序时，将构成单支二叉树，此时平均查找长度和顺序查找相同，为$(n+1)/2$，各算法的最坏时间复杂度为 O(n)。

自测题 5. 对于下列关键字序列，不可能构成某二叉排序树中一条查找路径的序列是（　　）。

A．95,22,91,24,94,71　　　　　　B．92,20,91,34,88,35
C．21,89,77,29,36,38　　　　　　D．12,25,71,68,33,34

【2011 年全国统一考试】

【参考答案】A

【题目解析】A 选项错在：经过前 4 个结点之后，根据二叉查找树的性质可知，第 5 个结点若大于 24，那么它的范围应该落在(24,91)之间，而 94 很显然不在此区间内。

自测题 6. 在任意一棵非空二叉排序树 T1 中，删除某结点 v 之后形成二叉排序树 T2，再将 v 插入 T2 形成二叉排序树 T3。下列关于 T1 与 T3 的叙述中，正确的是（　　）。

I．若 v 是 T1 的叶结点，则 T1 与 T3 不同
II．若 v 是 T1 的叶结点，则 T1 与 T3 相同
III．若 v 不是 T1 的叶结点，则 T1 与 T3 不同
IV．若 v 不是 T1 的叶结点，则 T1 与 T3 相同

A．仅 I、III　　　　　　　　　　B．仅 I、IV
C．仅 II、III　　　　　　　　　　D．仅 II、IV

【2013 年全国统一考试】

【参考答案】C

10.3.2 平衡二叉树

二叉查找树的查找效率取决于树的形态，我们称平均查找长度最小的二叉查找树为最佳二叉查找树。因为二叉查找树的形态与结点的插入顺序有关，所以最佳二叉查找树难以构造。我们希望找到一种动态调节的方法，使得对于任意的插入顺序，都能得到一棵形态匀称的二叉查找树。本节介绍的平衡二叉树是一种特殊的二叉查找树，它能有效地控制树的高度，避免退化现象的发生。

1. 平衡二叉树的定义

平衡二叉树（Balanced Binary Tree）是由数学家 Adelson-Velskii 和 Landis 发明的，又称 AVL 树。它或者是一棵空二叉树，或者二叉树中任意一个结点的左、右子树高度之差的绝对值不大于 1，则这棵二叉树为平衡二叉树。

平衡因子（Balance Factor）：结点的左、右子树高度差为该结点的平衡因子。通过平衡二叉树的定义可知，平衡二叉树中所有结点的平衡因子只能是-1、0、1。反之，只要二叉树中存在平衡因子的绝对值大于 1 的结点，该二叉树就不是平衡二叉树。图 10.9（a）是平衡二叉树，图 10.9（b）不是，图中每个结点中的数值是该结点的平衡因子。

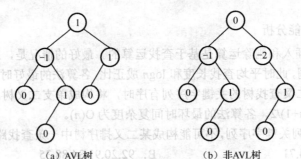

(a) AVL树　　　　　　　　(b) 非AVL树

图 10.9　平衡二叉树（AVL 树）示意图

平衡二叉树一般用二叉链表来存储，其类型定义如下：

```
template <class T>
class AVLTree{
    struct Node{
        T    data;                                          // 关键字
        Node *left, *right;                                 // 左、右孩子指针
        int  height;                                        // 结点的高度
        Node(const T &key , Node *l,Node *r, int h=0){
            data = key, left = l , right = r , height = h;  // 叶结点的高度为0
        }
    };
    Node *root;
public:
    AVLTree(Node *t = NULL) { root = t;}
    ~AVLTree( ) { if(root) clear(root); root = NULL; }
    bool search(const T & k) const;                         // 查找的公有接口
    void insert(const T & k) { insert(k, root); }           // 插入的公有接口
    void remove(const T &k) { remove(root, k);}             // 删除的公有接口
    void inOrderTraverse() const { inOrder(root); }         // 中序遍历
private:
    void clear(Node * & t);                                 // 清空
    int height(Node *t) const { return t ? t->height :-1; } // 中序遍历
    int getBf(const Node * t){                              // 求 t 结点平衡因子
        return height(t->left) - height(t->right);
    }
    int max(int a, int b) { return (a>b)?a:b; }
    T maxLeftTree(Node *root) const;                        // 求左子树的最大值
    T minRightTree(Node *root) const;                       // 求右子树的最小值
    void rebalance(Node * & t);                             // 调整平衡
    void LL(Node * & t);                                    // LL 旋转
    void LR(Node * & t);                                    // LR 旋转
    void RL(Node * & t);                                    // RL 旋转
    void RR(Node * & t);                                    // RR 旋转
    void insert(const T & k, Node * & t) ;                  // 私有，插入
    void remove(Node *&t, const T& k);                      // 私有，删除
    void inOrder(Node *t) const;                            // 中序遍历输出有序序列
};
```

2. 平衡旋转方法

如何构造一棵平衡二叉树呢？动态地调整二叉查找树平衡的方法是：每当插入（删除）一个结点后，检查是否破坏了二叉查找树的平衡性，如果因插入（删除）结点而破坏了二叉查找树的平衡，则找出其中最小不平衡子树，然后调整以该结点为根的子树。查找最小不平衡子树根结点的方法是：找到离插入结点最近，且平衡因子的绝对值大于 1 的祖先。因为该结点失去平衡，可能会使得该结点的祖先也随之失去平衡。

下面以插入操作为例加以分析。假设关键字的插入顺序为（15,20,25,50,30,10,5,40,35）。每插入一个结点，需要重新计算插入操作经过的路径上所有结点的平衡因子，如图 10.10（c）所示，插入 25 后，15、20 两个结点的平衡因子需要重新计算。计算顺序是，先计算离插入结点最近的分支结点的平衡因子，然后沿着根的方向向上依次计算各分支结点的平衡因子，通过计算知道 15 的平衡因子为-2，需要调整。调整的方法是，以 20 为轴，向左做逆时针旋转，旋转后 15、20、25 的平衡因子都为 0，而且仍然保持二叉查找树的特性。旋转后恢复平衡的二叉查找树如图 10.10（d）所示。

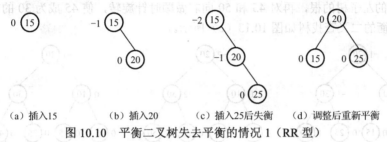

(a) 插入15　　(b) 插入20　　(c) 插入25后失衡　　(d) 调整后重新平衡

图 10.10 平衡二叉树失去平衡的情况 1（RR 型）

继续插入 50 后，二叉查找树是平衡的。插入 30 后，20、25 两个结点的平衡因子都为-2，需要调整。25 是离插入结点最近的最小不平衡子树。此时，30 插在 50 的左子树中，对于以 25 为根的子树来说，既要保持二叉查找树的特性，又要平衡，则必须以 30 作为根，而使 25 成为它左子树的根，50 成为它右子树的根。这样必须做两次旋转，先对 30 和 50 做向右顺时针旋转，使 30 成为 25 的右子树的根，再对 25 和 30 做向左逆时针旋转，使 30 成为 20 的右子树的根。旋转后恢复平衡的二叉查找树如图 10.11（c）所示。

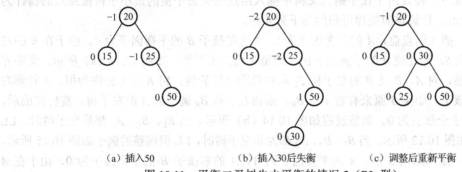

(a) 插入50　　(b) 插入30后失衡　　(c) 调整后重新平衡

图 10.11 平衡二叉树失去平衡的情况 2（RL 型）

继续插入 10 后，二叉查找树是平衡的。插入 5 后，15 的平衡因子为 2，需要调整。调整的方法是以 10 为轴，向右做顺时针旋转，使 10 成为 20 的左子树的根，旋转后 5、10、15 的平衡因子都为 0，而且仍然保持二叉查找树的特性。旋转后恢复平衡的二叉查找树如图 10.12（c）所示。

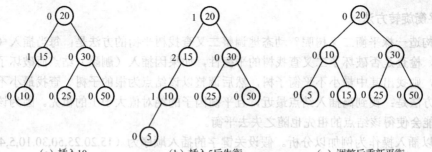

(a) 插入10　　　　　　(b) 插入5后失衡　　　　　　(c) 调整后重新平衡
图10.12　平衡二叉树失去平衡的情况3（LL型）

插入40后，二叉查找树是平衡的。插入45后，20、30、50的平衡因子分别为-2、-2、2，需要调整。50是离插入结点最近的最小不平衡子树。此时，45插在50的左子树中，对于以50为根的子树来说，既要保持二叉查找树的特性，又要平衡，则必须以45作为根，而使40成为它左子树的根，50成为它右子树的根。这样必须做两次旋转，先对40和45向左做逆时针旋转，使45成为50的左子树的根，再对45和50向右做顺时针旋转，使45成为30的右子树的根。旋转后恢复平衡的二叉查找树如图10.13（c）所示。

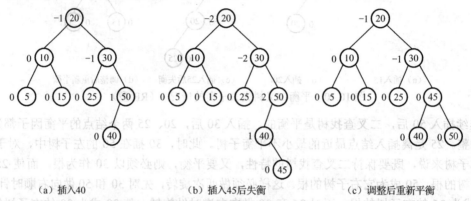

(a) 插入40　　　　　　(b) 插入45后失衡　　　　　　(c) 调整后重新平衡
图10.13　平衡二叉树失去平衡的情况4（LR型）

在一般情况下，假设由于在平衡二叉树中插入结点而失去平衡的最小子树根结点的指针为A，则失去平衡后进行调整的规律可归纳为下列4种。

① LL型：插入结点前，A的平衡因子为1，A的左孩子B的平衡因子为0。由于在B的左子树中插入结点S，因此使A的平衡因子由1增至2而失去平衡，如图10.14（a）所示。调整方法是，以B为轴，对A、B及B的左子树B_L向右做顺时针旋转，将B转上去作为根，A转到右下作为B的右孩子。如果B原来有右子树B_R，则该右子树B_R调整为A的左子树。旋转完成后，A、B的平衡因子全部变为0。调整过程如图10.14（b）所示。当B_L、B_R、A_R都是空子树时，LL型调整的例子如图10.12所示。当B_L、B_R、A_R都为非空子树时，LL型调整的例子如图10.15所示。

② RR型：插入结点S前，A的平衡因子为-1，A的右孩子B的平衡因子为0。由于在A的右孩子B的右子树中插入结点，因此使A的平衡因子由-1减至-2而失去平衡，如图10.16（a）所示。需要进行一次逆时针旋转操作。调整方法是，以B为轴，对A、B及B的右子树B_R向左做逆时针旋转，将B转上去作为根，A转到左下作为B的左孩子。如果B原来有左子树B_L，则该左子树B_L调整为A的右子树。旋转完成后，A、B的平衡因子全部变为0。调整过程如图10.16（b）所示。当A_L、B_L、B_R都为空子树时，RR型调整的例子如图10.10所示。当A_L、B_L、B_R都为非空子树时，RR型调整的例子如图10.17所示。

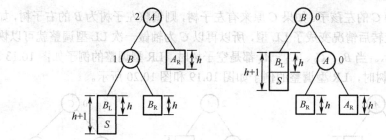

（a）插入结点S后失去平衡　　　　（b）调整后恢复平衡

图 10.14　LL 型调整示意图

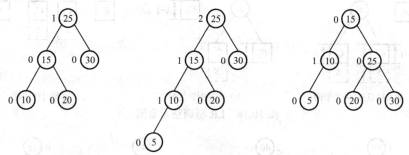

（a）平衡状态　　　　（b）插入5后失衡　　　　（c）LL型调整后恢复平衡

图 10.15　B_L、B_R、A_R 都为非空子树时 LL 型调整的例子

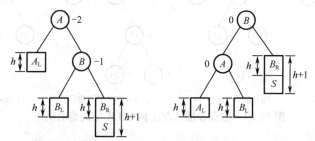

（a）插入结点S后失去平衡　　　　（b）调整后恢复平衡

图 10.16　RR 型调整示意图

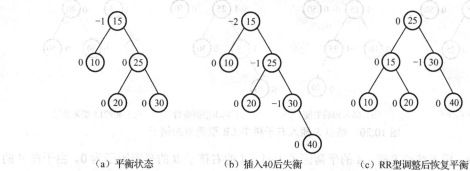

（a）平衡状态　　　　（b）插入40后失衡　　　　（c）RR型调整后恢复平衡

图 10.17　A_L、B_L、B_R 都为非空子树时 RR 型调整的例子

③ LR 型：插入结点 S 前，A 的平衡因子为 1，A 的左孩子 B 的平衡因子为 0。由于在 B 的右子树中插结点，因此使 A 的平衡因子由 1 增至 2 而失去平衡，如图 10.18（a）所示。结点 S 可能插在 C 的左子树中也可能插在 C 的右子树中。调整需要做两次旋转，第一次以 C 为轴，对 B、C 及 C 的右子树 C_R 向左做逆时针旋转（即 RR 型调整），B 的右孩子 C 转上去作为子树的

· 267 ·

根，B 转到左下作为 C 的左孩子。如果 C 原来有左子树，则调整左子树为 B 的右子树，如图 10.18（b）所示。第一次旋转后情况变成了 LL 型，所以再以 C 为轴做一次 LL 型调整就可以恢复平衡，如图 10.18（c）所示。当 B_L、C_L、C_R、A_R 都是空子树时，LR 型调整的例子如图 10.13 所示。当 B_L、A_R 都是非空子树时，LR 型调整的例子如图 10.19 和图 10.20 所示。

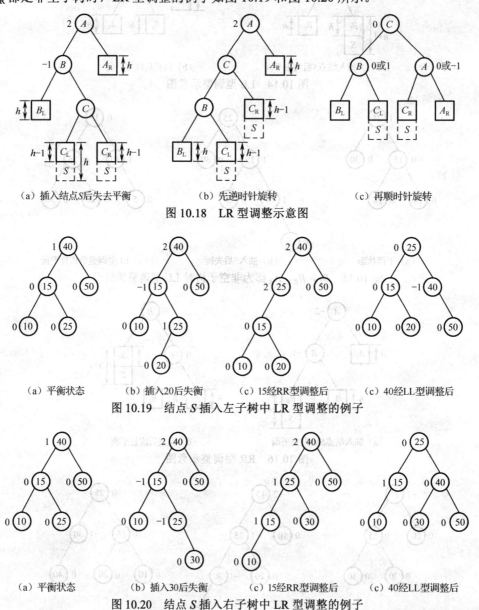

图 10.18　LR 型调整示意图

图 10.19　结点 S 插入左子树中 LR 型调整的例子

图 10.20　结点 S 插入右子树中 LR 型调整的例子

④ RL 型：插入结点 S 前，A 的平衡因子为 -1，A 的右孩子 B 的平衡因子为 0。由于在 A 的右孩子 B 的左子树中插入结点 S，因此使 A 的平衡因子由 -1 减至 -2 而失去平衡，如图 10.21（a）所示。结点 S 可能插在 C 的左子树中也可能插在 C 的右子树中。需要进行两次旋转操作，先顺时针 LL 型调整，再逆时针 RR 型调整，调整过程如图 10.18（b）和图 10.18（c）所示。当 A_L、C_L、C_R、B_R 都是空子树时，RL 型调整的例子如图 10.11 所示。当 A_L、B_R 都是非空子树时，RL 型调整的例子如图 10.22 和图 10.23 所示。

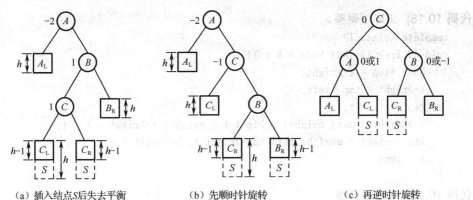

(a) 插入结点S后失去平衡　　(b) 先顺时针旋转　　(c) 再逆时针旋转

图 10.21　RL 型调整示意图

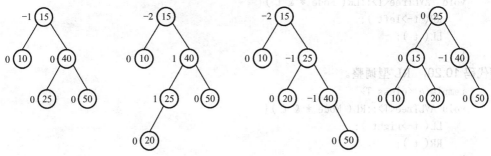

(a) 平衡状态　　(b) 插入20后失衡　　(c) 40经LL型调整后　　(d) 15经RR型调整后

图 10.22　结点 S 插入左子树中 RL 型调整示意图

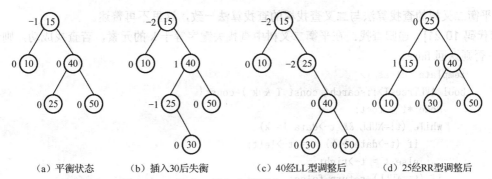

(a) 平衡状态　　(b) 插入30后失衡　　(c) 40经LL型调整后　　(d) 25经RR型调整后

图 10.23　结点 S 插入右子树中 RL 型调整示意图

下面给出 LL 型、RR 型、LR 型和 RL 型 4 种平衡调整的代码。

[代码 10.17]　LL 型调整。

```
template <class T>
void AVLTree<T>::LL( Node * & t ){
    Node *tmp = t->left;
    t->left = tmp->right;
    tmp->right = t;
    t->height = max( height( t->left ), height( t->right ) ) + 1;
    tmp->height = max( height( tmp->left ), height(t)) + 1;
    t = tmp;
}
```

[代码 10.18] RR 型调整。
```cpp
template <class T>
void AVLTree<T>::RR( Node * & t ){
    Node *tmp = t->right;
    t->right = tmp->left;
    tmp->left = t;
    t->height = max( height( t->left ), height( t->right ) ) + 1;
    tmp->height = max( height( tmp->right ), height(t)) + 1;
    t = tmp;
}
```

[代码 10.19] LR 型调整。
```cpp
template <class T>
void AVLTree<T>::LR( Node * & t ){
    RR( t->left );
    LL( t );
}
```

[代码 10.20] RL 型调整。
```cpp
template <class T>
void AVLTree<T>::RL( Node * & t ){
    LL( t->right );
    RR( t );
}
```

3. 平衡二叉树的查找算法

平衡二叉树的查找算法与二叉查找树的查找算法一致，这里不再赘述。

[代码 10.21] 递归查找：在平衡二叉树中查找关键字等于 k 的元素，若查找成功，则返回 true，否则返回 false。
```cpp
template <class T>
bool AVLTree<T>::search( const T & k ) const{
    Node *t = root;
    while (t!=NULL && t->data != k)
        if (t->data > k) t = t->left;
        else t = t->right;
    if (t==NULL) return false;
    else return true;
}
```

平衡二叉树查找性能分析如下。

现在我们分析在平衡二叉树中查找关键字为给定值的元素的时间复杂度。在平衡二叉树中进行查找的过程和二叉查找树相同，因而在查找过程中和关键字进行比较的次数不超过树的深度。那么，含有 n 个关键字的平衡二叉树最大深度是多少呢？我们先分析深度为 h 的平衡二叉树所具有的最少结点个数。假设以 N_h 表示深度为 h 的平衡二叉树中含有的最少结点个数。显然，$N_0=0$，$N_1=1$，$N_2=2$，并且 $N_h=N_{h-1}+N_{h-2}+1$。这个关系和斐波那契序列非常相似。利用归纳法可证明：当 $h \geq 0$ 时，$N_h=F_{h+2}-1$，而 F_h 约等于 $\varphi^h/\sqrt{5}$（这里 $\varphi=(1+\sqrt{5})/2$），则 $N_h \approx (\varphi^{h+2}/\sqrt{5})-1$。反之，含有 n 个结点的平衡二叉树的最大深度为：$\log_\varphi(\sqrt{5}(n+1))-2$。因此，在平衡二叉树中进行查找的时间复杂度为 O(logn)。

4. 平衡二叉树中结点的插入

已知一个关键字为 k 的结点，要将其插入平衡二叉树中，需要保证插入后仍符合二叉查找树的性质，以及平衡二叉树中的任意一个结点的平衡因子的绝对值不大于 1 的性质。平衡二叉树中的插入算法与二叉查找树中的插入算法类似，所不同的是，当插入新结点导致平衡二叉树失去平衡时，要做平衡旋转处理，其过程描述如下。

（1）若二叉查找树是空树，则值为 k 的新结点作为二叉查找树的根结点。
（2）若二叉查找树非空，则将 k 与二叉查找树根结点的关键字进行比较。
① 如果 k 的值等于根结点的关键字，则无须插入，直接返回。
② 如果 k 的值小于根结点的关键字，则将 k 插入左子树；若插入后失去平衡，则做平衡旋转处理。
③ 如果 k 的值大于根结点的关键字，则将 k 插入右子树；若插入后失去平衡，则做平衡旋转处理。

[代码 10.22] 递归插入：若平衡二叉树中没有关键字 k，则插入关键字为 k 的新结点，若插入后失去平衡，则做平衡旋转处理，否则直接返回。

```
template <class T>
void AVLTree<T>::insert( const T & k, Node * & t ){
    if( t == NULL )   t = new Node( k, NULL, NULL );
    else if( k < t->data )  insert( k, t->left );     // 在左子树查找插入位置
    else if( t->data < k )  insert( k, t->right );    // 在右子树查找插入位置
    rebalance(t);                                      // 插入元素后调整平衡
    t->height = max( height( t->left ) , height( t->right ) ) + 1;
}
```

那么，如何判断一棵子树 t 是否失去平衡以及当 t 失去平衡时如何处理呢？我们首先计算 t 的左、右子树的高度差，即可求出 t 的根结点的平衡因子 bf。

① 若 $-1 \leq bf \leq 1$，则子树 t 是平衡的，无须调整。
② 若 bf 大于 1，则表示 t 的左子树高，继续求 t 的左子树的平衡因子。有两种情况：若 t 的左子树的平衡因子大于 0，则表示 t 的左子树的左子树高，应做 LL 型调整；若 t 的左子树的平衡因子小于等于 0，则表示 t 的左子树的右子树高，或者 t 的左子树的左、右子树一样高，统一做 LR 型调整。
③ 若 bf 小于-1，则表示 t 的右子树高，继续求 t 的右子树的平衡因子。有两种情况：若 t 的右子树的平衡因子大于 0，则表示 t 的右子树的左子树高，应做 RL 型调整；若 t 的右子树的平衡因子小于等于 0，则表示 t 的右子树的右子树高，或者 t 的右子树的左、右子树一样高，统一做 RR 型调整。

在插入和删除结点时可能导致平衡二叉树失去平衡，此时需要调整失衡的子树。子树调整平衡的算法如下。

[代码 10.23] 调整平衡：求结点 t 的平衡因子 bf，若 bf 大于 1，则表示左子树高，做 LL 或 LR 型调整；若 bf 小于-1，则表示右子树高，做 RL 或 RR 型调整。

```
template <class T>
void AVLTree<T>::rebalance(Node * & t){
    int bf = getBf(t);                    // getBf 计算平衡因子，参见类定义部分
    if(bf > 1){                            // 左子树高于右子树
        if (getBf(t->left) > 0)  LL( t );  // 左子树的左子树高
        else  LR(t);                        // 左子树的右子树高
```

```
        else if(bf < -1){                              //右子树高于左子树
            if(getBf(t->right) > 0)  RL(t);           //右子树的左子树高
            else RR(t);                                //右子树的右子树高
        }
    }
```

5. 平衡二叉树中结点的删除

  从平衡二叉树中删除一个结点，应保证删除后仍符合二叉查找树的性质，以及平衡二叉树的任意一个结点的平衡因子的绝对值不大于1的性质。从平衡二叉树中删除结点的算法与二叉查找树类似，所不同的是，当删除结点导致平衡二叉树失去平衡时，要做平衡旋转处理，其过程描述如下。

  删除操作首先要进行查找，确定被删结点是否在平衡二叉树中，若平衡二叉树是空树，则不做任何操作，直接返回。若被删结点小于根结点，则在左子树中删除；若删除结点后子树失去平衡，则做平衡旋转处理。若被删结点大于根结点，则在右子树中删除；若删除结点后子树失去平衡，则做平衡旋转处理。若被删结点等于根结点，则找到要删除的结点，分下面三种情况进行讨论。

  ① 若要删除的是叶结点，则直接删除，并将其双亲的相应指针域置为空。

  ② 若要删除的结点只有一个孩子，则用此孩子取代被删结点的位置，即将其双亲的指针指向被删结点的孩子，然后删除待删结点。

  ③ 若要删除的结点有左、右两棵子树，为了维护平衡二叉树的平衡性，我们选择较高的子树中的结点去替换要删除的结点。若右子树高，则选择右子树上的最小结点。若左子树高，则选择左子树的最大结点，将该结点的数据域赋值给要删除结点的数据域，然后删除右子树的最小结点（或者左子树的最大结点）。

[代码 10.24] 递归删除：若平衡二叉树中有关键字为 k 的结点，则删除它，若删除后失去平衡，则做平衡旋转处理；否则直接退出。

```
template <class T>
void AVLTree<T>::remove(Node *&t, const T& k){
    if(t == NULL)return;                              // 1. 没找到要删除的元素，直接退出
    if (k == t->data){                                // 2. 找到关键字为k的结点
        if (t->left != NULL && t->right != NULL){    // 2.1 左、右子树都非空
            if (getBf(t) > 0){                        // 2.1.1 左子树更高
                t->data = maxLeftTree(t->left);       // 用左子树的最大值替换当前值
                remove(t->left, t->data);             // 删除左子树中已经替换上去的结点
            }
            else{                                     // 2.1.2 右子树更高
                t->data = minRightTree(t->right);     // 用右子树的最小值替换当前值
                remove(t->right, t->data);            // 删除右子树中已经替换上去的结点
            }
        }
        else{                                         // 2.2 只有一个孩子或没有孩子的情况
            Node * tmp = t;
            t = (t->left) ? (t->left) :( t->right);
            delete tmp;
            tmp = NULL;
        }
    }
    else if (k < t->data){                            // 3. 关键字k小于根结点
```

```
        remove(t->left, k);                // 左子树中递归删除
        rebalance(t);                      // 删除结点后调整平衡
    }
    else{                                  // 4. 关键字 k 大于根结点
        remove(t->right, k);               // 右子树中递归删除
        rebalance(t);                      // 删除结点后调整平衡
    }
}
```

6. 代码实现

下面给出求左子树中的最大值和右子树中的最小值等相关代码。

[代码 10.25] 求左子树中的最大值。
```
template <class T>
T AVLTree<T>::maxLeftTree(Node *t)const {
    while (t-> right!= NULL)
        t = t-> right;
    return t->data;
}
```

[代码 10.26] 求右子树中的最小值。
```
template <class T>
T AVLTree<T>::minRightTree(Node *t)const{
    while (t-> left!= NULL)
        t = t-> left;
    return t->data;
}
```

[代码 10.27] 清空树。
```
template <class T>
void AVLTree<T>::clear(Node *&t) {
    if (t->left) clear(t->left);
    if (t->right) clear(t->right);
    delete t;
}
```

[代码 10.28] 中序遍历输出有序序列。
```
template <class T>
void AVLTree<T>::inOrder(Node *t) const{
    if (t){
        inOrder(t->left);
        cout<<t->data<<" ";
        inOrder(t->right);
    }
}
```

[代码 10.29] 主函数。
```
int main(){
    AVLTree<int> avl;
    for(int i=10;i>0;i--)
        avl.insert(i);
    avl.inOrderTraverse();cout<<endl;
```

```
        for(int i=1;i<=10;i++){
            cout<<"delete "<<i<<endl;
            avl.remove(i);
            avl.inOrderTraverse();cout<<endl;
        }
        return 0;
    }
```

可以证明，平衡二叉树的高度 h 满足 $\log(n+1) \leq h \leq 1.44\log(n+2)-0.328$。平衡二叉树的插入和删除操作是基于查找操作的，而查找操作的时间取决于树的高度，因此，平衡二叉树的查找、插入、删除操作的时间复杂度都是 $O(\log n)$。

自测题 7． 下列二叉排序树中，满足平衡二叉树定义的是（ ）。

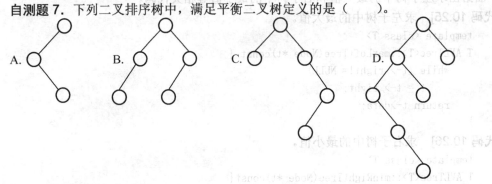

【2009 年全国统一考试】

【参考答案】B

自测题 8． 如图 10.24 所示的平衡二叉树中，插入关键字 48 后得到一棵新平衡二叉树。在新平衡二叉树中，关键字 37 所在结点的左、右子结点中保存的关键字分别是（ ）。

A．13、48
B．24、48
C．24、53
D．24、90

图 10.24 自测题 8 的图

【2010 年全国统一考试】

【参考答案】C

【题目解析】对 24,53,37 进行 RL 型调整。

自测题 9． 若平衡二叉树的高度为 6，且所有非叶结点的平衡因子均为 1。则该平衡二叉树中的结点总数是（ ）。

A．12   B．20   C．32   D．33

【2012 年全国统一考试】

【参考答案】B

【题目解析】一棵二叉树的结点个数=左子树结点个数+右子树结点个数+1(根结点)。平衡二叉树中所有非叶结点的平衡因子均为1，说明所有分支结点的左子树均比右子树高一层。因此有：
$N_h = N_{h-1} + N_{h-2} + 1 (h \geq 2)$。

高度为 2 时，结点总数 $N_2=2$；
高度为 3 时，其左子树高度为 2，右子树高度为 1，$N_3=N_2+1+1=4$；
高度为 4 时，其左子树高度为 3，右子树高度为 2，$N_4=N_3+N_2+1=4+2+1=7$；

高度为 5 时，其左子树高度为 4，右子树高度为 3，$N_5=N_4+N_3+1=7+4+1=12$；

高度为 6 时，其左子树高度为 5，右子树高度为 4，$N_6=N_5+N_4+1=12+7+1=20$。

自测题 10. 若将关键字 1,2,3,4,5,6,7 依次插入初始为空的平衡二叉树 T 中，则 T 中平衡因子为 0 的分支结点的个数是（   ）。

A．0   B．1   C．2   D．3

【2013 年全国统一考试】

【参考答案】D

自测题 11. 现在有一棵无重复关键字的平衡二叉树（AVL 树），对其进行中序遍历可得到一个降序序列。下列关于该平衡二叉树的叙述中，正确的是（   ）。

A．根结点的度一定为 2   B．树中最小元素一定是叶结点

C．最后插入的元素一定是叶结点   D．树中最大元素一定是无左子树

【2015 年全国统一考试】

【参考答案】D

【题目解析】对平衡二叉树进行中序遍历可得到一个降序序列，说明该平衡二叉树或者是一棵空二叉树，或者是一棵具有下列性质的二叉树：若其左子树非空，则左子树中所有结点的值均大于根结点的值；若其右子树非空，则其右子树中所有结点的值均小于根结点的值；并且其左、右子树均是如上定义的二叉树。

A 选项错误：若平衡二叉树中只有 1、2 个结点时，该树的度将不是 2。

B 选项错误：最小元素是中序序列的最后一个元素，它一定没有右子树，但是可以有左子树。

C 选项错误：若最后插入的结点使平衡二叉树失去平衡，调整之后它可能不再是叶结点。

D 选项正确。

*10.3.3 B 树

前面讨论的查找方法适用于规模较小、内存中能容纳的数据，属于内查找方法。对于存放于外存中的较大文件，因为需要反复进行内存和外存间的数据交换，之前讨论的查找方法并不适用。

B 树是 R.Bayer 和 E.Mecreight 在 1970 年提出的一种适用于外查找的数据结构。B 树是一种平衡的、多路的、动态的有序查找树，它是在磁盘文件系统中索引技术常用的一种数据结构。

1．B 树的定义

一棵 m 阶的 B 树，或者为空树，或者为满足下列特性的 m 叉树。

① 若根结点不是叶结点，则至少有两棵子树。

② 除根结点之外的所有分支结点包含 n 个关键字（$\lceil m/2 \rceil - 1 \leq n \leq m-1$），且关键字按升序排列。

③ 除根结点之外的所有分支结点包含 s 棵子树（$\lceil m/2 \rceil \leq s \leq m$），$s=n+1$。

④ 所有叶结点都出现在同一层次上。

每个结点包含下列信息数据 $(n, P_0, K_1, P_1, K_2, P_2, \cdots, K_n, P_n)$，其中：$K_i (i=1,2,\cdots,n)$ 为关键字，$P_i (i=0,1,\cdots,n)$ 为指向子树根结点的指针，且指针 P_{i-1} 所指子树中所有结点的关键字均小于 $K_i (i=1,2,\cdots,n)$，P_n 所指子树中所有结点的关键字均大于 K_n。

叶结点不带信息，可以看作外部结点或查找失败的结点，实际上这些结点不存在，指向这些结点的指针为空。

如图 10.25 所示为 3 阶 B 树，也称为 2-3 树。在这棵 B 树中，所有的叶结点都在同一层次上，体现了它的平衡的特点。树中每个结点中的关键字都是有序的，并且关键字两边的两棵子树中的关键字分别小于、大于该关键字。一棵 m 阶的 B 树，每个结点中最多可以有 m 个分支、

$m-1$ 个关键字。3 阶 B 树中除根结点外的分支结点最多有 3 个分支、2 个关键字;最少有 $\lceil 3/2 \rceil = 2$ 个分支、$\lceil 3/2 \rceil - 1 = 1$ 个关键字。

如图 10.26 所示,5 阶 B 树中除根结点外的分支结点最多有 5 个分支、4 个关键字;最少有 $\lceil 5/2 \rceil = 3$ 个分支、$\lceil 5/2 \rceil - 1 = 2$ 个关键字。

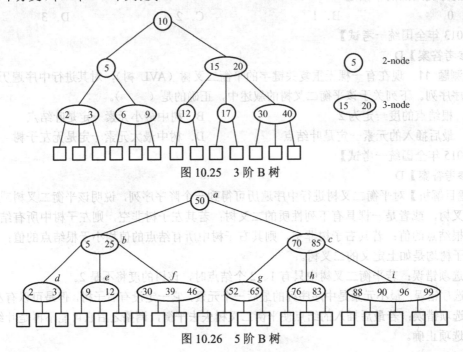

图 10.25 3 阶 B 树

图 10.26 5 阶 B 树

2. B 树的查找

由 B 树的定义可知,B 树的查找过程和二叉查找树的查找过程不同的是,二叉查找树的结点中只含有 1 个关键字 2 个指针,而在 B 树的结点中最多可以有 $m-1$ 个关键字 m 个指针。

现举例说明在 B 树中进行查找的过程:在图 10.26 中查找关键字为 76 的结点,首先从根结点开始,由根结点指针找到结点 a,因为结点 a 中只有一个关键字 50,其小于关键字 76,因此若存在待查找的关键字,则必在结点 a 的右指针所指向的子树中。由该指针找到结点 c,该结点中有两个关键字 70 和 85,由于 76 在 70 和 85 之间,因此若存在待查找的关键字,则必在结点 c 的第二个指针所指向的子树中。由该指针找到结点 h,在结点 h 中顺序查找,找到关键字 76,至此查找成功。

由此可见,上述的查找过程包括两种基本操作。

① 由指针查找结点。

② 在结点中顺序查找关键字。

在 B 树中进行查找的过程也就是这两种基本操作交叉进行的过程。从查找过程可知,在 B 树中进行查找所需的时间取决于两个因素:一是关键字所在结点的层次;二是结点中关键字的个数。当结点中关键字较多时,可采用折半查找以提高效率。

显然,叶结点所在最大层次数即为树的深度。那么含有 N 个关键字的 m 阶 B 树的最大深度是多少?

3. B 树的高度

我们首先讨论深度为 $l+1$ 的 m 阶 B 树所具有的最少结点个数,m 阶 B 树中除根之外的每个分支结点至少有 $\lceil m/2 \rceil$ 棵子树:

第一层至少有 1 个结点；
第二层至少有 2 个结点；
第三层至少有 $2\times\lceil m/2\rceil$ 个结点；
……
依次类推，第 $l+1$ 层至少有 $2\times\lceil m/2\rceil^{l-1}$ 个结点。
第 $l+1$ 层的结点为叶结点（外部结点）。
若 m 阶 B 树中具有 N 个关键字，则叶结点（即查找不成功的结点）为 $N+1$，因此有：
$$N+1 \geqslant 2\times\lceil m/2\rceil^{l-1} \tag{10-12}$$
可推出：
$$l \leqslant \log_{\lceil m/2\rceil}\left(\frac{N+1}{2}\right)+1 \tag{10-13}$$
这就是说，在含有 N 个关键字的 m 阶 B 树中进行查找，从根结点到关键字所在结点的路径上涉及的结点个数（即 B 树的高度）不超过 $\log_{\lceil m/2\rceil}\left(\frac{N+1}{2}\right)+1$。

4．B 树中结点的插入

由于 B 树中除根之外的所有分支结点的关键字个数必须大于等于 $\lceil m/2\rceil-1$，因此每次插入关键字时，不是在树中添加一个叶结点，而是首先在最低层的某个分支结点中添加一个关键字。若插入关键字后该结点的关键字个数不超过 $m-1$，则插入完成，否则要产生结点的"分裂"。B 树的插入操作先要通过查找确定插入的位置，若要插入的关键字已经存在，则插入失败，否则可按以下三种情形分别进行处理。

情形 1：插入关键字后，结点中关键字的个数不超过 $m-1$，则直接退出。

我们已经知道，在 3 阶 B 树中，除根结点外的分支结点最多有 $m-1=2$ 个关键字，最少有 $\lceil 3/2\rceil-1=1$ 个关键字。如图 10.27（a）所示的 3 阶 B 树，结点 c 原有 1 个关键字，插入关键字 12 后，如图 10.27（b）所示，结点 c 有 2 个关键字，不超过关键字个数最大值 2，插入操作完成。

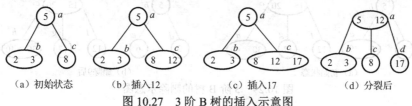

图 10.27　3 阶 B 树的插入示意图

情形 2：插入关键字后，结点中关键字的个数超过 $m-1$，则进行分裂处理。

假设当前处理的结点由 p 指向，以 $\lceil m/2\rceil$ 为界，将结点 p 分裂成两个结点，前面 $\lceil m/2\rceil-1$ 个关键字组成部分仍由 p 指向，后面的一部分由新指针 q 指向，而中间的一个关键字 $K_{\lceil m/2\rceil}$ 带着指针 q 被"上挤"到双亲中，因此双亲中增加了一个关键字和一个指针。

如图 10.27（b）所示，结点 c 原有 2 个关键字，插入关键字 17 后，结点 c 有 3 个关键字，如图 10.27（c）所示，因此要分裂成 c、d 两个结点，中间关键字 12 及指向结点 d 的指针被"上挤"到双亲 a 中。分裂处理后，双亲中的关键字个数未超过 $m-1=2$，插入操作完成，如图 10.27（d）所示。

情形 3：在执行情形 2 的分裂处理后，若双亲中的关键字个数也超过了 $m-1$，则以该双亲为当前结点，继续分裂处理，也就是说分裂过程可能直至根结点。一旦根结点中的关键字个数也超过了 $m-1$，则对根结点进行分裂处理，整个 B 树的层数增加一层。

如图 10.27（d）所示，结点 b 原有 2 个关键字，插入关键字 4 后，结点 b 有 3 个关键字，如图 10.28（a）所示，因此要分裂成 b、e 两个结点，中间关键字 3 及指向结点 e 的指针被"上挤"到双亲 a 中，如图 10.28（b）所示。结点 a 的关键字个数也超过了 2，需要继续分裂成 a、f 两个结点，中间关键字 5 及指向 f 结点的指针被"上挤"到新的根结点 g 中，插入操作完成，B 树升高一层，如图 10.28（d）所示。

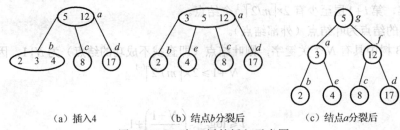

(a) 插入4　　　　　　(b) 结点b分裂后　　　　　　(c) 结点a分裂后

图 10.28　3 阶 B 树的插入示意图

5. B 树中结点的删除

若在 B 树中删除一个关键字，则首先要找到该关键字所在的结点，并将其删除。若该结点为最下层的分支结点，且其中的关键字个数不小于 $\lceil m/2 \rceil$，则直接删除该关键字；若该结点中关键字个数小于 $\lceil m/2 \rceil$，则要进行"合并"结点的操作。若要删除的关键字 K_i 所在的结点不是最下层的某个分支结点，则可用指针 P_i 所指子树（该子树中各结点的关键字均大于要删除的关键字）中的最下层的分支结点中的最小关键字 min 代替 K_i，然后在最下层的分支结点中删除 min。因此我们只需要讨论删除最下层分支结点中关键字的情形。可按以下 4 种情形分别进行处理。

情形 1：若要删除的关键字 K_i 所在结点中的关键字个数不小于 $\lceil m/2 \rceil$，则只需从该结点中删去 K_i，以及相应的指针 P_i，树的其他部分不变。

例如，从如图 10.29（a）所示的 B 树中删除关键字 9，删除后的 B 树如图 10.29（b）所示。

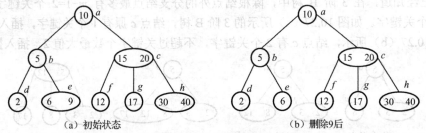

(a) 初始状态　　　　　　　　　　　　　　(b) 删除9后

图 10.29　3 阶 B 树的删除示意图

情形 2：若要删除的关键字 K_i 所在结点中的关键字个数等于 $\lceil m/2 \rceil-1$，而与该结点相邻的右兄弟（或左兄弟）中的关键字个数大于 $\lceil m/2 \rceil-1$，则向其兄弟"借"一个关键字，将其兄弟中的最小（或最大）的关键字上移至双亲中，而将双亲中小于（或大于）该上移关键字的关键字下移至被删关键字所在的结点中。

例如，从图 10.29（b）中删去结点 g 中的关键字 17，由于结点 g 只有 1 个关键字，而其兄弟 h 有 2 个关键字，我们首先将结点 c 中的关键字 20 下移至结点 g 中替换要删除的关键字 17，然后将结点 h 中的关键字 30 上移至结点 c，从而使结点 g 和 h 中的关键字个数均不小于 $\lceil m/2 \rceil-1$，而双亲中的关键字个数不变，如图 10.30（a）所示。

情形 3：要删除的关键字所在结点和其相邻的兄弟中的关键字个数均等于 $\lceil m/2 \rceil-1$，若不能从兄弟处借到元素，则进行"合并"操作。假设该结点有右兄弟，且其右兄弟由双亲中的指针 P_i 所指，则在删除关键字之后，它所在结点中剩余的关键字和指针，加上双亲中的关键字一起

合并到 P_i 所指的右兄弟中（若没有右兄弟，则合并到左兄弟中）。

例如，从图 10.30（a）中删除关键字 20，应删除结点 g，并将 g 中的剩余信息（指针"空"）和双亲 c 中的关键字 30，一起合并到结点 g 的右兄弟 h 中。删除后的 B 树如图 10.30（b）所示。

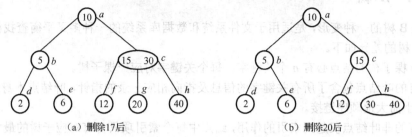

图 10.30　3 阶 B 树的删除示意图

情形 4：在执行情形 3 的合并处理后，如果因此使双亲的关键字个数小于 $\lceil m/2 \rceil -1$，则以该双亲为当前结点继续处理，也就是说，合并过程可能直至根结点，整个 B 树的层数可能会减少一层。

例如，从图 10.30（b）的 B 树中删除 6，则应删除结点 e，并将 e 中的剩余信息（指针"空"）和双亲 b 中的关键字 5，一起合并到结点 e 的左兄弟 d 中，这一操作使得结点 b 的关键字个数小于 1，而其兄弟 c 只有一个关键字，因此需要继续合并结点 c 和它们的双亲 a，删除操作完成后，B 树降低一层，如图 10.31（b）所示。

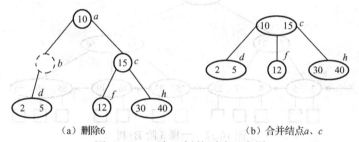

图 10.31　3 阶 B 树的删除示意图

自测题 12． 下列叙述中，不符合 m 阶 B 树定义要求的是（　　）。

A．根结点最多有 m 棵子树　　　　　　　B．所有叶结点都在同一层上
C．各结点内关键字均升序或降序排列　　D．叶结点之间通过指针链接

【2009 年全国统一考试】

【参考答案】D

【题目解析】D 选项是 B+树的特点。

自测题 13． 在一株高度为 2 的 5 阶 B 树中，所含关键字的个数最少是（　　）。

A．5　　　　　　B．7　　　　　　C．8　　　　　　D．14

【2013 年全国统一考试】

【参考答案】A

【题目解析】根结点关键字最少 1 个，根结点有两个孩子，每个孩子至少有 $\lceil 5/2 \rceil -1=2$ 个关键字，所以关键字个数最少是 1+2+2=5 个。

自测题 14． 在一棵具有 15 个关键字的 4 阶 B 树中，含关键字的结点个数最多是（　　）。

A．5　　　　　　B．6　　　　　　C．10　　　　　　D．15

【2014 年全国统一考试】

【参考答案】D

【题目解析】由 B 树的特性可推出，4 阶 B 树每个非叶结点的关键字个数 $1 \leq n \leq 3$，当每个结点只包含一个关键字时，含关键字的结点个数达到最多为 15 个。

*10.3.4　B+树

B+树是 B 树的一种变形，是适用于文件系统和数据库系统的一种多叉平衡查找树。m 阶 B+树和 m 阶 B 树的差异如下。

① 有 n 棵子树的结点必有 n 个关键字，每个关键字对应一棵子树。

② 所有的叶结点包含了所有关键字的信息及指向相应记录的指针，叶结点本身按照关键字的大小，自小而大地顺序链接。

③ 所有的非叶结点仅起到索引的作用，结点中每个索引项只含有对应子树的最大（或最小）关键字和指向该子树的指针，不含有该关键字对应记录的指针。

构建 B+树的分支结点有多种方法，最常用的方法是选取结点各子树中关键字的最大值作为该结点的关键字。如图 10.32 所示为一棵 3 阶 B+树。所有关键字都在叶结点中，并且是顺序存放的，如果从最左边的叶结点开始沿链顺序遍历，则可以得到所有关键字的有序序列。3 阶 B+树的所有分支结点的子树数目 n 满足 $2 \leq n \leq 3$，并且分支结点的关键字都是其各子树的关键字最大值的副本，因此，B+树可以自底而上地构造。

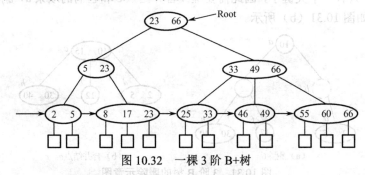

图 10.32　一棵 3 阶 B+树

一棵 m 阶的 B+树，或者为空树，或者为满足下列性质的 m 叉树。

① 若根结点不是叶结点，则至少有 2 棵子树。

② 除根结点外的分支结点，最少有 $\lceil m/2 \rceil$ 棵子树。

③ 每个结点最多有 m 棵子树。

④ 有 n 棵子树的结点必有 n 个关键字，即每个关键字对应一棵子树。

⑤ 所有的叶结点在同一层中，按从小到大的顺序存储全部的关键字及这些关键字相应记录的指针，相邻的叶结点顺序链接构成一个链表。

每个分支结点包含下列信息数据 $(n, K_1, P_1, K_2, P_2, \cdots, K_n, P_n)$，其中：$K_i(i=1,2,\cdots,n)$ 是第 i 棵子树中最大的关键字；第 i 棵子树的关键字 key $\in (K_{i-1}, K_i]$；$P_i(i=1,2,\cdots,n)$ 为指向第 i 棵子树根结点的指针。(K_i, P_i) 可看作第 i 棵子树的索引项。

由于 B+树既有指向根结点的指针，又有指向关键字最小的叶结点的指针，因此，通常可以对 B+树进行以下两种查找运算。

① 从关键字最小的叶结点开始，沿链表方向的顺序查找。

② 从根结点开始自顶向下，直至叶结点的随机查找。

自测题 15. B+树不同于 B 树的特点之一是（　　）。
A．能支持顺序查找　　　　　　　　　B．结点中含有关键字
C．根结点至少有两个分支　　　　　　D．所有叶结点都在同一层

【2016 年全国统一考试】

【参考答案】A

自测题 16. 下列应用中，适合使用 B+树的是（　　）。

A．编译器中的词法分析　　　　　　B．关系数据库系统中的索引

C．网络中的路由表快速查找　　　　D．操作系统的磁盘空闲块管理

【2017 年全国统一考试】

【参考答案】B

*10.3.5 字典树

字典树（Trie Tree）又称前缀树、键树、数字查找树，它是一棵度大于等于 2 的有序树。与二叉查找树不同，字典树中的每个结点中包含的不是关键字，而是组成关键字的符号。若关键字是数值，则结点中只包含一个数位；若关键字是单词，则结点中只包含一个字母字符。字典树常用于大量的字符串的快速检索、排序和存储。

例如，有 12 个关键字的集合为：{apple,jade,mom,safe,apply,james,moon,sail,art,jeff,magic,sophia}。对该集合做逐层分割，首先按首字符不同将它们分成 4 个子集：{apple,apply, art}，{jade,james,jeff}，{mom,moon,magic}，{safe,sail,sophia}。字典树的根结点不包含任何字符，根结点以下第 1 层的结点对应于第一次分割后各子集的第 1 个字符。然后对这 4 个子集再按其第 2 个字符进行分割，根结点以下第 2 层的结点对应于字符串的第 2 个字符。若第二次分割后得到的子集的关键字个数仍然大于 1，则再按第 3 个字符进行分割，从而得到根结点以下第 3 层的结点，依次类推，直至每个小子集中仅包含一个关键字为止。最后在叶结点中存储特殊符号（如#）表示字符串的结束，并约定结束符#小于任何字符。

根据上述集合可构建如图 10.33 所示的字典树,树中根结点的 4 棵子树分别表示首字符为 a、j、m、s 的 4 个关键字子集。把从根结点到叶结点的路径上，除根结点以外的所有结点对应的字符连接起来，就得到一个字符串。

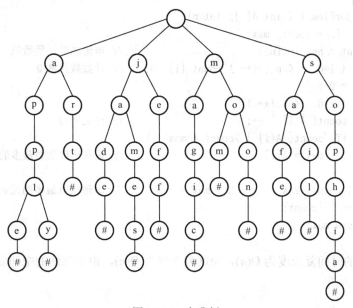

图 10.33　字典树

观察图 10.33 不难发现，上述字典树的高度与最长字符串相关。每个结点的所有孩子包含的字符都不相同。每个结点的所有子孙都有相同的公共前缀，利用公共前缀可以减少查询时间，最大限度减少无谓的比较，以达到提高效率的目的。当集合中的元素缺少公共前缀时，字典树消耗内存较多。

10.4 算法设计举例

【例 10.1】 已知一个整数序列 $A=(a_0,a_1,\cdots,a_{n-1})$，其中 $0\leq a_i<n(0\leq i<n)$。若存在 $a_{p1}=a_{p2}=\cdots=a_{pk}=\cdots=a_{pm}=x$ 且 $m>n/2(0\leq pk<n, 1\leq k\leq m)$，则称 x 为 A 的主元素。例如 $A=(0,5,5,3,5,7,5,5)$，则 5 为主元素；又如 $A=(0,5,5,3,5,1,5,7)$，则 A 中没有主元素。假设 A 中的 n 个元素保存在一个一维数组中，请设计一个尽可能高效的算法，找出 A 的主元素。若存在主元素，则输出该元素；否则输出-1。要求：

（1）给出算法的基本设计思想。
（2）根据设计思想，采用 C 或 C++或 Java 语言描述算法，关键之处给出注释。
（3）说明你所设计算法的时间复杂度和空间复杂度。

【2013 年全国统一考试】

【题目分析】假设集合中元素个数为 n，查找主元素就是在集合中查找重复出现的次数超过 $n/2$ 的元素。直观想法是利用双重循环，依次统计每个元素出现的次数，算法的时间复杂度为 $O(n^2)$，不满足题目的"尽可能高效的算法"的要求。

方法 1

（1）由于集合中所有元素的值都介于 $[0,n)$ 之间，因此，可以利用计数排序的思想求解该问题，这需要设置一个大小为 n 的整型数组，用于统计每个元素出现的次数。

（2）算法实现。

[代码 10.30]
```
int  majorElem_1 ( int A[ ], int n){
    int  i, * count, max;
    count = new int[n];                    // 申请辅助计数数组
    for ( i=0; i < n ; i++ ) count [i] =0;  // 计数数组清 0
    max = 0 ;
    for ( i=0; i<n; i++ ) {
        count[ A[i] ] ++;                   // 计数器+1
        if ( count[ A[i] ] >count [ max ] )
            max = A[i];                     // 记录出现次数最多的元素
    }
    if ( count[ max ] <= n/2 ) max = -1;    // 出现次数最多的元素可能不是主元素
    delete []count;
    return max;
}
```

（3）该算法的时间复杂度为 $O(n)$，空间复杂度为 $O(n)$，由于算法的空间复杂度较高，因此不是特别理想。

方法 2

（1）算法的策略是从前向后扫描数组中的元素，标记出一个可能成为主元素的元素 temp，然后重新计数，确认 temp 是否为主元素。该算法可分为以下两步。

① 选取候选的主元素：依次扫描所给数组中的每个整数，将第一个遇到的整数A[0]保存到temp中，记录temp的出现次数为1；若遇到的下一个整数仍等于temp，则计数加1，否则计数减1；当计数减到0时，将遇到的下一个整数A[i]保存到temp中，计数重新置为1，开始新一轮计数，即从当前位置开始重复上述过程，直到扫描完全部元素。

② 判断temp中元素是否是真正的主元素：再次扫描该数组，统计temp中元素出现的次数，若大于$n/2$，则为主元素；否则，序列中不存在主元素。

（2）算法实现。

[代码10.31]

```
int majorElem_2 ( int A[ ], int n ) {
    int i, temp, count=1;              // temp用来保存候选主元素，count用来计数
    temp = A[0];                        // 设置A[0]为候选主元素
    for ( i=1; i<n; i++ )               // 查找候选主元素
        if ( A[i] == temp )  count++;   // 对A中的候选主元素计数
        else if ( count > 0 )  count--; // 处理不是候选主元素的情况
        else {                          // 更换候选主元素，重新计数
            temp = A[i];   count = 1;
        }
    if ( count>0 )
        for ( i=count=0; i < n; i++ )   // 统计候选主元素的实际出现次数
            if ( A[i] == temp ) count++;
    if ( count > n/2 ) return  temp;    // 确认候选主元素
    else return -1;                     // 不存在主元素
}
```

（3）该算法的时间复杂度为O(n)，空间复杂度为O(1)，空间效率优于方法1。

【例10.2】 一个长度为$L(L \geq 1)$的升序序列S，处在第$L/2$个位置的数为S的中位数。例如，若序列S_1=(11,13,15,17,19)，则S_1的中位数是15，两个序列的中位数是含它们所有元素的升序序列的中位数。例如，若S_2=(2,4,6,8,20)，则S_1和S_2的中位数是11。现有两个等长升序序列A和B，试设计一个在时间和空间两方面尽可能高效的算法，找出两个序列A和B的中位数。

（1）给出算法的基本设计思想。

（2）根据设计思想，采用C或C++或Java语言描述算法，关键之处给出注释。

（3）说明你所设计算法的时间复杂度和空间复杂度。

【2011年全国统一考试】

【题目分析】假设已经将两个长度为L的升序序列A、B合并为一个长度为$2L$的升序序列C，则序列C中第L个元素即为序列A、B的中位数。该策略由于申请了辅助数组C而产生了较大的存储开销，不满足题目的"在时间和空间两方面尽可能高效"的要求。

方法1

（1）遍历升序序列A、B，查找它们之间的第L小的元素，而不是合并序列，这需要设置一个初始值为0的计数器count。查找中位数的过程描述如下。

比较升序序列A、B的对应元素：

（a）若A[i]<B[j]，则count++，i++。

（b）否则count++，j++。

重复步骤（a）、（b），直到count等于L，则找到了所求的中位数。

(2) 算法实现。

[代码 10.32]

```
int midSearch_1( int A[ ], int B[ ],int L ){
    int i = 0, j = 0, count = 0;
    while ( i<L && j<L ){
        count++;
        if( A[i] < B[j] ){                      // 满足情况（a）
            i++;
            if( count==L )return  A[i-1];       // count==L，找到所求的中位数
        }
        else{                                    // 满足情况（b）
            j++;
            if( count==L )return  B[j-1];       // count==L，找到所求的中位数
        }
    }
}
```

(3) 该算法的时间复杂度为 O(n)，空间复杂度为 O(1)。

方法 2

(1) 由于两个集合中的元素都是升序序列，因此，可以利用折半查找的思想求解该问题，首先，分别求出两个升序序列 A、B 的中位数 mid1、mid2，比较 mid1、mid2 的大小有三种情况。

（a）若 mid1 == mid2，则 mid1 和 mid2 均为所求中位数，算法结束。

（b）若 mid1 < mid2，则舍弃序列 A 中较小的一半，同时舍弃序列 B 中较大的一半，要求在 A、B 中舍弃的子序列长度相等，以保证剩余序列的长度相等。

（b）若 mid1 > mid2，则舍弃序列 A 中较大的一半，同时舍弃序列 B 中较小的一半，要求在 A、B 中舍弃的子序列长度相等，以保证剩余序列的长度相等。

在剩余的两个升序序列中，重复步骤（a）、（b）、（c），直到两个序列中均只含一个元素时为止，较小者即为所求的中位数。

(2) 算法实现。

[代码 10.33]

```
int midSearch_2(int A[], int B[], int L) {
    int low1 = 0, high1 = L - 1, mid1, low2 = 0, high2 = L - 1, mid2;
    while (low1 != high1 || low2 != high2)  {
        mid1 = (low1 + high1) / 2;
        mid2 = (low2 + high2) / 2;
        if (A[mid1] == B[mid2])
            return A[mid1];                     // 满足情况（a），求得中位数
        if (A[mid1]<B[mid2]) {                  // 满足情况（b）
            if ((low1 + high1) % 2 == 0) {      // 元素个数为奇数
                low1 = mid1;                    // 舍弃 A 中间点以前的部分且保留中间点
                high2 = mid2;                   // 舍弃 B 中间点以后的部分且保留中间点
            }
            else {                              // 元素个数为偶数
                low1 = mid1 + 1;                // 舍弃 A 中间点及中间点以前的部分
                high2 = mid2;                   // 舍弃 B 中间点以后的部分且保留中间点
            }
        }
```

```
        else {                                    // 满足情况（c）
            if ((low2 + high2) % 2 == 0) {        // 元素个数为奇数
                high1 = mid1;                     // 舍弃 A 中间点以后的部分且保留中间点
                low2 = mid2;                      // 舍弃 B 中间点以前的部分且保留中间点
            }
            else {                                // 元素个数为偶数
                high1 = mid1;                     // 舍弃 A 中间点以后的部分且保留中间点
                low2 = mid2 + 1;                  // 舍弃 B 中间点及中间点以前的部分
            }
        }
    }
    return A[low1]<B[low2] ? A[low1] : B[low2];
}
```

（3）该算法的时间复杂度为 O($\log n$)，空间复杂度为 O(1)，时间效率优于方法 1。

习题

一、选择题

1. 对顺序表进行折半查找时，要求顺序表必须（   ）。
   A. 以顺序方式存储   B. 以顺序方式存储，且数据元素有序
   C. 以链接方式存储   D. 以链接方式存储，且数据元素有序
2. 下列二叉排序树中查找效率最高的是（   ）。
   A. 平衡二叉树   B. 二叉查找树
   C. 没有左子树的二叉排序树   D. 没有右子树的二叉排序树
3. 在一个有 N 个元素的有序单链表中查找具有给定关键字的结点，平均情况下的时间复杂性为（   ）。
   A. O(1)   B. O(N)   C. O(N^2)   D. O($N\log N$)
4. 折半查找的时间复杂性为（   ）。
   A. O(n^2)   B. O(n)   C. O($n\log n$)   D. O($\log n$)
5. 具有 12 个关键字的有序表，折半查找的平均查找长度（   ）。
   A. 3.1   B. 4   C. 2.5   D. 5
6. 当采用分块查找时，数据的组织方式为（   ）。
   A. 数据分成若干块，每块内数据有序
   B. 数据分成若干块，每块内数据不必有序，但块间必须有序，每块内最大（或最小）的数据组成索引块
   C. 数据分成若干块，每块内数据有序，每块内最大（或最小）的数据组成索引块
   D. 数据分成若干块，每块（除最后一块外）中数据个数需相同
7. 分别以下列 4 个序列构造二叉排序树，与用其他三个序列所构造的结果不同的是（   ）。
   A. (100,80,90,60,120,110,130)   B. (100,120,110,130,80,60,90)
   C. (100,60,80,90,20,110,130)   D. (100,80,60,90,120,130,110)
8. 在平衡二叉树中插入一个结点后造成了不平衡，设最低的不平衡结点为 A，并已知 A 的左孩子的平衡因子为 0，右孩子的平衡因子为 1，则应做（   ）型调整以使其平衡。
   A. LL   B. LR   C. RL   D. RR

9. 下面关于 m 阶 B 树说法正确的是（　　）。
　① 每个结点至少有两棵非空子树
　② 树中每个结点最多有 m-1 个关键字
　③ 所有叶结点都在同一层上
　④ 当插入一个数据项引起 B 树结点分裂后，树长高一层
　A．①②③　　　　　B．②③　　　　　C．②③④　　　　　D．③

10. 下面关于 B 和 B+树的叙述中，不正确的是（　　）。
　A．B 树和 B+树都是平衡的多叉树
　B．B 树和 B+树都可用于文件的索引结构
　C．B 树和 B+树都能有效地支持顺序检索
　D．B 树和 B+树都能有效地支持随机检索

二、填空题

1. 顺序查找 n 个元素的顺序表，若查找成功，则比较关键字的次数最多为_____次；当使用监视哨时，若查找失败，则比较关键字的次数为_____。

2. 在有序表 A[1..20]中，按折半查找方法进行查找，查找长度为 4 的元素的下标从小到大依次是_____。

3. 已知有序表为:(12,18,24,35,47,50,62,83,90,115,134)。当用折半查找法查找 90 时，需_____次查找成功；查找 47 时，需_____次查找成功；查找 100 时，需_____次才能确定不成功。

4. 如果按关键字递增的顺序将关键字依次插入二叉查找树中，则对这样的二叉查找树检索时，平均比较次数为_____。

5. 在一棵 m 阶 B 树中，若在某个结点中插入一个新关键字而引起该结点分裂，则此结点中原有的关键字个数是_____；若在某个结点中删除一个关键字而导致结点合并，则该结点中原有的关键字个数是_____。

三、判断题

1. 用顺序表和单链表表示的有序表均可使用折半查找方法来提高查找速度。（　　）
2. 折半查找法的查找速度一定比顺序查找法快。（　　）
3. 在二叉排序树中插入一个新结点，总是插入叶结点下面。（　　）
4. 平衡二叉树中，若某个结点的左、右孩子的平衡因子为 0，则该结点的平衡因子一定是 0。（　　）
5. B 树中所有结点的平衡因子都为 0。（　　）

四、应用题

1. 若对长度均为 n 的有序的顺序表和无序的顺序表分别进行顺序查找，试按下列三种情况分别讨论两者在等概率情况下的平均查找长度是否相同。
（1）查找不成功，即表中没有和关键字 K 相等的记录。
（2）查找成功，且表中只有一个和关键字 K 相等的记录。
（3）查找成功，且表中有多个和关键字 K 相等的记录，要求计算有多少个和关键字 K 相等的记录。

2. 建立一棵具有 13 个结点的判定树，并求其成功和不成功的平均查找长度值各为多少。

3. 假定对有序表：(3,4,5,7,24,30,42,54,63,72,87,95)进行折半查找，试回答下列问题。
（1）画出描述折半查找过程的判定树。

(2) 若查找 54，需依次与哪些元素进行比较？
(3) 若查找 90，需依次与哪些元素进行比较？
(4) 假定每个元素的查找概率相等，求查找成功时的平均查找长度。

4．已知长度为 12 的表：{Jan,Feb,Mar,Apr,May,June,July,Aug,Sep,Oct,Nov,Dec}。

(1) 试按表中元素的次序将它们依次插入一棵初始为空的二叉查找树中，并求在等概率情况下查找成功的平均查找长度。
(2) 试用表中元素构造一棵最佳二叉查找树，求在等概率的情况下查找成功的平均查找长度。
(3) 试按表中元素的次序构造一棵平衡二叉树，并求其在等概率情况下查找成功的平均查找长度。

5．设有一棵空的 3 阶 B 树，依次插入关键字 30,20,10,40,80,58,47,50,29,22,56,98,99，请画出该树。

五、算法设计题

1．请编写一个判别给定二叉树是否为二叉查找树的算法。

2．假设二叉查找树中各元素的值均不相同，设计一个递归算法，按递减次序打印各元素的值。

3．在二叉查找树中查找值为 X 的结点，若找到，则计数（count）加 1；否则，作为一个新结点插入树中，插入后仍为二叉查找树，写出其递归和非递归算法（要求给出结点的定义）。

4．假设一棵平衡二叉树的每个结点都标明了平衡因子 b，试设计一个算法，求平衡二叉树的高度。

5．写一个算法找出 n 个数中的最大值和最小值，要求其在最坏条件下的元素比较次数为 $\lceil 3n/2 \rceil - 2$。

第11章 散 列 表

第10章讨论的查找方法的共同特点是：为了找到满足给定条件的元素，都要经过一系列的比较，才能确定待查找元素在查找表中的位置，查找表中元素的存储位置与其关键字之间不存在确定的对应关系，查找效率主要取决于比较次数。那么，是否可以不经过比较直接由关键字的值得到元素的存储地址呢？

本章介绍的散列法是专用于集合的数据存储和检索方式，它不是利用比较的办法，而是用一个散列函数将数据和它的存储位置关联起来，这样就可以通过这个散列函数快速存储和检索数据。在散列表中检索的理想情况时间复杂度为O(1)。

本章学习目标：
- 掌握散列表的基本概念；
- 掌握散列函数的构造方法及处理冲突的方法；
- 掌握闭散列表的基本运算及其性能分析方法；
- 掌握开散列表的基本运算及其性能分析方法。

11.1 散列表的概念

散列表也称为哈希表（Hash Table）：是根据关键字的值直接访问元素存储位置的存储结构。也就是说，在元素的存储地址和它的关键字之间建立一个确定的对应关系 H，使每个关键字和一个唯一的存储位置相对应，即：addr(R_i)=H(key$_i$)。其中，R_i 为查找表中的某个元素，key$_i$ 是其关键字的值。我们称对应关系 H 为散列函数或哈希函数（Hash Function），H(key$_i$)的值为散列地址，按此思想建立的查找表为散列表。

散列法既是一种存储方式，又是一种查找方式。散列技术的核心是散列函数的设计，首先确定一个散列函数 H，将各元素的关键字作为自变量，求出其对应的函数值，作为各元素的存储地址，将各元素存储在相应的存储位置中。查找时仍按函数 H 进行计算，得到待查元素的存储地址。

例如，关键字集合为：

S = {apple,april,james,jeff,moon,safe,sail,sophia}

假设以关键字的首字母在英文字母中的编号作为其散列地址，即：

H(key$_i$) = S[i][0]- 'a'

在计算散列地址时发现：

H(apple) = H(april) = 0

H(james) = H(jeff) = 9

H(moon) = 12

H(safe) = H(sail) = H(sophia) = 18

这种不同的关键字通过相同的散列函数计算得到同一地址的现象称为冲突或碰撞（Collision），即 key$_1$≠key$_2$，但是 H(key$_1$)=H(key$_2$)。称这些发生冲突的关键字为相对于散列函数的同义词（Synonym）。在一般情况下，冲突只能尽量减少，而不能完全避免。所以，散列函数必须有解决冲突的方法。

设计散列函数的要求如下。
① 散列函数本身简单高效。
② 散列函数计算出来的地址应均匀分布在地址空间内，极少出现冲突。
③ 有合适的解决冲突的方法。
下面分别就散列函数和处理冲突的方法进行讨论。

11.2 构造散列函数的方法

11.2.1 直接定址法

直接定址法就是取关键字或关键字的某个线性函数值作为散列地址，即：
$$H(\text{key}) = \text{key} \quad \text{或} \quad H(\text{key}) = a \times \text{key} + b \quad \text{其中，} a \text{和} b \text{为常数} \quad (11\text{-}1)$$

例如，表 11.1 是某高校的新生入学人数表，关键字是年份，若取散列函数为 $H(\text{key})=\text{key}$，假设采用顺序结构存储，散列地址对应数组下标，则需要 2019 个单元。若取 $H(\text{key})=\text{key}+(-2003)$，则需要 16 个单元。

表 11.1 新生入学人数表

地址	0	1	……	15
年份	2003 年	2004 年	……	2018 年
人数	2000 个	2800 个	……	7200 个

由于直接定址不是压缩映象，地址集合和关键字集合的大小相同，因此，对于不同的关键字不会发生冲突。但实际上能使用这种散列函数的情况很少。

11.2.2 折叠法

将较长的关键字从左到右分割成位数相同的几段，每段的位数应与散列地址的位数相同，最后一段的位数可以少一些，然后把这几段叠加并舍去进位，得到的结果作为散列地址，这种方法称为折叠法。折叠法适用于关键字位数很多，且每位的数字分布大致均匀的情况。有两种叠加的方法。

① 移位叠加：把各段的最低位对齐相加。
② 间界叠加：从左到右沿分割界把各段来回折叠，然后对齐相加。

例如，关键字 key=23468895327160，散列地址为 4 位数，对关键字从左到右按 4 位数一段进行分割，共得到 4 个段：2346、8895、3271、60。

移位叠加的计算过程如图 11.1（a）所示，抛弃进位得到的散列地址为 4572。

间界叠加的计算过程如图 11.1（b）所示，第 2、4 段反转为 5922 和 06，抛弃进位得到的散列地址为 1611。

```
    2346          2346
    8895          5988
    3271          3271
+     60        +   06
  -----         -----
  14572         11611
 (a) 移位叠加   (b) 间界叠加
   图 11.1 折叠法示意图
```

11.2.3 数字分析法

对关键字进行分析，取关键字的数值分布均匀的若干位或其组合作为散列地址，尽可能构造冲突概率较低的散列地址，这种方法称为数字分析法。数字分析法适用于关键字位数比散列地址位数大，且可能出现的关键字事先知道的情况。

例如，关键字集合如图 11.2 所示，其关键字为 8 位十进制数，假设散列表长度为 100，则可取 2 位十进制数（00～99）组成散列地址。观察图 11.2 的关键字集合发现，前 4 位数字是相同的，都是"0418"，第 5 位数字中 0、1、2 大量重复出现，因此前 5 位都不可取，而第 6、7、8 位是近乎随机的，因此，可取其中两位作为散列地址。

```
0 4 1 8 0 1 4 6
0 4 1 8 2 0 3 5
0 4 1 8 1 3 0 8
0 4 1 8 0 5 5 7
0 4 1 8 0 8 6 9
0 4 1 8 1 6 8 2
0 4 1 8 2 4 2 1
0 4 1 8 0 7 9 4
```

图 11.2 关键字集合

11.2.4 平方取中法

平方取中法是一种较常用的构造散列函数的方法。关键字求平方后，按散列表的表长，取中间的若干位作为散列地址。这是因为关键字求平方后的中间几位数和关键字的每一位都有关，能反映关键字每一位的变化，使随机分布的关键字对应到随机的散列地址上。平方取中法比较适用于事先不知道关键字每一位的分布，且关键字的值域比散列表长度大，关键字的位数又不是很大的情况。

例如，关键字 key=2346，散列地址为 3 位数，2346×2346=5503716，可以取中间的 037 作为散列地址。

11.2.5 除留余数法

除留余数法采用取模运算 mod，把关键字除以某个不大于散列表长度的整数得到的余数作为散列地址。散列函数形式为：

$$H(key) = key \bmod p \qquad p \leq m \qquad (11\text{-}2)$$

其中，散列地址 $H(key)$ 的值域为 $[0..p-1]$，要求散列表的长度至少为 p。若运算结果为负值，则需要加上 p。

除留余数法的关键是 p 的选取。如果 p 选不好，就容易产生同义词。例如，若把 p 设为 2 的幂，即 $p=2^k$，$H(key)=key \bmod 2^k$，则对 p 的取模在计算机中通过移位完成，将关键字 key 左移，直至只留下最低的 k 位二进制数作为散列地址。类似地，若把 p 设为 10 的幂，即 $p=10^k$，$H(key)=key \bmod 10^k$，则计算得到的散列地址仅仅是十位数的低 k 位。这使得散列地址不依赖于关键字 key 的每一位，可能分布不均匀。再如，设 $p=3×5$，$H(key)=key \bmod 15$，若存在大量的关键字是 5 的倍数，如 20、35、45、70 等，它们的散列地址都是小于 15 的 5 的倍数，则容易引起冲突。

在实际应用中，通常将 p 设为一个小于散列表长度 m 的最大质数，这样可以减少冲突的发生。

除留余数法是最常用的构造散列函数的方法，除可以直接对关键字取模外，还可以对前面介绍的数字分析法、平方取中法、折叠法等运算结果取模。

在实际应用中，设置散列函数时，通常可以从以下 5 个方面考虑。

① 计算散列函数所需的时间。
② 关键字的长度。
③ 散列表的长度。

④ 关键字的分布情况。
⑤ 元素的查找频率。
本节介绍的 5 种方法常联合使用，在最后一般应用除留余数法，以保证散列地址一定落在散列表的地址空间中。

11.3 解决冲突的方法

尽管我们构造散列函数的目标是使每个关键字与一个唯一的存储位置相对应，但是冲突是无法避免的，因此散列函数必须包括解决冲突的策略。有两种常用解决冲突的方法：闭散列法（开放地址法）和开散列法（拉链法）。下面分别对这两种方法进行说明。

11.3.1 闭散列法

闭散列法的基本思想是：对于一个待插入散列表的元素，若按给定的散列函数求得的基地址 $H(key)$ 已经被占用，则根据某种策略寻求另一个散列地址，重复这一过程，直到找到一个可用的地址空间来保存该元素。在查找元素时，也要遵循和插入同样的解决冲突的策略。

闭散列法也叫开放地址法，有两个含义：一是数组空间是封闭的，发生冲突时不再使用额外的存储单元，因此称为闭散列法；二是数组中的每个地址都有可能被任何基地址的元素占用，即每个地址对所有元素都是开放的，因此也称为开放地址法。用闭散列法解决冲突的散列表称为闭散列表。

当发生冲突时，寻找下一个可用散列地址的过程称为探测。探测序列的计算公式如下：

$$H_i = (H(key) + d_i) \bmod m \quad i = 1, 2, \cdots, k(k \leq m-1) \quad (11\text{-}3)$$

其中，$H(key)$ 为基地址，m 为散列表长，d_i 为增量序列。根据 d_i 取值的不同，可以分成几种探测方法，下面介绍常用的三种方法。

（1）线性探测法

增量序列 $d_i=i$，即 d_i 的取值为 $1,2,3,\cdots,m-1$ 的线性序列。

线性探测法的基本思想是，当发生冲突时，依次探测地址 $(H(key)+1) \bmod m$, $(H(key)+2) \bmod m$, $(H(key)+3) \bmod m$, ……，直到找到一个空单元，把数据放入该空单元中。顺序查找时，我们把散列表看成一个循环表，如果探测到了表尾都没有找到空单元，则回到表头开始继续探测。如果探测了所有单元后仍未找到空单元，则说明散列表已满，需要进行"溢出"处理。

【例 11.1】 已知一组关键字为(24,20,32,13,16,42,68,53,80)，散列表长 $m=12$，散列函数为 $H(key)=key \bmod 11$。计算过程如下：

$H(24)=24 \% 11=2$，24 放到 2 号单元中；
$H(20)=20 \% 11=9$，20 放到 9 号单元中；
$H(32)=32 \% 11=10$，32 放到 10 号单元中；
$H(13)=13 \% 11=2$，冲突，线性探测发现 3 号单元为空，13 放到 3 号单元中；
$H(16)=16 \% 11=5$，16 放到 5 号单元中；
$H(42)=42 \% 11=9$，冲突，线性探测发现 10 号单元也被占用，继续探测发现 11 号单元为空，42 放到 11 号单元中；
$H(68)=68 \% 11=2$，冲突，线性探测发现 3 号单元也被占用，继续探测发现 4 号单元为空，68 放到 4 号单元中；
$H(53)=53 \% 11=9$，冲突，线性探测发现 10 号和 11 号单元也被占用，回到表头继续探测发现 0 号单元为空，53 放到 0 号单元中；

$H(80)=80 \% 11=3$，冲突，线性探测发现 4 号和 5 号单元也被占用，继续探测发现 6 号单元为空，80 放到 6 号单元中。

利用线性探测法处理冲突时得到的散列表如图 11.3 所示。

散列地址	0	1	2	3	4	5	6	7	8	9	10	11
关键字	53		24	13	68	16	80			20	32	42
比较次数	4		1	2	3	1	4			1	1	3

图 11.3 利用线性探测法处理冲突时得到的散列表

在等概率情况下，查找成功和查找不成功的平均查找长度分别为：

$ASL_{succ}=1/9\times(4\times1+1\times2+2\times3+2\times4)=20/9$

$ASL_{un}=1/11\times(2+1+6+5+4+3+2+1+1+5+4)=34/11$

计算查找失败时的平均查找长度，需计算不在表中的关键字从其基地址到第一个空单元的距离。由于散列函数为 $H(key)=key\ mod\ 11$，基地址的取值范围是 $[0..10]$，因此，需要统计的是：在等概率情况下散列地址为 $i(0\leqslant i\leqslant 10)$ 时查找失败的查找次数。而散列地址为 i 时失败的比较次数为从 i 开始往右循环数到没有数据的位置（极端情况是表长 $m+1$）。

线性探测法计算简单，只要有空单元就可将元素存入，但是容易产生"堆积"（Clustering），即不同基地址的元素争夺同一个单元的现象。堆积也称为聚集，实际上是在处理同义词之间的冲突时引发的非同义词的冲突。显然，这种现象对查找不利。

（2）二次探测法

线性探测很容易出现堆积，使散列表中形成一些较长的连续被占单元，从而导致很长的探测序列，降低散列表的查找和插入运算的效率。因此，理想的方法是加大探测序列的步长，使发生冲突的元素的位置比较分散，这种可行的方法是二次探测法。

二次探测法的增量序列 d_i 为 $1^2,-1^2,2^2,-2^2,\cdots,\pm k^2\ (k\leqslant\lfloor m/2\rfloor)$。

当发生冲突时，依次探测地址：$(H(key)+1)\ mod\ m$, $(H(key)-1)\ mod\ m$, $(H(key)+4)\ mod\ m$, $(H(key)-4)\ mod\ m$, ……，直到找到一个空单元，把数据放入该空单元中。

该方法的优点是能够减少堆积的产生，缺点是不易探测到整个散列空间。

（3）双重散列法

双重散列法以关键字的另一个散列函数值作为增量。设两个散列函数为：H_1 和 H_2，其中 H_1 用于计算基地址，H_2 用于计算增量序列。

双重散列法的增量序列 $d_i=i\times H_2(key)$，探测序列的计算公式如下：

$$d_i=(d+i\times H_2(key))\%m \qquad 1\leqslant i\leqslant m-1 \qquad (11-4)$$

当发生冲突时，依次探测地址：$(H_1(key)+1\times H_2(key))\%m$, $(H_1(key)+2\times H_2(key))\%m$, $(H_1(key)+3\times H_2(key))\%m$,……，直到找到一个空单元，把数据放入该空单元中。

在设置第二个散列函数 H_2 时，通常要使 H_2 的值和 m 互质，才能使发生冲突的同义词地址均匀地分布在整个散列表中，否则可能造成同义词地址的循环计算。若 m 为质数，则 H_2 取 $1\sim m-1$ 之间的任何数均与 m 互质。双重散列法的优点是不易产生堆积，但是这种方法的计算量稍大。

自测题 1. 将关键字序列 $(7,8,30,11,18,9,14)$ 散列存储到哈希表中，哈希表的存储空间是一个下标从 0 开始的一维数组，散列函数为：$H(key)=(key*3)\ mod\ 7$，处理冲突采用线性探测加散列法，要求装填（载）因子为 0.7。

（1）请画出所构造的哈希表。

（2）分别计算在等概率情况下查找成功和查找不成功的平均查找长度。

【2010年全国统一考试】
【参考答案】
（1）因装填（载）因子为0.7，有7个元素，故哈希（散列）表长为7/0.7=10。
利用散列函数 H(key)=(key*3) mod 7，采用线性探测法构造的哈希表如下：

散列地址	0	1	2	3	4	5	6	7	8	9
关键字	7	14		8		11	30	18	9	
比较次数	1	2		1		1	1	3	3	

（2）在等概率情况下，查找成功和查找不成功的平均查找长度分别为：

ASL_{succ}=1/7×(4×1+1×2+2×3)=12/7

ASL_{un}=1/7×(3+2+1+2+1+5+4)=18/7

11.3.2 开散列法

开散列法（也称拉链法，或链地址法）的一种简单形式是，将所有关键字为同义词的元素存储在同一单链表中，单链表中每个结点包含两个域：数据域存储集合中的元素，指针域指向下一个同义词。单链表的头指针按这些同义词的基地址存储在散列表数组中。由于链表结点是动态申请的，因此，只要存储器空间足够，就不会发生存储溢出问题，这也是"开"散列法名称的来源。用开散列法解决冲突的散列表称为开散列表。

【例11.2】 已知一组关键字为(24,20,32,13,16,42,68,53,80)，散列函数为 $H(key)$=key % 11，利用开散列法得到的散列表如图11.4所示。本题的关键字集和散列函数与例11.1相同。根据各关键字求得的散列地址如下：

H(24)=24 % 11=2，H(13)=13 % 11=2，H(68)=68 % 11=2

H(80)=80 % 11=3

H(16)=16 % 11=5

H(20)=20 % 11=9，H(42)=42 % 11=9，H(53)=53 % 11=9

H(32)=32 % 11=10

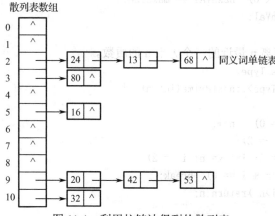

图 11.4 利用拉链法得到的散列表

在等概率情况下，查找成功和查找不成功的平均查找长度分别为：

ASL_{succ}=1/9×(5×1+2×2+2×3)=15/9

ASL_{un}=1/11×(6×1+3×2+2×4)=20/11

11.4 散列表的实现

下面给出散列表的抽象数据类型定义，抽象类 hashTable 规定了散列表必须支持的操作，包括插入、查找和删除等。抽象类 hashTable 提供了一个基于除留余数法设计的默认散列函数 defaultHash；还提供一个函数指针 hash 方便用户指定自己的散列函数。散列表的长度往往设为质数，这是因为在设计散列函数时，需要一个大小合适的质数来进行取模运算。函数 nextPrime 的功能是获取大于表长的第一个质数：

```cpp
template <class Type>
class hashTable{
public:
    virtual int size()=0;                                   // 散列表当前元素个数
    virtual int capacity()=0;                               // 散列表的容量
    virtual bool search(const Type &k) const = 0;           // 查找
    virtual bool insert(const Type &k) = 0;                 // 插入
    virtual bool remove(const Type &k) = 0;                 // 删除
    virtual void print()=0;                                 // 输出散列表
    virtual ~hashTable() {}
protected:
    int nextPrime(int n);                                   // 求大于 n 的最小质数
    int (*hash)(const Type & k, int maxSize);               // 散列函数
    static int defaultHash(const Type & k, int maxSize=capacity());// 默认散列函数
};
```

[代码 11.1] 默认散列函数。形参 k 是关键字，形参 maxSize 是质数，可以用散列表的长度作为实参。函数返回值是一个[0..maxSize)之间的散列地址。

```cpp
template <class Type>
int hashTable<Type>:: defaultHash(const Type & k, int maxSize){
    int hashVal = k % maxSize;                              // 散列函数 H(k)= k % maxSize
    if(hashVal < 0)   hashVal += maxSize;
    return hashVal;
}
```

[代码 11.2] 获得距离 n 最近的一个大于 n 的质数。

```cpp
template <class Type>
int hashTable<Type>::nextPrime(int n)   {
    int i;
    if(n % 2 == 0)    n++;
    for( ; ; n += 2){
        for(i = 3; i*i <= n; i += 2)
            if(n % i == 0)   break;
        if( i*i>n )return n;
    }
}
```

11.4.1 闭散列表的表示和实现

闭散列表是用顺序存储结构表示和实现的。在顺序存储结构中删除元素不能像链式存储结构那样动态释放，并且散列表中的元素不能随意移动，这些因素导致删除元素的时间代价较大，

这时可以采用懒惰删除（Lazy Deletion）的办法。因此，在闭散列表中除要保存元素本身之外，还需要保存每个元素的状态。枚举类型 NodeState 列举了三种可能的状态：空（EMPTY）、使用中（ACTIVE）和已删除（DELETED）。

  散列表的平均查找长度和装填因子有关，装填因子越大，表明散列表中空单元越少，发生冲突的可能性就越大，在查找时所耗费的时间就越多；装填因子越小，表明散列表中还有很多的空单元，发生冲突的可能性就越小。增加散列表的长度可以使装填因子变小，那么如何确定散列表的长度将非常关键，选大了可能造成空间浪费，选小了容易发生冲突从而影响查找性能。已经有人证明，当装填因子在 0.5 左右的时候，闭散列表的综合性能达到最优。因此，当装填因子达到 0.5 时，应调用 resize 函数，增加散列表的长度。resize 函数重新申请了一块更大的存储空间，将原空间中标记为 ACTIVE 的元素插入新的空间中，而那些被标记为 DELETED 的元素不再存储，至此完成了删除操作。

  下面给出闭散列表的类型定义及运算实现。在闭散列表中定义了结点类型 Node，每个结点除存储关键字 key 之外，还存储了结点的状态 state。读者可根据需要添加其他数据域。闭散列表的长度 maxSize 是根据用户指定的数值计算出来的大于该数的第一个质数。

```
template <class KeyType>
class closeHashTable:public hashTable<KeyType>{
private:
    enum NodeState{EMPTY, ACTIVE, DELETED};    // 状态：空、使用中、已删除
    struct Node {                              // 散列表的结点类型
        KeyType key;                           // 关键字
        NodeState state;                       // 该位置的使用状态
        Node() {state = EMPTY;}
    };
    Node *data;                                // 散列表
    int  maxSize;                              // 散列表的容量
    int  curLength;                            // 当前存放的元素个数
    void resize();                             // 扩大散列表长度
public:
    closeHashTable(int len = 11, int (*h)(const KeyType & k, int maxSize) = defaultHash);
    ~closeHashTable() { delete [] data; }
    int size() { return  curLength;}
    int capacity() { return  maxSize;}         // 返回当前元素个数
                                               // 返回表的容量
    bool search(const KeyType &k) const;       // 查找关键字为 k 的元素是否存在
    int getPos(const KeyType &k) const;        // 查找关键字为 k 的元素的位置
    bool insert(const KeyType &k);             // 插入关键字为 k 的元素
    bool remove(const KeyType &k) ;            // 删除关键字为 k 的元素
    void print();                              // 输出散列表
};
```

（1）构造函数。形参 len 为用户指定的数值，利用 nextPrime(len)函数求出大于该数值的第一个质数作为散列表的长度；形参 h 是函数指针，用户可以通过实参来指定自己的散列函数。

[代码 11.3]
```
template <class KeyType>
closeHashTable<KeyType>::closeHashTable(int len, int (*h)(const KeyType & k,
                                        int maxSize) ){
    maxSize = nextPrime(len);
```

```
        data = new Node[maxSize];
        hash = h;
        curLength=0;
    }
```

(2) 查找操作1。查找关键字为 k 的元素是否在散列表中，查找成功返回 true，查找失败返回 false。

闭散列表的查找算法描述如下。

首先计算关键字为 k 的元素的基地址。

① 若该地址的状态为使用中，则分为两种情况：

(a) 若该地址中元素的关键字不等于 k，则表示发生冲突，利用线性探测法计算下一个散列地址。回到步骤①处继续判断新散列地址的状态。

(b) 若该地址中元素的关键字等于 k，则查找成功，返回 true。

② 若该地址的状态为空或已删除，则表示查找失败，返回 false。

下面的代码中采用线性探测法解决冲突，offset 置为1，表示每次探测的步长是1。

[代码 11.4]
```
    template <class KeyType>
    bool closeHashTable<KeyType>::search(const KeyType &k) const{
        int offset = 1;
        int pos = hash(k, maxSize);                    // 关键字为 k 的元素的基地址
        while(data[pos].state== ACTIVE){               // 该地址处于使用中状态
            if(data[pos].key!= k)                      // pos 位置的关键字不等于 k
                pos = (pos+offset) % maxSize;          // 计算下一个散列地址
            else return true;                          // 关键字等于 k，查找成功
        }
        return false;
    }
```

(3) 查找操作2。查找散列表中关键字为 k 的元素的散列地址，如果找到了该元素，则返回它的散列地址，否则返回-1。算法思想和前述查找算法相同。

[代码 11.5]
```
    template <class KeyType>
    int closeHashTable<KeyType>::getPos(const KeyType & k)const{
        int offset = 1;
        int pos = hash(k, maxSize);
        while(data[pos].state== ACTIVE){
            if(data[pos].key!= k)
                pos = (pos + offset) % maxSize;
            else return pos;
        }
        return -1;
    }
```

(4) 插入操作。插入关键字为 k 的元素（不允许重复）到散列表中，若该关键字已经存在，则退出程序并返回 false，否则，插入该元素并返回 true。

闭散列表的插入算法描述如下。

首先计算装填因子，若大于0.5，则调用 resize 扩大表空间。然后计算关键字为 k 的元素的基地址。

① 若该地址的状态为使用中,则分为两种情况:
(a) 若该地址中元素的关键字等于 k,则退出程序并返回 false。
(b) 若该地址中元素的关键字不等于 k,则表示发生冲突,利用线性探测法计算下一个散列地址。回到步骤①处继续判断新散列地址的状态。
② 若该地址的状态为空或已删除,则插入该元素并返回 true。

[代码 11.6]
```cpp
template <class KeyType>
bool closeHashTable<KeyType>::insert(const KeyType &k){
    int offset = 1, pos;
    if(curLength > maxSize/2)  resize();       // 装填因子大于0.5时扩充表空间
    pos = hash(k, maxSize);
    while(data[pos].state == ACTIVE){          // 查找可用空间
        if(data[pos].key != k)                 // 该空间被其他元素占用,发生冲突
            pos = (pos + offset) % maxSize;    // 求下一个散列地址
        else return false;                     // 该元素已经存在
    }                                          // 退出循环时 data[pos].state!= ACTIVE
    data[pos].key = k;                         // 保存关键字 key
    data[pos].state = ACTIVE;                  // 状态改为 ACTIVE
    curLength++;                               // 元素个数增加
    return true;
}
```

(5) 删除操作。删除散列表中关键字为 k 的元素。若删除成功则返回 true,否则返回 false。删除算法和插入算法相似,都要先查找元素的位置,若能够找到该元素,则采用懒惰删除法,将状态改为 DELETED。

[代码 11.7]
```cpp
template <class KeyType>
bool closeHashTable<KeyType>::remove(const KeyType &k) {
    int pos = getPos(k);                       // 调用 getPos 求散列地址
    if(pos != -1){
        data[pos].state = DELETED;             // 懒惰删除,仅将状态改为 DELETED
        curLength--;
        return true;
    }
    else return false;
}
```

(6) 扩大散列表空间。该函数重置散列表的长度为大于 2*maxSize 的第一个质数。首先重新申请一块存储空间,然后调用 insert 函数将原来空间中标记为 ACTIVE 的元素依次插入新的空间中,最后释放原有空间。注意,不能像普通的顺序表一样直接复制元素,应根据新的散列表长度重新计算散列地址,再将元素插入表空间中。

[代码 11.8]
```cpp
template <class KeyType>
void closeHashTable<KeyType>::resize(){
    Node *tmp = data;
    int oldSize = maxSize;
    maxSize = nextPrime(2*oldSize);
    data = new Node[maxSize];
```

```
        for (int i = 0; i < oldSize; ++i) {
            if ( tmp[i].state == ACTIVE ){
                insert(tmp[i].key);         // 执行 insert 会使 curLength++
                curLength--;                // 重新将元素插入进去,不能改变当前长度
            }
        }
        delete [] tmp;
    }
```

(7) 输出散列表。遍历散列表,输出标记为 ACTIVE 的元素。

[代码 11.9]

```
    template <class KeyType>
    void closeHashTable<KeyType>::print(){
        int pos;
        cout << "输出闭散列表中的内容: " << endl;
        for( pos = 0; pos < maxSize; ++pos){
            if(data[pos].state == ACTIVE)
                cout << pos << ": " << data[pos].key <<"\t\t";
        }
        cout<<endl;
    }
```

11.4.2 开散列表的表示和实现

开散列表是用链式结构表示和实现的,所有关键字为同义词的记录存储在同一单链表中,单链表的头指针按照这些同义词的基地址保存到散列表数组中,因而查找、插入和删除操作都是在同义词单链表中进行的。

尽管开散列表的结点是动态申请的,只要存储器空间足够,就不会发生存储溢出的问题,但是当装填因子过大时,运算效率会降低。例如,一个极端情况:当集合中有 n 个元素,而散列表数组的大小为 1 时,开散列表将退化为一个单链表,所有元素都是同义词,查找、插入和删除操作的时间复杂度均为 $O(n)$。因此在实现开散列表时,读者可参考 SGI STL 中的 hashTable,当装填因子达到 1 时将调用 resize 扩大空间,这样做的目的是防止单链表中元素过多,影响运算速度。

下面给出开散列表的类型定义及运算实现。在开散列表中定义了结点类型 Node,每个结点包含两个域:数据域 key 用于存储关键字,指针域 next 用于存储指向下一个同义词的指针。读者可根据需要添加其他数据域。散列表数组 data 中每个元素都是一个指针,指向对应的单链表的首地址。整型变量 maxSize 存储表长(即散列表数组的大小)。整型变量 curLength 存储表中当前元素的个数。

```
    template <class Type>
    class openHashTable:public hashTable<Type>{
    private:
        struct Node {
            Type key;                                // 关键字域
            Node *next;                              // 指针域
            Node () {next = NULL;}
            Node (const Type &d) { key = d; next = NULL;}
        };
```

```
        Node** data;                          // 散列表数组，数组元素为 Node 型的指针
        int   maxSize;                        // 散列表的容量
        int   curLength;                      // 散列表中当前存储的元素个数
        void resize();                        // 扩大表空间
    public:
        openHashTable(int len = 11, int (*h)(const Type & k,int maxSize) = defaultHash);
        ~openHashTable();
        int size(){return   curLength;}       // 返回当前元素个数
        int capacity(){return   maxSize;}     // 返回表的容量
        bool search(const Type &k) const;     // 查找关键字为 k 的元素是否存在
        bool insert(const Type &k);           // 插入关键字为 k 的元素
        bool remove(const Type &k);           // 删除关键字为 k 的元素
        void print();                         // 输出散列表
    };
```

（1）构造函数。形参 len 为用户指定的数值，利用 nextPrime(len)函数求出大于该数值的第一个质数作为散列表的长度；形参 h 是函数指针，用户可以通过实参来指定自己的散列函数。

[代码 11.10]
```
    template <class Type>
    openHashTable<Type>::openHashTable(int len, int (*h)(const Type &k,int maxSize) ){
        hash = h;
        curLength = 0;
        maxSize = nextPrime(len);
        data = new Node*[maxSize];            // 用于存放头指针的散列表数组
        for (int i = 0; i< maxSize; ++i)
            data[i] = new Node;               // 为每个单链表申请头结点
    }
```

（2）析构函数。释放每个单链表及散列表数组。

[代码 11.11]
```
    template <class Type>
    openHashTable<Type>::~openHashTable(){
        for (int i = 0; i< maxSize; ++i){
            Node *p = data[i];
            while (p){
                Node *tmp = p->next;
                delete p;
                p = tmp;
            }
        }
        delete [] data;
    }
```

（3）查找操作。查找关键字为 k 的元素是否在散列表中，查找成功返回 true，查找失败返回 false。

开散列表的查找算法可描述为：首先计算关键字为 k 的元素的基地址 $H(key)$，然后遍历该基地址对应的单链表，若单链表中某结点的关键字为 k，则查找成功返回 true；若直到单链表为空都没找到，则查找失败返回 false。

[代码 11.12]
```
    template <class Type>
    bool openHashTable<Type>::search(const Type &k) const{
        int pos = hash(k, maxSize);
        Node *p = data[pos]->next;
        while (p!= NULL && p->key != k )
            p = p->next;
        if (p!= NULL) return true;
        else return false;
    }
```

(4) 插入操作。插入关键字为 k 的元素（不允许重复）到散列表中，若该关键字已经存在，则退出程序并返回 false；否则，插入该元素并返回 true。

开散列表的插入算法描述如下。

若插入新元素使装填因子大于 1，则调用 resize 扩大表空间。然后计算关键字为 k 的元素的基地址 H(key)，遍历该基地址对应的单链表，若在单链表中找到某个结点的关键字为 k，则退出程序并返回 false；若直到单链表为空，都没找到关键字为 k 的结点，则在表头（或表尾）插入该元素并返回 true。

[代码 11.13]
```
    template <class Type>
    bool openHashTable<Type>::insert(const Type &k){
        if ( curLength +1 > maxSize ) resize();
        int pos = hash(k, maxSize);
        Node *p = data[pos]->next;
        while (p != NULL && p->key != k) p = p->next;   // 查找关键字为 k 的元素
        if (p == NULL) {                                 // 没找到
            p = new Node(k);
            p->next = data[pos]->next;                   // 在表头插入该元素
            data[pos]->next = p;
            curLength++;
            return true;
        }
        return false;
    }
```

(5) 删除操作。删除散列表中关键字为 k 的元素，删除成功返回 true，否则返回 false。删除算法和插入算法相似，都要先查找元素的位置，若能够找到该元素，则删除它并返回 true，否则查找失败返回 false。

[代码 11.14]
```
    template <class Type>
    bool openHashTable<Type>::remove(const Type &k) {
        int pos = hash(k, maxSize);
        Node *pre = data[pos], *p;
        while (pre->next != NULL && pre->next->key != k )
            pre = pre->next;
        if (pre->next == NULL) return false;    // 没找到，返回 false
        else {                                   // 找到关键字为 k 的元素
            p = pre->next;                       // p 指向要删除的元素
```

```
            pre->next = p->next;
            delete p;
            curLength--;
            return true;
        }
    }
```

(6) 扩大散列表空间。该函数重置散列表数组大小为大于 2*maxSize 的第一个质数。首先重新申请散列表数组，然后遍历每个单链表中的结点，计算结点的新散列地址，然后通过改变指针的指向，将结点插入新散列表数组的单链表中（无须申请新结点），最后释放原有散列表数组。注意：不能将各单链表直接链接到新散列表数组上，应根据新的散列表大小重新计算散列地址，再将元素插入表空间中。

[代码 11.15]
```
template <class Type>
void openHashTable<Type>::resize(){
    Node **tmp = data,*p,*q;
    int i,pos,oldSize = maxSize;
    maxSize = nextPrime(2*oldSize);                      // 找出下一个质数
    data = new Node*[maxSize];
    for (i = 0; i< maxSize; ++i) data[i] = new Node;    // 设立新的散列表数组
    for (i = 0; i < oldSize; ++i) {                      // 处理原散列表
        p = tmp[i]->next;                                // p 指向一个单链表的首元结点
        while (p) {                                      // 处理该单链表中的每个结点
            pos = hash(p->key,maxSize);                  // 计算 p 所指向结点的新 hash 地址
            q = p->next;                                 // q 保存 p 的后继
            p->next = data[pos]->next;                   // 在新 hash 地址的表头插入 p 结点
            data[pos]->next = p;
            p=q;                                         // 准备处理下一个结点
        }
    }
    for (i = 0; i< oldSize; ++i) delete tmp[i];
    delete []tmp;
}
```

(7) 输出散列表。遍历散列表的每个单链表，输出所有结点。

[代码 11.16]
```
template <class Type>
void openHashTable<Type>::print(){
    int i;
    Node *p;
    cout << "输出开散列表中的内容: " << endl;
    for (i = 0; i < maxSize; ++i){
        p = data[i]->next;                               // p 指向一个单链表的首元结点
        cout<<i<<":";
        while (p) {
            cout<<"-->"<<p->key;
            p = p->next;
        }
        cout<<endl;
```

                }
            }

11.4.3 闭散列表与开散列表的比较

闭散列表与开散列表的比较类似于顺序表与单链表的比较。开散列表用链接方法存储同义词，其优点是无堆积现象，其平均查找长度较短，查找、插入和删除操作易于实现。其缺点是指针需要额外空间。闭散列表无须附加指针，因而存储效率较高，当结点空间较小时，较为节省空间。但由此带来的问题是容易产生堆积现象，而且由于空单元是查找不成功的条件，因此实现删除操作时不能简单地将待删除元素所在单元置空，否则将截断该元素后继散列地址序列的查找路径。因此闭散列表的删除操作只是在待删除元素所在单元上做标记。当运行到一定阶段并经过整理后，才能真正删除有标记的单元。

另外需要说明的是，由于开散列表中各链表上的结点空间是动态申请的，无须事先确定表的容量，而闭散列表却必须事先估计容量，因此开散列表更适用于无法确定表长的情况。

11.5 散列表的查找性能分析

当查找关键字为 key 的元素时，首先计算散列地址 $H(key)$，散列表的查找过程描述如下：

① 若散列地址为 $H(key)$ 的单元为空（或闭散列表中的已删除），则所查元素不存在，查找失败。

② 若散列地址为 $H(key)$ 的单元中元素的关键字等于 key，则找到所查元素，查找成功。

③ 若散列地址为 $H(key)$ 的单元中元素的关键字不等于 key，则发生冲突，需要按解决冲突的方法，找出下一个散列地址 $H'(key)$，重复步骤①~③，直到因查找成功或查找失败而结束查找过程。

虽然散列表在关键字和存储位置之间建立了直接映象，然而，由于冲突的产生，散列表的查找过程仍然是一个和关键字比较的过程，因此，仍可用平均查找长度来衡量散列表的检索效率。为讨论一般情况的平均查找长度，首先介绍装填因子的概念。装填因子定义为：

$$\alpha = \text{表中的元素数} \div \text{散列表长度} \tag{11-5}$$

装填因子 α 表示表的填满程度，装填因子越大，表示表中空单元越少，发生冲突的可能性就越大，在查找时所耗费的时间就越多；装填因子越小，表示表中还有很多的空单元，发生冲突的可能性就越小。因此散列表检索成功的平均查找长度和装填因子有关。

Knuth 教授已经证明，各种处理冲突方法的平均查找长度如表 11.2 所示。

表 11.2 各种处理冲突方法的平均查找长度

处理冲突的方法	平均查找长度	
	ASL_{succ}	ASL_{un}
线性探测法	$\frac{1}{2}\left(1+\frac{1}{1-\alpha}\right)$	$\frac{1}{2}\left(1+\frac{1}{(1-\alpha)^2}\right)$
二次探测法	$\frac{1}{2}\left(\ln\frac{1}{1-\alpha}\right)$	$\frac{1}{1-\alpha}$
拉链法	$1+\frac{\alpha}{2}$	$\alpha+e^{-\alpha}$

从以上分析可见，散列表的平均查找长度是 α 的函数，而不是 n（元素个数）的函数。因此，

不管 n 多大，总可以选择一个合适的装填因子以便使平均查找长度限定在一个范围内。

自测题 2. 为提高散列（Hash）表的查找效率，可以采取的正确措施是（ ）。

Ⅰ．增大装填（载）因子
Ⅱ．设计冲突（碰撞）少的散列函数
Ⅲ．处理冲突（碰撞）时避免产生聚集（堆积）现象

A．仅 Ⅰ   B．仅 Ⅱ   C．仅 Ⅰ、Ⅱ   D．仅 Ⅱ、Ⅲ

【2011 年全国统一考试】

【参考答案】B

【题目解析】A 错在：装填因子越大发生冲突的可能性越大，查找效率越低。C 错在：很难完全避免堆积现象，只能尽量减少。

自测题 3. 用哈希（散列）方法处理冲突（碰撞）时可能出现堆积（聚集）现象。下列选项中，会受堆积现象直接影响的是（ ）。

A．存储效率   B．散列函数
C．装填（装载）因子   D．平均查找长度

【2014 年全国统一考试】

【参考答案】D

习题

一、选择题

1．设有一组记录的关键字为{19,14,23,1,68,20,84,27,55,11,10,79}，用拉链法构造散列表，散列函数为 $H(key)=key \bmod 13$，散列地址为 1 的链中有（ ）个记录。

A．1   B．2   C．3   D．4

2．下面关于哈希（Hash，散列）查找的说法正确的是（ ）

A．哈希函数构造得越复杂越好，因为这样随机性好，冲突少
B．除留余数法是所有哈希函数中最好的
C．不存在特别好与坏的哈希函数，要视情况而定
D．若需在哈希表中删去一个元素，不管用何种方法解决冲突都只要简单地将该元素删去即可

3．设哈希表长为 14，哈希函数 $H(key)=key \bmod 11$。表中已有 4 个结点：addr(15)=4，addr(38)=5，addr(61)=6，addr(84)=7，其余地址为空，如果用二次探测再散列的方法处理冲突，则关键字为 49 的结点的地址是（ ）。

A．8   B．3   C．5   D．9

4．假定有 k 个关键字互为同义词，若用线性探测法把这 k 个关键字存入散列表，则至少要进行（ ）次探测？

A．$k-1$ B．k C．$k+1$ D．$k(k+1)/2$

5．散列表的地址区间为 0~17，散列函数为 $H(key)=key \bmod 17$。采用线性探测法处理冲突，并将关键字序列 26,25,72,38,8,18,59 依次存储到散列表中。

（1）关键字 59 存放在散列表中的地址是（ ）。

A．8   B．9   C．10   D．11

(2) 存放关键字 59 需要搜索（　　）次。
    A．2　　　　　B．3　　　　　C．4　　　　　D．5

二、填空题

1．在哈希函数 H(key)=key % p 中，p 值最好取_____。

2．在线性表的哈希存储中，装填因子α又称为装填系数，若用 m 表示哈希表的长度，n 表示表中元素的个数，则α等于_____。

3．设有一组记录的关键字为{19,14,23,1,68,20,84,27,55,11,10,79}，用拉链法构造散列表，散列函数为 H(key) = key mod 13，则需要_____个链表，这些链表的头指针构成一个指针数组，数组的下标范围为_____。散列地址为 1 的链表中有_____个记录。

三、判断题

1．在散列检索中，"比较"操作一般是不可避免的。（　　）

2．散列函数越复杂越好，因为这样随机性好，冲突概率小。（　　）

3．Hash 表的平均查找长度与处理冲突的方法无关。（　　）

4．采用线性探测法处理散列时的冲突，当从哈希表中删除一个记录时，不应将这个记录的所在位置置空，因为这会影响以后的查找。（　　）

5．随着装填因子α的增大，用闭散列法解决冲突，其平均搜索长度比用开散列法解决冲突时的平均搜索长度增长得慢。（　　）

四、应用题

1．如何衡量散列函数的优劣？简要叙述冲突（碰撞）的概念，并指出三种解决冲突的方法。

2．设有一组关键字{9,1,23,14,55,20,84,27}，采用散列函数：H(key)=key % 7，表长为 10，用开放地址法的二次探测再散列的方法 Hi=(H(key)+di) % 10(di=$1^2, 2^2, 3^2, \cdots$)解决冲突。要求：

（1）对该关键字序列构造散列表。

（2）计算查找成功的平均查找长度。

3．对下面的关键字集合{30,15,21,40,25,26,36,37}，查找表的装填因子为 0.8，采用线性探测再散列方法解决冲突。要求：

（1）设计散列函数。

（2）画出散列表。

（3）计算查找成功和查找失败的平均查找长度。

4．设散列函数 H(k)=3k % 11，散列地址空间为 0～10，对关键字序列 32,13,49,24,38,21,4,12 按下述两种解决冲突的方法构造散列表：（1）线性探测再散列；（2）拉链法。并分别求出在等概率情况下查找成功时和查找失败时的平均查找长度。

五、算法设计题

1．已知散列表 HT 的装填因子小于 1，散列函数 H(key)为关键字的第一个字母在字母表中的序号。

（1）处理冲突的方法为线性探测再散列。编写按第一个字母的顺序输出散列表中所有关键字的算法。

（2）处理冲突的方法为拉链法。编写一个计算在等概率情况下查找不成功的平均查找长度的算法。

2. 有一个 100×100 的稀疏矩阵，其中 1%的元素为非零元素，现要求用散列表作为存储结构。

（1）请设计一个散列表存储该稀疏矩阵。

（2）请写一个对你所设计的散列表中给定行值和列值存取矩阵元素的算法，并对算法所需时间和用三元组表作为存储结构时存取元素的算法进行比较。

第 12 章 排 序

排序是数据处理中经常用到的一种重要操作,通过排序可以将一组无序的数据元素按其关键字的非递减(或非递增)次序排列成有序序列,排序的目的之一就是方便数据的查找。本章将介绍几种常用的排序方法及各种内部排序方法的比较。

本章学习目标:
- 掌握排序的基本概念;
- 掌握各种内部排序方法的基本思想和算法实现;
- 会分析排序算法的稳定性及时间复杂度;
- 了解外部排序的方法。

12.1 排序的基本概念

排序(Sorting)是将数据的任意序列,重新排列成一个按关键字有序(非递增有序或非递减有序)的序列的过程。

假设含 n 个记录的序列为 $\{R_1, R_2, \cdots, R_n\}$,其相应的关键字序列为 $\{K_1, K_2, \cdots, K_n\}$,这些关键字相互之间可以进行比较。若在它们之间存在着这样一个关系 $K_{S1} \leq K_{S2} \leq \cdots \leq K_{Sn}$,则按此固有关系将 n 个记录的序列重新排列为 $\{R_{S1}, R_{S2}, \cdots, R_{Sn}\}$ 的操作称为排序。

若关键字 K_i 是记录 $R_i(i=1,2,\cdots,n)$ 的主关键字,则每个关键字可以唯一地标识一个记录,关键字各不相同。若 K_i 为次关键字,则在待排序的记录序列中可能有多个记录的关键字相同。在按某种方法排序的过程中,若关键字相同的记录的相对位置不发生改变,则称所用的排序方法为稳定的;反之,称所用的排序方法是不稳定的。

例如:一组记录序列{(梅花,6),(方块,7),(黑桃,5),(红桃,6'),(黑桃,8)},按照点数从高到低排序。若用稳定的排序算法,则结果为{(黑桃,8),(方块,7),(梅花,6),(红桃,6'),(黑桃,5)};若用不稳定的排序算法,则结果可能为{(黑桃,8),(方块,7),(红桃,6'),(梅花,6),(黑桃,5)}。

在排序过程中,若待排序记录序列全部读入内存中处理,则称此类排序问题为内部排序;反之,若参加排序的记录数量较大,在排序过程中仅有部分记录在内存中,还要对外存中的记录进行访问,则称此类排序问题为外部排序。内部排序适用于记录个数不是很多的文件,而外部排序适用于记录个数很多的大文件,整个排序过程需要在内、外存之间多次交换数据才能得到排序的结果。

内部排序方法通常可分为以下 5 类。

① 插入排序:将无序序列中的一个或几个记录"插入"到有序序列中,从而增加记录的有序序列的长度。

② 交换排序:通过"交换"无序序列中的相邻记录从而得到其中关键字最小或最大的记录,并将它加到有序序列中,以增加记录的有序序列的长度。

③ 选择排序:从记录的无序序列中"选择"关键字最小或最大的记录,并将它加到有序子序列中,以增加记录的有序序列的长度。

④ 归并排序:通过"归并"两个或两个以上的有序序列,逐步增加有序序列的长度。

⑤ 分配排序：通过对无序序列中的记录反复进行"分配"和"收集"操作，逐步使无序序列变为有序序列。

一般来说，在排序过程中有两种基本操作：① 比较关键字的大小。② 移动记录的位置。前一种操作对大多数排序方法都是必要的，而后一种操作可通过改变记录的存储方式来避免。

评价排序算法效率的标准主要有两条。第一，执行算法所需要的时间开销，对于排序操作，时间主要消耗在关键字之间的比较和记录的移动上，因此我们可以认为高效率的排序算法应该具有尽可能少的比较次数和尽可能少的元素移动次数。第二，执行算法所需要的额外存储空间，即除存放待排序元素占用的存储空间之外，执行算法所需要的其他存储空间，理想的空间效率是算法执行期间所需要的辅助空间与待排序的数据量无关。下面首先按非递减有序讨论各种内部排序的常用算法。

12.2 插入排序

插入排序（Insertion Sorting）的基本思想是：首先将第一个记录看作一个有序序列，然后每次将下一个待排序的记录有序插入已排好序的有序序列中，使有序序列逐渐扩大，直至所有记录都加到有序序列中。本节主要介绍三种插入排序方法：直接插入排序、折半插入排序和希尔排序。

12.2.1 直接插入排序

直接插入排序（Straight Insertion Sort）是一种比较简单的插入排序方法。假设在排序过程中，记录序列为 $R[0..n-1]$，首先将第一个记录 $R[0]$ 看作一个有序子序列，然后依次将记录 $R[i]$ （$1 \leq i \leq n-1$）插入有序子序列 $R[0..i-1]$ 中，使记录的有序子序列从 $R[0..i-1]$ 变为 $R[0..i]$。

例如，有 8 个待排序记录，其关键字序列为：{36,80,45,66,22,9,16,36}。直接插入排序的过程如图 12.1 所示，其中，加"＿"用于区别相同的关键字。

```
初始序列：      {36}  80   45   66   22    9   16   36
第1趟插入80：   {36   80}  45   66   22    9   16   36
第2趟插入45：   {36   45   80}  66   22    9   16   36
第3趟插入66：   {36   45   66   80}  22    9   16   36
第4趟插入22：   {22   36   45   66   80}   9   16   36
第5趟插入9：    {9    22   36   45   66   80}  16   36
第6趟插入16：   {9    16   22   36   45   66   80}  36
第7趟插入36：   {9    16   22   36   36   45   66   80}
```

图 12.1　直接插入排序

[代码 12.1]

```cpp
template <class Type>
void straightInsertSort(Type R[], int size){
    int pos,j;                                    // pos 为待插入记录位置
    Type tmp;
    for (pos = 1; pos < size; pos++) {
        tmp = R[pos];                             // 将待插入记录放进临时变量中
        for (j = pos-1; tmp < R[j] && j >= 0; j--)// 从后向前查找插入位置
            R[j+1] = R[j];                        // 将大于待插入记录的记录向后移动
        R[j+1] = tmp;                             // 将待插入记录放到合适位置
```

　　　　}
　　}

直接插入排序算法简单，容易实现，是一种稳定的排序方法。当待排序记录数量 n 很小且局部有序时，较为适用。当 n 很大时，其效率不高。它的基本操作有两种：比较关键字和移动记录。

最好的情况是，初始序列为有序，关键字总比较次数为最小值 $(n-1)\sum_{i=2}^{n}1$，无须后移记录，但在一趟排序开始时要将待排序记录放进临时变量中，在一趟排序结束时再将待排序记录放到合适位置，需要移动记录 $2(n-1)$ 次。

最坏的情况是，初始序列为逆序，关键字总比较次数为最大值 $\sum_{i=2}^{n}i=(n+2)(n-1)/2$，记录移动次数为最大值 $\sum_{i=2}^{n}(i-1+2)=(n+4)(n-1)/2$。

由此可见，直接插入排序算法最好情况的时间复杂度为 $O(n)$，最坏情况时间复杂度和平均时间复杂度为 $O(n^2)$。在直接插入排序过程中，只需要一个记录大小的辅助空间用于存放待插入的记录，因此空间复杂度为 $O(1)$。

12.2.2 折半插入排序

对直接插入排序算法进行改进，可从减少比较和移动次数这两方面着手。当前面 $i-1$ 个有序记录序列时，要插入第 i 个记录，可利用折半查找（前面已介绍）方式确定插入位置，以减少比较次数。这种排序方法称为折半插入排序（Binary Insertion Sort），其算法如下。

[代码 12.2]
```
template <class Type>
    void binaryInsertSort(Type R[],int size){
        int pos,j,low,high,mid;
        Type tmp;
        for(pos=1;pos<size;pos++){              // 假定第一个记录有序
            tmp = R[pos];                        // 将待排序记录R[pos]暂存到tmp中
            low = 0; high = pos-1;               // 设置折半查找的范围
            while(low <= high){                  // 在R[low..high]中折半查找有序插入位置
                mid = (low + high)/2;            // 计算中间位置
                if(tmp < R[mid]) high = mid-1;   // 插入点在低半区
                else low = mid+1;                // 插入点在高半区
            }
            for (j=pos-1;j >= low;j--)
                R[j+1] = R[j];                   // 记录后移
            R[low] = tmp;                        // 插入待排序记录
        }
    }
```

折半插入排序比直接插入排序明显地减少了关键字间的比较次数，但记录移动的次数不变，故其时间复杂度仍为 $O(n^2)$。

自测题 1. 对同一待排序列分别进行折半插入排序和直接插入排序，两者之间可能的不同之处是（　　）。

A．排序的总趟数　　　　　　　　　　B．元素的移动次数
C．使用辅助空间的数量　　　　　　　D．元素之间的比较次数

【2012 年全国统一考试】
【参考答案】D

12.2.3 希尔排序

希尔排序（Shell Sort）又称为缩小增量排序，是由 D.L.Shell 在 1959 年提出的。Shell 从"减少记录个数"和"基本有序"两方面对直接插入排序进行了改进。

希尔排序的基本思想是：将待排序的记录划分成几组，间距相同的记录分在一组中，对各组分别实施直接插入排序。当经过几次分组排序后，记录的排列已经基本有序，再对所有的记录实施最后的直接插入排序。

通过分组，一方面减少了参与直接插入排序的数据量；另一方面可以先比较那些间距较大的记录，避免频繁的移动相邻记录。当待排序记录个数较少且待排序记录已基本有序时，直接插入排序的效率是较高的。

对于有 n 个记录的初始序列，希尔排序的具体步骤如下。

① 首先取一个整数 gap<n 作为增量。
② 将全部记录分为 gap 个子序列，所有间距为 gap 的记录分在同一个子序列中，对每个子序列分别实施直接插入排序。
③ 然后缩小增量 gap，重复步骤②的子序列划分和排序工作，直到最后 gap 等于 1，将所有记录放在一组中，进行最后一次直接插入排序。

Shell 提出从 $\text{gap}=\lfloor n/2 \rfloor$ 开始划分子序列，每次缩小增量 $\text{gap}=\lfloor \text{gap}/2 \rfloor$，直到 gap=1 为止。这种划分方式带来的问题是：①可能存在大量重复的划分，即已分在同一组中的记录下一趟可能仍然分在同一组中。②直到 gap=1 时，相邻的奇数位置的记录才会与偶数位置的记录进行比较，效率较低。后来人们又提出了多种方案。例如，Knuth 教授建议增量 $\text{gap}=\lfloor \text{gap}/3 \rfloor+1$；Hibbard 建议增量 $\text{gap}=2^k-1$，其中 k 递减直到 1 为止。目前，对如何分组（即 gap 如何取值）没有统一意见，只有如下共识：第一个增量（或称步长）gap 小于表长，最后一个 gap 等于 1，增量序列中的值没有除 1 之外的公因子。

例如，有 10 个记录，其关键字集为：{36,80,45,66,22,9,16,36}，我们首先将记录分成 5 组（步长为 5），即第 1 趟，间距为 5 的记录是一组，共 5 组，对各组分别进行直接插入排序。第 2 趟，间距为 3 的记录为一组，共 3 组，分别进行直接插入排序。第 3 趟，间距为 1 的记录（即所有记录）为一组，进行直接插入排序。希尔排序的过程如图 12.2 所示。

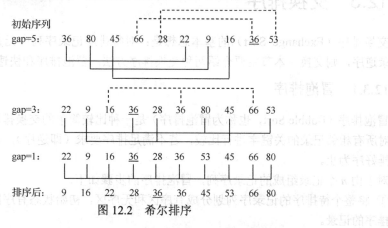

图 12.2 希尔排序

若以 Shell 提出的分组方法，则希尔排序的算法如下。

[代码 12.3]

```
template <class Type>
void shellSort(Type R[], int size) {
    int gap, pos, j;
    Type tmp;
    for (gap = size/2; gap > 0; gap /= 2) {      // gap 为希尔增量，即步长
        for (pos = gap; pos < size; pos++) {      // pos 为待插入记录位置
            tmp = R[pos];
            for (j = pos - gap; j >= 0 && R[j] > tmp; j -= gap)
                R[j+gap] = R[j];                  // 记录后移
            R[j+gap] = tmp;                       // 将待插入记录放到合适位置
        }
    }
}
```

希尔排序适用于待排序的记录数量较大的情况，是一种不稳定的排序方法。希尔排序的时间性能与其选定的增量序列有关，有人在大量测试的基础上推导出，希尔排序的时间复杂度约为 $O(n^{1.3})$。同直接插入排序一样，希尔排序也只需要一个记录大小的辅助空间用于暂存当前待插入的记录，因此空间复杂度为 $O(1)$。

自测题 2. 用希尔排序方法对一个数据序列进行排序时，若第 1 趟排序结果为 9,1,4,13,7,8,20,23,15，则该趟排序采用的增量（间隔）可能是（   ）。

A. 2　　　　　　　B. 3　　　　　　　C. 4　　　　　　　D. 5

【2012 年全国统一考试】

【参考答案】B

自测题 3. 希尔排序的组内排序采用的是（   ）。

A. 直接插入排序　　　　　　　　　　B. 折半插入排序
C. 快速排序　　　　　　　　　　　　D. 归并排序

【2015 年全国统一考试】

【参考答案】A

12.3 交换排序

交换排序（Exchange Sort）的基本思想是：对待排序记录序列中元素间关键字比较，若发现记录逆序，则交换。本节主要介绍两种交换排序方法：冒泡排序和快速排序。

12.3.1 冒泡排序

冒泡排序（Bubble Sort，也称为冒泡排序）是一种比较简单的交换排序方法。它的基本思想是：对所有相邻记录的关键字进行比较，若不满足排序要求（即逆序），则将其交换，直到所有记录排好序为止。

对于由 n 个记录组成的记录序列，冒泡排序的步骤如下。

① 将整个待排序的记录序列划分成有序区和无序区，初始状态有序区为空，无序区包括所有待排序的记录。

② 每一趟冒泡排序，对无序区从头到尾比较相邻记录的关键字，若逆序，则将关键字小的

记录换到前面，关键字大的记录换到后面。一趟排序后，无序区中关键字最大的记录进入有序区。

③ 重复执行步骤②，若在某一趟排序中没有发生交换操作，则说明待排序记录已全部有序，排序提前结束；否则，最多需要经过 n-1 趟冒泡排序，才能将这 n 个记录重新按关键字排好序。

冒泡排序的过程如图 12.3 所示，其中花括号括起来的是有序区。

初始序列：	36	80	45	66	22	9	16	36
第一趟排序：	36	45	66	22	9	16	36	{80}
第二趟排序：	36	45	22	9	16	36	{66	80}
第三趟排序：	36	22	9	16	36	{45	66	80}
第四趟排序：	22	9	16	36	{36	45	66	80}
第五趟排序：	9	16	22	{36	36	45	66	80}
第六趟排序：	{9	16	22	36	36	45	66	80}

图 12.3 冒泡排序

冒泡排序算法如下。

[代码 12.4]
```
template <class Type>
void bubbleSort(Type R[], int size) {
    int i, j;
    bool flag = true;                    // 记录一趟排序后是否发生过交换
    for (i = 1; i < size && flag; ++i) {
        flag = false;                    // 假定本趟排序没有交换
        for (j = 0; j < size-i; ++j)
            if (R[j+1] < R[j]){          // 逆序
                swap(R[j],R[j+1]);       // 调用 STL 中的 swap 进行交换
                flag = true;
            }
    }
}
```

冒泡排序是一种稳定的排序方法，关键字的比较次数和记录的交换次数与记录的初始顺序有关。最好的情况是，初始序列为有序，比较次数为 $n-1$，交换次数为 0；最坏的情况是，初始序列为逆序，比较次数和交换次数均为：$\sum_{i=1}^{n-1}(n-i) = n(n-1)/2$，记录的移动次数为 $3n(n-1)/2$，因此，最好情况的时间复杂度为 $O(n)$，最坏情况时间复杂度和平均时间复杂度为 $O(n^2)$。在冒泡排序过程中，只需要一个记录大小的辅助空间用于交换，因此空间复杂度为 $O(1)$。

12.3.2 快速排序

快速排序（Quick Sort），也称分区交换排序，是对冒泡排序的改进，是由 C.R.A.Hoare 于 1962 年提出的一种分区交换的方法。在冒泡排序中，记录的比较和移动是在相邻的位置进行的，记录每次交换只能消除一个逆序，因而总的比较和移动次数较多。在快速排序中，通过分区间的一次交换能消除多个逆序。实际上，快速排序名副其实，它是目前最快的内部排序算法，被评为"20 世纪十大算法"。

快速排序的基本思想如下。

① 在待排序记录序列中选取一个记录作为枢轴（pivot），并以该记录的关键字（key）为基准。

② 凡关键字小于枢轴的记录均移动至枢轴之前，凡关键字大于枢轴的记录均移动至枢轴之后。一趟排序后，记录序列划分为两个子序列 L 和 R，使得 L 中所有记录的关键字都小于或等于 key，R 中所有记录的关键字都大于或等于 key，枢轴处于子序列 L 和 R 之间，刚好在最终位置。

③ 对子序列 L 和 R 分别继续进行快速排序，直到子序列中只有一个记录为止。

一趟快速排序（也称一次划分）的具体做法是：设置两个指针 low、high 分别用来指示将要与枢轴进行比较的左侧记录和右侧记录，首先从 high 所指位置开始向前查找关键字小于枢轴关键字的记录，将其与枢轴进行交换，再从 low 所指位置开始向后查找关键字大于枢轴关键字的记录，将其与枢轴进行交换，反复执行以上两步，直到 low 与 high 相等。在这个过程中，记录交换都是与枢轴之间发生的，每次交换要移动 3 次记录。我们可以先用临时变量暂存枢轴，只移动要与枢轴交换的记录，直到最后再将临时变量中保存的枢轴放入最终位置，这种做法可减少排序中记录的移动次数。

例如，关键字序列 S={36,80,45,66,22,9,16,36}。一趟快速排序的过程如下，首先，选取最左侧的 36 作为枢轴，暂存于临时变量 tmp 中，相当于 low 指向空单元。

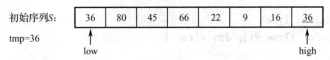

① high 从右向左扫描，遇到比 36 小的关键字 16 停止，置 S[low] = S[high]，相当于 high 指向的单元空出来。

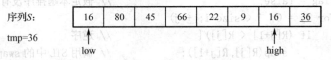

② low 从左向右扫描，遇到比 36 大的关键字 80 停止，置 S[high] = S[low]，相当于 low 指向的单元空出来。

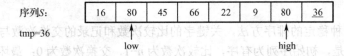

③ high 从右向左扫描，遇到比 36 小的关键字 9 停止，置 S[low] = S[high]，相当于 high 指向的单元空出来。

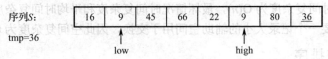

④ low 从左向右扫描，遇到比 36 大的关键字 45 停止，置 S[high] = S[low]，相当于 low 指向的单元空出来。

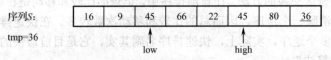

⑤ high 从右向左扫描，遇到比 36 小的关键字 22 停止，置 S[low] = S[high]，相当于 high 指向的单元空出来。

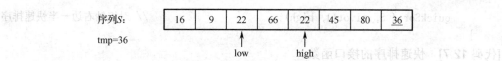

⑥ low 从左向右扫描，遇到比 36 大的关键字 66 停止，置 S[high] = S[low]，相当于 low 指向的单元空出来。

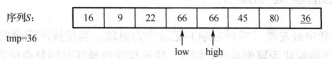

⑦ high 从右向左扫描遇到 low，结束一次划分，low=high 的位置就是枢轴 36 的最终位置，置 S[low] = tmp。36 左侧的关键字均小于它，36 右侧的关键字均大于等于它。

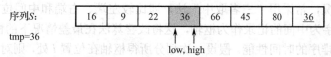

一趟快速排序后，得到两个子序列 L={16,9,22} 和 R={66,45,80,36}，接下来分别对它们进行快速排序，直到子序列中只有一个记录为止，快速排序各趟的结果如图 12.4 所示。

```
初始序列:          36   80   45   66   22   9   16   36
第1趟排序:       {16    9   22}  36  {66   45   80   36}
第2趟排序:        {9}  16  {22}  36  {66   45   80   36}
第3趟排序:        {9}  16  {22}  36  {36}  45   66  {80}
第4趟排序:        {9}  16  {22}  36   36  {45}  66  {80}
```

图 12.4 快速排序示例

以最左侧记录作为枢轴的快速排序算法如下。

[代码 12.5] 一趟快速排序（或一次划分）。
```cpp
template <class Type>
int partition( Type S[], int low, int high){   //待排序序列，排序区间的下界和上界
    Type tmp = S[low];                          // 暂存枢轴
    while(low != high){                         // 开始进行分割
        while (low<high && S[high]>=tmp)high--; // 大下标端找小于枢轴的记录
        if (low < high) { S[low] = S[high]; low++;}   // 该记录移动到小下标端
        while (low < high && S[low] <=tmp) low++;     // 小下标端找大于枢轴的记录
        if (low < high) { S[high] = S[low]; high--;}  // 该记录移动到大下标端
    }
    S[low] = tmp;                               // 把枢轴回填到分界位置上
    return low;                                 // 返回枢轴位置
}
```

[代码 12.6] 递归快速排序。
```cpp
template <class Type>
void quickSort(Type S[], int low, int high){
    int pivot;
    if (low >= high) return;
    pivot = partition(S, low, high);            // 一次划分，返回枢轴位置
    quickSort( S, low, pivot-1);                // 对枢轴左边一半快速排序
```

```
            quickSort( S, pivot+1, high);              // 对枢轴右边一半快速排序
    }
```

[代码 12.7] 快速排序的接口函数。

```
    template <class Type>
    void quickSort(Type S[], int size){  //待排序序列，序列大小
        quickSort(S, 0, size-1);
    }
```

若每次选取序列中最左端（或最右端）记录作为枢轴，当待排序记录的初始状态为按关键字有序时，快速排序将蜕化为冒泡排序，因此，快速排序的最坏时间复杂度为O(n^2)。也就是说，一次划分后枢轴两侧记录数量越接近，排序速度将越快。那么，枢轴的选择将非常重要，它决定了一趟排序后两个子序列的长度，进而影响整个算法的效率。为避免出现一趟排序后记录集中在枢轴一侧的情况，常采用"三者取中"法，即比较左端、右端和中间位置上三个记录的关键字，然后取关键字为中间的记录作为枢轴，这将改善算法在最差情况下的性能。

下面分析快速排序的时间性能。假设一次划分所得枢轴在位置 i 处，则对 n 个记录进行快速排序所需时间为：

$$T(n) = T(i) + T(n-i-1) + Cn \tag{12-1}$$

其中：Cn 为对 n 个记录进行一次划分所需时间，$T(i)$ 和 $T(n-i-1)$ 为一次划分后继续对两个子序列进行快速排序的时间，若待排序列中记录的关键字是随机分布的，则 i 取 0~n-1 中任意一值的可能性相同，由此可得快速排序所需时间的平均值为：

$$T_{avg}(n) = \frac{1}{n}\sum_{i=0}^{n-1}[T_{avg}(i)+T_{avg}(n-i-1)]+Cn = \frac{2}{n}\sum_{i=0}^{n-1}T_{avg}(i)+Cn \tag{12-2}$$

式（12-2）两边同时乘 n 可得：

$$nT_{avg}(n) = 2\sum_{i=0}^{n-1}T_{avg}(i)+Cn^2 \tag{12-3}$$

将 n-1 代入式（12-3）可得：

$$(n-1)T_{avg}(n-1) = 2\sum_{i=0}^{n-2}T_{avg}(i)+C(n-1)^2 \tag{12-4}$$

由式（12-3）和式（12-4）可得：

$$nT_{avg}(n)-(n-1)T_{avg}(n-1) = 2T_{avg}(n-1)+C(2n-1) \tag{12-5}$$

由式（12-5）可得：

$$nT_{avg}(n) = (n+1)T_{avg}(n-1)+C(2n-1) \tag{12-6}$$

式（12-6）忽略常数 C，两边同时除 $n(n+1)$，可得：

$$\frac{T_{avg}(n)}{n+1} = \frac{T_{avg}(n-1)}{n}+\frac{2C}{n+1} \tag{12-7}$$

将 n-1,n-2,…,2 代入式（12-7）可得：

$$\frac{T_{avg}(n-1)}{n} = \frac{T_{avg}(n-2)}{n-1}+\frac{2C}{n}$$

$$\cdots$$

$$\frac{T_{avg}(2)}{3} = \frac{T_{avg}(1)}{2}+\frac{2C}{3} \tag{12-8}$$

综上，可得：

$$\frac{T_{avg}(n)}{n+1} = \frac{T_{avg}(1)}{2}+2C\sum_{i=3}^{n+1}\frac{1}{i} \tag{12-9}$$

式（12-9）两边同时乘以 $n+1$，可得：

$$T_{avg}(n) = \frac{T_{avg}(1)}{2}(n+1) + 2C(n+1)\sum_{i=3}^{n+1}\frac{1}{i} \quad (12\text{-}10)$$

由式（12-10）可知，快速排序的平均时间复杂度为 $O(n\log n)$。就平均时间而言，快速排序被认为是目前最好的内部排序方法。快速排序适用于记录较多且基本无序的情况。因为排序过程中存在大跨度的数据移动，所以快速排序是一种不稳定的排序方法。

自测题 4. 采用递归方式对顺序表进行快速排序，下列关于递归次数的叙述中，正确的是（　　）。

A．递归次数与初始数据的排列次序无关
B．每次划分后，先处理较长的分区可以减少递归次数
C．每次划分后，先处理较短的分区可以减少递归次数
D．递归次数与每次划分后得到的分区处理顺序无关

【2010 年全国统一考试】
【参考答案】D
【题目解析】递归次数与初始数据的排列次序有关，与每次划分后得到的分区处理顺序无关。每次划分后，先处理较短的分区可以减少算法的递归深度。

自测题 5. 为了实现快速排序算法，待排序序列宜采用的存储方式是（　　）。

A．顺序存储　　　　B．散列存储　　　　C．链式存储　　　　D．索引存储

【2011 年全国统一考试】
【参考答案】A

自测题 6. 下列选项中，不可能是快速排序第 2 趟排序结果的是（　　）。

A．2,3,5,4,6,7,9　　　B．2,7,5,6,4,3,9　　　C．3,2,5,4,7,6,9　　　D．4,2,3,5,7,6,9

【2014 年全国统一考试】
【参考答案】C
【题目解析】每趟快速排序后，至少一个记录找到最终位置。

12.4 选择排序

选择排序（Selection Sort）的基本思想是：依次从待排序记录序列中选出关键字最小（或最大）的记录、关键字次之的记录……，并分别将它们定位到序列左侧（或右侧）的第 1 个位置、第 2 个位置……，直至序列中只剩下一个最小（或最大）的记录为止，从而使待排序的记录序列成为按关键字大小排列的有序序列。本节主要介绍三种选择排序方法：直接选择排序，堆排序和锦标赛排序。

12.4.1 直接选择排序

直接选择排序（Straight Selection Sort）是一种比较简单的选择排序方法。它的基本思想是：对于由 n 个记录组成的记录序列，第 1 趟，从 n 个记录中选取关键字最小的记录与第 1 个记录互换；第 2 趟，从剩余的 $n-1$ 个记录中选取关键字最小的记录与第 2 个记录互换；第 i 趟，从剩余的 $n-i+1$ 个记录中选取关键字最小的记录与第 i 个记录互换。重复以上过程，直到剩余记录仅有一个为止。

直接选择排序的示例如图 12.5 所示。

初始序列：	36	80	45	66	22	16	36	9
第1趟排序	{9}	80	45	66	22	16	36	36
第2趟排序	{9	16}	45	66	22	80	36	36
第3趟排序	{9	16	22}	66	45	80	36	36
第4趟排序	{9	16	22	36}	45	80	66	36
第5趟排序	{9	16	22	36	36}	80	66	45
第6趟排序	{9	16	22	36	36	45}	66	80
第7趟排序	{9	16	22	36	36	45	66	80}

图 12.5 直接选择排序示例

直接选择排序算法如下。

[代码 12.8]

```
template <class Type>
void straightSelectSort(Type R[], int size){
    int  pos, min ,j;                         // min 为一趟排序中最小记录的下标
    for (pos = 0; pos < size -1; pos++) {     // pos 为待存放当前最小记录的位置
        min = pos;
        for (j = pos+1; j < size; ++j)
            if (R[j] < R[min]) min = j;       // 查找最小记录
        if(pos != min) swap(R[pos],R[min]);   // 调用 STL 中的 swap，头文件 algorithm
    }
}
```

在直接选择排序过程中存在大跨度的数据移动，是一种不稳定的排序方法，关键字的比较次数和记录的初始顺序无关。其比较次数为 $\sum_{i=1}^{n-1}(n-i) = n(n-1)/2$，交换次数不超过 $n-1$ 次。当待排序记录初始为正序时，不发生交换；当初始为逆序时，发生 $n-1$ 次交换，即移动次数最多 $3(n-1)$ 次。因此，直接选择排序的平均时间复杂度为 $O(n^2)$，空间复杂度为 $O(1)$。

12.4.2 堆排序

堆排序（Heap Sort）是由罗伯特·弗洛伊德（Robert W.Floyd）和威廉姆斯（J.Williams）于 1964 年提出的一种基于堆结构的排序方法。直接选择排序在 n 个记录中选出关键字最小（最大）的记录需要 $O(n)$ 的时间，而利用小根堆（大根堆）选出关键字最小（最大）的记录只需要 $O(\log n)$ 的时间。

堆排序的基本思想如下。

① 由存储于数组中的初始序列，建成一个大根堆（或小根堆）。

② 将堆顶的最大（或最小）记录与序列中最后一个记录交换，最大（或最小）记录存放在数组末尾的有序段中。

③ 将序列中除末尾的有序段之外的剩余记录重新调整为堆。

④ 反复执行步骤②、③共 $n-1$ 次，若初始建立的是大根堆，则得到一个非递减的序列；若初始建立的是小根堆，则得到一个非递增的序列。

例如，有 8 个待排序记录，其关键字序列 $R=\{36,80,45,66,22,9,36,16\}$。为了产生非递减的序列，初始建立大根堆：$\{80,66,45,36,22,9,36,16\}$，如图 12.6（a）所示。

交换堆顶的最大元素 80 与序列中最后一个元素 16 之后，结果如图 12.6（b）所示，有序段为：$\{80\}$（为了更直观地体现堆中待排序序列的变化，后面不再画出有序段中的结点）；剩余元素组成的子序列为：$R_1=\{16,66,45,36,22,9,36\}$，将该子序列重新调整为堆，如图 12.7（a）所示。

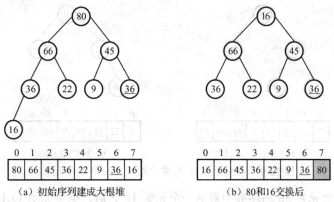

(a) 初始序列建成大根堆　　　　　　(b) 80和16交换后

图 12.6　建成大根堆并交换堆顶元素

交换堆顶的最大元素 66 与序列中最后一个元素 36 之后，结果如图 12.7（b）所示，有序段为：{66,80}；剩余元素组成的子序列为：R_2={36,36,45,16,22,9}，将该子序列重新调整为堆，如图 12.8（a）所示。

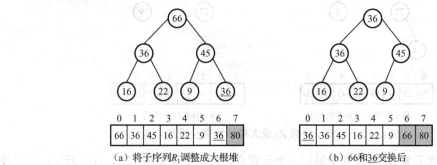

(a) 将子序列R_1调整成大根堆　　　　(b) 66和36交换后

图 12.7　调整子序列 R_1 成大根堆并交换堆顶元素

交换堆顶的最大元素 45 与序列中最后一个元素 9 之后，结果如图 12.8（b）所示，有序段为：{45,66,80}；剩余元素组成的子序列为：R_3={9,36,16,36,22}，将该子序列重新调整为堆，如图 12.9（a）所示。

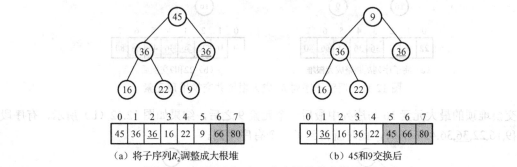

(a) 将子序列R_2调整成大根堆　　　　(b) 45和9交换后

图 12.8　调整子序列 R_2 成大根堆并交换堆顶元素

交换堆顶的最大元素 36 与序列中最后一个元素 9 之后，结果如图 12.9（b）所示，有序段为：{36,45,66,80}；剩余元素组成的子序列为：R_4={9,22,36,16}，将该子序列重新调整为堆，如图 12.10（a）所示。

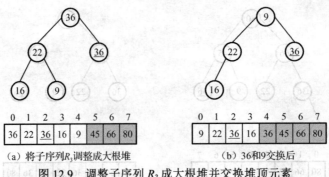

(a) 将子序列R_3调整成大根堆   (b) 36和9交换后

图12.9　调整子序列R_3成大根堆并交换堆顶元素

交换堆顶的最大元素36与序列中最后一个元素16之后，结果如图12.10（b）所示，有序段为：{36,36,45,66,80}；剩余元素组成的子序列为：R_5={16,22,9}。将该子序列重新调整为堆，如图12.11（a）所示。

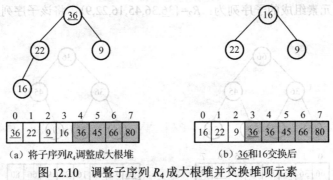

(a) 将子序列R_4调整成大根堆   (b) 36和16交换后

图12.10　调整子序列R_4成大根堆并交换堆顶元素

交换堆顶的最大元素22与序列中最后一个元素9之后，结果如图12.11（b）所示，有序段为：{22,36,36,45,66,80}；剩余元素组成的子序列为：R_6={9,16}。将该子序列重新调整为堆，如图12.12（a）所示。

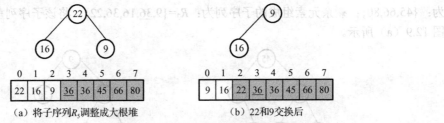

(a) 将子序列R_5调整成大根堆   (b) 22和9交换后

图12.11　调整子序列R_5成大根堆并交换堆顶元素

交换堆顶的最大元素16与序列中最后一个元素9之后，结果如图12.12（b）所示，有序段为：{9,16,22,36,36,45,66,80}，此时就得到了一个有序序列。

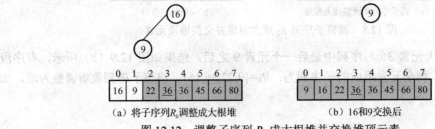

(a) 将子序列R_6调整成大根堆   (b) 16和9交换后

图12.12　调整子序列R_6成大根堆并交换堆顶元素

堆排序的过程就是建堆和反复调整堆的过程。那么如何建堆呢？具有 n 个结点的完全二叉树，若编号从 0 到 $n-1$，则其最后一个分支结点的编号是 $\lfloor (n-1)/2 \rfloor$，从该结点到根结点（编号为 0）反复调整堆，就建立了初始堆。设结点编号从 0 开始，对于编号为 i 的结点，其双亲和左、右孩子若存在，则双亲的编号为 $\lfloor (i-1)/2 \rfloor$，左孩子的编号为 $2i+1$，右孩子的编号为 $2i+2$。利用大根堆实现堆排序的算法如下。

[代码 12.9] 向下调整成堆。

```
template <class Type>
void siftDown( Type R[], int pos, int size ){// 待排序序列，要调整的结点编号，序列大小
    int child;
    Type tmp = R[pos];                        // 暂存"根"记录
    for( ; pos * 2 + 1 < size; pos = child ){
        child = pos * 2 + 1;
        if( child != size - 1 && R[child + 1] > R[child] )
            child++;                          // 选取两个孩子的大者
        if( R[child] > tmp ) R[pos] = R[child];  // 较大的孩子比双亲大
        else  break;
    }
    R[ pos ] = tmp;                           // 被调整结点放入正确位置
}
```

[代码 12.10] 堆排序。

```
template <class Type>
void heapSort(Type R[], int size){
    int i;
    for( i = size / 2 - 1; i >= 0; i-- ) // 初始建堆，从最后一个非叶结点开始调整堆
        siftDown( R, i, size );
    for ( i = size - 1; i > 0; i-- ){// 共 size-1 趟排序（删除堆顶元素后反复调整堆）
        swap(R[0],R[i]);             // 堆顶元素与子序列中最后一个元素交换
        siftDown( R, 0, i );         // 将 R[0..i]重新调整为大根堆
    }
}
```

堆排序的时间主要由建堆和反复调整堆两部分时间开销构成。由 n 个关键字建成的堆，其深度为 $h = \lfloor \log n \rfloor + 1$，根结点向下调整时能移动的最大层数为 $h-1$，关键字的最大比较次数为 $2(h-1)$ 次；第 i 层最多有 2^{i-1} 个结点，对于第 i 层的结点，向下调整堆进行的关键字比较的次数最多为 $2(h-i)$ 次。因此，建堆的关键字比较的次数最多为 $T(n)$，它满足下式：

$$T(n) = \sum_{i=1}^{i=h-1} 2^{i-1} \times 2(h-i) \leq \sum_{i=1}^{i=h-1} 2^i \times (h-1) < 4n \qquad (12\text{-}11)$$

因此，建堆的时间复杂度为 $O(n)$。反复调整堆的操作体现在 heapSort 的第 2 个 for 循环中，共计调用 siftDown 函数 $n-1$ 次，该循环的时间复杂度为 $O(n\log n)$。因此，堆排序的时间复杂度为 $O(n\log n)$。在堆排序过程中存在大跨度的数据移动，是一种不稳定的排序方法，适合记录数较多的情况，其最坏时间复杂度也是 $O(n\log n)$。堆排序只需要一个记录大小的辅助存储空间，空间复杂度为 $O(1)$。

快速排序和堆排序经常用于在大量记录中找出排在前面的若干最大（或最小）记录。

*12.4.3 锦标赛排序

锦标赛排序（Tournament Sort）也称树选择排序（Tree Selection Sort），是一种按照锦标赛的思想进行选择排序的方法。它的基本思想是：首先对 n 个待排序记录的关键字进行两两比较，从中选出 $\lceil n/2 \rceil$ 个较小者再两两比较，直到选出关键字最小的记录为止，此为一趟排序。我们将一趟选出的关键字最小的记录称为"冠军"，在输出冠军后，将冠军所在叶结点的关键字改为最大值（如∞），使它不能再战胜其他结点，然后更新从冠军对应的叶结点到根结点的路径上所有比赛，继续进行锦标赛排序，选出关键字次小的记录，如此重复，直到输出全部有序序列为止。

例如，有 8 个待排序记录，其关键字序列 R={36,80,45,66,22,9,36,16}。锦标赛排序的示例如图 12.13（a）和图 12.14（a）所示：第 1 趟选出的最小关键字为 9；第 2 趟选出的最小关键字为 16，是从与上一趟的冠军 9 比较失败的记录中找出的。

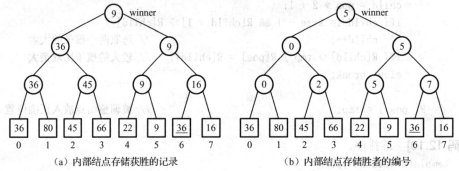

(a) 内部结点存储获胜的记录　　　　　(b) 内部结点存储胜者的编号

图 12.13　胜者树 1

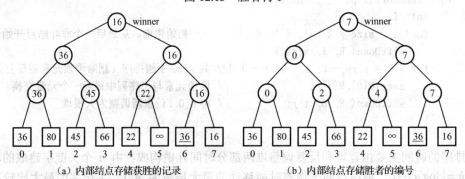

(a) 内部结点存储获胜的记录　　　　　(b) 内部结点存储胜者的编号

图 12.14　胜者树 2

图 12.13（a）中最下层的 8 个叶结点（外部结点）用于存储初始序列，前 3 层的 7 个分支结点（内部结点）用于表示其左、右孩子中的胜者，因此这种用于排序的完全二叉树称为胜者树（Winner Tree）。在实际应用中，为节约存储空间，分支结点仅存储其孩子中胜者的编号，如图 12.13（b）和图 12.14（b）所示。

对 n 个记录的锦标赛排序，每选择一个记录仅需进行 $\lceil \log n \rceil$ 次比较，因此它的时间复杂度和堆排序一样都是 $O(n \log n)$，但是这种方法需要 $O(n)$ 的辅助存储空间，并且与胜者要进行多次多余的比较。

12.5　归并排序

归并排序（Merging Sort）是利用归并技术进行的排序。所谓归并，是指将两个或两个以上的有序表合并成一个新的有序表。在内部排序中，通常采用的是2-路归并排序。

2-路归并排序的基本思想是：将一个具有 n 个待排序记录的序列看成 n 个长度为 1 的有序序列，然后对相邻的子序列进行两两归并，得到 $\lceil n/2 \rceil$ 个长度为 2 的有序子序列，继续对相邻子序列进行两两归并，得到 $\lceil n/4 \rceil$ 个长度为 4 的有序序列，重复归并过程，直至得到一个长度为 n 的有序序列为止。

例如，关键字序列 $R=\{36,80,66,45,22,9,16,\underline{36}\}$。2-路归并排序的过程如图 12.15 所示。

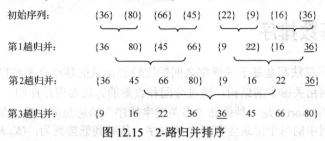

图 12.15　2-路归并排序

2-路归并排序算法如下。

[代码 12.11]　归并相邻的两个有序子序列。将有序序列 R[low..mid-1]和 R[mid..high]归并为有序序列 R[low..high]。

```
template <class Type>
void merge(Type R[],Type tmp[],int low, int mid, int high){
    int i=low, j=mid, k=0;
    while (i<mid && j <= high)                // R 中记录由小到大复制到 tmp 中
        if (R[i] < R[j])   tmp[k++] = R[i++]; // 将R[i]和R[j]中的小者复制到tmp[k]中
        else tmp[k++] = R[j++];
    while ( i<mid )    tmp[k++] = R[i++];     // 将剩余的 R[i..mid-1]复制到 tmp 中
    while ( j<=high )  tmp[k++] = R[j++];     // 将剩余的 R[j..high]复制到 tmp 中
    for (i=0, k = low; k<=high; )
        R[k++] = tmp[i++];                    // 排好序的记录由 tmp 复制回 R 中
}
```

[代码 12.12]　递归 2-路归并排序。通过递归调用实现对子序列 R[low..high]的排序过程，将其归并为有序段。

```
template <class Type>
void mergeSort(Type R[],Type tmp[], int low, int high){
    if (low == high) return;
    int mid = (low+high)/2;                   // 从中间划分为两个子序列
    mergeSort(R,tmp,low, mid);                // 递归地对子序列 R[low..mid]进行归并排序
    mergeSort(R,tmp,mid+1, high);             // 递归地对子序列 R[mid+1..high]进行归并排序
    merge(R,tmp,low,mid+1,high);              // 归并两个子序列
}
```

[代码 12.13]　2-路归并排序的接口函数。参数为待排序序列 R，序列大小 size。

```
template <class Type>
void mergeSort(Type R[], int size){
    Type *tmp = new Type[size];               // 辅助数组
    mergeSort(R,tmp,0, size-1);
    delete [] tmp;
}
```

2-路归并排序进行第 1 趟排序后,有序子序列长度为 2;进行第 i 趟排序后,有序子序列长度小于等于 2^i。因此,当待排序记录数量为 n 时,需进行 $\lceil \log n \rceil$ 趟归并。每趟归并所需时间与记录个数成正比,每趟归并的时间复杂度为 O(n),故 2-路归并排序的时间复杂度为 O($n\log n$)。由于 2-路归并排序每次划分的两个子序列的长度基本一致,因此其最好、最差和平均时间复杂度都是 O($n\log n$)。在排序过程中借助了一个与初始序列相同大小的辅助数组,因此空间复杂度为 O(n)。归并排序是一种稳定的排序方法。

*12.6 基数排序

前面讨论的排序算法都是基于关键字之间的比较和记录的移动这两种操作实现的,而基数排序则不然,它是利用关键字的结构,通过分配和收集的方法实现排序的。

基数排序(Radix Sort)是一种借助"多关键字排序"的思想来实现"单关键字排序"的算法。假设待排序序列中的每个记录含有 d 个关键字,从高到低排列为:$(K_0,K_1,\cdots,K_{d-1})$,其中 K_0 为最高位关键字,K_{d-1} 为最低位关键字。实现多关键字排序通常有两种方法。

最高位优先(MSD)法:先对 K_0 进行排序,并按 K_0 的不同值将记录序列分成若干子序列,然后对 K_1 进行排序,……,依次类推,直至最后对最低位关键字 K_{d-1} 排序完成为止。

最低位优先(LSD)法:先对 K_{d-1} 进行排序,然后对 K_{d-2} 进行排序,依次类推,直至对最高位关键字 K_0 排序完成为止。在最低位优先法排序过程中,不需要根据前一个关键字的排序结果,将记录序列分割成若干个(前一个关键字不同的)子序列。

例如,对关键字序列 R={332,380,166,145,22,9,117,236,81,230}进行基数排序。此时可将关键字分解为三部分,即个位、十位和百位。关键字的各位取值都在 0~9 之间,可设 0~9 共 10 个"桶"(或称分组)。首先将关键字按个位的值依次分配到各桶中,如图 12.16 所示。

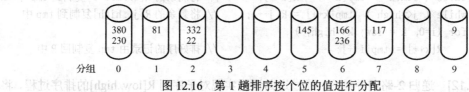

图 12.16 第 1 趟排序按个位的值进行分配

按从 0 至 9 的分组顺序将第一次分配的关键字收集在一起,得到新的序列{380,230,81,332,22,145,166,236,117,9},显然此时各整数已按个位的值排成非递减顺序。然后将第一次收集到的新序列按关键字的十位的值依次分配到各桶中,如图 12.17 所示。

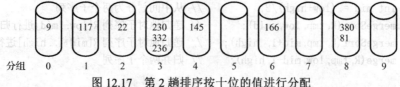

图 12.17 第 2 趟排序按十位的值进行分配

按从 0 至 9 的分组顺序将第二次分配的关键字收集在一起,得到新的序列{9,117,22,230,332,236,145,166,380,81},显然此时各整数已按十位的值排成非递减顺序。然后再将第二次收集到的新序列按关键字的百位的值依次"分配"到各桶中,如图 12.18 所示。

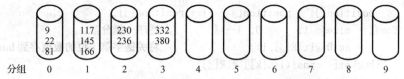

图 12.18 第 3 趟排序按百位的值进行分配

按从 0 至 9 的分组顺序将第三次分配的关键字收集在一起，就得到有序序列 {9,22,81,117,145, 166,230,236,332,380}。可以看出，基数排序只有当排序结束时才能确定记录的最终位置。

上述排序方法相当于将一个关键字分解成多个关键字，然后按最低位优先原则采用"分配-收集"的方法进行排序。

对于数字型或字符型的单关键字，若该关键字可以看成由 d 个分量 $(K_0,K_1,\cdots,K_{d-1})$ 构成，每个分量取值范围相同 $C_1 \leq K_j \leq C_{radix}$（$0 \leq j < d$）（可能取值的个数 radix 称为基数），则可以采用这种"分配-收集"的办法进行排序，这就是基数排序。

最低位优先基数排序的过程可描述如下。

① 按每个关键字当前位的取值统计各分组（桶）的容量，并依此计算各组最后一个元素的存储位置。

② 分配时，逆序扫描记录序列，按关键字当前位的取值，将记录分配到不同的组中。

③ 收集时，按分组顺序将各组内容收集在一起。

④ 重复上述步骤，直到处理完所有关键字的位为止。

为实现基数排序，我们设置一个辅助数组 bucket 充当桶，用于存放每趟排序中各分组的记录。那么应该如何求出记录在桶中的正确位置呢？用整型数组 position 充当计数器，通过计算每个桶的容量从而确定桶内最后一个记录的位置。

下面给出对整数的基数排序算法。

[代码 12.14] 取关键字 key 的第 i 位。参数为关键字 key 和当前位 i。

```
int getDigit(int key, int i) {
    for(int j=1;j<i;j++)
        key = key/10;
    key = key%10;
    return key;
}
```

[代码 12.15] 按关键字的第 i 位进行一趟基数排序。参数为待排序序列 R，序列大小 size，当前位 i。

```
const int radix = 10;                    // 基数为 10
template <class Type>
void LSD(Type R[], int size, int i)  {
    Type* bucket = new Type[size];
    int *position = new int[radix];      // 计数器
    int j,k;
    for(j = 0; j < radix; j++)           // 计数器清 0
        position[j] = 0;
    for(j = 0; j < size; j++) {
        k = getDigit(R[j],i);            // 计算每个桶的容量
        position[k]++;
    }
    for(j = 1; j < radix; j++)           // 按每个桶的容量，分配 bucket 数组的位置
```

```
            position[j] = position[j - 1] + position[j];
        for(j = size - 1; j >= 0; j--){        // 逆序一趟分配
            k = getDigit(R[j],i);              // 将关键字第 i 位的数值存到 bucket 中
            bucket[- -position[k]] = R[j];
        }
        for(j = 0; j < size; j++)              // 顺序一趟收集
            R[j] = bucket[j];                  // 将桶中记录收集到数组 R 中
        delete []bucket;
        delete []position;
    }
```

[代码 12.16] 基数排序的接口函数。

```
    template <class Type>
    void radixSort(Type R[], int size){
        int i,d=1,max = R[0];
        for(i=1;i<size;i++)
            if(R[i] > max) max = R[i];         // 求最大关键字
        while(max = max/10) d++;               // 求关键字的最大宽度 d
        for(i = 1; i <= d; i++)                // 从低位开始,共进行 d 趟基数排序
            LSD(R,size,i);
    }
```

该算法对 n 个记录进行 d 趟排序,每趟将所有记录分配到 radix 个桶中。每趟排序的时间分三部分:计算每个桶内记录数量及位置的时间是 O(radix);分配时将 n 个记录装入桶中的时间是 O(n);收集记录的时间也是 O(n)。因此,一趟排序的时间是 O(radix+n),算法总时间复杂度为 O(d×(radix+n))。当 n 较小、d 较大时,基数排序并不合适。只有当 n 较大、d 较小时,基数排序最为有效。该算法使用了两个辅助数组,故空间复杂度为 O(radix+n)。基数排序是一种稳定的排序方法。

自测题 7. 对给定的关键字序列 110,119,007,911,114,120,122 进行基数排序,则第 2 趟分配收集后得到的关键字序列是(   )。

A. 007,110,119,114,911,120,122
B. 007,110,119,114,911,122,120
C. 007,110,911,114,119,120,122
D. 110,120,911,122,114,007,119

【2013 年全国统一考试】
【参考答案】C
【题目解析】基于 LSD 的基数排序的第 1 趟是按照个位的值分配的,第 2 趟是按照十位的值分配的。

12.7 各种内部排序方法的比较

比较前面讨论的各种内部排序方法,我们有如下 5 点结论。

① 若 n 较小(如 n≤50),可采用直接插入排序或直接选择排序。由于直接插入排序所需记录移动操作较直接选择排序多,故当记录本身信息量较大时,宜选用直接选择排序。

② 若待排序记录的初始状态已按关键字基本有序,则选用直接插入排序或冒泡排序为宜。

③ 当 n 较大时,若关键字有明显结构特征(如字符串、整数等),且关键字位数较少,易

于分解,则采用基数排序较好。若关键字无明显结构特征或取值范围属于某个无穷集合(例如实数型关键字),则应借助于比较的方法来进行排序,可采用时间复杂度为 $O(nlogn)$ 的排序方法:快速排序、堆排序或归并排序。快速排序是基于比较的内部排序中目前被认为是最好的方法,当待排序记录的关键字是随机分布时,快速排序的平均时间最短。堆排序所需的辅助空间少于快速排序,并且不会出现快速排序可能出现的最坏情况。这两种排序都是不稳定的。若要求排序稳定,则可选用归并排序。归并排序既适合内部排序也适合外部排序。

④ 对于按主关键字进行排序的记录序列,所用的排序方法是否稳定无关紧要;而对于按次关键字进行排序的记录序列,应根据具体问题慎重选择排序方法及描述算法。应该指出的是,稳定性是由方法本身决定的,对不稳定的排序方法而言,不管其描述形式如何,总能找出一个说明其不稳定的实例来。反之,对稳定的排序方法,总能找到一种不引起不稳定的描述形式。

⑤ 前面讨论的排序方法,大都是利用一维向量实现的。若记录本身信息量大,为避免移动记录耗费大量时间,可用链式存储结构。例如插入排序和归并排序都易于在链表上实现。但像快速排序和堆排序这样的排序方法,却难以在链表上实现。一种解决方法是提取关键字建立索引表,然后对索引表进行排序。

综上所述,在前面讨论的内部排序方法中,没有哪一种是绝对最优的,应根据实际情况适当选用,甚至可将多种方法结合起来使用。各种内部排序方法的比较如表 12.1 所示。

表 12.1 各种内部排序方法的比较

排序方法	平均时间	最坏情况	辅助空间	稳定性
直接插入排序	$O(n^2)$	$O(n^2)$	$O(1)$	稳定
折半插入排序	$O(n^2)$	$O(n^2)$	$O(1)$	稳定
冒泡排序	$O(n^2)$	$O(n^2)$	$O(1)$	稳定
直接选择排序	$O(n^2)$	$O(n^2)$	$O(1)$	不稳定
希尔排序	$O(n^{1.3})$	$O(n^{1.3})$	$O(1)$	不稳定
快速排序	$O(nlogn)$	$O(n^2)$	$O(logn)$	不稳定
堆排序	$O(nlogn)$	$O(nlogn)$	$O(1)$	不稳定
2-路归并排序	$O(nlogn)$	$O(nlogn)$	$O(n)$	稳定
基数排序	$O(d\times(radix+n))$	$O(d\times(radix+n))$	$O(radix+n)$	稳定

自测题 8. 若数据元素序列 11,12,13,7,8,9,23,4,5 是采用下列排序方法之一得到的第 2 趟排序后的结果,则该排序算法只能是( )。
A. 冒泡排序　　　B. 插入排序　　　C. 选择排序　　　D. 2-路归并排序
【2009 年全国统一考试】
【参考答案】B

自测题 9. 对一组数据(2,12,16,88,5,10)进行排序,若前三趟排序结果如下:
第 1 趟排序结果:2,12,16,5,10,88
第 2 趟排序结果:2,12,5,10,16,88
第 3 趟排序结果:2,5,10,12,16,88
则采用的排序方法可能是( )。
A. 冒泡排序　　　B. 希尔排序　　　C. 归并排序　　　D. 基数排序
【2010 年全国统一考试】

【参考答案】A

自测题 10. 排序过程中，对尚未确定最终位置的所有元素进行一遍处理称为一趟排序。下列排序方法中，每一趟排序结束时都至少能够确定一个元素最终位置的方法是（　　）。
　　Ⅰ. 简单选择排序　　Ⅱ. 希尔排序　　Ⅲ. 快速排序　　Ⅳ. 堆排序
　　Ⅴ. 2-路归并排序
　　A. 仅Ⅰ、Ⅲ、Ⅳ　　B. 仅Ⅰ、Ⅲ、Ⅴ　　C. 仅Ⅱ、Ⅲ、Ⅳ　　D. 仅Ⅲ、Ⅳ、Ⅴ
【2012年全国统一考试】

【参考答案】A

自测题 11. 下列排序算法中元素的移动次数和关键字的初始排列次序无关的是（　　）。
　　A. 直接插入排序　　B. 冒泡排序　　C. 基数排序　　D. 快速排序
【2015年全国统一考试】

【参考答案】C

【题目解析】基数排序采用"分配-收集"的方法，其好处是不需要进行关键字间的比较。A、B、D选项，其基本操作都是关键字的比较和元素的移动，元素移动次数最少的情况是，初始序列刚好是正序的。

自测题 12. 在内部排序时，若选择了归并排序而没有选择插入排序，则可能的理由是（　　）。
　　Ⅰ. 归并排序的程序代码更短
　　Ⅱ. 归并排序的占用空间更少
　　Ⅲ. 归并排序的运行效率更高
　　A. 仅Ⅱ　　B. 仅Ⅲ　　C. 仅Ⅰ、Ⅱ　　D. 仅Ⅰ、Ⅲ
【2017年全国统一考试】

【参考答案】B

自测题 13. 下列排序方法中，若将顺序存储更换为链式存储，则算法的时间效率会降低的是（　　）。
　　Ⅰ. 插入排序　　Ⅱ. 选择排序　　Ⅲ. 冒泡排序　　Ⅳ. 希尔排序
　　Ⅴ. 堆排序
　　A. 仅Ⅰ、Ⅱ　　B. 仅Ⅱ、Ⅲ　　C. 仅Ⅲ、Ⅳ　　D. 仅Ⅳ、Ⅴ
【2017年全国统一考试】

【参考答案】D

自测题 14. 设有 6 个有序表 A、B、C、D、E、F，分别含有 10、35、40、50、60 和 200 个元素，各表中元素按升序排列。要求通过 5 次两两合并，将 6 个表最终合并成 1 个升序表，并且在最坏情况下比较的总次数达到最小。请回答下列问题：
（1）给出完整的合并过程，并求出在最坏情况下比较的总次数。
（2）根据你的合并过程，描述 $n(n≥2)$ 个不等长升序表的合并策略，并说明理由。
【2012年全国统一考试】

【题目解析】合并长度分别为 m 和 n 的两个有序表，在最坏情况下，需要一直比较到两个表的末尾，比较次数最多为 $m+n-1$ 次，由此可知最坏情况的比较次数与两个表的长度相关，因此，我们考虑构造哈夫曼树来描述多个有序表两两合并的过程，有序表的表长作为哈夫曼树的结点的权值。

（1）题目中给出的 6 个有序表的合并顺序如图 12.19 所示。

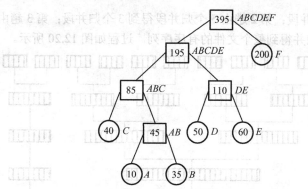

图 12.19 5 次两两合并构成的哈夫曼树

合并过程可描述为：

第 1 次合并：表 A 与表 B 合并，生成含 45 个元素的表 AB。
第 2 次合并：表 AB 与表 C 合并，生成含 85 个元素的表 ABC。
第 3 次合并：表 D 与表 E 合并，生成含 110 个元素的表 DE。
第 4 次合并：表 ABC 与表 DE 合并，生成含 195 个元素的表 ABCDE。
第 5 次合并：表 ABCDE 与表 F 合并，生成含 395 个元素的最终升序表 ABCDEF。

对于长度分别为 m 和 n 的两个有序表的合并过程，在最坏情况下，需要一直比较到两个表的末尾，比较次数最多为 $m+n-1$ 次，故在最坏情况下比较的总次数计算如下：

第 1 次合并：最多比较次数为 10+35−1=44。
第 2 次合并：最多比较次数为 45+40−1=84。
第 3 次合并：最多比较次数为 50+60−1=109。
第 4 次合并：最多比较次数为 85+110−1=194。
第 5 次合并：最多比较次数为 195+200−1=394。

因此，比较的总次数最多为 44+84+109+194+394=825。

（2）n（$n≥2$）个不等长升序表的合并策略是：在对多个有序表进行两两合并时，若表长不同，则在最坏情况下总的比较次数依赖于表的合并次序。可以借用哈夫曼树的构造思想，以有序表的表长作为结点的权值，依次选择最短的两个表进行合并，可以获得在最坏情况下最佳的合并效率。

*12.8　外部排序

以上各节讨论的排序都是内部排序。整个排序过程不涉及数据的内、外存交换，待排序的记录全部存放在内存中。若待排序的文件很大，就无法将整个文件的所有记录同时调入内存中进行排序，只能将文件存放在外存中，在排序过程中需进行多次内、外存之间的交换，这称为外部排序。

外部排序也叫文件排序，通常经过两个独立的阶段完成。

第一阶段是生成尽可能长的初始顺串：根据内存大小，每次把文件中一部分记录读入内存中，用有效的内部排序方法（如快速排序、堆排序等）将其排成有序段（又称归并段或顺串）。每产生一个顺串，就把它写回外存中。

第二阶段是归并阶段：每次读入一些顺串到内存中，通过合并操作，将它们合并成更长的顺串。归并阶段需要频繁地对外存做读写操作。经多次反复合并之后，最终将得到一个有序文件。

假设有一个含 6000 个记录的磁盘文件，而计算机一次只能对 600 个记录进行内部排序，则先利用内部排序的方法得到 10 个初始顺串，然后进行逐趟归并。假设进行 2-路归并，则第 1 趟由 10 个归并段得到 5 个归并段；第 2 趟由 5 个归并段得到 3 个归并段；第 3 趟由 3 个归并段得到 2 个归并段；最后一趟归并得到整个文件的有序序列。过程如图 12.20 所示。

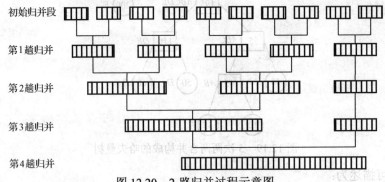

图 12.20 2-路归并过程示意图

在一般情况下，假设待排序记录序列含 m 个初始归并段，外部排序时采用 k-路归并，则归并趟数 $s=\lceil \log_k m \rceil$。显然，随 k 的增大，归并的趟数 s 将减少。减小 m 也将减少归并的趟数，下面我们从增大 k 和减小 m 两方面讨论提高外部排序的效率，先讨论减小 m 的问题。

12.8.1 置换选择排序

对于公式 $s=\lceil \log_k m \rceil$，除增大 k 可减少 s（即归并趟数）外，减小 m（即初始归并段数）也可减少 s。也就是说，如果能让每个初始归并段包含更多的记录，就能减少归并段的个数，从而减少排序时间。但是初始归并段是通过内部排序进行的，这依赖于内存工作区的大小。下面介绍的置换选择排序，能够生成平均长度为内存工作区两倍大小的初始归并段。

置换选择排序（Replacement Selection Sorting）是在树选择排序的基础上得来的。其特点是：在整个排序（得到初始归并段）的过程中，选择最小（或最大）关键字和输入、输出交叉或平行进行。

置换选择排序的算法描述如下。

假设初始待排序文件为输入文件 FI，初始归并段文件为输出文件 FO，内存工作区为 WA，FO 和 WA 的初始状态为空，WA 可容纳 N 个记录，则置换选择排序的过程如下。

① 从 FI 中输入 N 个记录到工作区 WA 中。
② 从 WA 中选出最小关键字记录，记为 MIN。
③ 将此最小关键字记录 MIN 输出到 FO 中。
④ 若 FI 不空，则从 FI 中输入下一个记录到 WA 中。
⑤ 从所有关键字比 MIN 大的记录中选出最小关键字记录，作为新的记录 MIN。
⑥ 重复②~⑤，直到 WA 中选不出关键字比 MIN 大的记录为止。此时得到一个初始归并段，在其后加一个归并段结束标志输出到 FO 中。
⑦ 重复②~⑥，直至 WA 为空，从而得到全部初始归并段。

例如，输入文件 FI 中记录的关键字序列为{22,45,16,60,37,5,28,49,12}，假设内存工作区可容纳三个记录，按前面介绍过的内排序方法，每次对读入内存中的三个记录进行排序，则可求得三个归并段：

{16,22,45}，{5,37,60}，{12,28,49}

而采用基于堆排序实现的置换选择法，则可求得如下两个初始归并段：

{16,22,37,45,60}，{5,12,28,49}

具体实现方法如下。

① 首先，从输入文件中读取 M 个记录到内存工作区中，按关键字建成大小为 M 的小根堆。

② 若输入文件非空,则输出堆顶元素到当前归并段中,然后读入下一个记录。若读入的记录大于等于刚输出的记录,则它可能进入当前的归并段中,因此将其作为堆顶元素,然后调整堆;若读入的记录小于刚输出的记录,则它不可能进入当前的归并段中,因此将堆尾记录移到堆顶,将新读入记录置于堆尾后的空余位置,新记录不参与当前堆的运算,因此堆的容量减小 1,然后调整堆。

③ 若输入文件为空,则删除堆顶元素并输出到当前归并段中,然后调整堆。

④ 重复步骤②、③,直至堆空间为空,当前归并段结束。

⑤ 若内存工作区非空,则将工作区中的记录重新建成小根堆,重复步骤②~④,计算下一个归并段,直至内存工作区为空,排序结束,得到全部初始归并段。

置换选择排序的过程如图 12.21 所示,"#"表示当前归并段结束。

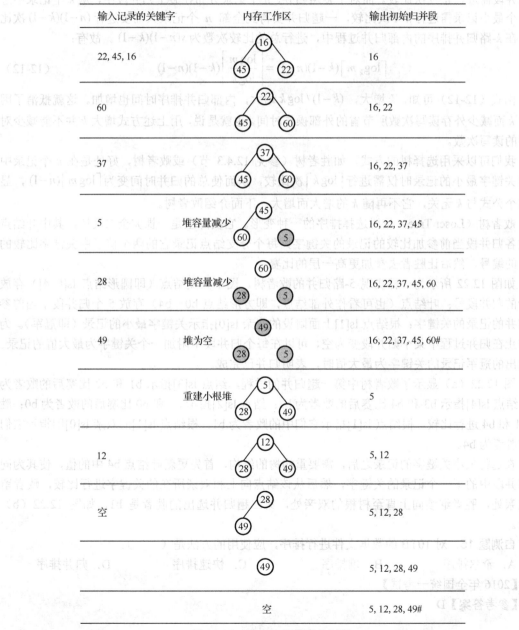

图 12.21 置换选择排序的过程

对包含 n 个记录的输入文件进行置换选择排序,在大小为 M 的内存工作区中用堆排序生成初始归并段,每输出一个记录后调整堆的时间代价为 $O(\log M)$,因此生成初始归并段的时间代价是 $O(n\log M)$。当输入的记录序列已按关键字有序时,使用置换选择排序只能生成一个初始归并段。

12.8.2 多路归并排序

由前面讨论可见,当增大 k 时,即增加归并的路数,可减少归并的趟数 s,从而减少块读写次数,加快排序速度。

对于 2-路归并,n 个记录分布在两个归并段中,按内部归并进行排序,要得到含 n 个记录的归并段需进行 n-1 次比较。而对于 k-路归并,n 个记录分布在 k 个归并段中,从 k 个记录中选出一个最小记录需进行 k-1 次比较,一趟归并要得到全部 n 个记录共需要进行 $(n-1)(k-1)$ 次比较。在 k-路归并排序的内部归并过程中,进行总的比较次数为 $s(n-1)(k-1)$。故有:

$$\lceil \log_k m \rceil (k-1)(n-1) = \left\lceil \frac{\log m}{\log k} \right\rceil (k-1)(n-1) \qquad (12\text{-}12)$$

由式(12-12)可知,k 增大,$(k-1)/\log k$ 增大,内部归并排序时间也增加。这就抵消了因增大 k 而减少外存读写次数所节省的外部操作时间。也就是说,用上述方式增大 k 并不能减少对外存的读写次数。

我们可以采用选择树的方式,如胜者树(参见 12.4.3 节)或败者树,好处是在 k 个记录中选出关键字最小的记录时仅需进行 $\lceil \log k \rceil$ 次比较,从而使总的归并时间变为 $\lceil \log m \rceil (n-1)$,显然这个公式与 k 无关,它不再随 k 的增大而增大。下面介绍败者树。

败者树(Loser Tree)是树选择排序的一种变形。它实际上是一棵完全二叉树,其中叶结点存放各归并段当前参加比较的记录的关键字,每个分支结点记录它的两个孩子中关键字比较的败者的编号,然后让胜者去参加更高一层的比赛。

如图 12.22 所示为一棵实现 5-路归并的败者树。图中分支结点(即圆形结点 ls[0..4])存放败者的归并段号;叶结点(也可看作外部结点,即方形结点 b0~b4)存放 5 个归并段中当前参加归并的记录的关键字;根结点 ls[1] 上面附设的双亲 ls[0] 指示关键字最小的记录(即冠军)。为了防止在归并过程中某个归并段变为空,可以在每个归并段中附加一个关键字为最大值的记录。当选出的冠军记录的关键字为最大值时,表明归并已完成。

图 12.22(a)显示了败者树中第一趟归并的过程,结点 ls[3] 指示 b1 和 b2 比赛后的败者为 b2;结点 ls[4] 指示 b3 和 b4 比赛后的败者为 b3;结点 ls[2] 指示 b4 和 b0 比赛后的败者为 b0;胜者 b1 和 b4 进行比较,根结点 ls[1] 指示它们中的败者为 b1,根结点 ls[1] 的双亲 ls[0] 则指示它们中的胜者为 b4。

在选得最小关键字的记录之后,需要重构树的结构,首先更新叶结点 b4 中的值,使其为同一归并段中的下一个记录的关键字,然后从该结点向上和双亲所在的关键字进行比较,败者留在双亲处,胜者继续向上直至树根的双亲处,第二趟归并选出的胜者是 b1,如图 12.22(b)所示。

自测题 15. 对 10TB 的数据文件进行排序,应使用的方法是(   )。
A. 希尔排序　　　　B. 堆排序　　　　C. 快速排序　　　　D. 归并排序
【2016 年全国统一考试】
【参考答案】D

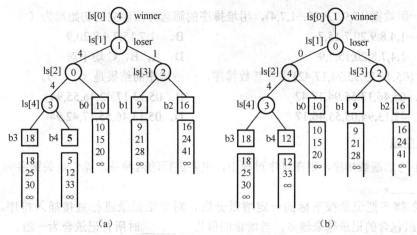

图 12.22　5-路归并的败者树

习题

一、选择题

1. 下面给出的 4 种排序方法中，排序过程中的比较次数与排序方法无关的是（　　）。
   A．选择排序法　　　B．插入排序法　　　C．快速排序法　　　D．堆排序法
2. 一个排序算法的时间复杂度与以下哪项有关（　　）。
   A．排序算法的稳定性　　　　　　　　B．所需比较关键字的次数
   C．所采用的存储结构　　　　　　　　D．所需辅助存储空间的大小
3. 若需在 $O(n\log n)$ 的时间内完成对数组的排序，且要求排序是稳定的，则可选择的排序方法是（　　）。
   A．快速排序　　　B．堆排序　　　C．归并排序　　　D．直接插入排序
4. 就平均性能而言，目前最好的内部排序方法是（　　）排序法。
   A．冒泡　　　B．希尔插入　　　C．交换　　　D．快速
5. 下列排序算法中，（　　）排序在一趟结束后不一定能选出一个元素放在其最终位置上。
   A．选择　　　B．冒泡　　　C．归并　　　D．堆
6. 如果只想得到 1000 个元素组成的序列中第 5 个最小元素之前的部分排序的序列，用（　　）方法最快。
   A．冒泡排序　　　B．快速排列　　　C．希尔排序　　　D．堆排序
   E．简单选择排序
7. 一组记录的关键字为(46,79,56,38,40,84)，利用快速排序的方法，以第一个记录为基准得到的一次划分结果为（　　）。
   A．(38,40,46,56,79,84)　　　　　　B．(40,38,46,79,56,84)
   C．(40,38,46,56,79,84)　　　　　　D．(40,38,46,84,56,79)
8. 设被排序的结点序列共有 N 个结点，在该序列中的结点已十分接近排序的情况下，用直接插入法、归并法和一般的快速排序法对其排序，这些算法的时间复杂度应为（　　）。
   A．$O(N)$，$O(N)$，$O(N)$　　　　　　B．$O(N)$，$O(M\log N)$，$O(M\log 2N)$
   C．$O(N)$，$O(M\log N)$，$O(N^2)$　　　D．$O(N^2)$，$O(M\log N)$，$O(N^2)$

9. 有一组数据(15,9,7,8,20,-1,7,4)，用堆排序的筛选方法建立的初始堆为（　　）。
   A．-1,4,8,9,20,7,15,7　　　　　　　B．-1,7,15,7,4,8,20,9
   C．-1,4,7,8,20,15,7,9　　　　　　　D．A，B，C 均不对
10. 对{05,46,13,55,94,17,42}进行基数排序，一趟排序的结果是（　　）。
    A．05,46,13,55,94,17,42　　　　　　B．05,13,17,42,46,55,94
    C．42,13,94,05,55,46,17　　　　　　D．05,13,46,55,17,42,94

二、填空题

1. 若不考虑基数排序，则在排序过程中，主要进行的两种基本操作是关键字的_____和记录的_____。
2. 希尔排序把记录按下标的一定增量分组，对每组记录进行直接插入排序，随着增量_____每组包含的记录越来越多，当增量的值为_____时所有记录合为一组。
3. 分别采用堆排序、快速排序、冒泡排序和归并排序，对初态为有序的表，则最省时间的是_____，最费时间的是_____。
4. 请列举出至少三种不稳定的排序方法_____。
5. 数据量特别大，需借助外部存储器对数据进行排序，这种排序称为_____。

三、判断题

1. 内排序要求数据一定要以顺序方式存储。（　　）
2. 排序算法中的比较次数与初始元素序列的排列无关。（　　）
3. 由于希尔排序的最后一趟与直接插入排序过程相同，因此前者一定比后者花费的时间更多。（　　）
4. 在执行某个排序算法过程中，若出现排序码朝着最终排序序列位置相反方向移动的情况，则该算法是不稳定的。（　　）
5. 归并排序既适合内排序也适合外排序。（　　）

四、应用题

1. 设待排序的关键字序列为{15,21,6,30,23,6',20,17}，试分别写出使用以下排序方法每趟排序后的结果。
   （1）直接插入排序　　　　（2）希尔排序（增量为5，2，1）　　　（3）冒泡排序
   （4）快速排序　　　　　　（5）直接选择排序　　　　　　　　　（6）堆排序
   （7）2-路归并排序
2. 在各种排序方法中，哪些是稳定的？哪些是不稳定的？并为每种不稳定的排序方法举出一个不稳定的实例。
3. 判断下面的每个结点序列是否能表示堆，如果不是堆，请把它调整成堆。
   （1）100,90,80,60,85,75,20,25,10,70,65,50
   （2）100,70,50,20,90,75,60,25,10,85,65,80
4. 奇偶交换排序如下所述：对于初始序列 $A[1],A[2],\cdots,A[n]$，第 1 趟对所有奇数 $i(1\leq i<n)$，将 $A[i]$ 和 $A[i+1]$ 进行比较，若 $A[i]>A[i+1]$，则将两者交换；第 2 趟对所有偶数 $i(2\leq i<n)$，将 $A[i]$ 和 $A[i+1]$ 进行比较，若 $A[i]>A[i+1]$，则将两者交换；第 3 趟对所有奇数 $i(1\leq i<n)$……；第 4 趟对所有偶数 $i(2\leq i<n)$……；依次类推，直至整个序列有序为止。
   （1）分析这种排序方法的结束条件。
   （2）用这种排序方法对 35,70,33,65,24,21,33 进行排序，写出每趟的结果。

5. 请将正确答案填入下列括号内。设一个数组中原有数据如下：15,13,20,18,12,60。下面是一组用不同排序方法进行一遍排序后的结果。

（   ）排序的结果为：12,13,15,18,20,60
（   ）排序的结果为：13,15,18,12,20,60
（   ）排序的结果为：13,15,20,18,12,60
（   ）排序的结果为：12,13,20,18,15,60

五、算法设计题

1. 对给定关键字序号 $j(1<j<n)$，要求在无序记录 $A[1..n]$ 中找到关键字从小到大排在第 j 位上的记录，写一个算法利用快速排序的划分思想实现上述查找。要求用最少的时间和最少的空间。例如，给定无序关键字 $\{7,5,1,6,2,8,9,3\}$，当 $j=4$ 时，找到的关键字应是 5。

2. 按由大到小的顺序对含有 n 个元素的数组 $A[n]$ 进行排序，利用如下改进的简单选择排序方法：第 1 次选出最大者存到 $A[0]$ 中，第 2 次选出最小者存到 $A[n-1]$ 中，第 3 次选出次大者存到 $A[1]$ 中，第 4 次选出次小者存到 $A[n-2]$ 中，如此大小交替地进行选择，直到排序完毕。

3. 设有顺序放置的若干个桶，每个桶中装有一粒砾石，每粒砾石的颜色是红、白、蓝之一。设计算法重新安排砾石，使得所有红色砾石在前，所有白色砾石居中，所有蓝色砾石居后。重新安排时，对每粒砾石的颜色只能看一次，并且只允许使用交换操作来调整砾石的位置。

4. 请编写一个算法，在基于单链表表示的关键字序列中进行简单选择排序。

5. 已知记录序列 $a[1..n]$ 中的关键字各不相同，可按如下方法实现计数排序：另设数组 $c[1..n]$，对每个记录 $a[i]$，统计序列中关键字比它小的记录个数存于 $c[i]$ 中，则 $c[i]=0$ 的记录必为关键字最小的记录，然后按 $c[i]$ 值的大小对 a 中记录进行重新排列，编写算法实现上述排序方法。

附录 A 上机实验参考题目

实验 1 实现抽象数据类型

设计实现抽象数据类型"有理数"。基本操作包括有理数的加法、减法、乘法、除法。

实验 2 顺序表基本操作

1. 分别实现顺序表和单链表，完成线性表的基本操作。

初始化线性表、清空线性表、求线性表长度、检查线性表是否为空、遍历线性表、从线性表中查找元素、从线性表中查找与给定元素值相同的元素在线性表中的位置、插入元素、删除元素。

2. 已知一个单链表，利用原表（不能另辟空间）将线性表逆置。

3. 已知两个非递减有序的线性表 La 和 Lb 采用链式存储结构，将 La 和 Lb 合并成一个线性表 Lc，Lc 也非递减有序。

4. 约瑟夫环问题：任给正整数 N 和 K，按下述方法可以得到 $1,2,\cdots,n$ 的一个置换，将数字 $1,2,\cdots,n$ 环形排列，按顺时针方向自 1 开始报数，报到 K 时输出该位置上的数字，并使其出列。然后从它顺时针方向的下一个数字继续报数，如此下去，直到所有的数字全部出列为止。例如 $N=10$，$K=3$，则正确的出列顺序应为 3,6,9,2,7,1,8,5,10,4。

5. 设有一个单循环链表，其结点含有三个域 pre、data 和 link。其中 data 为数据域，pre 为指针域，它的值初始时为空指针（NULL），link 为指针域，它已指向其后继。请设计算法，将此表改成双向循环链表。

实验 3 表达式求值

1. 分别实现顺序栈和链栈的抽象数据类型定义，完成栈的基本操作。

初始化栈、检查栈是否为空、置空栈、入栈、退栈、取栈顶元素。

2. 数制转换。编写算法，将十进制整数 N 转换为 d 进制数。

3. 用顺序栈实现算术表达式求值。

将表达式看成字符串序列，输入语法正确且不含有变量的整数表达式（表达式中的数字限定为个位数），利用运算符的优先关系，把中缀表达式转换为后缀表达式后输出，然后求出该后缀表达式的值。例如，输入的表达式为 2*(6-4)+8/4，转换后得到的后缀表达式为 264-*84/+。

实验 4 串

1. 实现串的串赋值、串判等、求串长、串连接、求子串这 5 种基本操作。

2. 利用串和栈的基本操作实现回文判断。例如，'abccba'和'abba'都是回文，'abcda'不是回文。

实验 5 数组的建立和使用

1. 在计算机中以字符串的形式输入两个任意位数的整数，编写求这两个整数乘积的程序。

2. 若矩阵 $A_{m\times n}$ 中的某个元素 a_{ij} 是第 i 行的最小值，同时又是第 j 列中的最大值，则称此元素为该矩阵中的一个马鞍点。假设以二维数组存储矩阵 $A_{m\times n}$，试编写求出矩阵中所有马鞍点的算法，并分析你的算法在最坏情况下的时间复杂度。

3. 设稀疏矩阵以三元组存储，编写算法求其转置矩阵。

实验 6 二叉树操作

1. 实现二叉树的抽象数据类型定义，完成二叉树的基本操作。

初始化二叉树、按前序次序建立一个二叉树，检查二叉树是否为空，按任意一种遍历次序（包括按前序、中序、后序、层次）输出二叉树中的所有结点，求二叉树的深度，求二叉树中所有结点个数，清除二叉树。

2. 有一个二叉链表，按后序遍历时输出的结点顺序为 $a_1,a_2,\cdots,a_n$。试编写一个算法，要求输出后序序列的逆序 $a_n,\cdots,a_2,a_1$。

3. 采用二叉链表存储结构，试分别编写二叉树前序遍历、中序遍历、后序遍历的非递归算法。

4. 一棵 n 个结点的完全二叉树存放在二叉树的顺序存储结构中，试编写非递归算法对该二叉树进行前序遍历。

5. 编写递归算法将二叉树中所有结点的左、右子树交换。

6. 哈夫曼树和哈夫曼编码：从终端输入若干个字符，统计字符出现的频率，将字符出现的频率作为结点的权值，建立哈夫曼树，然后对各字符进行哈夫曼编码，最后打印哈夫曼树和对应的哈夫曼编码。

实验 7 图的基本操作

1. 分别用图的邻接矩阵和邻接表实现图的深度优先搜索和广度优先搜索。

2. 校园导游程序。

用无向图表示你所在学校的校园景点平面图，要求给出一组起点和终点，可以查询其最短路径，以及途经哪些景点。

实验 8 二叉排序树操作

定义二叉排序树结点类型，实现其基本操作。

初始化二叉排序树、判断二叉排序树是否为空、在二叉排序树中查找元素、中序遍历二叉排序树、输出所有结点、插入元素、删除元素。

实验 9 散列表操作

为某个班级学生的姓名设计一个散列表，姓名用汉语拼音表示，采用除留余数法定义散列表，产生冲突时采用线性探测法处理。

实验 10 内部排序

1. 随机生成 20 个数，分别用直接插入排序、希尔排序、冒泡排序、直接选择排序、快速排序、堆排序、归并排序的方法对其排序并输出。

2. 汽车牌照数据的排序与查找。在汽车数据的信息模型中，汽车牌照是主关键字，其特点是，牌照号是由数字和字母混合编制的，这种记录集合适合利用多关键字排序法进行排序。算法要求首先用基数排序法对输入或随机生成的牌照号进行排序，然后用折半查找法实现对汽车记录按关键字进行查找。

参 考 文 献

[1] 严蔚敏等. 数据结构（C 语言版）. 北京：清华大学出版社，1997.
[2] 殷人昆. 数据结构. 北京：清华大学出版社，2006.
[3] 陈守孔等. 算法与数据结构考研试题精析. 北京：机械工业出版社，2007.
[4] 陈守孔等. 算法与数据结构 C 语言版. 北京：机械工业出版社，2008.
[5] 许卓群等. 数据结构与算法. 北京：高等教育出版社，2004.
[6] D E Kunth. The Art of Computer Programming, Volume 1/Fundamentals Algorithms: Volume 3/Sorting and Searching. MA:Addison-Wesley，1973.
[7] 翁惠玉等. 数据结构：思想与实现. 北京：高等教育出版社，2009.
[8] 张铭. 数据结构与算法. 北京：高等教育出版社，2008.
[9] 张选平，雷咏梅. 数据结构. 北京：机械工业出版社，2002.
[10] 唐策善，黄刘生. 数据结构. 合肥：中国科学技术大学出版社，1992.